Wolfram Graubner

Holzverbindungen

Gegenüberstellungen japanischer
und europäischer Lösungen

Deutsche Verlags-Anstalt

Mein Dank für ihre Mitwirkung gilt
Naomi Okawa, Tokio,
Kiyoshi Seike, Tokio,
Kiyoshi Miyazaki, Chiba,
sowie Manfred Speidel. Aachen.

Wesentliche Anregungen
zur Durchführung dieser Arbeit
verdanke ich Hugo Kükelhaus, Soest,
und Fritz Gotthelf, München,
beide verstorben im Jahre 1984.

Inhalt

Vorwort zur Neuausgabe

Es sind verschiedene Umstände, die in den vergangenen Jahren das Interesse an Holzverbindungen wieder haben wachsen lassen. Nachwuchskräfte im Handwerk, die mit frischem Blick auf »Altes« und »Tradiertes« schauen, ein verändertes Empfinden für Qualität, neue bauphysikalische Erkenntnisse, die für Holzverbindungen sprechen, und nicht zuletzt die Möglichkeit, mit Hilfe moderner Fräsen und Abbundanlagen unterschiedliche Verbindungsformen automatisiert herstellen zu können, haben zu umfangreichen Forschungsvorhaben und einer Wiederbesinnung auf Holzverbindungen geführt. Sogar weitgespannte Tragwerke und Brücken werden wieder mit dieser Verbindungstechnik ausgeführt, wenn resistente Hölzer eingesetzt werden sollen, die sich auch heute noch immer nicht wetterfest verleimen lassen.
Durch die Automatisierung der Herstellungsprozesse wird im Arbeitsalltag allerdings der Anteil an Montagetätigkeiten immer größer. Die gestalterischen Arbeiten werden dabei so gut es geht mit dem Computer und CAD-Programmen erledigt. Damit beraubt man aber den Handwerker aller Gestaltungsfreiheit und Phantasie. Die geübte Hand des Handwerkers ist eine wesentliche Quelle für das Entstehen von Schönem. Mit ihr verfügt er über eine andere Form der Intelligenz und findet Lösungen, auf die der planende Verstand am Bildschirm so nicht gekommen wäre. Traditionelles Holzhandwerk findet man daher nur noch bei wenigen Meisterbetrieben, am ehesten noch in Möbelschreinereien, die noch mit Massivholz umzugehen verstehen, bei der Restaurierung und in ländlichen Holzbaubetrieben.
Handwerk ist mehr als die Herstellung nützlicher Dinge. Es ist eine Lebensform, eine Möglichkeit, das Leben zu erfahren und zu verstehen. Viele Sprichworte (wie etwas auf dem Kerbholz haben, das Schlitzohr etc.), Lebensweisheiten und Moralvorstellungen (Wertschätzung der Freiheit und Meisterschaft, Ehrbarkeit) entstammen dem handwerklichen Lebenskreis.
Die Handwerksmeister der vergangenen Jahrhunderte waren gebildete und geehrte Personen, die sich bereits im Mittelalter in »bestimmten Kreisen« oder in »Zirkeln« getroffen haben, um ihre Erfahrungen auszutauschen. Dort erhielten sie eine umfassende Bildung. Diese Kreise entstanden meist im Umfeld der mittelalterlichen Bauhütten und waren auch für andere Berufsgruppen offen. So fanden sich beispielsweise im Kreis der Freimaurer, besonders im 17. bis zum 19. Jahrhundert, neben Handwerkern auch Philosophen und Künstler, Theologen und Staatsführer. Die Regeln dieser nach dem Vorbild handwerklicher Gesellenbruderschaften organisierten Vereinigungen wurden zum Vorbild demokratischer Parlamente und prägten Sitten und Gebräuche. Im Begriff der »Gesellschaft« kommt dies deutlich zum Ausdruck. Unser heutiges Verständnis demokratischer Strukturen ist abgeleitet von den Gesellenversammlungen. Die Meister trafen sich im Oberhaus, die Gesellen im Unterhaus, ein Zweikammersystem, wie wir es noch heute in vielen Parlamenten vorfinden. Dabei wurden Regeln entwickelt, die beispielsweise Grundlage der französischen und amerikanischen Verfassung sind. Auch die Redeordnungen in den Parlamenten haben ihren Ursprung in den Regelungen der alten Bruderschaften. Manches lebt heute noch in den Vereinigungen der Wandergesellen oder der französischstämmigen Compagnons weiter.
In Japan war das Handwerk geprägt von der Kultur der Achtsamkeit des Buddhismus und den Priester-Handwerkern und Mönchen, die eine wichtige Rolle beim Bau buddhistischer Tempel spielten. Als der Buddhismus durch Missionare von China nach Japan gebracht wurde, waren es eben diese Missionarspriester, die Tempel und Klöster bauten, weil das Wissen dafür in Japan noch nicht vorhanden war. Diese Tradition hat sich mancherorts noch erhalten und ist wohl eine der Ursachen dafür, dass das Handwerk in Japan in hohem Ansehen steht und eine außerordentliche Verfeinerung erfahren hat.
Jede gute Handwerksarbeit ist nicht nur nützlich, sondern dient auch einem höheren Zweck: der Schönheit. Diese Auffassung ist eng mit einer Verfeinerung der Lebens- und Arbeitsweise verbunden. Eine alte Lebensweisheit besagt: Was im Großen gilt, gilt auch für jedes einzelne Teil. Daher schaue man auf das Kleine, um das Große zu begreifen. In diesem Sinne sind die Holzverbindungen nicht nur praktische Lösungen, sondern sie stehen auch beispielhaft für eine ethische Haltung. Gerade in

den Längsholzverbindungen zeigt sich die Kunst der Verschränkung in besonders schöner Form, nämlich als Entgegensetzung zweier sich gleichender Teile – wie eine Handreichung. Mit solchen Beispielen haben Philosophen des Mittelalters das Gewöhnliche in den großen Zusammenhang kosmischer Vorgänge gestellt. Die handwerklichen Verfahren, die sich so gar nicht erdenken lassen, sondern von begnadeten Händen gefunden wurden, waren ihnen dabei eine Quelle der Inspiration.

Nachdem eine Arbeit mit bestem Wissen und Gewissen vollendet ist, wird sie den Lebensraum von Generationen gestalten. Sie soll dabei ein angenehmes Leben ermöglichen. Das ist eine große Verantwortung der Handwerker gegenüber dem Bauherrn und der Gesellschaft. Wenn man aber die Tätigkeit nur auf ihren Nutzen reduziert, beschränkt man sich damit nicht auch selbst in seiner Kraft und der Möglichkeit, seine Begabungen zu entfalten? Sind es nicht genau diese Momente bei der Arbeit, in denen man alles um sich vergisst und all sein Können einbringt, die besonders Freude bereiten? Die ständige Fixierung auf Lohn und Ertrag beschränkt uns auf gewöhnliche Resultate. — Das halte ich für keine romantische Verklärung. Handwerk war immer harte Arbeit. Heute ersetzen jedoch moderne Plattenwerkstoffe, Leime und Oberflächen die Begegnung mit dem Rohstoff. Dadurch gehen wesentliche Erfahrungen verloren, und das Wissen um traditionelle Holzverbindungen hält sich nur noch in wenigen Betrieben.

Wohl dem, der weiß, was er tut. Das Vorbild für diesen Leitsatz findet sich wohl am ehesten in der ursprünglichen Landwirtschaft: im Bauern, der den rechten Zeitpunkt zum Säen kennt, zum Pflügen und zum Ernten. Ähnliches Wissen, dass aus gesammelten Erfahrungen entstanden ist, gibt es auch im Handwerk. Das fortwährende Üben hat einen hohen Stellenwert in der menschlichen Entwicklung, wächst man doch durch diese Form der Selbstüberwindung über sich selbst hinaus. Es entsteht ein fest verankertes Können, das sich kaum erklären lässt und das auch heute noch viele Möglichkeiten für ein selbstbewusstes Leben eröffnet. Meisterhafte handwerkliche Fertigkeiten werden auch heute noch in Japan besonders gewürdigt. Die besten Meister, die das Kulturerbe und besonderes traditionelles Kunsthandwerk bewahren, erhalten die staatliche Auszeichnung »Lebender Staatsschatz« und sind von Steuern befreit.

»Werde Tischler« heißt eines der Bücher von Hugo Kükelhaus, in dem er einen Übungsweg zur Meisterschaft im Handwerk beschreibt. Es beinhaltet Zeichnungen von Holzverbindungen.

Zu diesem Thema gab es bis dahin kaum Veröffentlichungen. In Europa wurde die Kenntnis der Holzverbindungen eher im lernenden Tun, dem Abschauen vom Meister, erworben. In Ausführungsplänen der Architekten stand üblicherweise »Ausführung zimmermannsmäßig«, ohne nähere Angaben. Eine Ausnahme fand ich bei dem beeindruckenden Baumeister Viollet-Le-Duc, der ganz in der Tradition der französischen »Compagnons und Bauhütten« stand und eine bedeutende Bauschule zur Erhaltung französischer Kathedralen im 19. Jahrhundert leitete. Er schrieb das »Dictionnaire raisonné de l´ architecture«, in dem er als einer der ersten komplexe Holzverbindungen aufzeichnete. In Japan galt das Prinzip der mündlichen Überlieferung in fast allen Handwerksberufen. Lehrbücher im europäischen Sinne waren dort kaum verbreitet. Erst in den letzten Jahren haben japanische Autoren, vielleicht auf Grund des Interesses aus dem Ausland, erste Bücher über japanisches Handwerkszeug und die Konstruktion von Möbeln und Häusern veröffentlicht.

Das Besondere des vorliegenden Buches ist, dass sämtliche abgebildete Verbindungen neu hergestellt wurden. So können die gezeigten Techniken anhand vieler Fotos veranschaulicht werden. Zugleich wurden die Verbindungen überprüft und diejenigen, die nur historische oder dekorative Bedeutung haben oder keinen guten Kraftschluss bewirken, nicht ins Buch aufgenommen.

Das Buch schlägt den Bogen von der sowohl schlichten wie ausgefeilten Technik und zugleich Schönheit traditioneller Holzverbindungen zu den geistigen Grundlagen des Holzhandwerks. Der interkulturelle Vergleich lässt erkennen, dass es eine begrenzte Anzahl von Urbildern für die Verbindungsformen gibt, die durch weitere Ausdifferenzierungen zu der Vielzahl an Holzverbindungen geführt haben. In ihnen drücken sich die Gebote dieser Materie aus. Ohne deren Kenntnis und Anwendung ist es schwer, zu voller Handwerkskunst zu gelangen. An den Details der Verbindungen schult sich der Sinn für den Werkstoff und die räumliche Vorstellungskraft.

Wie Sämlinge tragen die Holzverbindungen bereits die Geometrie des ganzen Möbels oder Holzbauwerkes in sich. Ja, die japanischen Meister verbergen die Schönheit der kunstvollen Verbindungen. Von außen bleiben sie unerkannt, prägen jedoch die Gestalt des Ganzen. Im europäischen Holzbau ist der Kaiserstiel ein gutes Beispiel, wie es einem Handwerker zur Ehre gereicht, ein unsichtbares Bauteil besonders schön auszuführen. Der Kaiserstiel stellt die kraftschlüssige Verbindung zwischen tragenden Streben und Dachfirst her, bei Turmspitzen verbindet er die Schiftersparren zur Spitze. Damit hat er eine ähnlich symbolische Bedeutung wie der Schlussstein im Gewölbe. Der Kaiserstiel erhielt häufig kunstvolle Schnitzereien.

Insbesondere bei der Herstellung japanischer Verbindungen fiel auf, dass nur durch die Verwendung japanischer Sägen befriedigende Ergebnisse erzielt werden konnten. Besonders die unterschiedlichen japanischen Sägen für Längs- und Querholz sind zu empfehlen. Diese verlangen jedoch eine eigene Technik des Schärfens, will man nicht auf japanische Wegwerfwerkzeuge beschränkt bleiben. Schärfkurse werden unterdessen auch in Deutschland von den Werkzeuglieferanten angeboten.

Abschließend sei hier ein Zitat von Hugo Kükelhaus wiedergegeben, dass das für mich Wesentliche sehr gut zusammenfasst: »Wir müssen uns Zeit nehmen, wenn wir Gutes erreichen wollen, Gutes und Gedeihliches für die Seele ... Wir müssen die Fähigkeit in uns stark machen, alle Dinge, die wir betreiben, aus ihren Anfängen heraus zu entwickeln ... Die Anfänge des Holzhandwerks sind die Holzverbindungsformen.« (Hugo Kükelhaus in »Werde Tischler«, 1994, S. 7) Und so geht es auch im vorliegenden Buch mehr um eine achtsame Haltung gegenüber dem Werkstoff als um technische Herstellungsanleitungen. Der gelernte Handwerker wird dann selber anhand der beigefügten Zeichnungen und Erläuterungen herausfinden, wie sich die einzelnen Verbindungen herstellen lassen.

Üben, das ist der fortgesetzte Versuch, das unmöglich Scheinende zu erreichen. Nur wenn uns die Arbeit innerlich bewegt, kann sie auch andere berühren. Die japanische Holzbaukunst zeigt uns einen Weg, wie man jenseits rustikaler Formen bei der Massivholzbearbeitung durch intelligente Technik zu einer sehr feinen Formensprache finden kann.

Das Betrachten und Erproben der Holzverbindungen ist ein erster Schritt.

Wolfram Graubner, Herrischried, im November 2014

Das Handwerk unter dem Einfluß der industriellen Entwicklung

Eine große Zahl alter Handwerke geriet in den letzten Jahren in Vergessenheit. Damit einher geht der Verlust des jahrtausendelang in ihnen gesammelten, gepflegten und weitergegebenen Wissens und der mit ihnen verbundenen handwerklichen Fähigkeiten und Fertigkeiten. Dieser von der Öffentlichkeit in seinem Ausmaß kaum wahrgenommene Verlust ist ein Ergebnis des fortschreitenden Industrialisierungsprozesses.

Mit der sich entwickelnden industriellen Fertigung haben sich die Anforderungen an die menschliche Arbeit von Grund auf geändert. Der in einem Industrieerzeugnis enthaltene Arbeitswert tritt nicht mehr als Kunstfertigkeit zutage, sondern ist nur noch ein kaufmännisch erfaßter Bestandteil. Zeitersparnis bei der Herstellung wird entscheidend für die Absatzmöglichkeit der uniformen Massenprodukte. Zudem sind diese Erzeugnisse mit hohen Vertriebs- und Verwaltungskosten belastet. Die Qualität muß sich dem Marktwert unterordnen.

Ein weiterer, entscheidender Wandel hat sich in bezug auf die Rohstoffe vollzogen. Die Bedingung für maschinelle Verarbeitungsweisen sind stets gleichförmige Ausgangsstoffe. Da diese jedoch in der Natur nicht in dieser Form vorkommen, werden die traditionellen Materialien mechanisch oder chemisch zerkleinert und zu Werkstoffen mit gleichmäßiger Struktur neu verbunden. Auf diese Weise wird aus Stein – Beton, aus Holz – Spanplatte, aus Organischem – Anorganisches.

In vielen Bereichen hat das Handwerk dabei seine aus dem Material und der Funktion entstehende eigene Formensprache gegenüber der Industrie eingebüßt. Dort, wo das Handwerk seine eigenständige Stellung aufgegeben hat, dort, wo es wie beim Klempner, Mechaniker, Uhrmacher oder Bauschreiner nur noch als Montagebetrieb ein Anhängsel industrieller Vorfertigung ist, gehen grundhandwerkliches Wissen und handwerkliche Fertigkeiten verloren. An die Stelle des Handwerkers tritt der Facharbeiter. Für die vielfältigen, sich ständig wandelnden Ansprüche bei Gebrauchsgütern gibt es nur noch uniforme Lösungen.

Selbst in den Fällen, in denen der Weg zurück zu handwerklicher Erzeugung aus wirtschaftlichen Gründen wieder angezeigt wäre, beispielsweise bei nachfragebedingten geringen Stückzahlen oder aufgrund gestiegener Energie- und Gemeinkosten, ist der Weg oft versperrt, weil die handwerklichen Fertigkeiten nicht mehr ausreichend vorhanden sind. Dies betrifft zum Beispiel Zimmereibetriebe, die industriell vorgefertigte Holzverbinder aus Metall verwenden, obwohl diese teilweise teurer und bauphysikalisch ungeeignet sind. Die Zimmerer alter Schule sind in großer Zahl durch Bauhelfer ersetzt worden, welche die traditionellen Holzverbindungen nicht herstellen können. Auch bei den Jungzimmerern sinken die Fertigkeiten, da in der Schule erworbenes Wissen das aus täglicher Übung erwachsende Können nicht zu ersetzen vermag.

Die beschriebenen Veränderungen machen aber nicht nur einen langfristig

wirkenden Strukturwandel sichtbar, sondern sie weisen gleichzeitig darauf hin, daß eine entscheidende Quelle für die Entwicklung zukünftiger Technik verschüttet wird. Die bestimmenden Eigenschaften aller handwerklichen Verfahren – sparsamer Umgang mit Rohstoffen und Energie und einfache Methoden in der Anwendung – sind die Anforderungen, denen sich auch die industrielle Fertigung angesichts knapper Ressourcen und wachsender Umweltprobleme unabweisbar gegenübersieht.
Durch museale, konservierende Maßnahmen können sich die im Handwerk entwickelten Fähigkeiten auf die Dauer nicht halten. Diese überdauern nur durch Arbeiten in der Werkstatt und die damit verbundenen, täglich neuen Anforderungen.

Die Bedeutung des Handwerks als innovative Kraft

Auch das Kunsthandwerk hat sich gezwungenermaßen von seinem Ausgangspunkt entfernt. Durch die industrielle Fertigung von Luxusgütern wurde die Nachfrage nach hochwertigen handwerklichen Produkten für den täglichen Gebrauch stark eingeschränkt. Aus diesem Grund sind die von Kunsthandwerkern hergestellten Produkte häufig keine Gebrauchsgegenstände mehr. Der Umgang mit dem Material wird mehr und mehr zum Thema des heutigen Kunsthandwerkers, weniger der Gebrauchswert des Produktes. So kann sich in diesem Bereich die ursprüngliche Breite handwerklicher Erfahrungen und handwerklichen Wissens nicht erhalten. Wo nicht Mühelosigkeit im Umgang mit dem Material Grundlage des Getaltungsvorgangs ist, besteht die Gefahr, daß das Niveau der Erzeugnisse sinkt.
Die vom Handwerk ausgehenden Innovationskräfte müssen heute neu gesehen und gewürdigt werden – in einer Zeit, in der viele Industriebetriebe unter der mangelnden Kreativität und Eigenverantwortlichkeit ihrer Mitarbeiter leiden.
Technisches Wissen entsteht einerseits aus der Erfahrung im Umgang mit den Ausgangsmaterialien, das man auch »Zustandswissen« nennen kann. Hinzu kommen muß die Kenntnis der im Lauf der Geschichte entwickelten Werkverfahren als sogenanntes »Handlungswissen«. Wo diese Erfahrungen nicht vorhanden sind, fehlt die Grundlage für die notwendige Abstraktion zur Weiterentwicklung technischer Verfahren.
Darüber hinaus hat sich die Thematik heutiger Technologieentwicklung dahingehend gewandelt, daß im Vordergrund nicht mehr hochkomplexe Verfahren stehen, sondern es im Gegenteil um die Vereinfachung angewandter Methoden geht mit dem Ziel einer stärkeren Dezentralisierung, einem geringeren Energieaufwand und der Sparsamkeit im Umgang mit den Rohstoffen bei gleichzeitiger Ausschöpfung der Materialeigenschaften durch eine intelligente Technik. Dies aber sind typische Eigenschaften aller handwerklichen Verfahren, geboren aus dem Mangel an Hilfsmitteln und der körperlichen Schwäche des Menschen.
Einstein kritisierte einmal in diesem Sinne die in seiner Zeit verbreiteten technischen Methoden »...wir haben noch keine Technik, die diesen Namen verdient. Was wir heute Technik nennen, ist die rücksichtslose Anwendung von Gewalt.« Als ein Beispiel wirklicher Technik bezeichnete er den Vorgang, mit Hilfe des Windes gegen den Wind zu segeln.
Bei wirtschafts- und sozialpolitischen Überlegungen hinsichtlich der Arbeitslosigkeit spielt heute das Handwerk mit seinen dezentralen Produktionsweisen wieder eine größere Rolle als während des raschen Wirtschaftswachstums. Zudem sind Handwerker mit einer Ausbildung in einem Grundhandwerk

Wir handeln aber auch so, wie wir mit uns selber umgehen. Wir betreiben mit der Erde und ihren Lebens- und Rohstoffgütern den gleichen Raubbau, den wir als Einzelne – jeder auf seine Weise – als Gesellschaft, als Staat mit uns selbst betreiben.

Wie kommen wir da heraus?

Antwort: Indem wir in Ehrfurcht vor uns selbst in der wahrhaft universalen Gesetzlichkeit unserer Organe leben. Und aufhören, sie zu verraten. Und aufhören, diesen Verrat auch noch unseren Kindern einzubläuen und aufzuzwingen.

weniger von den Folgen von Dauerarbeitslosigkeit bedroht als Industriefacharbeiter, da sie unabhängig von betrieblichen Strukturen auf sich selbst gestellt von Zeit zu Zeit tätig werden können.
Das Interesse der Auszubildenden am Handwerk ist häufig geprägt von der Aussicht auf spätere Selbständigkeit und richtet sich auf die Arbeitsweisen, in denen ein ursprünglicher Umgang mit dem Material und lang erprobte Fertigungsmethoden gepflegt werden.

Veränderungen im Zimmererhandwerk seit dem 18. Jahrhundert

Ein entscheidender Wandel hat sich im Zimmererhandwerk im Lauf des 18. Jahrhunderts vollzogen. Der Handwerker, der bis zu diesem Zeitpunkt zugleich die Aufgabe von Künstler und Architekt erfüllte, wurde in seiner Gestaltungsfreiheit eingeschränkt. Die aufkommenden Vorschriften über den statischen Standsicherheitsnachweis mit Hilfe mathematischer Formeln verdrängten viele Konstruktionsweisen, die aus einem intuitiven Verständnis heraus entwickelt worden waren. So verschwanden in kurzer Zeit fast alle gebogenen Konstruktionen, da die Berechnungsmethoden die Ermittlung sogenannter Kettenlinien noch nicht erlaubten.

Kultureller Austausch im Bereich handwerklicher Techniken

Manche Formen handwerklicher Spitzentechnologie konnten sich dadurch erhalten, daß sie im Rahmen der Völkerwanderung oder durch kulturellen Austausch in andere Länder »exportiert« wurden und dort unter veränderten Bedingungen erneut zur Blüte kamen.
Typische Beispiele hierfür sind die hervorragenden Verputztechniken des Mittelalters, die den heutigen Techniken in bezug auf ihre Haltbarkeit und Farbigkeit weit überlegen waren. In Europa sind sie weitgehend in Vergessenheit geraten. Im 17. Jahrhundert gelangten sie nach Japan und fanden dort Verbreitung, und sie erfreuen sich heute noch großer Beliebtheit.
Eine Gruppe schlesischer Zimmerleute wurde im Zuge der Hunnenfeldzüge ins heutige China verschleppt und errang dort großes Ansehen und Freiheit durch ihre Kunst, hölzerne Belagerungsmaschinen herzustellen. So mögen einige Konstruktionsweisen zum Bau von Stabbauten aus Europa in den asiatischen Kulturraum gekommen sein, wie die Herstellung verzahnter Balken, die im Kapitel II dieses Buches dargestellt sind.
Wenn wir uns heute diesen Techniken zuwenden, so geht es nicht um Denkmalpflege, sondern vielmehr um die Pflege der Fähigkeiten, die es unseren Vorfahren ermöglichten, solche Techniken zu entwickeln, und darum »durch anschauende Tätigkeit und tätiges Anschauen den Sinngrund handwerklicher Fähigkeit und Verrichtung, handwerkstechnischer Verfahren und fachlichen Wissens breitgefächert aus allen Bereichen handwerklichen Lebens über die Fachgrenzen hinaus von den mit dem Menschsein gegebenen Anfängen her neu [zu] gründen« (Hugo Kükelhaus).
In diesem Sinne stellen die nachfolgenden Ausführungen zu den einzelnen Holzverbindungen kein im heutigen Sinn akademisches Forschungsvorhaben dar, sondern sie nehmen ihren Ausgang von handwerklichen Erfahrungen in der Zimmerei- und Schreinereiwerkstatt. Sie wollen hinführen zu einem tieferen Verständnis handwerklicher Grundprinzipien und fordern auf zum Nachbilden und zur Weiterentwicklung der dargestellten Verbindungsformen.

Durch anschauende Tätigkeit und tätiges Anschauen den Sinngrund handwerklicher Fähigkeit und Verrichtung, handwerkstechnischer Verfahren und fachlichen Wissens breitgefächert aus allen Bereichen handwerklichen Lebens über die Fachgrenzen hinaus von den mit dem Menschsein gegebenen Anfängen her neu gründen.

Hugo Kükelhaus

Japanische und europäische Holzverbindungen und ihre anthropologischen Wurzeln

Hugo Kükelhaus

In seinen Werkverfahren ist der Mensch der Natur und ihrer Gesetzlichkeit in einer unverbrüchlichen Weise nah. Der Grund: nur in vollem, mit gespannter Aufmerksamkeit ständig zu erneuerndem und abzuwandelndem Einklang mit ihren Rechtsätzen, ihren Ordnungen, ihrer Maßgabe ist es dem Menschen möglich, sein Leben entsprechend seinen Vorstellungen und Absichten zu führen.
Die vorgestellten Beispielstücke aus dem japanischen und deutschen Zimmerer-Handwerk offenbaren mit überraschender Sichtbarkeit, daß die beiden so verschieden gearteten Kulturen ein und dieselben Wurzeln haben und in manchen Fällen auch ein und dieselben Ausformungen in den Werkverfahren, den Verrichtungsweisen und den Werkzeugen, die dem Behaustein dienen.
Naturam parendo vincimus (Lord Bacon). »Wir überwinden die Natur, indem wir ihr gehorchen.« Die Spinne webt ihre Netze; der Vogel flicht sein Nest; der Biber baut seine Dämme (hydrodynamisch genauer als ein Computer es errechnen kann ...); die Raupe wickelt ihren Kokon. Solcherart Gebilde und Bildungen des Tierreiches sind Manifestationen eines durch die Lebewesen entsprechend abgewandelten Naturgeschehens; zugleich aber sind Nest, Gespinst, Staudamm, Kokon allemal regelrechte, nach außen gestülpte, embryonisch vorgeprägte Organe. Ihre Verfahrensweise heißt »Technik«. Im gleichen Sinne sind die Werkzeuge und Werkverfahren des Menschen in ihren Grundformen als vorgeburtlich tätige und nachgeburtlich weitergeführte Wachstumsbewegungen und Entwicklungsgesten zu erkennen. Kein Zweifel: mit solchen Augen will das Holzverbindungswerk der Japaner, der Deutschen und aller Welt angesehen und verstanden sein.
»Das Tier wird von seinen Organen belehrt. Dem Menschen jedoch ist die Möglichkeit gegeben, seinerseits die Organe zu belehren.« (Goethe) Die von der Natur des Holzes bestimmten Formen seiner Verbindungen in die Länge und in die Quere sind von der gleichen Vollendung wie die ausgestülpten Organe und deren Leistungsformen im Tierreich: jedoch umgewandelt und hochgebildet durch jenen einzigen Akt der Befreiung aus der Haft der Zwecke und Ziele, die den Menschen zum Menschen machen in der Verbindung des Heiligen, die als Kunst, als Kult des Lebendigen, als Ritual der Gesellschaft zu Erscheinung und Wirklichkeit gelangt.
Alle zwanzig Jahre baut der Japaner das Haus der Verehrung, die Hülle des heiligen Schreins, ab, und zwar mit der gleichen andächtigen Umsicht, wie er es an anderer Stelle neu errichtet.
Das Bauen ist der Bau. Das Bauen der Heiligtümer ist rund um die Erde und durch den Lauf der Geschichte von den Sanktuarien der Eiszeithöhlen, den riesigen astronomischen Anlagen der Urzeit bis zu den Kathedralen und Moscheen die eigentliche, die geheime Quelle aller Bau-Technik, ausstrahlend in die Bereiche des Profanen, besiegelt durch das ad majorem Dei gloriam nicht erst der mittelalterlichen Bauhütten, sondern aller unter uns lebenden Werkleute mit ihrem Gefolge in der Jugend.

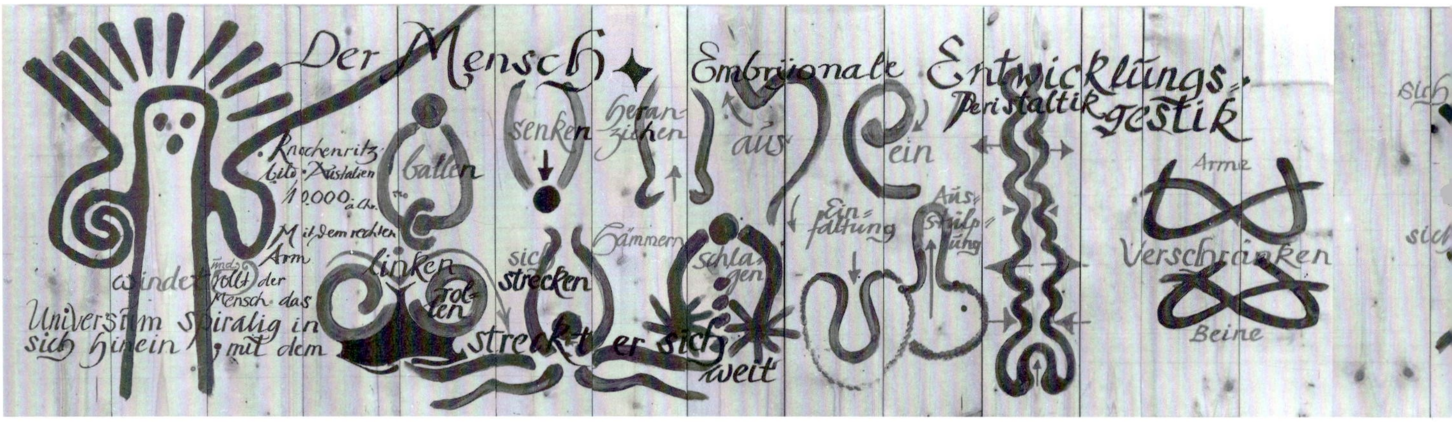
Der Mensch
Embryonale Entwicklungsgestik
Peristaltik
senken
heranziehen
ballen
aus
ein
Einfaltung
Ausstülpung
Hämmern
schlagen
linken
sich strecken
falten
streckt er sich weit
Arme
Verschränken
Beine
Universum spiralig in sich hinein

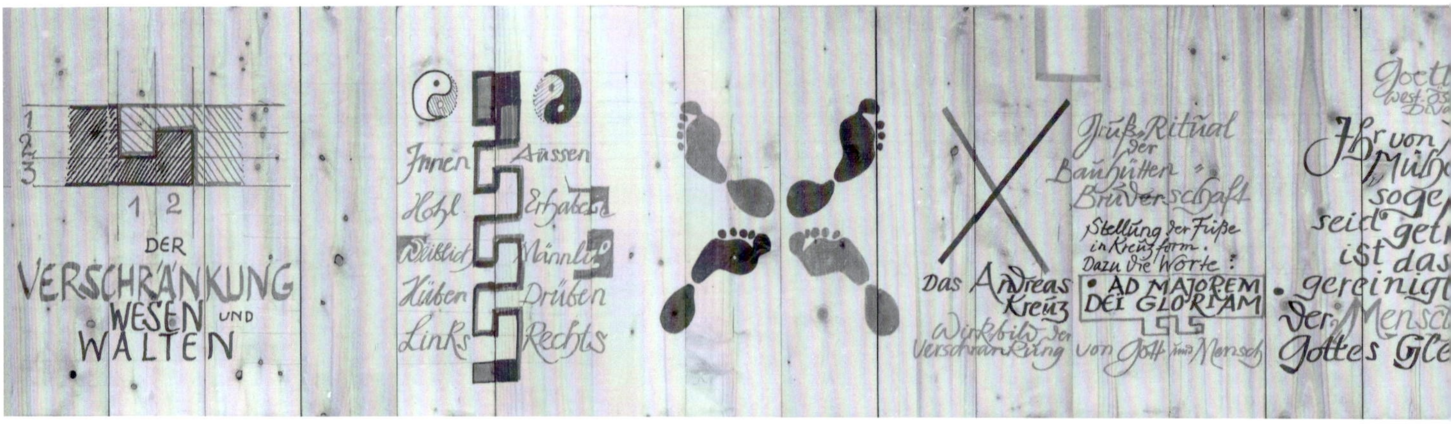
DER VERSCHRÄNKUNG WESEN UND WALTEN
Innen
Aussen
Hohl
Erhaben
Hüben
Drüben
Links
Rechts
Das Andreas Kreuz
Gruß-Ritual der Bauhütten-Bruderschaft
Stellung der Füße in Kreuzform. Dazu die Worte:
AD MAJOREM DEI GLORIAM

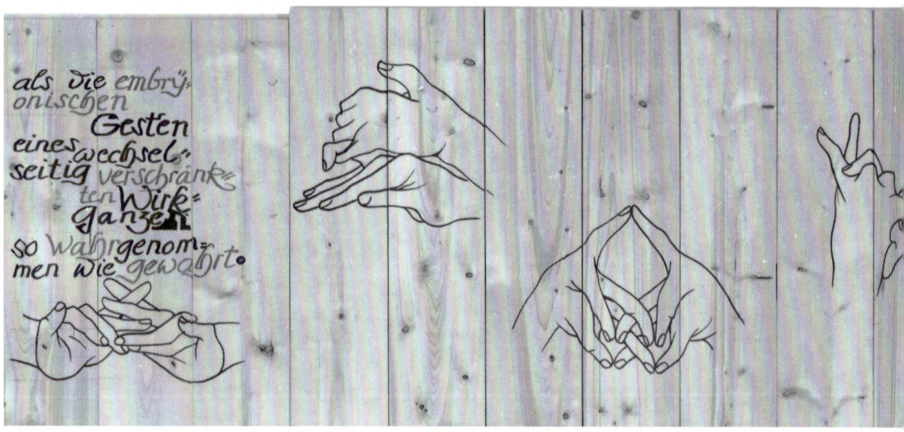
als die embryonischen Gesten eines wechselseitig verschränkten Wirk-Ganzen so wahrgenommen wie gewahrt.

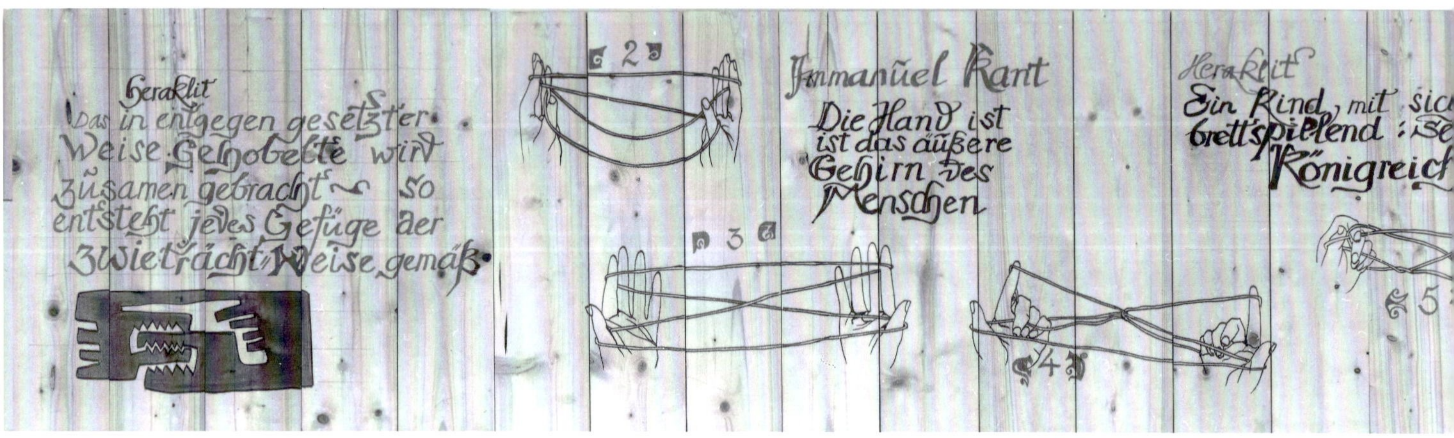
Heraklit
Das in entgegengesetzter Weise Gehobelte wird zusamen gebracht so entsteht jedes Gefüge der Zwietracht Weise gemäß.
2
3
4
Immanuel Kant
Die Hand ist das äußere Gehirn des Menschen
Königreich

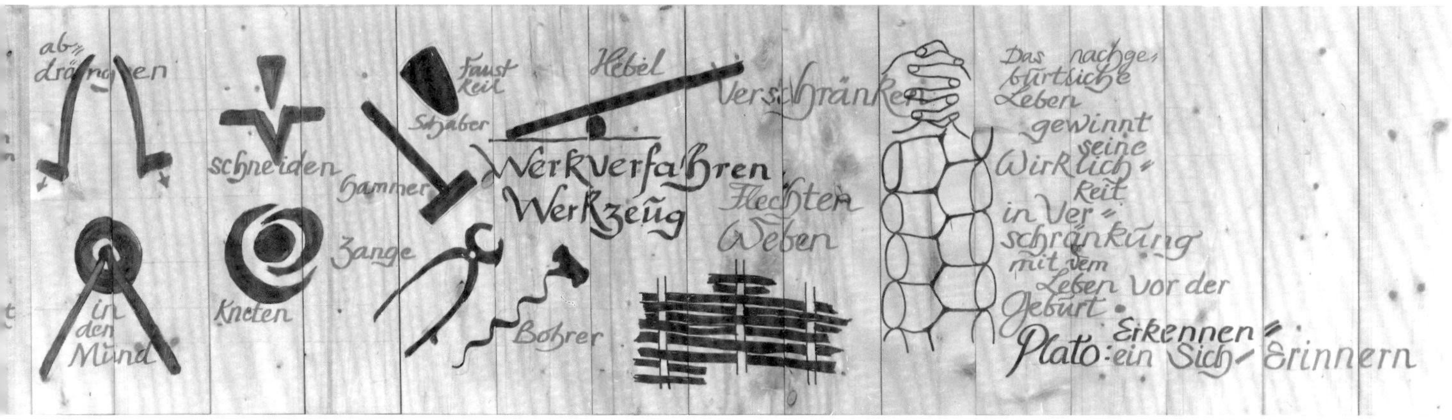

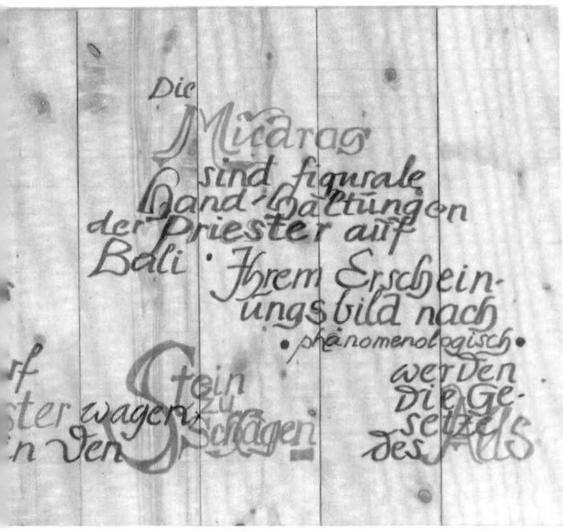

Hugo Kükelhaus zeichnete eine Tafel von 18 m Länge zu Themen des Zusammenhangs von frühkindlichen Gesten und der Entstehung von Handwerkszeug und Holzfügeformen.
Diese Tafel wurde anläßlich einer Ausstellung über Holzverbindungen in München 1983 gezeigt.

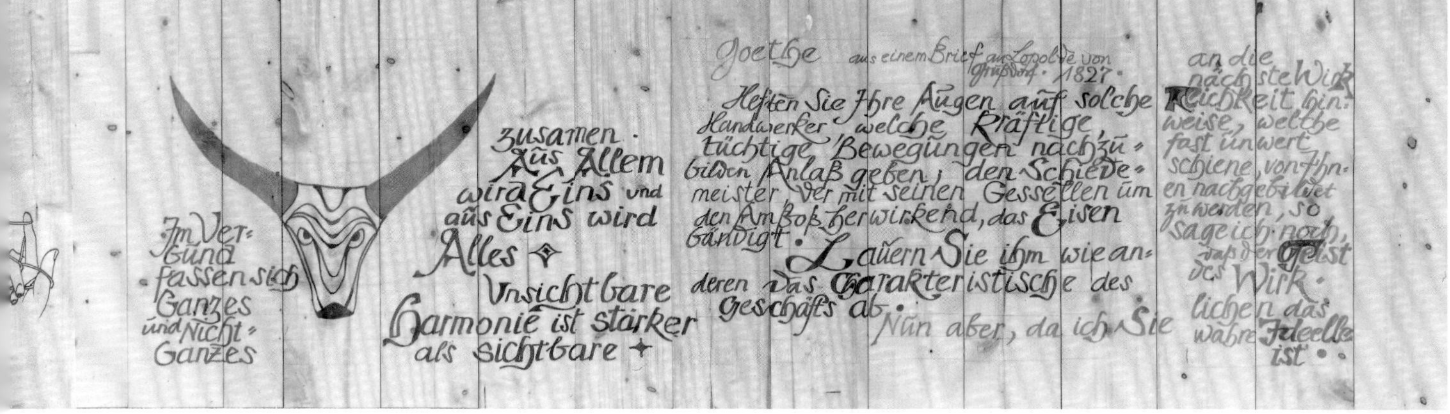

Die Holzverbindungen

Ein Vergleich der Holzverbindungen in den großen Holzbautraditionen Asiens, Nord- und Südeuropas erlaubt es, die einzelnen Schritte aufzuzeigen, die zu den uns heute bekannten komplizierten und vielfältig kombinierbaren Verbindungsformen geführt haben. Es ergibt sich eine Entwicklungsreihe von den einfachsten Grundformen bis hin zu der Kombination der Verbindungselemente in allseitig belastbaren Fügeformen.
Um ein Verständnis für die uns heute bekannten etwa 600 Holzverbindungsformen zu erlangen, ist es nötig, sich ihren Grundprinzipien zuzuwenden. Sie sind nicht jeweils ausschließlich zum Zwecke einer bestimmten Funktion entwickelt worden, und es ist nicht selbstverständlich, welche Verbindung an welcher Stelle einer Konstruktion zur Anwendung kommen muß. Die große Anzahl der Holzverbindungen ist darauf zurückzuführen, daß Generationen von Handwerkern entsprechend den sich wandelnden Bedingungen und Ansprüchen herkömmliche Verbindungsformen weiterentwickeln mußten. Auch für uns heute gelten andere Forderungen als noch vor 20 Jahren.
Die Verbindungen werden an den Stellen angearbeitet, wo tragende und getragene Teile zusammentreffen, wo Abstützungen und Verklammerungen notwendig sind oder wo Brettflächen zusammengefügt, gegen Verwerfen gesichert und zu einem Korpus zusammengebaut werden sollen.

Herausbildung unterschiedlicher Holzverbindungen in Abhängigkeit von regionalen Bedingungen

Jeder Kulturkreis hat aufgrund unterschiedlicher Bedingungen und Erfordernisse jeweils eigene Verbindungsarten hervorgebracht. So finden wir in Japan eine hohe Entwicklung bei den Längsholzverbindungen, jedoch nur eine geringe Anzahl Schrägverbindungen. Dies erklärt sich daraus, daß man in Japan versuchte, Diagonalverstrebungen in Holzbauten zu vermeiden, da diese bei Erdbeben keine ausreichende Elastizität gewährleisteten. Um den Gebäuden dennoch die notwendige Steifigkeit zu verleihen, müssen lange Konstruktionshölzer verwendet werden und die Riegel zug- und druckfest mit den Pfosten verbunden werden. Diese Bauweise führte bereits im 11. und 12. Jahrhundert zu einem Raubbau an hochgewachsenen Bäumen, so daß auf kurze und auch krumme Bäume zurückgegriffen werden mußte, die mit Hilfe von Längsverbindungen auf die erforderliche Länge gebracht wurden.
Das Umgekehrte gilt für den südeuropäischen Holzbau römischer Tradition. Durch die vielfältigen Verstrebungen wurde eine große Zahl von Schrägverbindungen benötigt. Längsverbindungen dagegen kommen im europäischen Stockwerkbau selten zur Anwendung.

Das Gemeinsame der Holzverbindungen in Ost und West

Frühe Vorbilder von Holzverbindungen mögen einerseits Astgabelungen gewesen sein, andererseits sind es die Hände, die dem Menschen die Möglichkeit geben, sinnvolle Verklammerungen, Verstrickungen oder Haltegriffe zu erproben.

Es ist auffällig, daß verschiedene Kulturen gleichartige Werkzeuge entwickelt haben, die in den Grundformen sogar unabhängig vom zu bearbeitenden Material sind. Diese Grundformen beruhen auf ursprünglichen Erfahrungen des Menschen mit den Bewegungsmöglichkeiten seiner Hände und entsprechen dem Schlagen, Greifen, Klammern, Bohren etc. In diesem Sinne mag die Faust als Vorbild des Hammers, die Greifbewegung von Daumen und Zeigefinger als Vorbild aller Zangen gedient haben.

In der Führung der Werkzeuge jedoch bestehen Unterschiede. So führt der Asiate alle Werkzeuge auf seinen Körper hin, der Europäer arbeitet mit Schwung vom Körper weg.

An der Geschichte der Werkzeuge lassen sich die Erfahrungen unserer Vorfahren mit der Bearbeitung des Holzes verfolgen. So tauchen in frühester Zeit Werkzeuge zum Spalten auf wie Axt, Keil, Ziehmesser, Dechsel. Die Schlag- und Spaltwerkzeuge scheinen in Ost und West geschichtlich die ältesten zu sein. Aus einer Ausgrabung nördlich von Bremen kennen wir solche Werkzeuge aus der Zeit 100 n. Chr. Schon damals wurde auf geschickte Weise mit beilartigen Werkzeugen Holz bearbeitet. Offensichtlich lag bereits eine Tradition der hierzu erforderlichen Techniken vor.

Die Sägewerkzeuge für das viel aufwendigere Bearbeiten quer zur Faser sind historisch jünger.

Die heute hauptsächlich bei der industriellen Verarbeitung von Holz übliche Nut-und-Feder-Verbindung zeigt sich als eine der ältesten Flächenverbindungen. Durch Spalten wurden aus dem runden Holz dreieckige Spaltlinge gewonnen. An deren Breitseiten wurden mit dem Ziehmesser Nuten ausgearbeitet. Die spitzwinklige Seite der Spaltlinge wurde dann in die Nut eingeführt.

Im 17. Jahrhundert tauchen aufgrund verbesserter Werkzeuge mannigfache Schmuckformen von Holzverbindungen auf. Daneben gibt es ein fortwährendes Bemühen, die Verbindungen einerseits in ihrer Paßform und Haltbarkeit zu verbessern, andererseits sie möglichst wenig in Erscheinung treten zu lassen. Die Folge sind kunstvolle Verbindungen, die nach außen hin nur einen schrägen Gehrungsschnitt zeigen, der in der Maserung im günstigsten Fall unsichtbar wird.

So unscheinbar diese Verbindungen auch sein mögen, so spiegeln sich in ihnen doch die geometrischen Bedingungen und die verschieden gerichteten Krafteinwirkungen des ganzen Bauwerks oder Möbels wider: Alle Bauwerke, wie übrigens auch die Pflanzen, nutzen auf geschickte Weise die Kraft, die ihnen entgegengesetzt wirkt – die Erdanziehung – zu ihrer eigenen Stabilisierung.

Die Spiegelung der geometrischen Verhältnisse innerhalb einer Konstruktion im Knotenpunkt wird besonders deutlich bei nicht-rechtwinkligen und räumlich-sphärischen Gebilden. Die Gesetze von Winkel und Gegenwinkel ergeben die Schmiegen und Schiftungen bei der »Austragung«. Kompliziert wird dies bei Schräganschlüssen von Streben, Kehlen, Graten, Bügen etc., wo Kraftlinie und Gebäudekante nicht zusammenfallen.

Die typischen Besonderheiten von Holz als einem Material, das sich in der Längsrichtung anders verhält als in der Breite oder Dicke, welches zudem innere Spannungen entwickelt, unterscheiden sich deutlich von gleichförmigen Materialien wie Eisen und Beton. So gilt es, bei der Ausführung von

Verbindungsstellen Rücksicht zu nehmen auf die unterschiedlichen Festigkeiten bei Krafteinwirkung aus verschiedenen Richtungen. Das unterschiedliche Schwundverhalten des Holzes in der Länge und in der Breite macht besondere Vorkehrungen notwendig, wenn Längs- mit Querholz verbunden werden muß. Das für Fäulnis besonders anfällige Hirnholz verlangt konstruktive Vorkehrungen bei Verbindungen, die dem Wetter ausgesetzt sind.

Traditionelle Holzverbindungen im Schreiner- und Zimmererhandwerk heute

Durch die Verwendung industriell gefertigter Plattenwerkstoffe und Verbindungselemente hat das Schreinerhandwerk seine eigene Formensprache gegenüber den industriell hergestellten Möbeln weitgehend verloren. In zunehmendem Maße ist jedoch heute ein verstärktes Interesse an individuell gestalteten, hochwertigen Möbeln festzustellen.
Ein entscheidender Vorteil des Schreinereibetriebs gegenüber der Möbelindustrie liegt in seiner Möglichkeit, Massivholz zu verarbeiten. Hierzu sind großes handwerkliches Geschick und Erfahrung im Umgang mit dem Material erforderlich, um auf die Besonderheiten jedes Stammes und jedes Brettes einzugehen.
Echte Holzverbindungen lassen sich nur an Massivholz anarbeiten. Dadurch sind sie zum Erkennungsmerkmal für hochwertige Schreinermöbel geworden. Für den einzelnen Schreinereibetrieb zahlt sich die Massivholzverarbeitung auch insofern aus, als sie geringere Maschineninvestitionen und weit geringeren Stromverbrauch erfordert.
Auch in der Massivholz-Schreinerei haben neue Verbindungstechniken und schnell abbindende Leime die Holzverbindung vorübergehend in den Hintergrund gedrängt. Die Stabilität verleimter Holzverbindungen ist jedoch bis heute unübertroffen.
Im Zimmererhandwerk haben sich Holzverbindungen bis zum jetzigen Zeitpunkt besser behaupten können, da Verleimungen unter Witterungseinfluß nicht zu dauerhaften Verbindungen führen.

Beispiele für die industrielle Herstellung von Holzverbindungen in einem modernen japanischen Holzbaubetrieb.

Gegenüberstellung von Holzverbindungen Holz in Holz und mit Metallteilen

Unter dem Einfluß des ingenieurmäßigen Baus von Großgebäuden hat die metallverarbeitende Industrie zu Beginn unseres Jahrhunderts stabförmige Verbindungsmittel für Holzkonstruktionen entwickelt. Im Zuge der starken Wohnungsnachfrage in den fünfziger Jahren kamen dann einfache Blechformteile für verschiedenste Arten von Balkenanschlüssen auf den Markt. Durch diese Hilfsmittel wurden die bis zu diesem Zeitpunkt zimmermannsmäßig ausgeführten Holzverbindungen in zunehmendem Maße verdrängt.
Heute, nach einigen Jahrzehnten Erfahrung mit den Metallverbindungsteilen, kann ein Resumée gezogen werden.
Vorteile für den Planer ergeben sich aus den umfangreichen Untersuchungen der Hersteller solcher Blechverbinder und der daraus entwickelten tabellarischen Übersicht hinsichtlich der Belastbarkeit. Belastungstabellen dieser Art wurden bis heute nicht in gleichem Umfang für zimmermannsmäßige Holzverbindungen erstellt. Hierfür erforderliche, äußerst aufwendige Untersuchungen können von einzelnen Zimmereibetrieben nicht finanziert werden und wären sinnvollerweise von politischen Institutionen durchzuführen.
Weitere Vorteile der Metallverbinder für den Handwerksbetrieb liegen in der einfachen Montage und der überschaubaren Kalkulation dieser Teile. Bei der Montage ist der Meister nicht mehr auf qualifizierte Facharbeiter angewiesen. Diese wandern seit den sechziger Jahren in großer Zahl in die Industrie ab, da dort ein größeres Einkommen zu erzielen ist.
Die Herstellung eines Metallverbinders ist heute nicht mehr in jedem Fall kostengünstiger als die Herstellung einer Holzverbindung Holz in Holz. Zudem belastet die äußerst energieaufwendige Metallindustrie unsere Umwelt.
Die handwerklichen Holzverbindungen sind in jahrhundertelanger Erfahrung entstanden und verbessert worden und entsprechen so den Holzeigenschaften in bester Weise. Ihre Nachteile liegen zum Teil in der Schwächung der Holzquerschnitte, jedoch könnte hier viel durch ein angemessenes statisches Nachweisverfahren, das den Besonderheiten des Werkstoffes Holz entspricht, ausgeglichen werden. Die heutigen Nachweisverfahren haben sich aus den Meßdaten des Stahl- und Stahlbetonbaus und ihrer homogenen Materialien entwickelt. Mit dem Aufkommen des Stahlbaus und der statischen Standsicherheitsnachweise in der Mitte des vergangenen Jahrhunderts verschwanden manche hervorragende Bauweisen, wie die gebogenen Holzträger, da sich damals wie heute derartige Konstruktionen nicht zweifelsfrei berechnen lassen. In der Schweiz gibt es Holzbrücken aus dem 18. Jahrhundert, die mit dieser Technik gebaut wurden und die noch heutigem Schwerlastverkehr standhalten.
Die Stabilität von Holzverbindungen läßt sich besser durch experimentelle als durch rechnerische Methoden erfassen. Dabei muß die gesamte Konstruktion Berücksichtigung finden, da Holzkonstruktionen in sich elastisch reagieren und auf diese Weise Überbelastungen an einzelnen Punkten verteilt werden.

Brandverhalten von Holzverbindungen

Brandschutz bedeutet einerseits Maßnahmen zur Verhinderung des Ausbruchs von Bränden, andererseits dient er der Abwendung von Gefahren, die nach dem Brand drohen.
In den letzten Jahren rückt die Frage nach Bauweisen in den Vordergrund, die unter Brandeinwirkung eine lange Standzeit besitzen. Der Sinn der heute von den Landesbauordnungen geforderten Feuerwiderstandszeiten für die tragende Konstruktion von Bauten liegt darin, Menschen aus brennenden Gebäuden retten zu können und Löschmannschaften bei ihrer Arbeit nicht in Lebensgefahr zu bringen. Brandfälle der jüngsten Zeit hatten aufgrund des frühzeitigen Einsturzes des Gebäudes katastrophale Auswirkungen.
Sämtliche Baustoffe, brennbare wie nicht brennbare, nehmen unter Feuereinwirkung Schaden. Holzkonstruktionen haben jedoch nur dann eine hohe Feuerwiderstandsdauer, wenn alle dazugehörenden Glieder, auch die schwächsten, den geforderten Feuerwiderstandswerten entsprechen. Metallverbinder zwischen den einzelnen Balken bei Holzkonstruktionen erweisen sich als die Schwachstellen.
Erst neuere Untersuchungen in der Folge der Brandkatastrophe von Bad Schlangenbad machten deutlich, daß offen liegende Holzverbinder aus Metall selbst für die niedrigste Feuerwiderstandsklasse von F 30 keine ausreichende Sicherheit bieten. Im Brandfall kommt es bereits nach 15–25 Minuten zum Durchglühen, damit zum Abknicken und Abreißen der Verbindungsteile und dadurch zum Einsturz des Gebäudes.
In das Holz eingebohrte Verbinder, die nicht voll den Flammen ausgesetzt sind, entzünden aufgrund ihrer hohen Wärmeleitfähigkeit die Hölzer im inneren Querschnittsteil, verlieren so ihre Klemmwirkung im Holz und brennen vorzeitig aus dem Holz heraus. Die Untersuchungen führten zu dem Ergebnis, daß metallene Verbindungsteile nur dann eingesetzt werden sollten, wenn sie nachträglich mit Holz oder Brandschutzplatten verkleidet werden. Gleichzeitig kam man zu der Feststellung, daß reine Holzverbindungen im Brandfall den Gebäuden eine sehr viel längere Standzeit garantieren. Erst neueste brandschutztechnische Vorschriften berücksichtigen diese Vorteile der reinen Holzverbindungen.
Holz entzündet sich gewöhnlich bei Temperaturen zwischen 300 und 500 °C. Die Temperatur an der brennenden Holzoberfläche steigt dann vorübergehend bis auf 1100 °C an. Die dabei entstehende Verkohlung der Oberfläche wirkt jedoch nach kurzer Zeit so stark wärmedämmend, daß die Temperatur wieder sinkt, wodurch ein weiteres Abbrennen verzögert, wenn nicht sogar verhindert wird. Zudem bewirkt die geringe Wärmeleitfähigkeit des Holzes, daß die hohen Temperaturen an der Oberfläche nicht in das Innere der Balken weitergeleitet werden.
Durch Wärmeentwicklung wird die Feuchtigkeit aus den Hölzern verdrängt. Das Sinken des Wassergehalts hat eine Erhöhung der Festigkeitseigenschaften des Holzes zur Folge. So wird die Zerstörung der äußeren Balkenteile

Durch Hitzeeinwirkung verformte Stahlträger, die infolge ihrer großen Wärmeausdehnung aus den Auflagerpunkten ausgerissen sind.

durch die Erhöhung der Tragfähigkeit der inneren Querschnittsteile kompensiert.

Alle Baustoffe ändern ihre Abmessungen bei Temperaturänderung. Stahlbauteile dehnen sich beispielsweise bei Hitzeeinwirkung so stark aus, daß ihre Auflagerpunkte im Brandfall aus den Verankerungen gerissen werden können. Holz besitzt demgegenüber eine geringe Wärmeausdehnung, nicht zuletzt deshalb, weil das Entweichen der Feuchtigkeit aus dem Holz bei hohen Temperaturen einen Schwund des Holzes begünstigt. Aus diesem Grund erfahren auch stark erhitzte Holzbauteile kaum Spannungen gegenüber ihren Auflagerpunkten.

Im Gegensatz zu wärmeleitenden Baustoffen sind Holzkonstruktionen zusätzlich durch die Bildung eines Brandschattens geschützt. Die in der Nähe des Brandherds befindlichen Hölzer schirmen die dahinterliegenden Bauteile ab und verhindern so deren sofortige Entzündung. Metallbauteile dagegen kommen unter dem Einfluß der Hitzestrahlung des Brandherds zum Glühen und strahlen ihre Hitze wiederum im näheren Umkreis ab, was zur Entzündung oder Deformation weiterer Bauteile führt.

Holzbauteile können Brandbelastungen von über 90 Minuten standhalten. Durch die Verwendung von Hartholz kann dieser Wert noch gesteigert werden. Wenige Konstruktionshölzer größerer Querschnitte sind zweckmäßiger als viele kleineren Querschnitts.

Das verwendete Bauholz sollte gehobelt und abgefast sein und möglichst wenig Risse aufweisen. Letzteres kann durch die Verwendung von herzfrei geschnittenem, wintergeschlagenem Bauholz erreicht werden. Die entsprechenden Einschlagmethoden sind an anderer Stelle dieses Buches näher erläutert.

Einen sinnvollen Beitrag zum konstruktiven Brandschutz bilden Bauweisen, bei denen die tragenden Holzwände einen Abstand von mindestens 3 m aufweisen und die lichte Geschoßhöhe 3 m nicht übersteigt.

Bei kleineren und höheren Räumen besteht die Gefahr der schnelleren Ausbreitung von Bränden, weil Holz sich nicht ursächlich durch den Kontakt mit einer offenen Flamme entzündet, vielmehr bedarf es einer entsprechend großen Erhitzung. Die Strahlungswärme eines Brandherds nimmt mit dem Abstand zu ihm ab. Entzündet sich eine Holzwand eines Raumes, so besteht die Gefahr, daß sich in kurzer Zeit infolge starker Hitzestrahlung alle anderen Wände des Raumes spontan entzünden, wenn der Abstand der Wände zueinander gering ist. Bei großen Raumhöhen entsteht eine Kaminwirkung durch die bei Bränden entstehende warme Luft, die aufsteigt und so zu einer vermehrten Sauerstoffzufuhr zum Brandherd führt.

Holzschutz

Holz unterliegt dort dem natürlichen Kreislauf von Entstehen und Vergehen, wo nicht besondere Maßnahmen diesen Kreislauf vorübergehend unterbrechen. Die Natur bedient sich bei der Rückführung des Holzes holzzerstörender Pilze, Insekten und Bakterien. Damit diese natürlichen Feinde des Holzes jedoch mit ihrer Zersetzungsarbeit beginnen können, bedarf es bestimmter Voraussetzungen. Diese bestehen in erhöhter Feuchtigkeit und Temperatur für die Pilze. Insekten und deren Larven suchen Nahrung in Form von Stärke im Holz und bedürfen der Holzrisse, um ihre Eier abzulegen. Ein sinnvoller Holzschutz muß die Bedingungen, die den Befall durch Pilze und Insekten überhaupt erst ermöglichen, vermeiden. Manche Hölzer wirken aufgrund ihrer Holzinhaltsstoffe, wie Thujaplicin, auf Insekten und deren Larven fraßhemmend oder sogar giftig. Zu diesen Hölzern gehören Koniferenkernhölzer, Eichenkern, Kampfer, Sandel, Ebenholz und verschiedene andere Kernholzarten. Andere Hölzer wiederum weisen Holzinhaltsstoffe auf, die das Gedeihen von Pilzen verhindern, z. B. das Kernholz von Kastanie, Lärche, Eiche, Kiefer und Kirschbaum.

Kondensatbildung an Metallteilen

Holz besitzt eine überdurchschnittlich gute Wärmedämmung im Vergleich zu vielen anorganischen Baustoffen. Quer zur Faser ist der Dämmeffekt größer als parallel dazu, bei leichtem und trockenem Holz ausgeprägter als bei dichteren Hölzern. Probleme ergeben sich in unbeheizten Räumen, wenn metallene Verbindungsteile Holzbalken durchdringen. Metall ist ein guter Wärmeleiter, so daß am Abend und bei Witterungswechsel die Metallteile sehr viel schneller auskühlen als das sie umgebende Holz. Da aus physikalischen Gründen Wasserdampf in einem Bauteil immer von der warmen zur kalten Seite wandert, kommt es an den kalten Metallteilen häufig zur Tauwasserbildung. Die Folgen davon sind einerseits das Rosten der Metallteile an den Stellen, an denen ihre Verzinkung beim Einschlagen in das Holz verletzt wurde, andererseits fault das Holz dort, wo es durch diese Kondensatbildung ständig feucht gehalten wird. Hierdurch verliert der Bolzen seinen Klemmsitz und damit seine Tragfunktion.

Um diesen Fäulnisprozeß zu verlangsamen, werden häufig massive chemische Holzschutzmittel verwendet, die bei einer reinen Holzkonstruktion überflüssig wären. Leider werden die Balken häufig zwar in der ganzen Länge behandelt, nicht jedoch an den eigentlich notwendigen Stellen, den Bohrlöchern.

Stabverbinder, die mit einer gewissen Dickentoleranz eingebohrt werden, verlieren durch den beginnenden Fäulnisprozeß rasch ihren Sitz, im Gegensatz zu Nägeln, die durch Einrosten und Einschwinden für eine gewisse Zeit sogar eine verbesserte Klemmwirkung aufweisen

Holzarten und ihre Eignung als Bauhölzer

Wirksamer Holzschutz ist abhängig von der Auswahl der jeweils am besten geeigneten Holzart für unterschiedlich beanspruchte Teile einer Konstruktion oder eines Möbels.

Der japanische Zimmermann verwendet traditionell innerhalb eines Bauwerks verschiedene Holzarten:

Die Zypresse (Chamae cyparis) ist äußerst widerstandsfähig gegen jegliche Art von Schädlingen und braucht auch nach heutiger japanischer Baunorm nicht imprägniert zu werden. Wegen ihres hohen Preises wird sie heute nur für besonders beanspruchte Bauteile verwendet.

Das Hibaholz (Thujopsis dellabrata) verhält sich ähnlich wie die Zypresse und ist von gleichmäßigem, wenig astigem Wuchs.

Aus Hemlocktanne wird die Masse der Bauhölzer produziert. Es ist jedoch weniger widerstandsfähig als die Zypresse und hat ein geringeres Stehvermögen.

Rotkiefer kommt meist in krummen Stämmen vor, die noch heute ungesägt für Dachstühle Verwendung finden.

Aus Eiche oder Ahorn werden alle eingelegten Fremdverbinder und die vielförmigen Keile in Holzverbindungen hergestellt.

Müssen an ein Holz viele Verbindungen angearbeitet werden, wird Laubholz bevorzugt, da es sich wegen seiner kurzfaserigen Struktur exakter bearbeiten läßt. Hierfür finden Maulbeerholz und Paulowniaholz Verwendung.

Für den Ausbau der Wandregale und Nischen werden importierte Hölzer wie Sandel, Ebenholz und Eisenholz hoch geschätzt.

Bambus wird herangezogen für Sparren, Lattung, Gitterwerk und Zäune.

Im mittel- und nordeuropäischen Hausbau nimmt sich die Auswahl der verwendeten Hölzer dagegen bescheiden aus.

Verwendet wird die Fichte, die zwar wenig beständig ist jedoch ein gutes Stehvermögen hat und deswegen in jüngster Zeit im Fensterbau der Kiefer vorgezogen wird. Kiefer ist zwar widerstandsfähiger, neigt aber unter Sonneneinstrahlung zum Verdrehen.

Lärche ist besonders resistent gegen Fäulnis und hat eine hohe Elastizität. Das Aufkommen an Lärchenholz ist in Europa heute im allgemeinen gering, und die vorhandenen Stämme haben oft sichelförmigen Wuchs oder sind widerspanig, so daß es nur noch regional als Bauholz Verwendung findet.

Die Tanne ist häufig sehr naß, hat breite Jahresringe, braune Verfärbungen und ist manchmal aufgrund von Widerspanigkeit schlecht zu hobeln. Obgleich sie in großen Stammdurchmessern vorkommt und nur wenig Harz enthält, wird sie gleichermaßen von Schreinern und Zimmerleuten gemieden. Der Förster pflanzt sie dennoch an wegen ihres raschen Wuchses, ihrem festen Stand auf nassen Böden bei Wind und ihrer Fähigkeit, sich auch im Schatten größerer Bäume zu entwickeln.

Nachteile für den Verarbeiter weist auch die Douglasie auf wegen ihres hohen Gewichts und der hohen Anzahl großer, harter Äste, die beim Hobeln gerne ausbrechen.

Daneben spielt für den einheimischen Zimmermann nur noch Eiche als Konstruktionsholz eine Rolle, und zwar für besonders beanspruchte Teile oder Unterlagen. Der Schreiner benutzt darüber hinaus gerne Laubholzarten, insbesondere Obstbäume.

Für den europäischen Handwerker gilt im Gegensatz zum japanischen die Regel, innerhalb eines Werkstücks oder eines Bauwerks möglichst nur ein oder zwei verschiedene Holzarten zu verwenden, damit nicht unterschiedliche Schwundverformungen zu Spannungen innerhalb der Konstruktion führen.

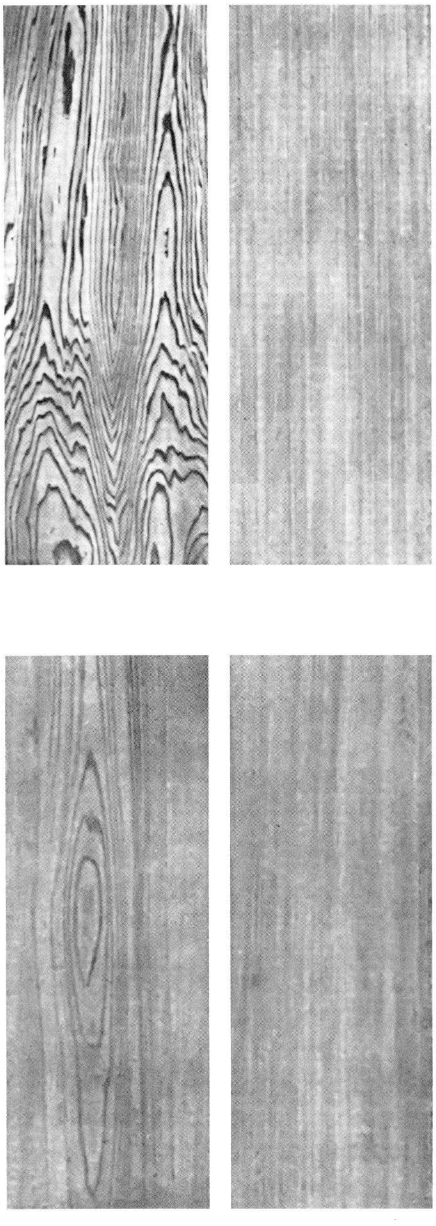

Hiuki-Holz (Zypresse).

Einfluß der Holzeinschlagmethoden

Bei der Auswahl der jeweils zweckmäßigsten Holzart ist auch der Standort des jeweiligen Baumes zu berücksichtigen. Bei Nadelhölzern werden bei uns wie auch in Japan Bäume von Südosthängen bevorzugt. Werden Nadelbäume durch Wind oder schrägen Untergrund einseitig belastet, so entwickeln sie auf der beanspruchten Seite verstärkte Druckholzzonen. Laubholz dagegen bildet Zugholzzonen auf der dem Wind abgewandten Seite aus. Wie auch exzentrisches oder rothartes (buchsiges) Holz sind diese Druck- und Zugzonen wegen ihrer größeren Härte schwer zu bearbeiten. Gleichzeitig neigen sie zum Verwerfen und Spalten. An leichten Südosthängen in geschlossenen Waldgebieten wachsende Bäume scheinen am geschütztesten zu stehen und bilden so Holz von gleichmäßigem und mildem Wuchs.

Sogenannte Dürrständer – stehende, abgestorbene Bäume – liefern ein beliebtes Schreinerholz, sofern sie noch nicht vom Käfer befallen sind. Um Holz dieser Art künstlich zu erzeugen, wurden in Ost und West spezielle Fällmethoden entwickelt. In Mitteleuropa war es in früherer Zeit eine verbreitete Sitte, wintergeschlagenes Holz nicht am oberen Ende abzusägen, sondern den nicht entasteten Wipfel am Baum zu belassen und bergab zu lagern, so daß er den restlichen Saft aus dem Baum ziehen konnte.

Die japanischen Priester wählten für die Tempelneubauten die für sie heiligen Zypressen aus, ringelten sie auf verschiedenen Höhen, damit der Saft austreten konnte und fällten den Baum dann erst nach mehreren Wochen. Das Fällen der Bäume war der feierliche Auftakt zur acht Jahre dauernden Arbeit bis zur Fertigstellung der Ises-Schreine. Hier wie dort richtete man den Zeitpunkt des Einschlags nach dem Stand des Mondes. Die Bundesanstalt für Materialforschung in Berlin ließ 1981 jahreszeitliche Veränderungen chemischer und physikalischer Holzeigenschaften in Eichenbäumen untersuchen. Die Untersuchung kommt zu dem Ergebnis, daß sich die Holzeigenschaften im Lauf des Jahres deutlich verändern, daß beispielsweise im Februar das Holz den niedrigsten Gehalt an Wasser, Benzol-Ethanol sowie Liguin-Kohlehydraten aufweist. Zu diesem Zeitpunkt besitzt es die höchste Raumdichte und die geringste Schwindung.

Auch noch am lagernden Rundholz zeigen sich diese jahreszeitlichen Veränderungen. So bestehen auch für Trocknung und Bearbeitung des Holzes im Februar die besten Voraussetzungen. (Dr. A. Burmester, 1982)

Noch heute ist es in Jugoslawien bei Strafe verboten, einen Baum, der später Bauholz liefern soll, außerhalb des Winters einzuschlagen. Wintergeschlagenes Holz oder auch »außer Saft geschlagenes Holz« hat einen wesentlich verminderten Anteil an Stärke, welche die Nahrung für alle holzzerstörenden Insekten darstellt. So geschlagenes Holz enthält auch weniger Feuchtigkeit, wodurch beim Trocknungsprozeß in geringerem Maße Schwundrisse entstehen.

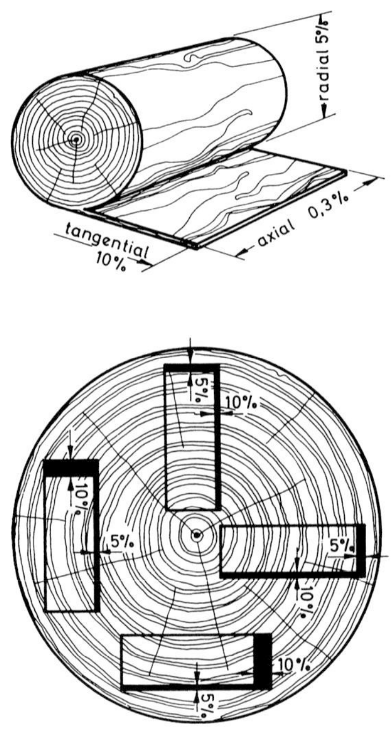

Darstellung der mittleren Schwundmaße in den drei Hauptrichtungen (oben) und die Auswirkung der Schwundmaße beim Schnittholz aus verschiedenen Stellen des Stammes. (Zeichnung: W. Nutsch)

Bedeutung der Einschnittmethoden

Die Einschnittmethode ist entscheidend für das spätere Schwundverhalten von Holz und die Bildung von Rissen in Kanthölzern und Balken. Die im Hirnholz sichtbaren Jahresringe innerhalb eines Querschnitts sollten kurz und von gleichmäßiger Länge sein. Dies kann erreicht werden, indem aus einem Stamm möglichst vier Kanthölzer und zusätzlich eine Kerndiele herausgeschnitten werden. Werden nur zwei Balken gesägt, so entsteht eine stärkere Rißbildung, und die Balken verziehen sich in der Länge. Einstieliges Schneiden eines Stamms zu nur einem Balken bewirkt zwar geringeres Verziehen in der Länge, jedoch auch starke Rißbildung.

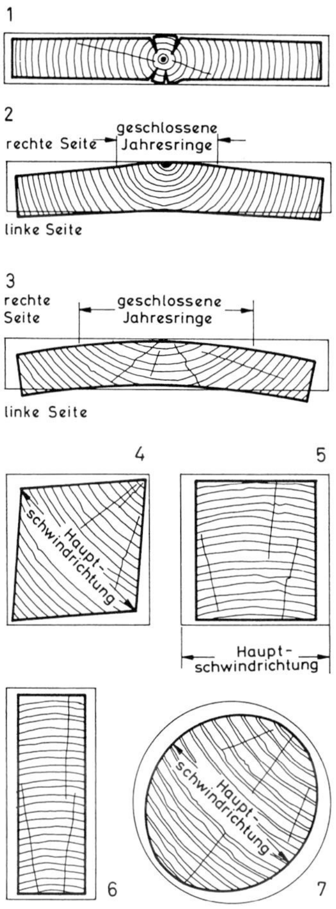

Die Schwundformen beim Schnittholz. (1) Herzbrett mit mittiger Markröhre, (2) Mittelbrett mit angeschnittener Markröhre, (3) Seitenbrett mit vielen nur einseitig angeschnittenen Jahresringen, (4) quadratisches Kantholz mit vorwiegend diagonal laufenden Jahresringen und (5) mit kantenparallelen Jahresringen, (6) Brettstück mit stehenden Jahresringen und (7) Verformung eines kreisrunden Querschnitts. (Zeichnung: W. Nutsch)

Für Brettware gilt, daß die Seitenbretter von geringerer Qualität sind als die Bretter aus der Mitte des Stammes. Durch zu hohen Vorschub beim Einschnitt der Stämme wird die Oberfläche der Hölzer verrissen. Die beste Schnittqualität läßt sich auf den modernen, kontinuierlich laufenden Blockbandsägen erzielen, sofern sie gut gewartet werden.

Bedeutung von Trocknung und Lagerung

Der nächste Schritt zu einem wirkungsvollen Holzschutz ist die richtige Trocknung und Lagerung der Schnitthölzer. Hierbei gelten für den Schreiner und den Zimmermann unterschiedliche Regeln.
Während die Konstruktionshölzer für Bauwerke, wie durch dendrochronologische Untersuchungen festgestellt wurde, auch schon im frühen Mittelalter »grün« eingebaut wurden, muß Brettware vor der Verarbeitung getrocknet werden.
Bauholz läßt sich vom Zimmermann in nassem Zustand am besten bearbeiten (abbinden). Nach dem Abbund sollte es bald aufgerichtet werden, damit sich die Hölzer nicht zwischenzeitlich verziehen und dadurch die Verbindungen nicht mehr exakt ineinandergefügt werden können. Im eingebauten Zustand ist eine gute Durchlüftung erforderlich, um ein Abtrocknen des Holzes zu ermöglichen. Dies ist die einzige natürliche Methode, um ein Einnisten von Pilzsporen zu verhindern, die zu einer Verfärbung des Holzes führen und beim Menschen Allergien auslösen können. Das Problem des Bläuepilzbefalls stellt sich zunehmend mit der Schwächung der Bäume in Folge des Waldsterbens. Heute läßt sich oft die Verfärbung von Nadelholz auf natürlichem Wege gar nicht mehr verhindern.
Für viele Holzverbindungen gilt, daß sie mit dem Trocknungsprozeß einschwinden und dadurch besonders fest schließen. Dies gilt auch für den Treppenbau. Sind die Treppenwangen bei gestemmten Treppen frischer als die Stufen, so setzen sich die Stufen mit dem Schwund der Wange in dieser fest. Ungeeignete Holzverbindungen sind daran erkennbar, daß sie ihre Paßform bei Schwund verlieren.
Brettware sollte sorgfältig gestapelt über Jahre – je nach Holzsorte verschieden lange – trocknen. Besonders für die Laubholzarten, die anfällig sind für Pilzbefall wie Buche, Ahorn, Birke, Apfel und Birne, gelten spezielle Regeln für die Lagerung. Zwetschge, Akazie und Wurzelstöcke zerreißen bei Trocknung bis zur Unbrauchbarkeit, wenn sie zu stark durchlüftet werden. Gerbsäurehaltige Holzarten wie Eiche sind 1–2 Jahre im Regen zu lagern, damit die Holzinhaltsstoffe ausgewaschen werden.
Die Wasserlagerung stellt ganz allgemein für die Nadelhölzer eine gute Konservierungsmöglichkeit dar und verbessert die Qualität der Hölzer.
Künstlich getrocknetes Holz weist eine geringere Qualität auf als luftgetrocknetes, denn es zeigt mikroskopisch feine Risse in der Zellstruktur.

Konstruktiver Holzschutz

Der konstruktive Holzschutz umfaßt alle Maßnahmen, um das fertig eingebaute Bauholz eines Gebäudes vor Witterungseinflüssen zu schützen.
Wichtige Elemente des konstruktiven Holzschutzes sind:

- Großer Dachüberstand, Balkone, zurückspringende Fassaden, Dachrinnen etc., um die Fassaden vor Regen zu schützen.
- Fenster und Türen werden mit der Laibung nach innen gesetzt und mit Wetterschenkeln und Tropfnasen versehen.

- Verschalungen werden senkrecht und mit geeigneten Profilen ausgeführt und hinterlüftet. Die Unterkante sollte wegen der Gefahr von Spritzwasser 30 cm über dem Boden enden und schräg unterschnitten werden.
- Die Leimfugen von Haustüren werden nach innen ansteigend ausgefräst.
- Dem Wetter ausgesetztes Hirnholz wird abgeschrägt und eventuell zusätzlich abgedeckt. Balkenköpfe werden schräg zurückgeschnitten, waagerechte Balkenköpfe von Balkonen werden oben abgedeckt und Hirnholzflächen von Fensterläden mit einer Stirnleiste versehen.
  Für Holzverbindungen im Außenbereich gelten eigene Regeln: Sie werden verdeckt ausgeführt, damit kein Hirnholz sichtbar ist. Waagerechte Eckverbindungen werden so abgefast, daß sich keine Feuchtigkeit in der Innenecke sammeln kann.
- Die unteren Zapfen von Pfosten werden abgesetzt, und gegebenenfalls werden die Zapfenlöcher nach unten durchbohrt, so daß eindringendes Wasser auch wieder entweichen kann.
- Freiliegende waagerechte Oberkanten von Balken werden nach außen abgeschrägt, waagerechte Nuten, die sich nach oben öffnen, werden in der Tiefe abfallend ausgeführt und am tiefsten Punkt nach außen durchbohrt.
- Wo Balken Mauerwerke durchdringen, wird Eiche unterlegt und seitlich trocken angemauert.
- Im Dachstuhl sollten Wandsparren, Schornsteinwechsel und Sparren neben dem Schornstein mit einigen Zentimetern Abstand zum Mauerwerk bzw. zur Kaminverwahrung eingebaut werden, weil sich an diesen Stellen sonst durch Temperaturunterschiede zwischen Mauerwerk und Balken Kondensat bildet und damit Zersetzungsprozesse entstehen. Manche der Witterung ausgesetzte Teile wie Gesimsbretter, Ortgang und Traufe sowie Flugsparren müssen als Verbrauchsteile angesehen und von Zeit zu Zeit erneuert werden.
- Sämtliche Außenbauteile sollten gehobelt und abgefast werden, da die so geglättete Oberfläche schneller abtrocknet.

Die bisher aufgezählten Maßnahmen zum Holzschutz, beginnend mit der entsprechenden Holzauswahl bis zum konstruktiven Holzschutz, können durch kein chemisches Holzschutzmittel ersetzt werden. Bei Beachtung der genannten Maßnahmen hat man den Holzschädlingen weitgehend die Lebensgrundlage entzogen.

Chemischer Holzschutz

Bis zum Jahre 1832 wurde zur Holzimprägnierung höchstens Holzessig oder, in besonderen Fällen, Steinkohlenteeröl verwendet. Aber auch unbehandelte Holzhäuser überdauerten Jahrhunderte.
Erst durch den Einsatz von Holz im Grubenbau und für Elektromasten und Eisenbahnschwellen wurde die großtechnische Herstellung und Anwendung von Holzschutzmitteln erforderlich, da diese Hölzer extremen Beanspruchungen ausgesetzt waren.
Heute schreibt die DIN 68800 den chemischen Holzschutz für diejenigen Holzbauteile vor, die der Standsicherheit eines Gebäudes dienen. Hierfür steht eine Reihe von Produkten zur Verfügung, die je nach Anwendung mehr oder weniger gesundheitsschädlich sind. Die am häufigsten verwendeten salzhaltigen Mittel verlieren da rasch ihre Wirksamkeit, wo das imprägnierte Holz dem Regen ausgesetzt ist.

Die Entwicklung der Holzbauweisen

An dieser Stelle wollen wir uns kurz mit der Entwicklung der Holzkonstruktionen befassen, sofern dies vorhandene Quellen zulassen. Es liegt in der vergänglichen Natur des Holzes, daß die ältesten, uns noch erhaltenen Dachkonstruktionen aus der Zeit um 1000 n. Chr. stammen. Bis zum Jahr 300 n. Chr. reichen erhaltene Einzelteile zurück, die uns Aufschluß über frühere Konstruktionsformen geben können. Als Anhaltspunkt zum Erfassen noch früherer Konstruktionen dienen uns Darstellungen in der Kunst, Aussparungen für Dachbalken in Mauerwerken oder Imitationen von hölzernen Konstruktionen in Stein sowie einzelne in Wasser, Moor etc. erhaltene Holzteile.
Eine weitere wertvolle Quelle für unsere Nachforschungen stellen die Ises-Schreine Japans dar, die über Jahrhunderte hinweg in immer gleicher Form erneuert wurden. Besonders die Kultbauten bilden die Grundlage unseres Wissens über vergangene Bauweisen, da sie sorgfältig gepflegt wurden.

Pfahl-, Pfosten- und Palisadenbauten

Die frühesten Bauten in Japan waren überdachte Erdkuhlen. Wie bei den europäischen Pfahl- und Pfostenbauten wurden die tragenden Hölzer in den Boden eingegraben. Zur gleichen Zeit gab es in Europa Palisadenbauten, bei denen die Wände durch zahlreiche dicht beieinanderstehende Stämme gebildet wurden, die ebenfalls eingegraben waren.

Stabbauten

Aus dem Pfostenbau entwickelte sich in Nord- und Südeuropa seit dem 4. Jahrhundert n. Chr. der Stabbau. Einzelne, bis zu 10 Meter hohe Holzsäulen reichten bis unter die Fuß- und Firstpfetten und ermöglichten so den Bau von Pfettendachstühlen mit relativ großen Spannweiten. Ob diese Holzsäulen, die in gleicher Form in japanischen Tempeln zu finden sind, Nachahmungen älterer Steinarchitektur sind, läßt sich nur vermuten. Diese Holzsäulen wurden anfangs tief eingegraben und erhielten hierdurch ihre Standfestigkeit. Den oberen Abschluß des Säulensystems bildete ein Viereck aus Rähmbalken, die in Schlitzen lagerten, die aus den Oberenden der Ecksäulen herausgearbeitet waren. Die Zwischensäulen waren in eine Nut des Rähmbalkens eingelassen. Zwischen den Säulen wurde eine Wandschwelle eingezapft, die am oberen Ende mit einer Nut zur Aufnahme der senkrechten Wandbohlen versehen war. Der Nutgrund verlief dabei schräg, und an den jeweils tiefsten Stellen der Nut wurde ein Drainageloch nach außen gebohrt. Vermutlich gewährte jedoch auch diese Ausführung keinen ausreichenden konstruktiven Holzschutz, so daß bald dazu übergegangen wurde, Wandbohlen zu verwenden, die an der Außenseite die Schwelle bedeckten und an der Innenseite mit einer hakenförmigen Auskerbung versehen waren.

Einführung der Grundschwelle

Als nächster Entwicklungsschritt war die Gefährdung der eingegrabenen Säulenfüße durch Fäulnis zu bewältigen. Um 1000 n. Chr. finden wir erste Versuche, die Säulen auf einen umlaufenden Schwellenrahmen aufzusetzen. Im Laufe des 11. Jahrhunderts wurde unter den Schwellenkranz ein Grundschwellenrahmen gelegt, der seinerseits auf einer sorgfältig ausgerichteten Steinpackung lagerte. Nun war der ganze Bau vom Erdreich abgehoben, die in die Schwellen eingezapften Säulen vor Fäulnis geschützt, jedoch fehlte dem Bau die Standfestigkeit, welche die zuvor fest eingegrabenen Säulen bewirkt hatten.

Durch die Einführung der Grundschwelle wurde eine regelrechte Revolutionierung des Holzbaus ausgelöst, da mit der neuartigen Bauweise auch völlig neue statische Probleme gelöst werden mußten. Beispielsweise kann es für ein Bauwerk schwerwiegende Folgen haben, wenn sich die Schwellen zu sehr gegeneinander verschieben. Um den Konstruktionen die notwendige Steifigkeit zu geben, mußte eine Fülle zimmermannstechnischer Verfahren zur Herstellung genau passender und widerstandsfähiger Verbindungen entwikkelt werden.

Dazu gehörten bündiges Verlaschen, Überblatten und Verzapfen. Die Wandschwellen bestanden aus hochtrapezförmigen Balken, die auf die überstehenden Enden des Grundschwellenrahmens aufgekämmt und an den Ecken untereinander verblattet wurden. Besonders eindrucksvoll sind die zusätzlichen Sicherungen der vier Ecken. Dort wurden in die großen Basen der Holzsäulen Schlitze eingearbeitet, die über die Eckblätter der Schwellbalken gestülpt wurden und diese untereinander verklammerten.

Zu dieser Lösung sind sowohl die in Japan arbeitenden chinesischen und koreanischen Zimmerleute als auch ihre europäischen Kollegen gekommen. Ob dies auf einen Erfahrungsaustausch zwischen Ost und West auf dem Weg über die Seidenstraße zurückzuführen ist, läßt sich nicht beweisen.

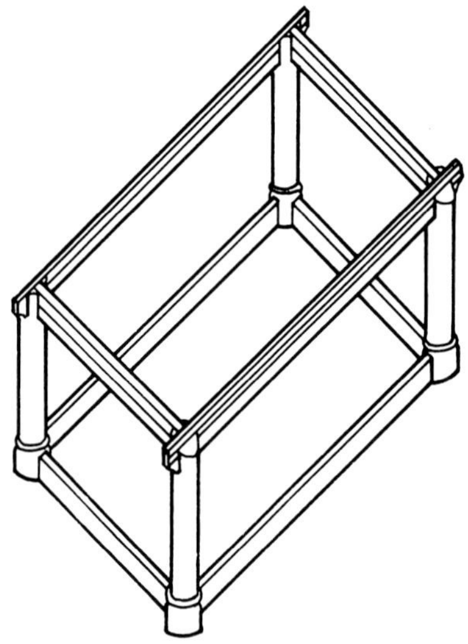

Im Rahmenbau werden die einzelnen Wandflächen eines Gebäudes von einem festen Rahmen gehalten. Die Wandflächen oder -ausfachungen können aus Bohlen, Flechtwerk, Ausmauerung und anderem bestehen. Diese Bauweise fand im 11. Jahrhundert ihre weiteste Verbreitung.
(Zeichnung P. Pundt)

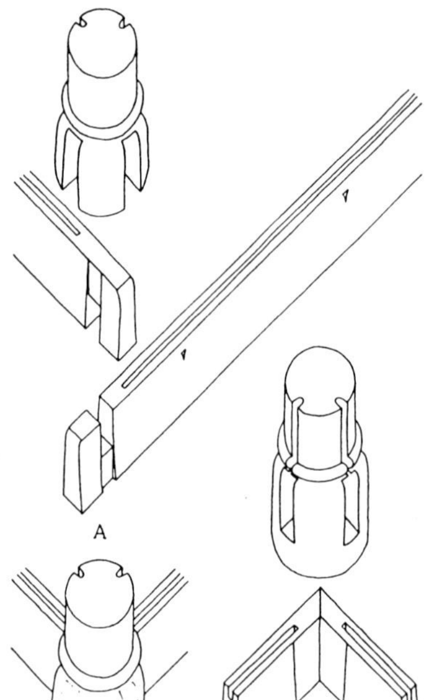

Eckverbindungen von Stabkirchen-Schwellen nach H. Christie.

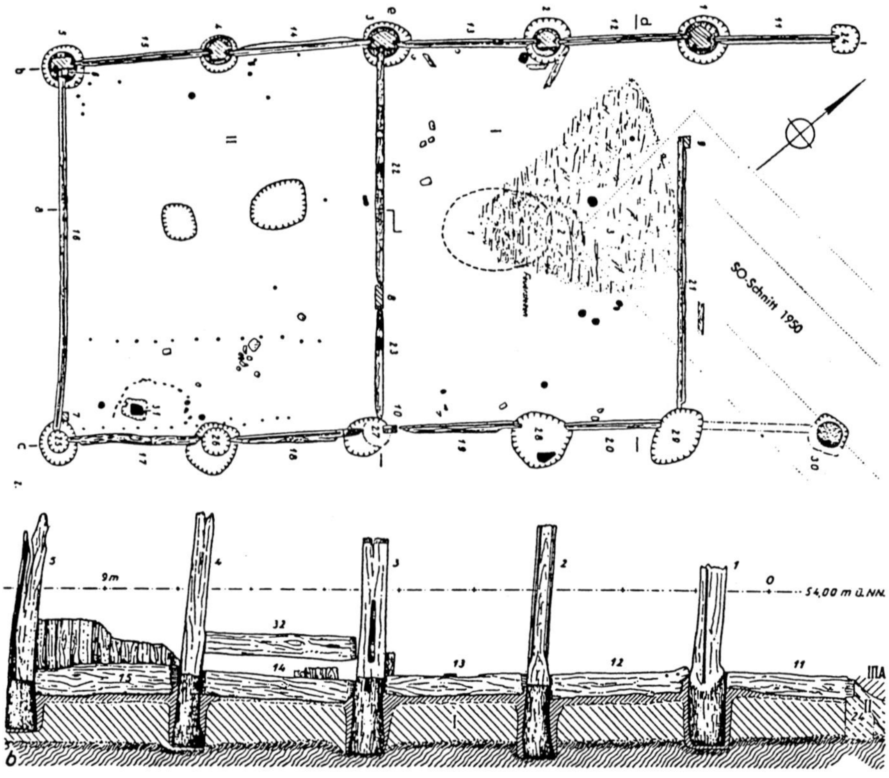

Grundriß und Schnitte des Hauses 3 von der Motte Husterknupp zeigen die gut erhaltene Konstruktion eines Stabbaus mit Schwellen, die zwischen die Pfosten eingezapft sind.
Nach A. Herrnbrodt 1958.

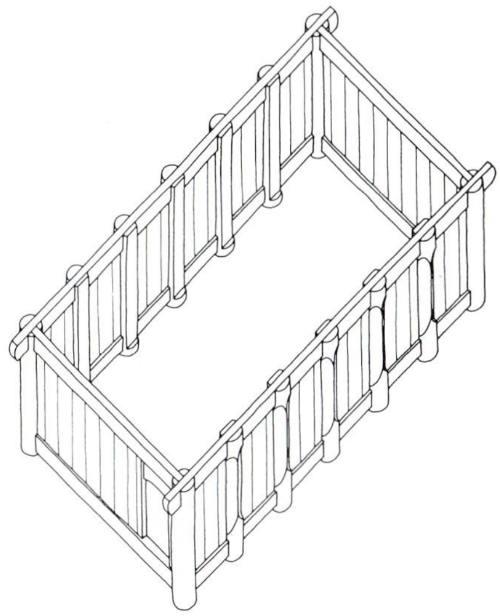

Der unterteilte Rahmenbau des Hauses Nr. 3 vom Husterknupp. Nach H. Christie 1976.

Rahmen- und Gebindebauweisen

Der ursprüngliche Aufbau europäischer Stabkirchen, bei dem die Säulen im Erdreich verankert werden, ist in sich logisch. Nachdem die Säulen jedoch auf einen Schwellenkranz aufgesetzt wurden, ergab sich eine Fülle von Aussteifungsproblemen. Deshalb wurde diese Konstruktionsweise gegen Ende des 12. Jahrhunderts weitgehend aufgegeben. Es entstanden Holzbauweisen, die sich in ihren Grundelementen bis heute erhalten haben.

Dies ist zum einen die Rahmenbauweise, bei der einzelne, in sich steife Wandscheiben zusammengefügt werden. Außerdem wurde der Gebindebau entwickelt. Dieser besteht aus Bindern, die hintereinander aufgestellt werden und durch Längsbalken zu beliebig langen Gebäudekonstruktionen verbunden werden können. Jeder Binder besteht aus einem Bodenbalken, zwei Wandpfosten, einem Deckenbalken, Dachpfosten und einem Sparrenpaar. Der Blockbau als dritte Variante entstand aus der Notwendigkeit, auch kürzere Stammabschnitte als Bauholz zu verwenden.

Der hohe Holzverbrauch und die zur Holzgewinnung benötigte Arbeitszeit gaben den Impuls für Weiterentwicklungen, einmal hin zum Stein- oder Lehmbau, der in der Epoche der Romanik in Europa von römischen Missionaren verbreitet wurde, zum anderen zu Systemen, bei denen ein Binder nur noch für jedes vierte oder fünfte Sparrenpaar benötigt wurde.

In regionalen Bauweisen haben sich Bautraditionen bis heute erhalten, die aus der beschriebenen Zeit stammen. Die tragende Bohlenwand finden wir heute noch in Verbindung mit dem jüngeren Fachwerkbau in der Schweiz. Der Chaletbau ist eine Verfeinerung der Blockbauweise. Die Hochständer mancher Schwarzwaldhöfe erinnern an die langen Holzsäulen des Pfostenbaus. Rahmen- und Gebindebauweisen sind noch heute aktuelle Systeme.

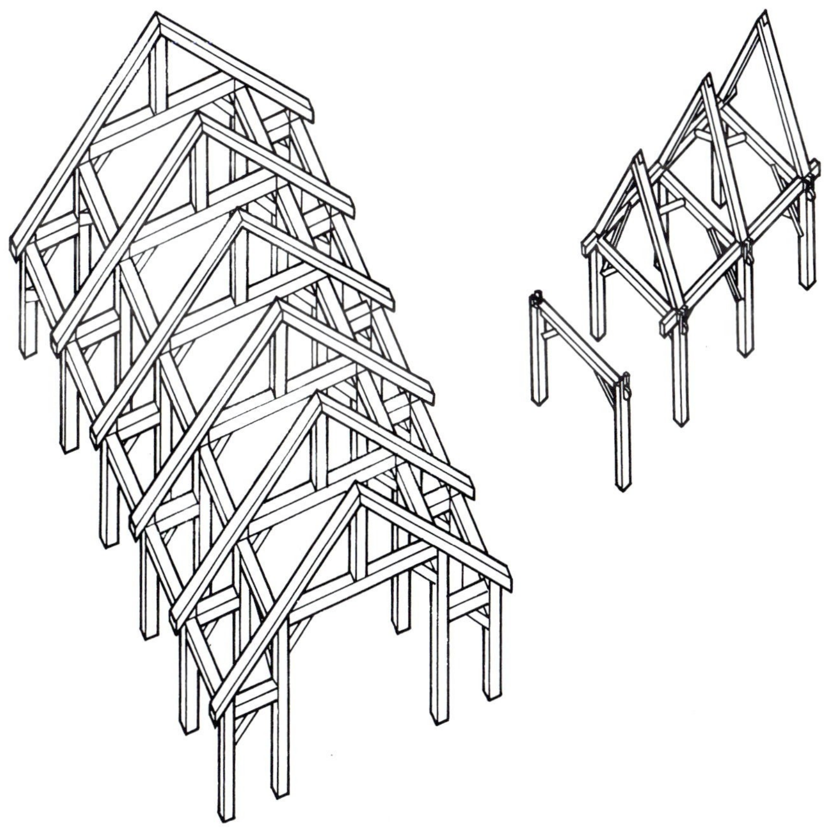

Im Gebindebau bilden jeweils zwei gegenüberstehende Wandpfosten oder Ständer mit einem Querbalken und einem darüberstehenden Sparrenpaar ein Gebinde. Durch längs verlaufende Pfetten werden die einzelnen Gebinde zu einer beliebig langen Holzkonstruktion verbunden. Vorherrschend war diese Bauweise im Europa des 8.–11. Jahrhunderts.
Gebindekonstruktion, wie sie für die dreischiffigen Pfostengrundrisse von Kirchen wie Breberen oder Brenz denkbar ist.
(Zeichnung P. Pundt)

Traditionelle Dachkonstruktionen heute

Heutige traditionelle Dachkonstruktionen können unter konstruktiven Gesichtspunkten in Pfetten- und Sparrendächer unterteilt werden. Sie unterscheiden sich in der Art und Weise, wie die auf die Dachfläche einwirkenden Kräfte auf die Wände abgeleitet werden. Lasten entstehen beim Dach aus dem Eigengewicht der Baustoffe, Zwischendecken und Schnee. Wind verursacht waagerechten Druck oder Sog.

Pfettendächer

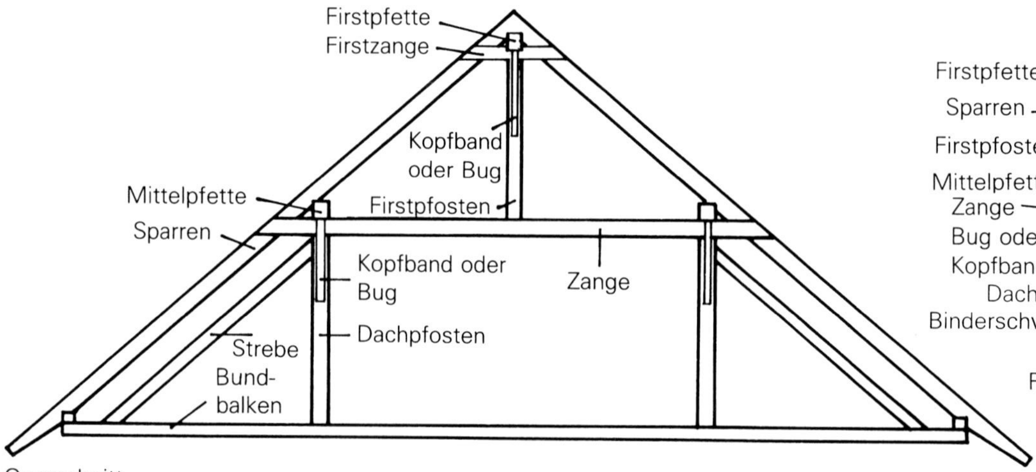

Querschnitt
Pfettendach mit stehendem Stuhl (Binder)

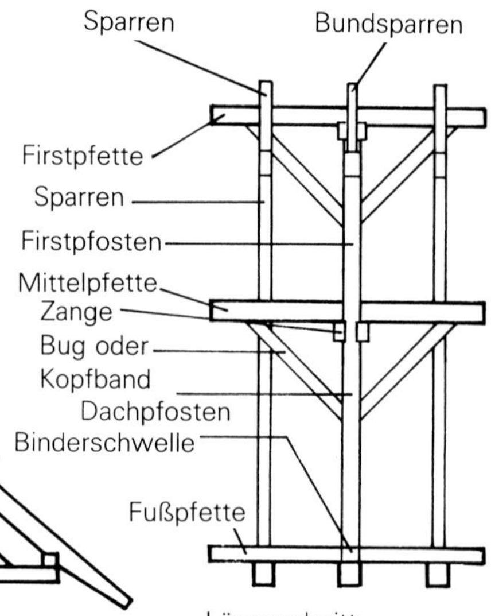

Längsschnitt

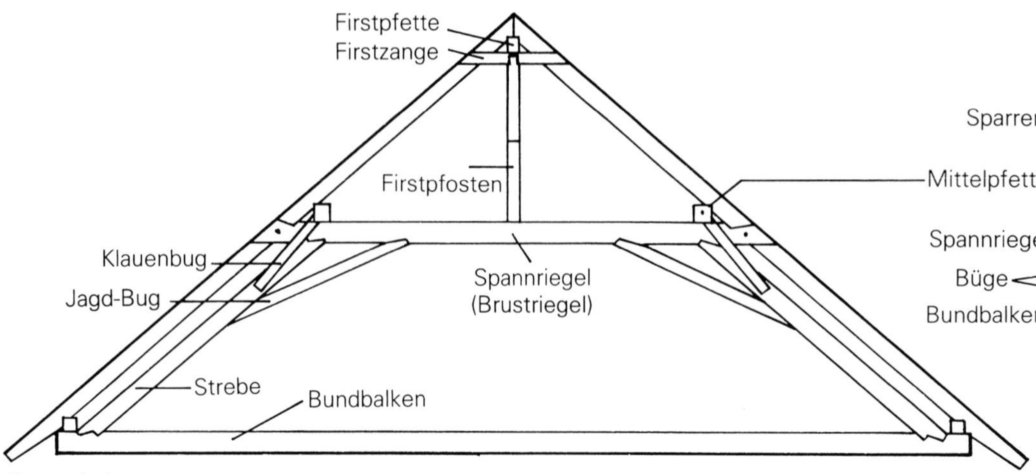

Querschnitt
Pfettendach mit liegendem Stuhl (Binder)

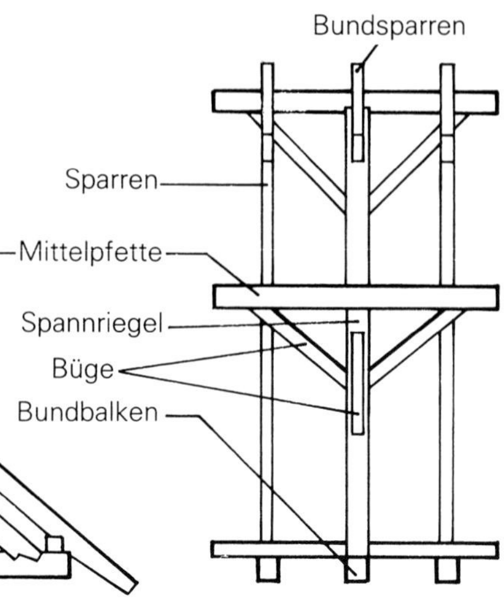

Längsschnitt

Pfettendächer stellen die ältere Bauweise dar. Die Sparren liegen auf den längsseitig verlaufenden Pfetten auf. Die Pfetten werden beim stehenden Stuhl von senkrechten Wand-, Dach- und Firstpfosten getragen. Beim japanischen Haus sind die Pfetten auf eine Balkenlage aufgeständert, die oft aus krummem Bauholz besteht. Je nach Größe der Gebäude finden sich eine Fußpfette, ein oder mehrere Mittelpfetten und eine Firstpfette. Spannriegel zwischen den Mittelpfetten übertragen waagerechte Lasten. Das Sparrenpaar über dem Binder (Bundsparren) wird durch den Spannriegel verbunden. Bei alten Konstruktionen wurde durch Streben parallel zu den Bundsparren eine zusätzliche Querversteifung angestrebt, durch die die Kräfte auf den Bundbalken abgetragen werden. Die Streben bilden dabei ein unverschiebliches Dreieck, das gegen Seitendruck stabil ist. Die Längsaussteifung des Dachs wird durch schräge Hölzer zwischen Pfetten und Pfosten bewirkt, durch sogenannte Kopfbänder oder Büge.
Um Dachräume besser nutzen zu können, wurden »liegende Dachstühle« ersonnen. Hierbei entfallen die Dachpfosten. Die Lasten werden allein durch Streben auf die Bundbalken abgeleitet. Der durch die Schräglage der Streben bewirkte Schub wird durch Spannriegel und Bundbalken gehalten. Die Längsaussteifung können anstelle von Bügen unter den Sparren angebrachte Bretter, sogenannte Windrispen übernehmen. Auf das Kehlgebälk kann für Zwischendecken ein Deckengebälk aufgelegt werden.

Aufgeständertes Pfettendach mit gebogenen und verzahnten Trägern – entwickelt von Firma Hotzenholz, Herrischried.

Aufgeständerte Pfettendächer

Traditionelle japanische Bauten weisen im allgemeinen aufgeständerte Pfettendächer auf. Die Sparren werden mit zugfesten Verbindungen im Firstbalken eingehängt und lagern auf Mittel- und Fußpfetten.

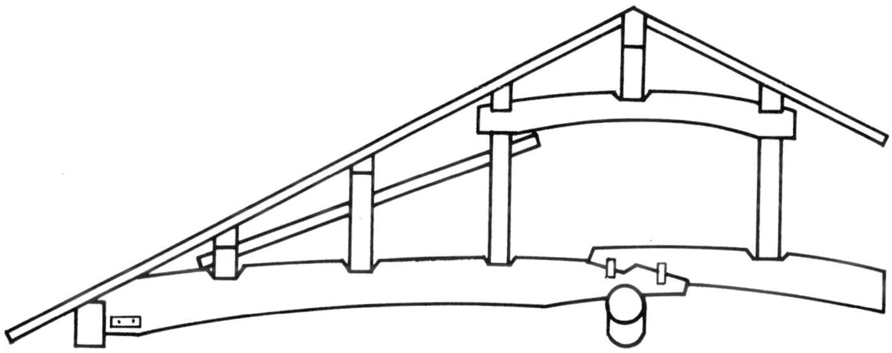

Aufgeständertes Pfettendach nach japanischer Bauart mit gestoßenem Träger.

Untersicht und Aufsicht eines japanischen Dachstuhls mit aufgeständerten Pfetten.

Sparrendächer

Das Sparrendach galt im Mittelalter als vornehmere Bauweise. Hierbei sind die Sparren vom Fußpunkt bis zum First frei tragend. Die durch die Schräglage der Sparren entstehende Druckkraft muß von den Deckenbalken aufgenommen werden. Bei größeren Spannweiten werden die Sparren durch Kehlbalken oder durch Sparrengebinde mit Scherensparren unterstützt.

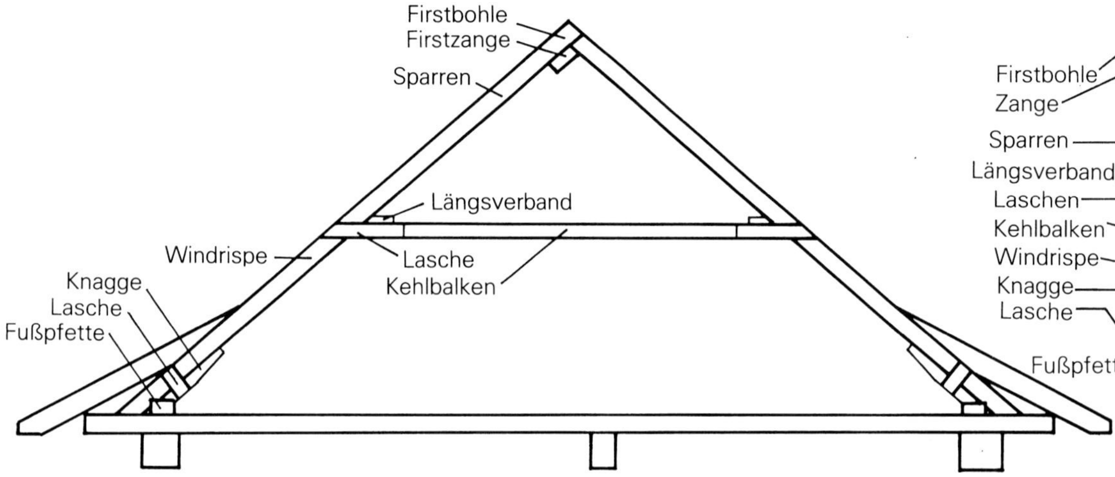

Querschnitt
Kehlbalkendach

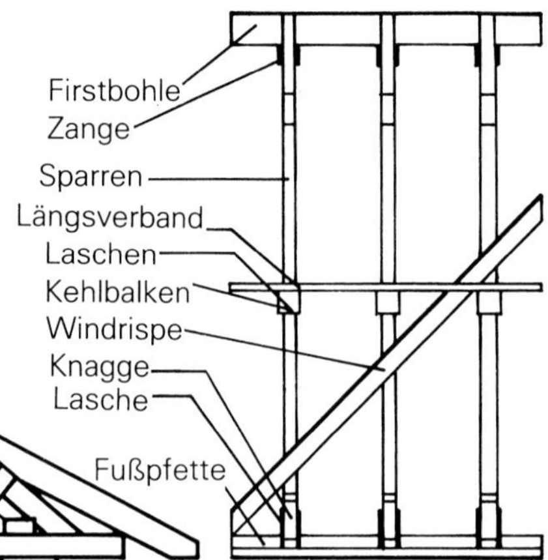

Längsschnitt

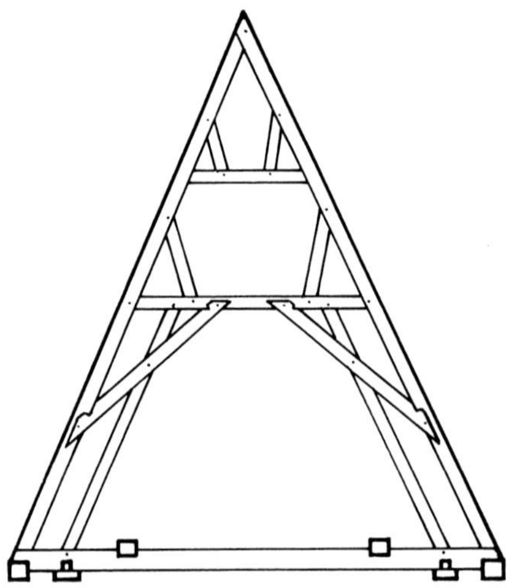

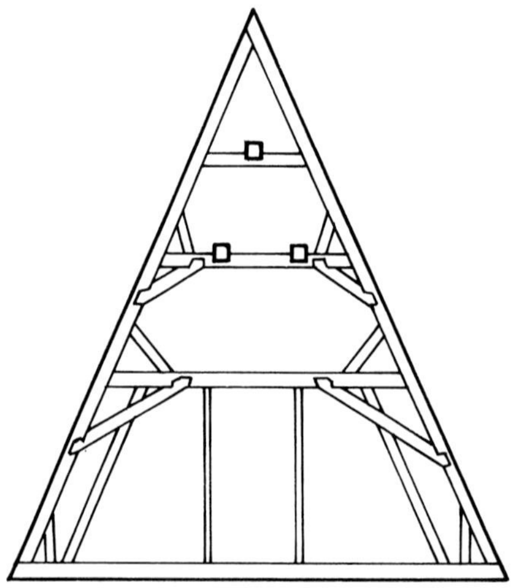

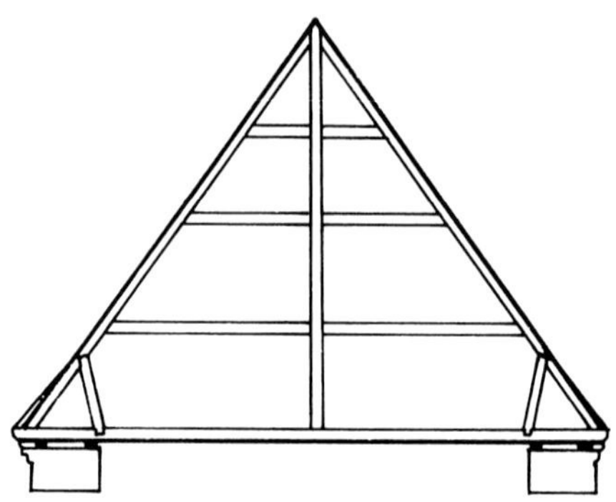

Lincoln, Kathedrale, Südliches Querschiff, um 1200 (links oben);
Lincoln, Kathedrale, Chor 1256–1280 (rechts oben).
Marburg, Marienkirche, Mitte 13. Jahrhundert (links unten).

Mittelalterliche Dachkonstruktionen, gezeichnet von N. Fradgley und G. Wilson.

Sparrengebinde finden sich besonders in den großen Kathedralen des 13.–15. Jahrhunderts in England und Deutschland. Die Längsaussteifung dieser Dächer erfolgt wie beim Pfettendach mit Hilfe von Windrispen unter den Sparren und einer Fristbohle. Das Kehlgebälk dient häufig als Balkenlage für eine Kehlbalkendecke.

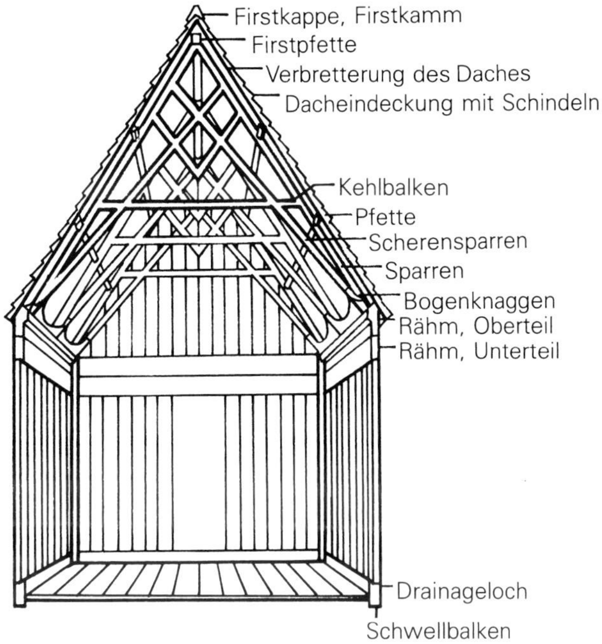

Bauelemente der Wandstabkirchen vom Typ Haltdalen.

Die traditionelle chinesische Holzkonstruktion

Im 12. Jahrhundert entstanden in China die ältesten uns heute noch bekannten Bauvorschriften. Sie wurden zusammengestellt, um die Kosten für öffentliche Bauten zu senken. Zu diesem Zweck wurden alle benötigten Bauwerke in acht Größenklassen eingeteilt. Für jede Baugröße wurden dann die Querschnitte und Längen des benötigten Bauholzes festgelegt. Somit war die Tragfähigkeit der Balken in jedem Fall gesichert, und das Bauholz konnte auf Vorrat hergestellt werden. Grundsätzlich wurde festgelegt, daß die Breite zur Höhe der Bauhölzer sich im Verhältnis 2:3 zu verhalten habe.

Die in dem Bauhandbuch unter dem Titel »Ying-tsao-fa-shih« erschienenen Anweisungen gehen auf Bauformen zurück, die sich durch archäologische Funde bis ins 5. Jahrtausend v. Chr. zurückverfolgen lassen.

Die Bauform ist dadurch charakterisiert, daß Holzsäulen auf Steinsockeln ruhen, die wiederum auf gestampften Fundamenten aus Erde, Kies und Backsteinbruch aufgelagert sind. Später kamen auf die steinernen Sockel nochmals Holzsockel, die sich bei Fäulnis leicht auswechseln ließen und so die wertvollen Holzsäulen schützten (s. Kapitel »Fixierschlösser«). Die äußeren Säulen wurden durch eine Schwelle fest verbunden, die um das ganze Gebäude lief. Auch am oberen Ende verband man die Säulen durch ein schweres Rähmholz miteinander. Die Ecksäulen wurden im oberen Drittel verjüngt, geringfügig nach innen geneigt und oben in eine Konsolenplatte eingestemmt, die ein Konsolensystem trug. Die Neigung diente der Stabilisierung. Zusätzlich mußten Streben unter die Pfetten eingezapft und waagerechte Riegel zwischen die Holzsäulen zur Aussteifung eingebaut werden.

Besondere Sorgfalt wurde auf die Herstellung der Konsolensysteme verwandt, die auf den Konsolenplatten über den Holzsäulen lagen und das Dachgestühl trugen. Sie bestanden aus unterschiedlich großen Konsolenplatten, Konsolenarmen und Hebelarmen, die übereinander verkämmt oder verzapft waren.

Von den fünf verschiedenen Konsolenarmen standen zwei im rechten Winkel zur Gebäudeachse, die übrigen waren parallel zu dieser Achse ausgerichtet. Jeder Arm hatte eine eigene Bezeichnung und war in seinem Querschnitt genau bestimmt. Auf dem obersten Konsolenarm ruhten die Dachpfetten. Bei den Konsolensystemen über äußeren Säulen wurde über einen Konsolenarm und einen schrägen Hebelarm die Traufe derart getragen, daß das Gewicht des Daches, das auf der Pfette lastete, ein Ende des Hebelarmes nach unten drückte, dadurch stemmte das andere Ende die Last der Traufe nach oben.

Eine Vielzahl von Pfetten trug dünne Sparren, die jeweils nur von einer Pfette zur nächsten reichten. Das eine Ende der Sparren wurde so auf eine Pfette genagelt, daß das andere Ende lose auf der unteren Pfette auflag. Die Ziegel wurden auf einer Dachschalung, die über den Sparren aufgebracht war, in Mörtel gelegt.

Als Bauholz verwendete man das Holz der weißen Zeder, das etwa viermal soviel Spannung aushält wie Stahl und dessen Druckfestigkeit sechsmal so

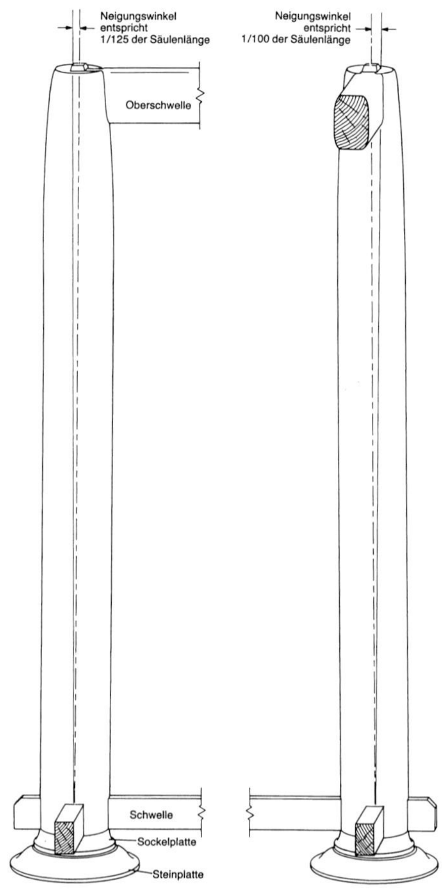

Die Säulen eines traditionellen öffentlichen Gebäudes ruhten auf einer hölzernen Sockelplatte, die ihrerseits auf einer Steinplatte lag, waren aber nicht im Fundament verankert. Für die Stabilität der äußeren Säulen sorgten Schwellen und Oberschwellen. Diese Säulen waren zudem nach innen geneigt. Die Abweichung von der Senkrechten entsprach bei den Säulenreihen in Ost-West-Richtung (also auf der längeren Seite des Gebäudes) 1/100 der Säulenlänge; in Nord-Süd-Richtung war die Neigung geringer – sie betrug nur 1/125. Alle Holzteile wurden ineinander eingelassen und miteinander verzapft. Auf das Säulenende kam die unterste Konsolenplatte, die ein Konsolensystem trug.

hoch ist wie die von Beton. Über tausend Jahre alte Bauwerke sind ein Beweis, daß diese Bauweise wirksamen Schutz bietet vor den in China relativ häufigen Naturkatastrophen wie orkanartige Stürme und Erdbeben.
Die Dachkonstruktion ist äußerst flexibel, da sie nur durch wenige Verbindungen steif verbunden ist. Schwingungen von Erdbeben können so durch die Reibung in den beweglich ineinandergefügten Hölzern gedämpft werden. Die Gebäude konnten zwar etwas schwanken, eine sich aufschaukelnde Resonanzschwingung war aber ausgeschlossen, da die Gebäude in viel langsamere Schwingungen gerieten als die Schwingungsfrequenz von Erdbeben.
Die horizontale Aussteifung der Dächer war gut gewährleistet durch die Konsolensysteme. Da die Säulen nur lose auf den Steinsockeln standen, konnten auch dort keine Bruchspannungen entstehen.
Das Gewicht eines traditionellen chinesischen Ziegeldaches liegt zwischen 280–400 kg/m^2 im Gegensatz zu ca. 100 kg/m^2 Eigengewicht eines modernen europäischen Ziegeldaches. Dieses hohe Eigengewicht verschafft Schutz gegen orkanartige Stürme, wahrscheinlich auch im Zusammenwirken mit den hohl geschwungenen Dachformen.

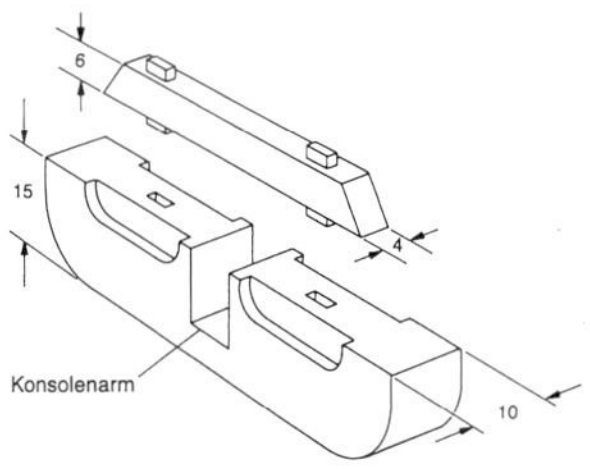

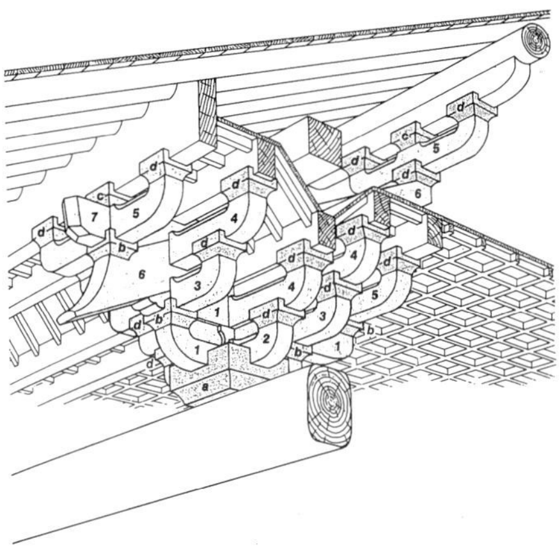

Dieses Konsolensystem ruht auf einer Oberschwelle und ist in seinem Aufbau typisch für die traditionellen Konstruktionen. Von den Holzelementen, die hier einzeln gezeigt sind, kann man auf dieser Zeichnung zwanzig Konsolenplatten sehen, darunter die Anschlußplatte (a) auf der Oberschwelle, die den »Blumenarm« (1) und den Wandarm (2) trägt. Auf diesen Armen liegen Verbindungsplatten (b) und kleine Platten (d), die zwei ovale Arme (3) tragen. Es folgen drei Langarme (4), ein schräger Hebelarm (6) und drei reguläre Arme (5). Der Hebelarm endet in einer »Nase« und ist in drei Keile (7), eingepaßt, von denen man allerdings hier nur einen sieht. Die Mittelplatten (c) und die kleinen Platten (d) auf den beiden obersten regulären Armen tragen einen Balken der Dachtraufe (links) und eine mit einem Holzstück unterlegte Pfette.

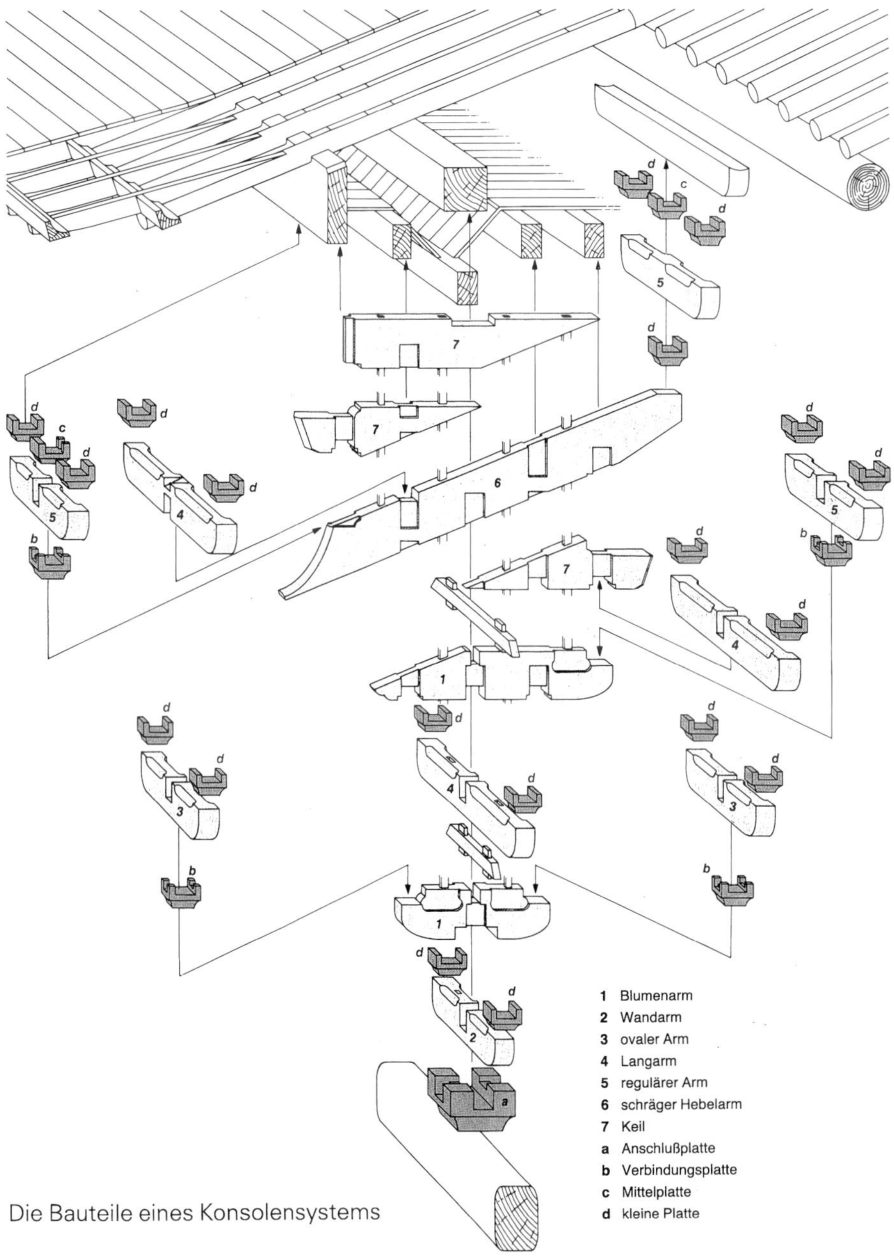

Die Bauteile eines Konsolensystems

Die Holzverbindung in japanischen Bauten

Professor Okawa, Kyoto

Urtyp einer Konstruktion von Verkeilung und Verzapfung. Naturfarbenes Hinokiholz, nagellos gefugt. Älteste japanische Bauten.

Die Holzverbindungen stellen eine wichtige Grundlage für die Entwicklung der japanischen Holzbautechnik dar. Dadurch entstanden vielfältige Formen von Verbindungen.
Je nach Funktion und Alter eines Bauwerks werden unterschiedliche Arten von Holzverbindungen ausgeführt.
In der Edozeit (1603–1867) wurden für einen Kultbau (Schrein oder Tempel) ca. 100 verschiedene Verbindungen benötigt.
Heute verwendet man für die Dächer gewöhnlicher Wohnhäuser häufig die modernen europäischen Konstruktionsweisen, und damit auch die in Europa üblichen Hilfsmittel aus Metall, so daß hier nur noch ca. 20 verschiedene Holzverbindungen Verwendung finden.
Für den Bau japanischer Tempelgebäude dagegen sind auch heute noch über 100 verschiedene Holzverbindungen nötig, da man je nach Art des Bauholzes, seinem Querschnitt und seiner Lage im Bauwerk die jeweils passende Verbindung heraussuchen muß. Ein guter Zimmermeister sollte heute etwa 200 Holzverbindungen erlernt haben, einschließlich der Variationen, die bei rechtwinkligem und schrägem Kreuzen der Hölzer vorkommen.
Die Holzverbindungen sind in der japanischen Architektur ursprünglich in einer außerordentlichen Vielfalt und Verfeinerung aufgetreten. Dann, im Alten Reich vom 7.–11. Jahrhundert n. Chr. waren die Verbindungen an buddhistischen Tempelgebäuden durch eine geringe Anzahl von Grundtypen und einem Mangel an Raffinesse gekennzeichnet. Die damals gebräuchlichen Typen wie Art (Schwalbenschwanzverbindung), Kama (Sichelzapfen), Hozo (einfacher Zapfen), Watariago (Verkämmung) usw. sind vermutlich mit dem religiösen Architekturstil des Buddhismus aus China und Korea eingeführt worden.
Zu Beginn des Mittelalters (11.–12. Jahrhundert) haben sich die Holzverbindungen sprunghaft entwickelt, zu einer Zeit also, in der das Zunftwesen im japanischen Bauhandwerk aufkam. Die Handwerker dieser Epoche fingen an, ihre Betriebe selbständig zu führen. Sie erfüllten dabei auch die Aufgabe von Architekten und überlieferten ihre Erfahrungen innerhalb ihrer Familien. Zuvor, in der Zeit des Alten Reiches, hatten einfache Arbeiter unter der Leitung von wenigen beamteten Architekten alle Bauten erstellt.
Nachdem die Organisation des Berufsstandes eingesetzt hatte, wurde die Entwicklung der Holzverbindungen allein von den Ideen der Bauhandwerker geprägt. Sie stellten angemessene Formen her, die den neu entstandenen Bauweisen entsprachen. Als zum Beispiel der Wohnhausstil Shoin-zukuri, der nach dem Leseraum benannt wurde, mit der Einrichtung von Toko (Nische) und Tana (Regalen) im 15.–16. Jahrhundert aufkam, konstruierten sie entsprechende Holzverbindungen. Im 16. und 17. Jahrhundert fanden sie Methoden, um den Teehausstil zu verwirklichen, der nach den in diesen Gebäuden vorhandenen Teeräumen Hikari-zuke benannt wurde. Es wurde eine spezielle Winkelverbindung zwischen Pfeilern und Riegeln aus Rundholz ersonnen. Die Entwicklung dieser Holzverbindung wies außer der stilistischen Entsprechung

zur neuen Bauweise noch zwei weitere wichtige Elemente auf: Erstens erfüllte sie besser die konstruktiven Anforderungen, indem sie auf Zug und Druck belastet werden konnte. Gleichzeitig verhinderte sie Verschiebungen und Verdrehungen von Teilstücken. Hierfür konstruierte man komplizierte Zapfen (Hozo) mit Holzdübeln (Sen) in der Verbindung, um in jeder Richtung eine Verformung zu vermeiden. Auch sind diese Knotenpunkte von hohem ästhetischem Reiz.

Da der Schönheit einer Holzverbindung in Japan große Bedeutung beigemessen wird, soll im folgenden näher darauf eingegangen werden.

Bei den frühen japanischen Holzverbindungen ist häufig das Hirnholz von Zapfen und Holzdübeln nach außen hin sichtbar, wie in einigen Tempeln des Altertums oder bei sehr alten Bauernhöfen. In diesen Fällen ist es einfach, den Aufbau einer Verbindung von außen zu erkennen. Bei den weiter entwickelten Holzverbindungen jedoch liegen Zapfen und Dübel verdeckt. Ein einfaches Beispiel: Werden zwei Kanthölzer in der Ecke eines Gebäudes rechtwinklig zusammengefügt, so erscheinen nur Dreiecksschenkel und der Gehrungsschnitt in 45° auf den Oberflächen, so daß die Konstruktion der inneren Winkelverbindung nicht erkennbar ist. Soll ein Riegel an einem Pfeiler eingezapft werden, so schlägt man den Holzdübel zur Befestigung des Zapfens an einer Stelle ein, die hinterher von der Wand bedeckt wird.

Als die Verfeinerung in dieser Weise fortgeschritten war, traten auch Holzverbindungen auf, die nicht für konstruktive oder ästhetische Zwecke, sondern eher in der Art von Rätselspielen angelegt waren. Außerdem wurden Langholzverbindungen mit komplizierten Kurvenlinien als Zierformen erfunden, die jedoch nur selten angewendet wurden.

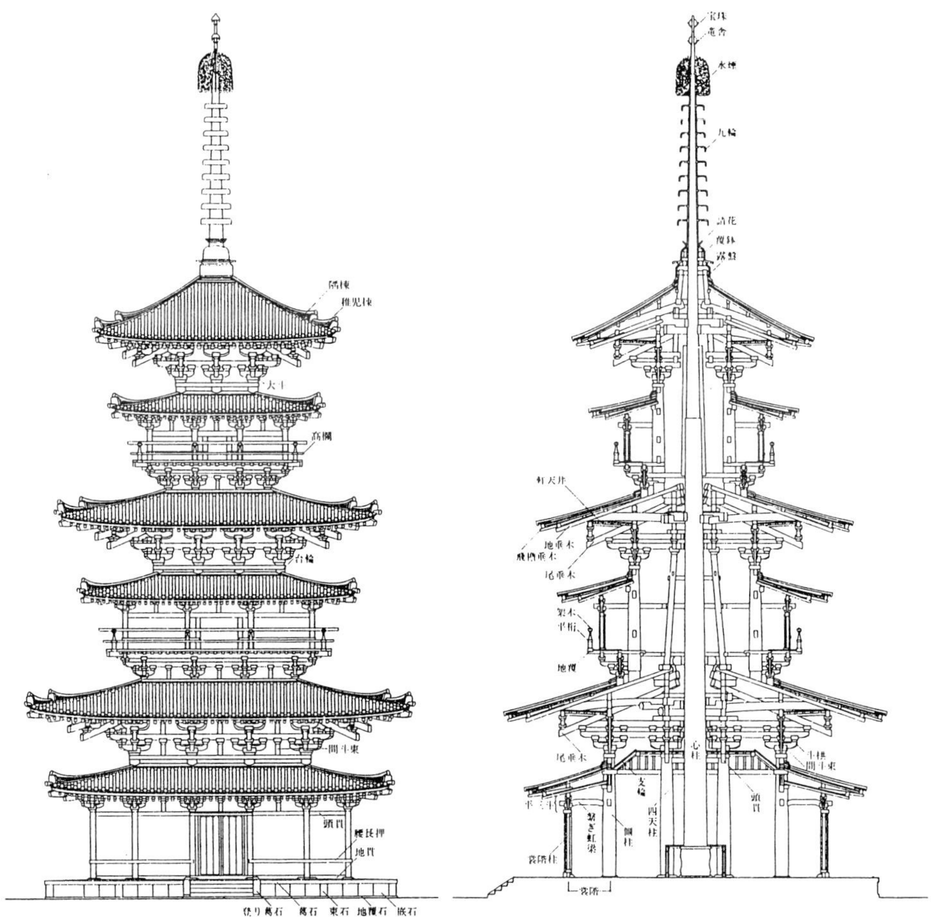

Ansicht und Schnitt der Yakuski-Pagode in Japan nach chinesischer Bautradition im Jahre 730 n. Chr. erstellt.

Zuletzt möchte ich noch darauf eingehen, warum sich in der japanischen Architektur eine so große Zahl fein ausgeklügelter Holzverbindungen entwikkelt hat.

Für ein Land wie Japan, das von starken Erdbeben und Taifunen heimgesucht wird, war es vorteilhaft, die Bauhölzer für Pfeiler und Riegel nicht zu kurz einzuschneiden, sondern sie möglichst in ihrer vollen Länge einzubauen. Bei diesem Konstruktionssystem nimmt die Zahl der Verkreuzungen von Pfeilern und Riegeln mit vielen verschiedenen anderen Konstruktionshölzern zu, was eine Vielfalt von Kreuz- und Winkelverbindungen erfordert. Wird eine Fußpfette mangels langem Bauholz mehrfach gestoßen, so müssen die Anschlüsse eine annähernd so hohe Belastbarkeit aufweisen, wie sie ein durchlaufender Balken erbringen würde.

Unter den Bauhölzern, die in der japanischen Architektur gebräuchlich waren, gab es zum großen Teil solche, die wie Hinoki-Holz (japanische Zypresse) sehr widerstandsfähig und auch leicht bearbeitbar sind. Einige der japanischen Holzverbindungen sind daher mit europäischen Nadelhölzern nur mit erheblich mehr Arbeit auszuführen.

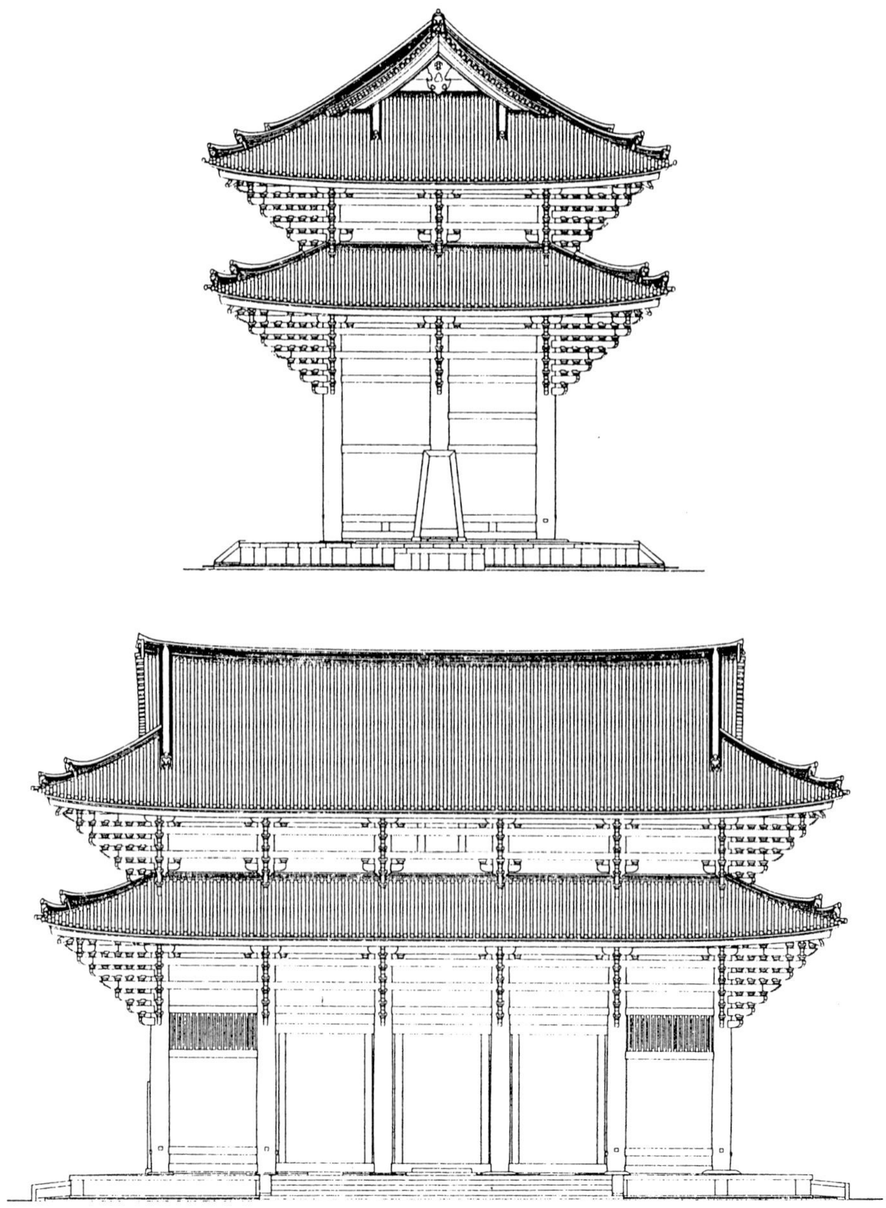

Giebel- und Längsseitenansichten des Todai-Tempels aus dem Jahre 1191.

Außerdem sind die traditionellen Ausdrucksformen zu nennen, die aus dem japanischen Baustil entstanden sind. Als Beispiel kann die japanische Tempel-Schrein-Architektur gelten, der weit auskragende Dachüberstand auf der Traufseite oder die Linie, die durch die Krümmung der Traufe entsteht. Hierbei kommt es häufig vor, daß lediglich in der Draufsicht rechtwinklige Schnitte existieren, die Teilstücke sich jedoch, räumlich gesehen, nicht rechtwinklig kreuzen. Dadurch werden die Winkelanschlüsse noch komplizierter. Die innere Gestaltung des japanischen Wohnhauses mit seinen in die Konstruktion eingebauten Einrichtungen wie Toko oder Chigaitana (Stufenregale) verlangt weitere schreinermäßige Sichtverbindungen.
Die Empfänglichkeit der Japaner für schöne Holzfärbungen und die gleichmäßige Maserung von Bauhölzern ist sehr ausgeprägt. Daher wird es vermieden, an sichtbaren Stellen durchgestoßene Zapfen und Holzdübel auszuführen. Bei derartigen Verbindungen würde Hirnholz (Koguchi) sichtbar werden, welches nach japanischem Geschmack nicht schön anzusehen ist und im Laufe der Zeit noch unansehnlicher wird.

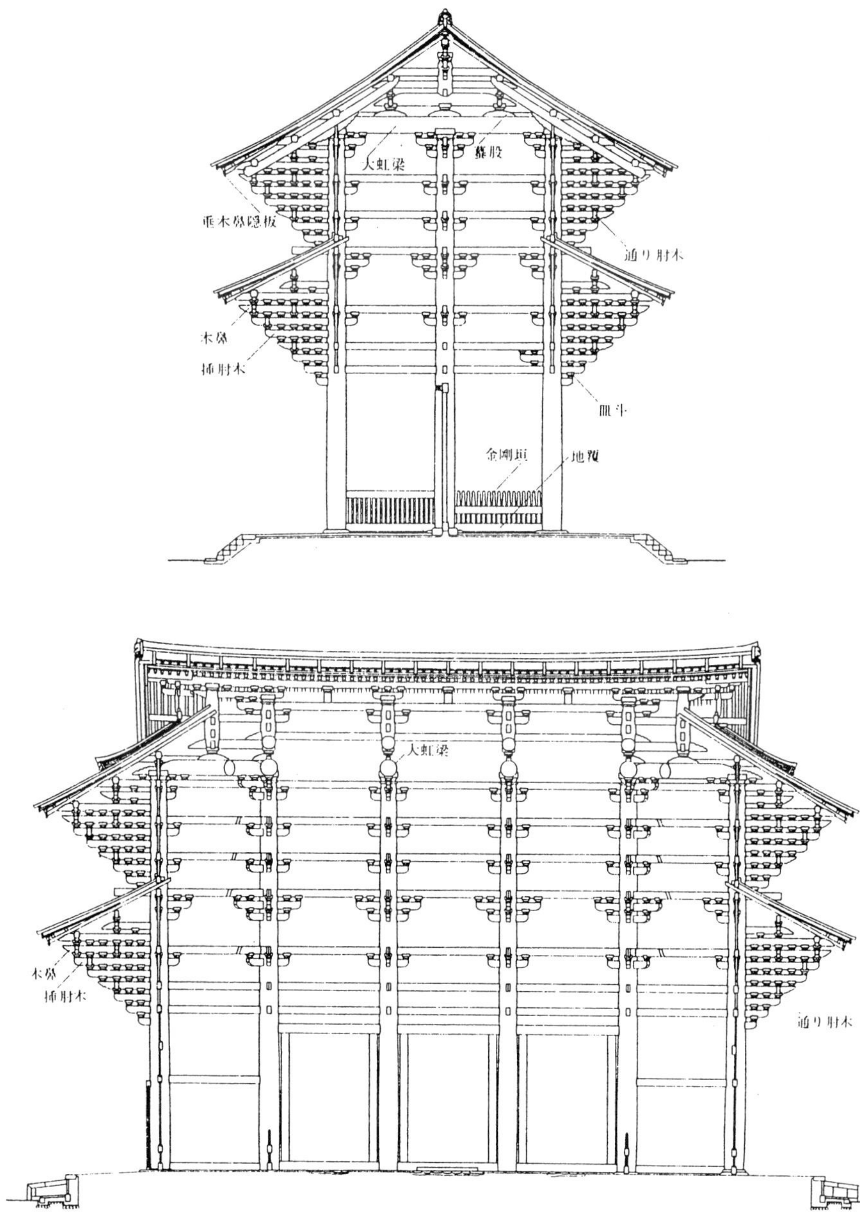

Die Schnitte zeigen deutlich die auskragenden Knaggenkonstruktionen, die buddhistische Tempelbaumeister – von China kommend – in Japan einführten.

Die Holzbearbeitung im japanischen Handwerk

Zum Verständnis und zur sinnvollen Anwendung der verschiedenen Holzverbindungen gehört auch die Kenntnis der arbeitstechnischen Zusammenhänge.
Jedes Werkzeug dient einer Erweiterung der Tätigkeiten mit der Hand. Seine Form wird geprägt von der Aufgabe, die es zu erfüllen hat, und der Konstitution und der Verhaltensweise derer, die damit arbeiten. Werkzeuge der Völker ähneln sich, insofern sie gleichen Zwecken dienen. Unterschiede ergeben sich dort, wo die Art der Benutzung und der Haltung verschieden ist.
Die am höchsten qualifizierten Handwerker in Japan, die zugleich die alten Handwerksregeln überlieferten, waren die Priester und die ausgesuchten Handwerker, welche die Tempelbauten ausführten. Über die Jahrhunderte hat sich eine erstaunliche Materialbeherrschung entwickelt. In der religiösen Shinto-Tradition wurde Holz mit der Präzision des metallverarbeitenden Handwerks verarbeitet. Die Oberflächen wurden mit einer kaum vorstellbaren Genauigkeit ausgehobelt. Das Schleifen von Holz ist dem Japaner unbekannt. Da die Hölzer häufig unbehandelt bleiben, würden sie durch Schleifen ihre Oberflächenbrillanz verlieren. Bekanntlich sind die Oberflächen, die bei spanabhebender Bearbeitung entstehen, besser und widerstandsfähiger als die durch Schleifen erzielten Flächen, da beim Hobeln und Spalten die einzelnen Fasern nicht angerissen werden. Diese Oberflächengüte erzeugt der Japaner mit einem für europäische Vorstellungen kleinen, unhandlichen Hobel, der heute – wie auch der europäische – eine Doppelklinge besitzt. Das Schärfen dieser Hobel ist ein wichtiger Bestandteil bei der Ausbildung junger Zimmerleute und Schreiner. Die hierzu notwendige Fertigkeit bedarf einer jahrelangen Übung. Erst dann gelingt es, den Hobel so zu schärfen, daß damit papierdünne Hobellocken erzeugt werden können, die auf der ganzen Länge der Werkstücke nicht abreißen.
Bei der Arbeit nutzt der Japaner seinen Körper anders als der Europäer. Das Sitzen oder Knien auf dem Boden ist ihm so natürlich wie das Stehen. Bei seinen Handlungen wirkt er nicht durch schwungvolle Kraftanwendung. Er zieht seinen Hobel und seine Säge auf seinen Körper zu, statt sie zu stoßen. Das ist eine weniger kraftvolle Art des Arbeitens, die bei entsprechender Übung eine größere Präzision von Sägeschnitt und Oberfläche ermöglicht. Einspannvorrichtungen wie unsere Hobelbank oder den Schraubstock benutzt der Japaner nur selten. Bei seiner Arbeitsweise genügt es ihm, das Werkstück mit den Füßen zu halten.
So wie die Holzverbindungen von der religiös verankerten Verbundenheit der Meister mit ihrem Material zeugen, so gilt das gleiche für die Werkzeugmacher. Es wäre ein eigenes Kapitel, die vielfältigen und raffinierten Schmiedetechniken zu beschreiben, die sich besonders seit dem 17. Jahrhundert Werkzeugmacher einfallen ließen, um Werkzeuge höchster Güte zu erzeugen. Noch heute werden in Japan die Werkzeugstähle kalt geschmiedet, wodurch sie eine hohe Standzeit erreichen. Da sie aber auch sehr viel teurer sind als

unsere, ist es üblich, sie vom Vater auf den Sohn zu vererben und besonders gut zu pflegen.

Die Anzahl der zur Verfügung stehenden Werkzeuge ist der des europäischen Zimmermanns und Schreiners vergleichbar. Wie wir kennt der Japaner verschieden schwere Hammer und Holzklüpfel, Axt, Dechsel und Schleifstein.

Bei den Hobeln kennt der Japaner keine Unterscheidung im Sinne von Schlicht-, Rauhbank-, Doppel- und Putzhobel. Lediglich in der Formung hat er Sonderheiten wie den Fasernhobel, der sich auf exakte Fasernbreite verstellen läßt. Stemmeisen werden gegenüber den europäischen mit längeren Schäften hergestellt und übernehmen so gleichzeitig die Funktion der Stoßaxt. Sie waren zur Zeit des Alten Reichs die am meisten verwendeten Werkzeuge zur Herstellung von Holzverbindungen. Wegen dieses vielseitigen Einsatzes wurde die Schneide bis zum 17. Jahrhundert zweiseitig angeschliffen. Für die reinen Stemmarbeiten wird sie heute wie bei uns einseitig angeschliffen. Daneben gibt es den europäischen Stechbeiteln vergleichbare Werkzeuge.

Wie in Skandinavien und dem übrigen Europa sind die Sägen, besonders die Längsholzsäge, aufgrund der technischen Schwierigkeiten bei der Herstellung der Schneide erst relativ spät, etwa im 14. Jahrhundert aufgekommen. Die Zahnung der heutigen japanischen Säge wird nicht verschränkt, sondern ist wechselständig und gerade angeordnet. Wir finden diese Zahnung auch bei den Rebsägen europäischer Weinbauern. Diese Säge erzeugt eine wesentlich bessere Schnittfläche, die nicht durch verschränkte Zähne verrissen ist, und führt zu größerer Schnittgenauigkeit. Die am häufigsten benutzte Säge entspricht in der Funktion unserem Fuchsschwanz, hat jedoch auf zwei Seiten unterschiedliche Zahnteilungen und einen stabförmigen Griff. Sägen mit spezieller Zahnung für Längsholz- und Querholzschnitte sowie für andere besondere Einsatzmöglichkeiten haben sich gleichermaßen entwickelt.

Zangen, Schraubenzieher, Bohrahle, Winkel, Schmiege, Streichmaß und Schlagschnur entsprechen europäischen Geräten.

Statt eines Bleistifts wird zum Anreißen ein kammartig eingeschnittener Bambusstreifen verwendet, der in schwarze oder rote Tuschfarbe getaucht wird.

Bau- und Ausbauholz wird grundsätzlich in der Werkstatt fertig zugerichtet und oberflächenvergütet. Die fertigen Teile werden manchmal sogar in Papier eingewickelt eingebaut, damit die Oberfläche bei dem Transport und beim Aufrichten nicht beschädigt wird. Die Handwerker, welche die Montage ausführen, tragen weiße Strümpfe und keine Schuhe, damit nichts beschmutzt wird. Das ist besonders wichtig, weil es im traditionellen japanischen Wohnhaus keine Verkleidungen der tragenden Konstruktionshölzer gibt und der Blick in den Dachstuhl durch keine Zwischendecke behindert wird.

Die sparsame Möblierung ist meist in Form von Nischen und Regalen fest mit der tragenden Konstruktion verbunden. Stühle und Betten sind im japanischen Haus nicht gebräuchlich. Die Wandausfachungen werden von einem eigenen Berufsstand als Flechtwerk erstellt und mit Lehm- oder Kalkputzen höchster Güte überzogen.

Die eigentliche Bauzeit solcher Gebäude ist kurz, weil zu befürchten ist, daß Hölzer durch Verziehen ihre Paßgenauigkeit in den Verbindungsteilen verlieren. Den traditionellen Festakt zur Fertigstellung eines Gebäudes bildet ein von den Zimmerleuten zelebrierter Gottesdienst.

Auf den Seiten 42 und 43 ist das traditionelle japanische Handwerkszeug, das von Schreinern und Zimmerleuten benutzt wird (Daikudogu) dargestellt. Es handelt sich dabei um eine Darstellung aus der japanischen Enzyklopädie Wakansan-saizue aus dem Jahre 1712.

1 Bunmawashi
2 Kanejyaku
3 Monosashi
4 Mizuhakari
5 Sumisashi (links), Sumitsubo (rechts)
6 Ishikirinomi (links), Nomi (rechts)
7 Yariganna (links), Ono (rechts)
8 Daiganna
9 Nokogiri
10 Nokogiri
11 Mojiri (links), Kiri (rechts)
12 Namakiri (links), Maikiri (rechts)
13 Sen
14 Yasuri (links), Kogatana (rechts)
15 Kanazuchi
16 Tsuchi (links), Kizuchi (rechts)
17 Kuginuki (links), Tagane (rechts)

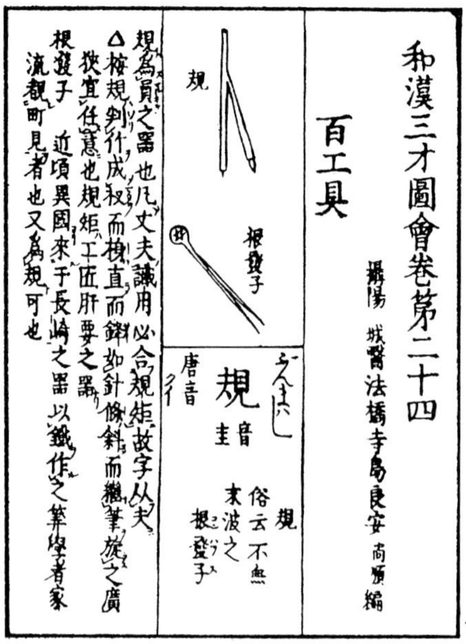

1

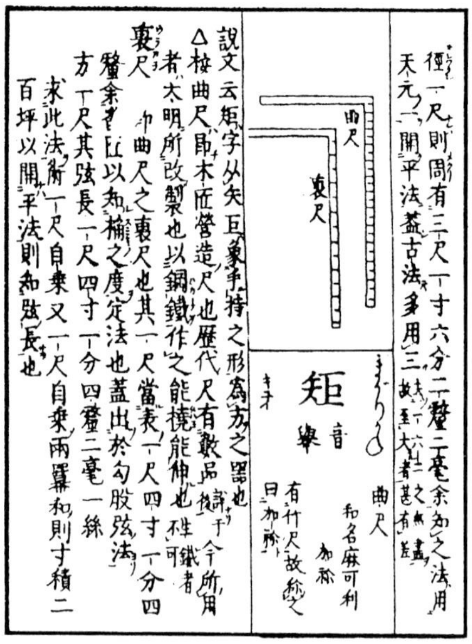

2

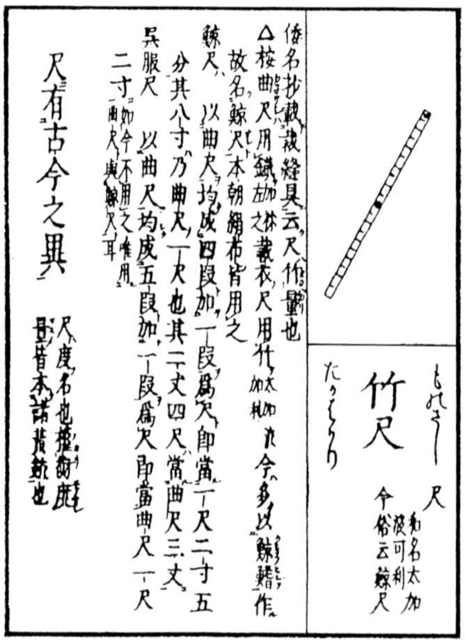

3

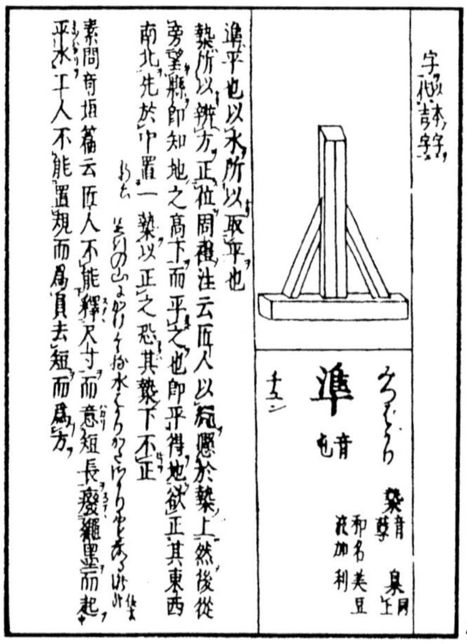

4

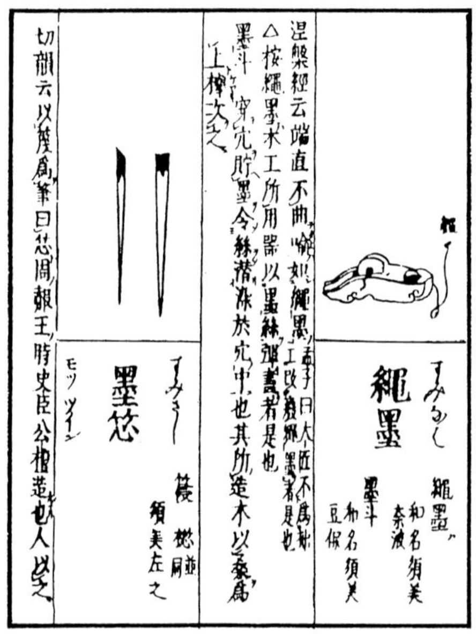

5

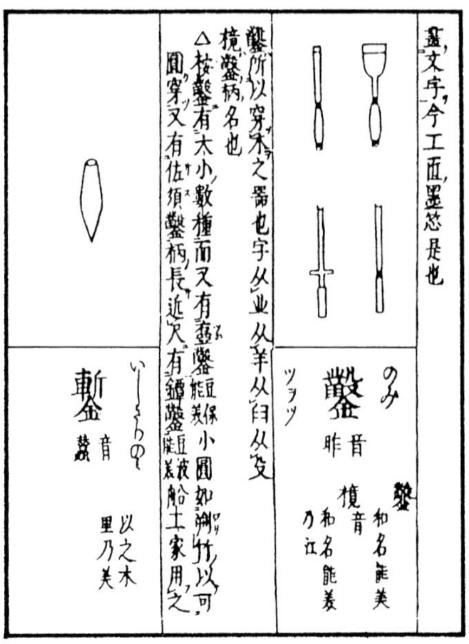

6

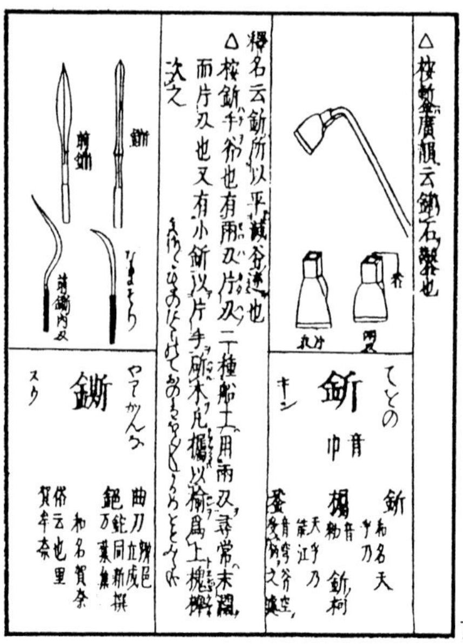

7

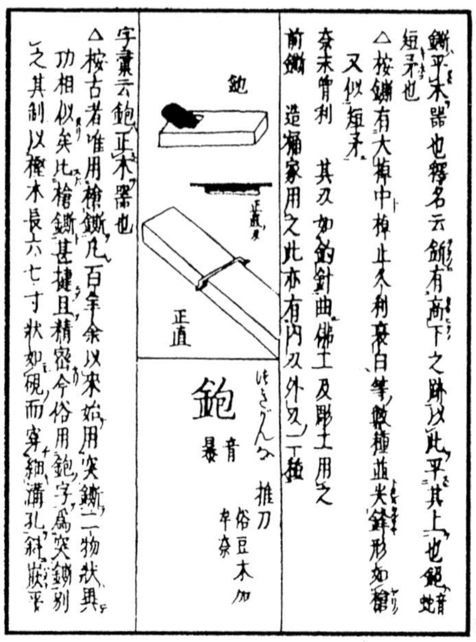

8

9

刀推以削木其制不一凡削物欲平者用竪鉋竪者刃不甚斜
圓鉋 有二種削杖棒者刃曲於內圓也掘削圓溝者刃曲於外圓也
一種有掘削戸閾者二品其削底者名底鉋其削側者名脇鉋
正直 大鉋也長三四尺俗呼名正直桶工用之但推木於鉋上削之近頃削經木硫黃木者亦用之

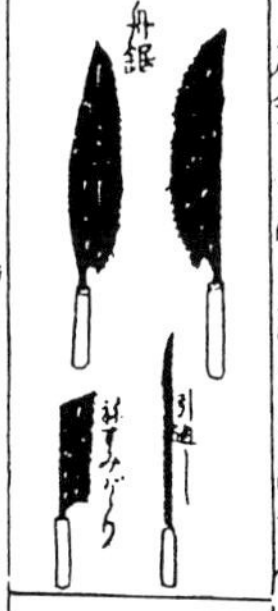

鋸 のこぎり キユイ 音據

鋸 和名能保岐利 俗云能古岐利 保與古通

四聲字苑云似刀有齒者也古史考云鋸鑿皆孟莊子始作也

△按鋸有數品泉州堺土居原之作得名太抵長一尺至

10

一尺六寸營造木工用之有八九寸齒細者俗名引切是器工用之頭尖如木葉者船造木工用之
根隅鋸 加賀利 須美 小而長七寸許頭方者以彫細溝
引廻鋸 比木末之 長七八寸闊五六分許者以可切竹

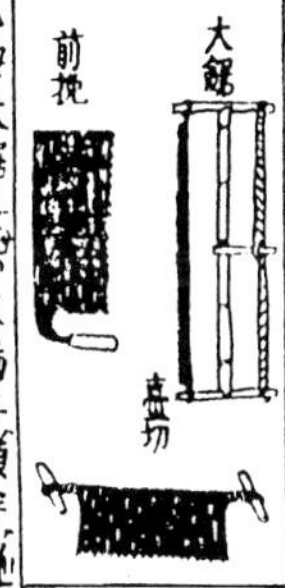

大鋸 おが

大鋸 俗云於加 前挽大鋸 末閉比木 臺切大鋸 太以岐利

△按大鋸長六尺齒半順半逆有竹柄扯人用之
前挽大鋸 長二尺闊一尺一寸齒皆向前其柄屈以竪引大木為板
臺切 長二尺二寸濶一尺齒不順有兩柄對引橫切大木

11

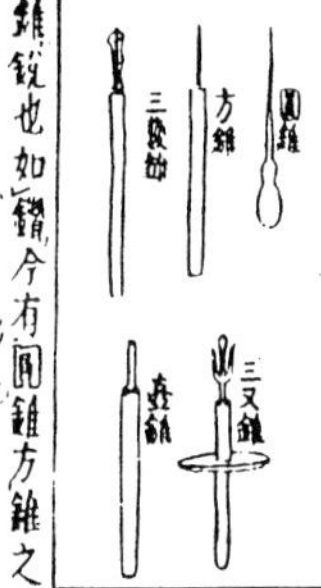

錐 きり ツユイ 音追

錐 和名岐利 鑽 鑚 同 三稜錐 俗云三ツ目錐

錐銳也如鑽今有圓錐方錐之異
△按圓錐如絹紙柔物所以通孔也方錐四方利於圓錐也鑽即三稜錐也錐三稜而木工每用穿釘穴錐柄以最爲上
三又錐 形如戟而以刔擦口又有大小
壺錐 豆保岐利 半圓如刔竹以明圓穴造樽家用之

[illegible] ろくろ ルイ 音戾

和名 [illegible] 遅

12

△按錑大鑽也柄横於頭如丁字様先以三稜錐次敲入之以柄旋之
南蛮錑 捻如真蕪錑形功倍於常

舞錐 まひきり

末比岐里

△按舞錐竹柄長尺餘有鐶如燕形横木貫柄端有緻斜纏柄使木上下則錐自舞故名舞錐以穿鍼及數珠穴

鋝 かまきり 音報 ふらきり

鋝 曲刀 鑿也 和名加布良岐利 俗云奈末曾利

13

△按鋝字彙謂之曲頭鑿蓋鑿之類皆以槌敲穿者而曲頭何得能入耶今有船士穿穿穴之刀乃鑽之屬似前鑿而頭小曲剖故俗呼曰生剖又名釣鑿此乃鋝也其彫穿之功謂鑿亦不遠矣以圓穿謂燕彫亦適理矣

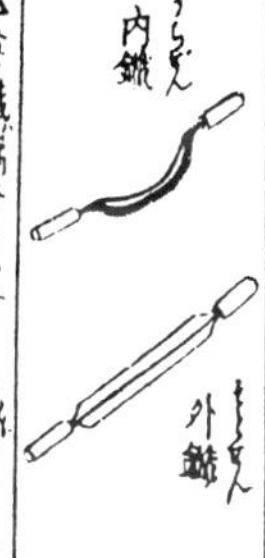

鐁 せん 音尖

鏟 剗刀 和名奈良之 鏟鐁同字而以鏟

△按鐁鏟也今名鐁者有數品皆有兩柄以削物也鍛冶以削鐵器者兩及其余片及也
葺屋人以刔柿片作樺人以削檜木並用之凡檜木形穿脊頗似龜甲故削內外者形狀有與其及微訛者名
內鐁 和名抄鐁治見下有鏟剗一名剗刀和名奈良之今蓋此今云也今也別有奈良之者乃鐁之屬也古今名目相違者不少也

14

小刀 こがたな

小刀 古加太奈 佐須賀 可見乎藝材合

武備志日本考云有小裁紙設線刀出長門號兼常者最真
△按凡腰刀鞘側插掘鋪佩小刀以削竹木裁紙便急用其欛以金銀銅鐵飾之木工所用小刀多木欛也

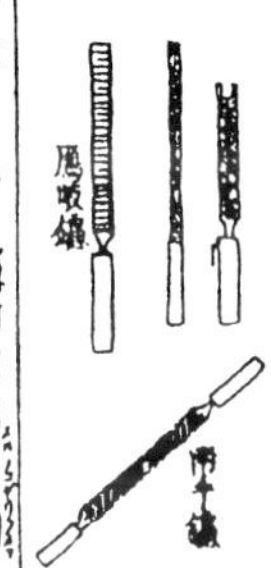

鑢 やすり ロウ

鑢 鋁 同 錯子 和名夜須利

四聲字苑云鑢所以利鋸齒器也磨錯銅鐵者也

15

△按鑢不稱生鐵以鋼制之形如疊扇表裏作細刻目以摩鐵器有太小數種而利大鋸者鑢齒三稜也又磨猷角者曰齒鑢名之鳫岐鑢

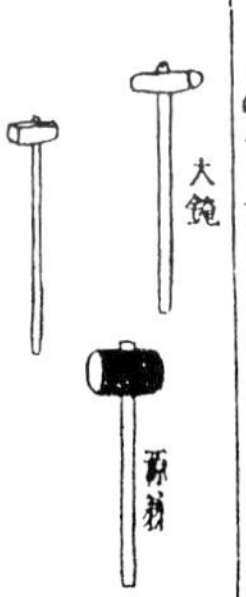

鎚 かなづち 音磨

鎚 和名加奈都知 鑵 音岳 大椎 今云源翁之屬乎

廣雅云鎚鐵槌也
△按鐵槌打釘之槌也有數種而桁葺打竹釘之鎚以生鐵作之造銅器人所用之鎚頭加鋼作之
大鎚 鍛冶家用之大如杵以可擣破鐵石磋人謂大椎曰鑵者是乎
源翁 大如杵以可擣破鐵石其柄長三尺余着端
蓋昔有禪僧源翁者偶行野州那須野見殺生石而後俗稱破石鑵曰源翁下野國之下

16

木椎 さいづち

木椎 中 英 椎 方椎 同 和名 佐伊 都遅 椎椎 並同 俗云與古 都遅

△按槌椎擣名也有數種木椎方椎木工每用之其橫木曰椊音擣 椊 音脈 擣槌也用緻木作之柄亦直用擣衣

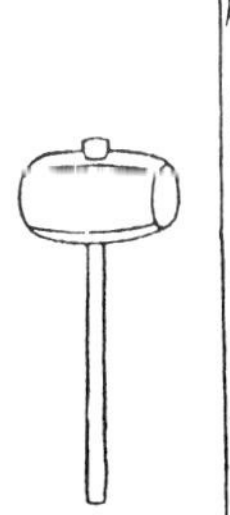

椓擊 わひのけら しけや

椓擊 和名阿比 俗云加計良

△按篆文云衛人以大槌爲椓擊蓋椓音琢訓久以可擊杙也番匠以可擊棟木

17

鏨 たがね 音讒

太加祢

倭名抄引陸詞切韻云鏨鑽也鏨太前鋛器也
△按字書云鑽穿物之錐也鏨鐫石也錐注云鏨也參考之鑽三稜錐也鏨太加称也以鋼制之有數種鍛冶以剪鐵鑄刀器銘石工以彫石攻玉之類太小不一

千斤 くぎぬき

千斤 又頓奴木 俗云万力

類書纂要云千斤起舊釘之器

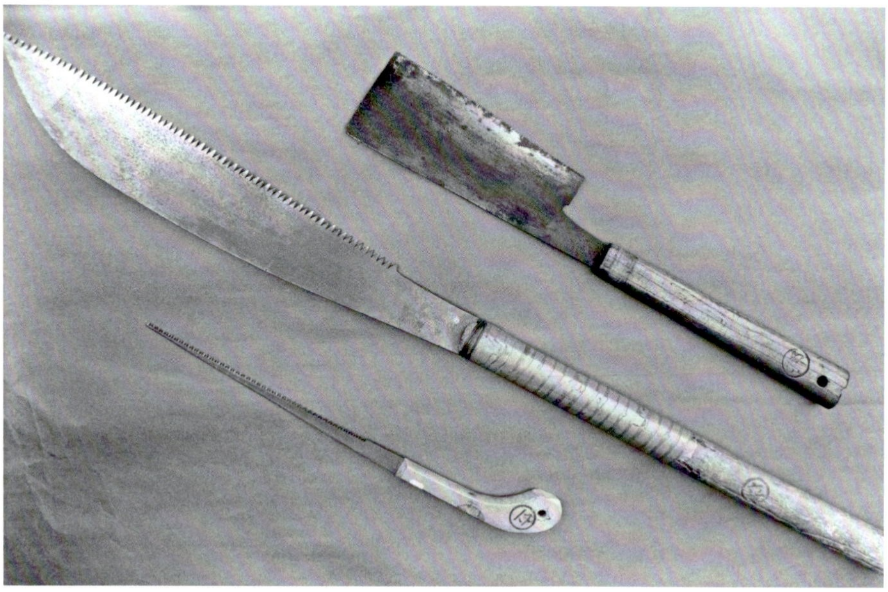

Japanische Sägen, Stechbeitel und Hobel

Die Aufnahmen aus einer japanischen Zimmerei verdeutlichen die Handhabung der Werkzeuge (rechte Seite).

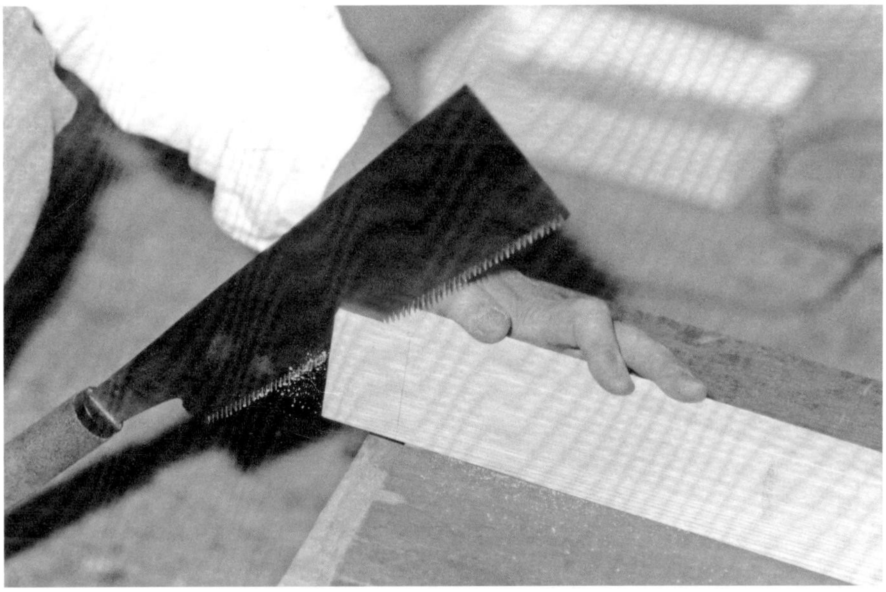

Fügeformen

Holzverbindungen dienen dem Zusammenfügen von Hölzern, wobei ein Verbund durch entsprechende Gestaltung der Berührungsflächen erzeugt wird. Die nachfolgende Darstellung der verschiedenen Holzverbindungsformen unterteilt diese nicht nach ihren Anwendungsbereichen, sondern der Ausgangspunkt der einzelnen Darstellungen ist die jeweils einfachste Grundform der einzelnen Verbindungselemente wie beim Längsstoß der stumpfe Stoß, der Zapfen, das Blatt, der Schwalbenschwanz und das Hakenblatt. Von dort aus führt die Darstellung hin zu den heute verwendeten Kombinationen dieser Grundelemente innerhalb der einzelnen Verbindungen.
Aus der Kenntnis der Eigenschaften dieser Ausgangsformen kann sich ein Verständnis für die Wirkungsweise der oft vielfältig kombinierten Fügeformen aus Ost und West herausbilden. Nur aus einem sich so aufbauenden Verständnis gegenüber den Holzverbindungen können diese dann in neuen Konstruktionsformen unter sich wandelnden Bedingungen wieder richtig eingesetzt und weiterentwickelt werden.
Das Verständnis der einzelnen Formen wird wesentlich erleichtert, wenn man sie sich jeweils durch eine Nachformung mit den Händen vor Augen führt. Dabei wird man sich unversehens in der Gedankenwelt derer wiederfinden, die diese Verbindung ersonnen haben, in einer Zeit, aus der uns keine Zeugnisse mehr vorliegen.
Im Anwendungsfall muß man sich in die Lastverhältnisse eines Bauwerks oder eines Möbels hineinversetzen, um die jeweils richtige Verbindungsweise herauszufinden. Hierbei spielen auch die Eigenschaften des zur Verfügung stehenden Holzes eine mitbestimmende Rolle. Die Besonderheiten der einzelnen Holzarten sind ebenso zu berücksichtigen wie das unterschiedliche Verhalten von Holz aus den verschiedenen Stammabschnitten eines Baumes.
So kann das Ausarbeiten einer Verbindung am falschen Ende eines Balkens leicht zum Abspalten des Holzes und zur Zerstörung der Verbindung führen. Den Blick für Unregelmäßigkeiten im Inneren des Holzes erwirbt man erst durch längere Übung.
Die japanischen und die nord- und mitteleuropäischen Verbindungen werden nicht getrennt behandelt. Vielmehr ziehen sich Zeichnungen wie ein roter Faden durch das ganze Buch, die den Zusammenhang zwischen den fotografisch dargestellten Verbindungstypen verdeutlichen. In vielen Fällen wurde die fotografische Darstellung gewählt, um die Schönheit der Verbindungen zu zeigen und das Verständnis zu erleichtern.
Bewußt wurde auch keine Trennung zwischen Verbindungen für den Schreiner und solchen für den Zimmermann vorgenommen, weil die Logik der Verbindungen jeweils die gleiche ist und deshalb der Blick über die Grenzen der einzelnen Tätigkeitsbereiche manches verdeutlichen kann.
Verbindungsformen, die nur unter denkmalpflegerischen Gesichtspunkten von Bedeutung sind, und reine Zierformen werden nicht dargestellt.
Je nach Lage der zu verbindenden Hölzer müssen Verbindungen aus Längs- und Querholz ausgearbeitet werden. Der Natur des Holzes gemäß gelten hierfür unterschiedliche Bedingungen. Aus diesem Grund sollen im folgenden nacheinander dargestellt werden:

1. Längsverbände für liegende und stehende Hölzer,
2. Schrägverbände und als Sonderform Querschnittsverbände, wobei Kanthölzer parallel verbunden werden,
3. Winkelverbände für Hölzer, deren Oberflächen in einer oder zwei Ebenen liegen und die im rechten Winkel aufeinander treffen,
4. Breitenverbände und winkelige Verbände für Brettflächen.

Von einer weiteren Unterteilung soll abgesehen werden, um die Entwicklungslinien verwandter Verbindungsformen besser verfolgen zu können.

Doppelter Stabzapfen als Fixierschloß

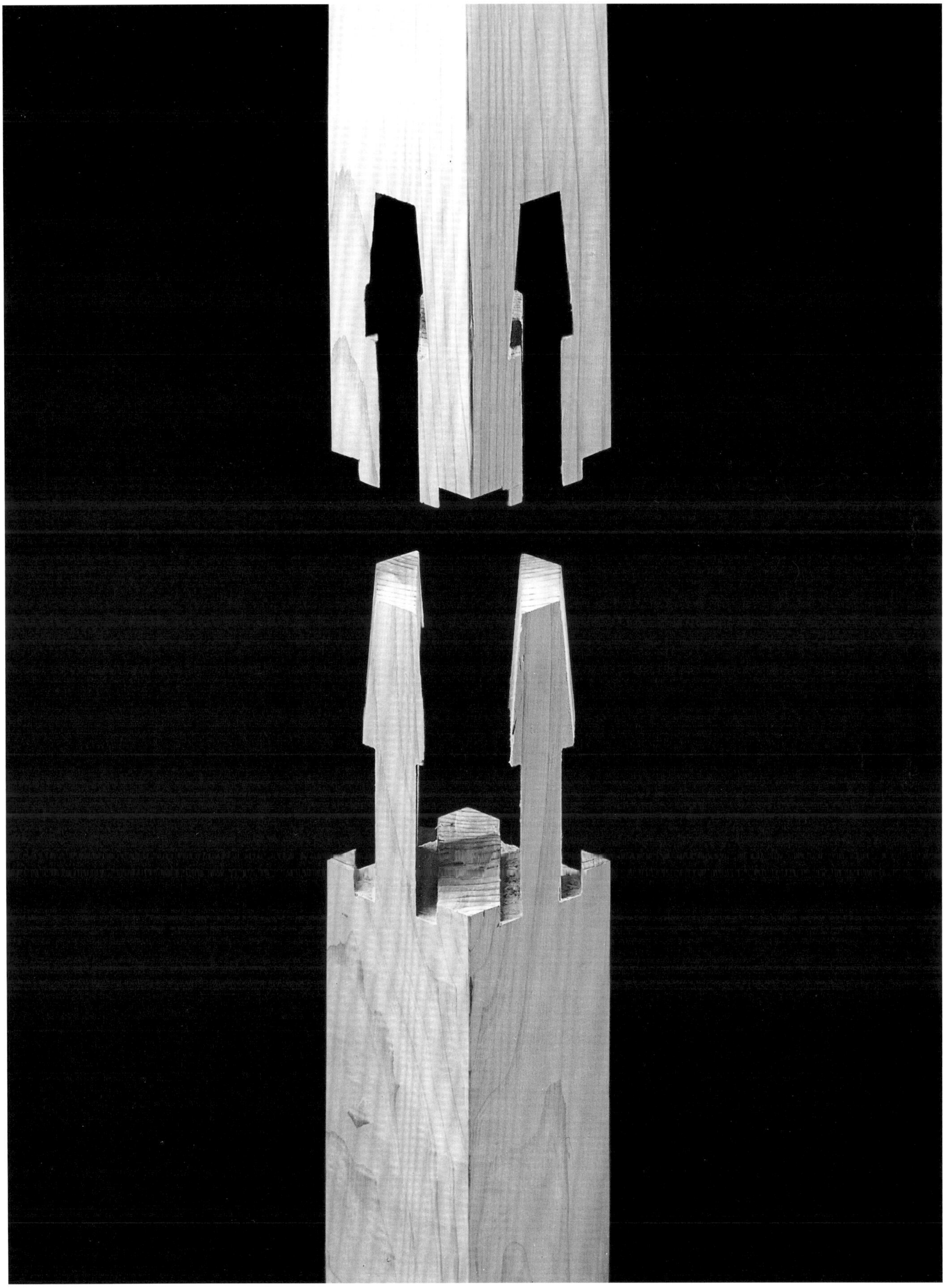

I. Längsverbindungen

Die Längsverbindung wird in folgenden Fällen angewandt:

1. Sie dient als Pfropfung bei der Verlängerung stehender Holzpfosten, die in der japanischen Architektur häufig über mehrere Stockwerke durchlaufen. Aus der japanischen Tempelarchitektur mit ihren großen, runden Holzsäulen hat sich jene Methode entwickelt, bei der die von Fäulnis besonders bedrohten Fußenden von Pfosten und Säulen von vornherein als ein eigenes Verbindungsglied hergestellt werden. Die Pfosten und Säulen werden mit sogenannten Wurzelverbindungen untersetzt, die sich nachträglich öffnen lassen und so einen separaten Austausch dieser Fußenden ermöglichen.
2. Große Holzlängen bei Riegeln lassen sich häufig nicht in einem Stück montieren. Daher müssen diese waagerechten Hölzer oft in einzelnen Abschnitten gefertigt und erst beim Aufrichten zu ihrer vollen Konstruktionslänge verbunden werden. Diese Auslängungen sind bei japanischen Bauten insbesondere von Bedeutung, da die traditionelle japanische Architektur keine Diagonalverbände zur Aussteifung einsetzt. Die Standfestigkeit wird statt dessen mit Hilfe vieler Riegel erreicht, die zug- und druckfest mit dem Pfosten verbunden sind. Auch in Japan sind in den letzten Jahren Bauvorschriften erlassen worden, die den Sinn dieser alten Bauweisen verkennen. So erhält ein Bauherr nur dann Kredit von einer Bank, wenn er in die Wände Streben einbaut, in der falschen Annahme, daß diese dem Gebäude eine größere Standsicherheit verleihen. Tatsächlich aber sind diese Streben überflüssig, da die Häuser ihre Aussteifung durch die Riegel und die durchlaufenden Pfosten erhalten. Im Fall von Erdbeben sprengen die Streben sogar die Knotenpunkte des Hauses, da sie nicht elastisch reagieren können. Zudem führen Streben zu erheblichen Schwierigkeiten bei der Herstellung der Wandausfachungen.
3. Bei waagerecht liegenden Konstruktionshölzern, wie Balken von Blockhäusern, Schwellen, Pfetten, Gurte und Deckenbalken (in Schräglage auch bei Sparren), sind Längsverbindungen dann nötig, wenn größere Längen gebraucht werden als aus einem Stamm erzeugt werden können.
4. Auskragende Balkenlagen für Balkone werden aufgrund der erhöhten Fäulnisgefahr gerne austauschbar hergestellt. Zu diesem Zwecke werden sie an der Stelle des Durchgangs durch die Außenwand des Gebäudes ihrer Länge nach gestoßen.
5. Für den Schreiner stehen nicht immer Hölzer der erforderlichen Länge zur Verfügung. Zudem gibt es Situationen, in denen Reparaturen Längsanschlüsse notwendig machen.

Neben den genannten konstruktiven Gründen haben auch geschichtliche Gegebenheiten zur Verbreitung dieser Verbindung geführt: Die sich erweiternde Bautätigkeit im frühen Mittelalter und Bauweisen, die eine große Menge an Holz erforderten, führten sowohl in Japan als auch in Europa zu einer Verknappung an geeignetem Bauholz. Auch in großen Bereichen waldreicher Landschaften konnten nicht mehr genügend Stämme von geeigneter Größe und regelmäßigem Wuchs gefunden werden, wie sie für damalige Bauweisen gebraucht wurden. Hinzu kam, daß in Europa die Holznutzung durch die Privilegien des Adels eingeschränkt wurde.

Der im Mittelalter aufkommende Blockbau erforderte schlankwüchsiges Bauholz. Dieser Anspruch konnte oft nur dadurch befriedigt werden, daß die geeigneten Abschnitte von Stämmen ausgelängt und zusammengesetzt wurden, um die notwendigen Längen für die Wandbalken zu erhalten. Erst seit dem 13. Jahrhundert entwickelten sich Bauweisen, die die Verwendung kürzerer und krummer Hölzer erlaubten. Dazu gehören der noch heute sowohl in Japan als auch in Europa verbreitete Gebindebau, der viel weniger konstruktive Hölzer benötigt, um eine Hauskonstruktion auszusteifen.

In Japan begegnete man dem Mangel an gerade gewachsenem Bauholz weniger durch Entwicklung neuer Bauweisen als durch eine Verfeinerung der Längsholzverbindungen, mit deren Hilfe kürzere Stammabschnitte der Länge nach zu den benötigten Balkenlängen zusammengefügt werden konnten.

Die technische Ausführung

Für alle Stöße gilt, daß die stärker belastete Verbindung am Zopfende eines Holzes ausgearbeitet werden sollte. Als Zopfende wird das Ende eines Rundholzes oder Balkens bezeichnet, das, in Wuchsrichtung des Stammes gesehen, sich am oberen Ende befindet. Die unterschiedliche Qualität des Holzes am Fußende und am Zopfende ergibt sich daraus, daß Bäume in der Längsrichtung pyramidenartig wachsen und dabei Jahr um Jahr die einzelnen Wachstumsschichten, die sich im Querschnitt als Jahresringe zeigen, pyramidenförmig übereinanderschichten.
Bei Längsverbindungen ist es daher ratsam, die Zopfenden miteinander zu verbinden, da die Fußenden aufgrund des nach außen gerichteten Faserverlaufs leichter abspalten. Durch unregelmäßigen Wuchs hervorgerufener schräger Faserverlauf beeinträchtigt in gleicher Weise die Stabilität einer Verbindung, da Einschnitte, die schräg zur Faser des Holzes liegen, zum Absprengen neigen. Dies gilt in erster Linie für auf Zug belastete Verbindungen, für Schwalbenschwänze und Gehrungschnitte schräg zur Faser.
Beim Bau der japanischen Ises-Schreine gehen die tradierten Vorschriften soweit, daß sie sogar die Einbaurichtung des Holzes vorgeben. Beispielsweise hat der Sturz des Eingangstores aus der Sicht des Eintretenden mit dem Zopfende nach rechts zu liegen.
Für weniger stark belastete Verbindungen im Innenausbau sollten die Fußenden zusammengefügt werden, da sich auf diese Weise die Maserung der beiden Balken zu einem schöneren Bild zusammenfügt.
Der Japaner bemüht sich im allgemeinen, selbst von kompliziert aufgebauten Verbindungen nach außen hin nur einen schrägen Anschnitt zu zeigen, der sich besser als ein rechtwinkliger Stoß in die Maserung einfügt. Die handwerkliche Kunst soll hinter der Oberfläche verborgen bleiben.
Dieses Anliegen kennen wir auch im Westen. Beispielsweise wurden in Niederösterreich die Hauptknotenpunkte eines Hauses als gute Geister angesehen, die mit Brettverschlägen zu verbergen waren. In Deutschland stellte man nach der Zerbombung der großen Kirchen fest, daß in vielen Steinsäulen Steinmetze kunstvolle Steinfiguren eingemauert hatten, die dem Blick des Betrachters völlig entzogen waren.

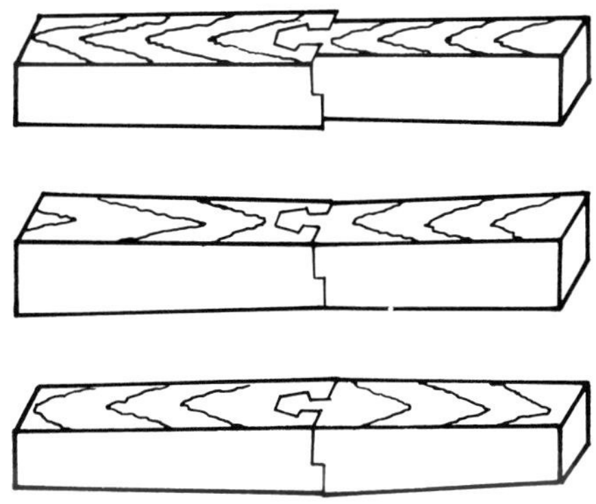

Längsverbindungen
Oben: Fußende an Zopfende, wobei das männliche Teil am Zopfende anzuarbeiten ist (Okuri-tsugi).
Mitte: Zopfende an Zopfende – die stabilste Ausführung (Ikiai-tsugi).
Unten: Fußende an Fußende – nur bei wenig belasteten Teilen, bei denen es auf die ästhetische Wirkung des Faserverlaufes ankommt; ungeeignet für Verkeilung (Wakare-tsugi).

Der stumpfe Stoß

Die hier zu Beginn gezeigten Fügeformen stellen keine Verbindungen im eigentlichen Sinn dar, sondern können in der Praxis nur unter Verwendung weiterer Hilfsmittel oder weiterer damit kombinierter Verbindungen ausgeführt werden. Um die Entwicklung der Verbindungsformen zu verstehen, ist es jedoch von Bedeutung, sich die Grundformen vor Augen zu führen.
Die einfachste Form, zwei Balken in der Längsrichtung aneinanderzufügen, besteht darin, sie rechtwinklig abzusägen und Stirnfläche an Stirnfläche aneinanderzulegen. Dies setzt natürlich voraus, daß sich an der Stoßstelle eine Unterstützung befindet, sei es in der Form eines Balkens, einer Mauer oder eines anderen flächigen Auflagers. Die Balken bilden jedoch hierbei keinerlei Verband und können sich jederzeit wieder voneinander lösen. Druckkräfte können nur in Längsrichtung aufgenommen werden, jedoch besteht bei zu starker Beanspruchung die Gefahr des seitlichen Ausknickens.
In der Praxis findet der ***stumpfe Stoß*** häufig Anwendung, jedoch nur in Verbindung mit einer Bauklammer, die über die Enden der Balken geschlagen wird.
Werden zwei Balken lediglich durch ein schmales Auflager unterstützt, so besteht beim stumpfen Stoß bei Durchbiegung der Hölzer infolge von Auflast die Gefahr des Abrutschens.
Eine Verleimung des stumpfen Stoßes ist jedoch nur wirksam, wenn zuvor die saugfähigen Hirnholzflächen mit verdünntem Leim porenfüllend getränkt wurden.
An dieser Stelle soll kurz auf die Bedeutung des Leims für die Zimmerei und Schreinerei eingegangen werden.
Für den Zimmermann spielt der Leim keine bedeutende Rolle, da die von ihm verwendeten Hölzer im allgemeinen so feucht sind, daß sie keine Verleimung zulassen. Die kurze Trockenzeit von Leimen entspricht nicht den Erfordernissen beim Aufrichten einer Hauskonstruktion, und es lassen sich auch nicht die benötigten, nur Bruchteile von Millimeter großen paßgenauen Leimfugen mit Kanthölzern erzielen.
In der Schreinerei kommt dem Leim eine größere Bedeutung zu, jedoch werden auch bei Verleimungen entsprechende Fügeformen benötigt. Einfache Holzverbindungen dienen dazu, beim Verleimen das Verrutschen der Teile zu verhindern. Andere wiederum bewirken eine Vergrößerung der verleimfähigen Anlageflächen zwischen den Hölzern. Beim ***versetzt geraden Stoß*** wird die Auflagerfläche von den beiden längs gestoßenen Balken in größerer Breite ausgenutzt. Eine Verbindung zwischen den Balken kann jedoch nur durch Hilfsmittel wie Bauklammern, Schraubbolzen oder Nägel hergestellt werden.

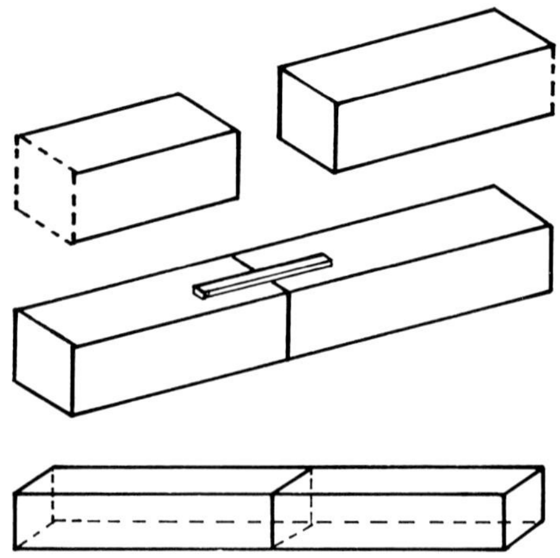

Stumpfer (gerader) Stoß

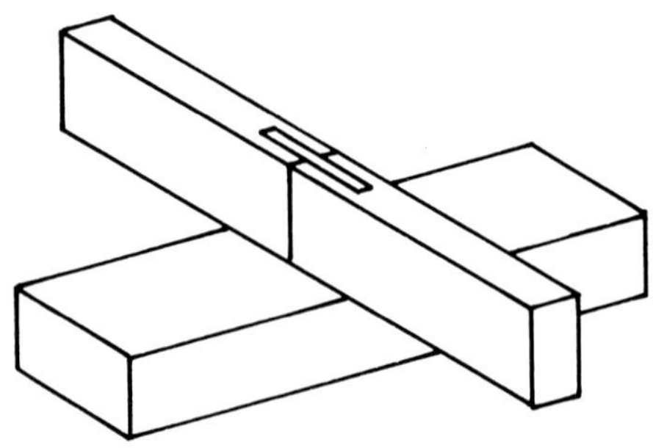

Stumpfer Stoß
mit Bauklammer gesichert

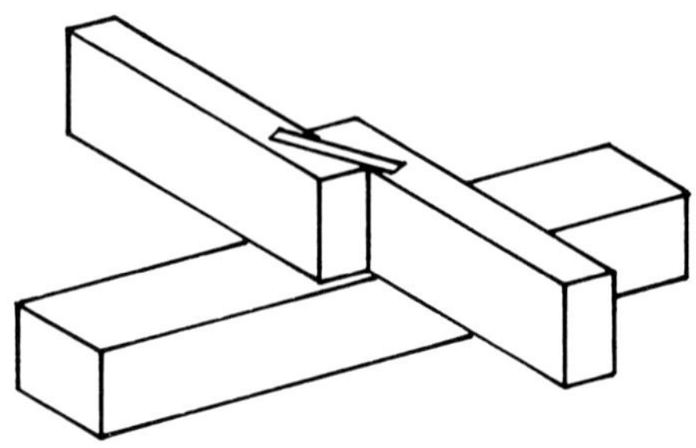

Versetzter gerader Stoß
mit Bauklammer gesichert

Der schräge Stoß

Beim ***schrägen Stoß*** und beim ***versetzt schrägen Stoß*** liegen die Balken wie beim stumpfen Stoß in einer Linie, weisen jedoch durch den schrägen Anschnitt eine größere Berührungsfläche auf. Dieses schräg angeschnittene Hirnholz läßt sich wesentlich besser verleimen als das rechtwinklig angeschnittene beim stumpfen Stoß, weshalb diese Verbindung für den Schreiner von größerer Bedeutung ist.

Die ***Schäftung*** wird für die Anlängung z. B. von Sparren benutzt, wobei jedoch eine Abnagelung erforderlich ist.

In diesem Zusammenhang soll die nur maschinell herstellbare ***Keilzinkung*** erwähnt werden, die das Prinzip des schrägen Stoßes weiterführt und eine extrem große Leimfläche ergibt.

Für alle aufgeführten Stöße gilt, daß die Auflagertiefe am Balkenende in der Regel das 0,7fache der Balkenhöhe betragen sollte.

Die in Japan bekannte ***seitengleiche doppelte Schäftung*** stellt eine Weiterentwicklung des einfachen schrägen Stoßes dar. Zwar ist sie aufwendig in der Herstellung, läßt sich jedoch sehr gut verleimen und bietet dann einen wirksamen Schutz sowohl gegen das Verdrehen der Hölzer beim Schwinden als auch gegen seitliches Verschieben.

Stehen für die ***diagonal angeschnittene doppelte Schäftung*** nahezu quadratische Querschnitte zur Verfügung, so kann diese Verbindung Kräfte aus allen Richtungen aufnehmen mit Ausnahme der Längsrichtung: Hier neigt sie bei Druck zum Aufspalten, bei Zug gleitet sie auseinander.

Diese Verbindung eignet sich im besonderen für Bodenlager, da sie das gefürchtete Verdrehen der Balken verhindert. Sie wird ebenfalls im Innenausbau verwendet.

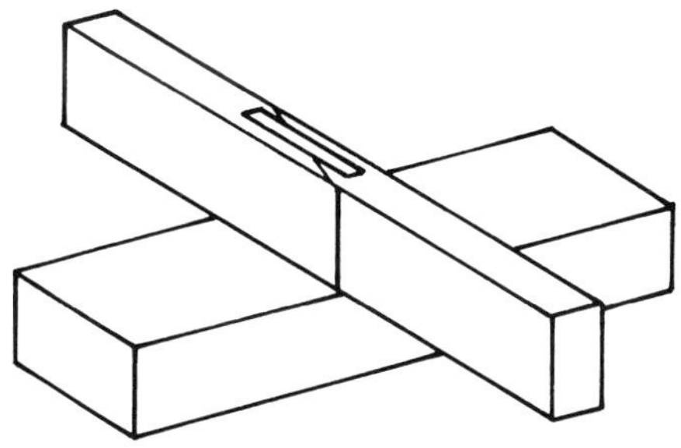

Schräger Stoß

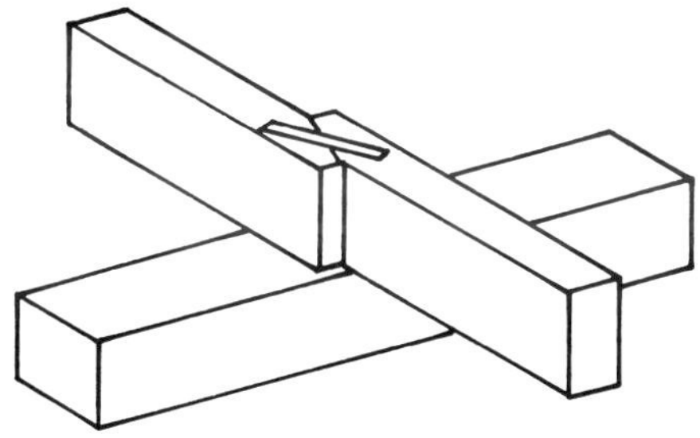

Versetzter schräger Stoß

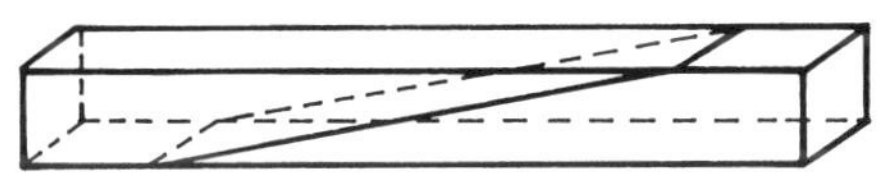

Schäftung (Sogi-tsugi)

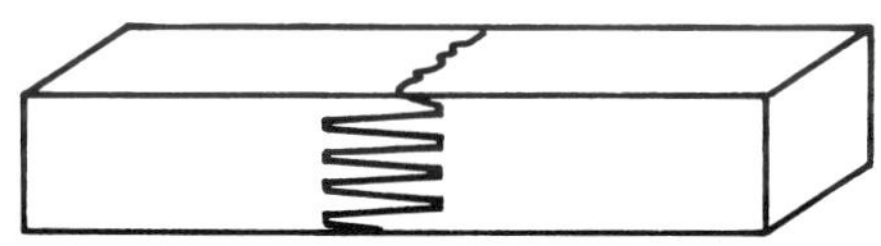

Keilzinkung

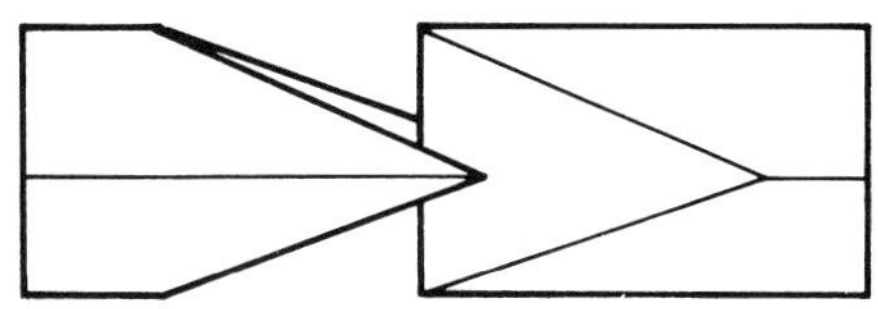

Seitengleiche doppelte Schäftung diagonal angeschnitten (Ken-isuka-tsugi)

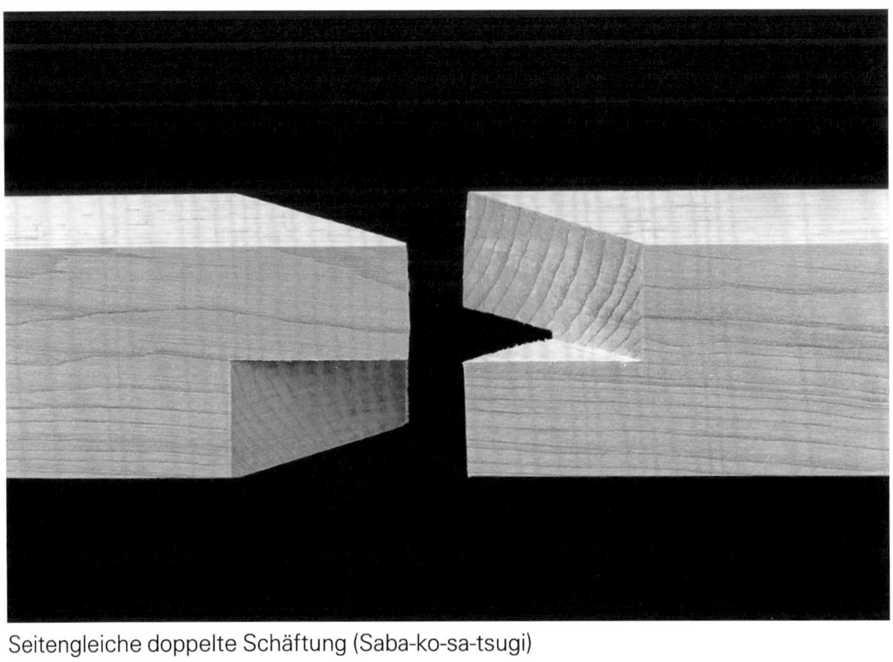

Seitengleiche doppelte Schäftung (Saba-ko-sa-tsugi)

Das Blatt

Blattverbindungen sind dadurch gekennzeichnet, daß jedes der zu verbindenden Hölzer zur Hälfte ausgenommen wird. Bei den einfachen Formen des Blattes (*gerades Blatt*) entstehen hierbei drei Anlageflächen, im Gegensatz zum schrägen Stoß mit nur einer Berührungsfläche. Diese können auf verschiedene Weise angeschnitten sein und werden dabei jeweils unterschiedlichen Belastungen gerecht. Sie können Druckkräfte aufnehmen und eine gewisse Sicherung gegenüber lotrechtem Verschieben bewirken. Da jedoch das Ausnehmen der tragenden Querschnitte eine Schwächung der Hölzer bewirkt, finden Blätter im allgemeinen nur dort Anwendung, wo die senkrecht zu ihrem Verlauf auftretenden Belastungen nicht zu stark sind oder diese durch eine entsprechende Unterstützung unter der Stoßstelle abgefangen werden, z. B. beim Stoß von Schwellen und Pfetten, die auf einer Wand aufliegen, oder bei Wandbalken in Blockhäusern. Um den Blättern auch gegenüber waagerechter Krafteinwirkung Halt zu verleihen, können sie bei ausreichender Länge mit Holznägeln gesichert werden, ohne daß sie dabei aufspalten.

Beim ***geraden Blatt mit Führungsstoß*** wird die Stoßfuge abgewinkelt angeschnitten und so die Berührungsfläche vergrößert. Auf diese Weise können größere Druckkräfte in Längsrichtung aufgenommen werden, da die Stoßstelle nicht so leicht seitlich ausknicken kann.

Eine noch bessere Knicksicherung bietet der ***schräg unterschnittene Führungsstoß*** bei senkrechtem Einbau in Pfosten, sofern er verschraubt wird.

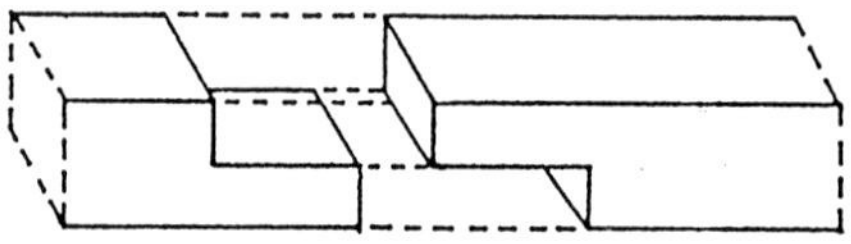

Gerades Blatt

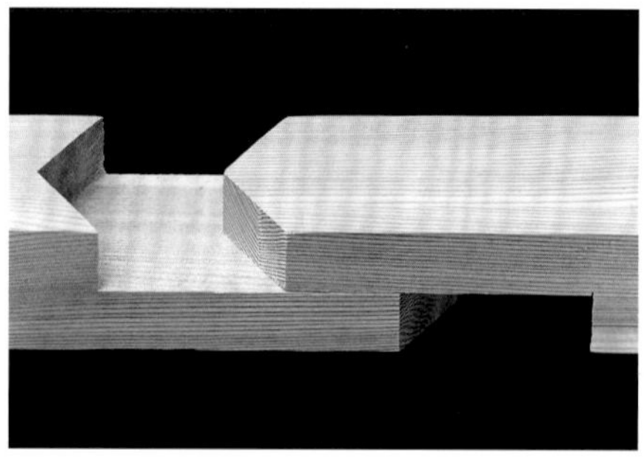

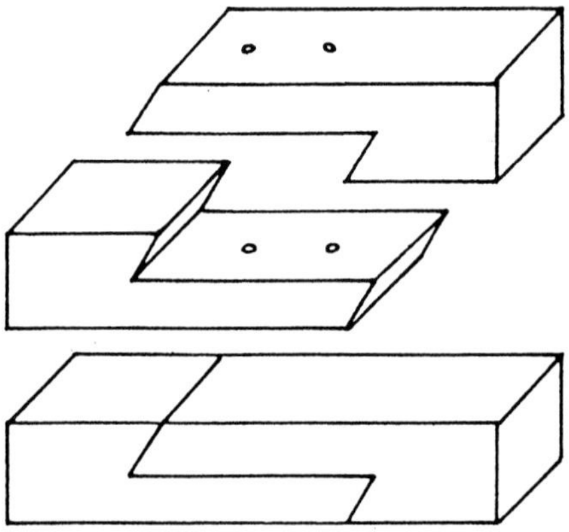

Gerades Blatt
mit hinterschnittener Brüstung

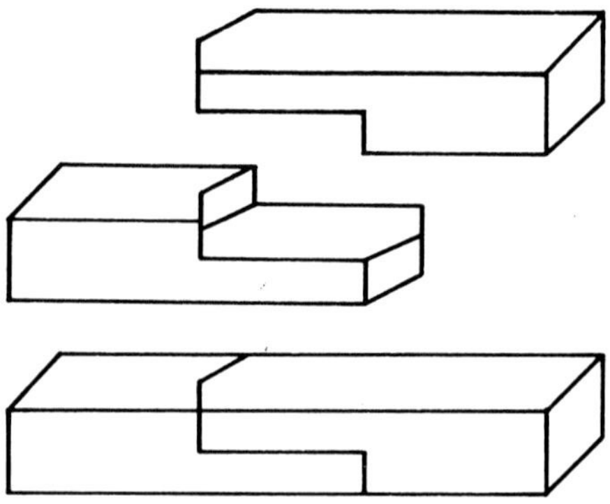

Gerades Blatt mit Führungsstoß

Bei Abschrägung der mittleren Anlagefläche entsteht das ***Druckblatt***. Werden hierbei die Hölzer durch eine aufliegende Last aufeinandergepreßt, so sind sie zugfest verbunden.
Ist aufgrund der Bauweise kein Preßdruck gegeben, so kann ein Keilschloß eingesetzt werden, wie hier am Beispiel des ***verkeilten Führungsstoßes*** gezeigt wird.

Doppelte Schäftung

In Japan ist es üblich, auch die ***doppelte Schäftung mit Keilschloß*** gegen Auseinanderziehen zu sichern. Damit diese, im Japanischen ***»Storchenschnabel«*** genannten Verbindungen sich nicht aus der Keilsicherung herausdrehen, werden die Schnittflächen schräg gearbeitet, wobei es verschiedene Variationsmöglichkeiten gibt:

Schräge nach außen verlaufend,
Schräge nach innen verlaufend,
zusätzliche ***Sicherung durch Nutzapfen***,
Einsatz eines Brüstungszapfens.

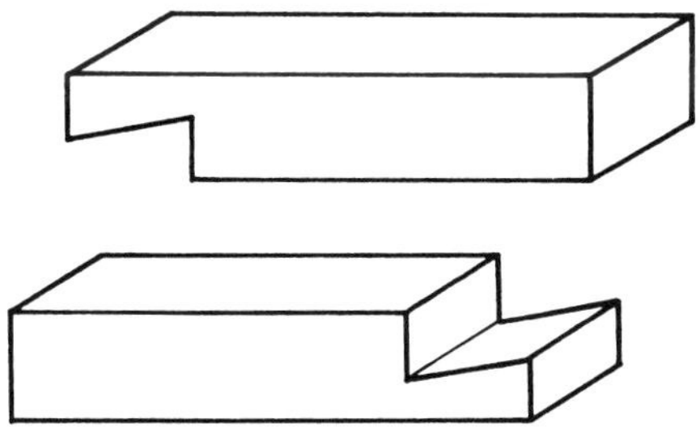

Druckblatt (Arikaki-tsugi)

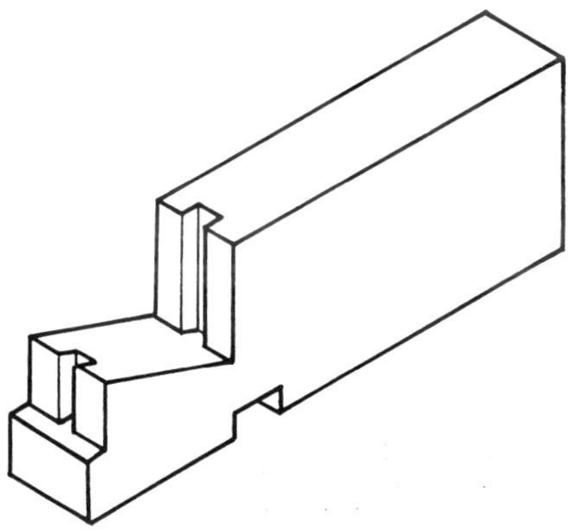

Das Druckblatt kann auch in Form eines Zapfenblattstoßes ausgeführt werden, besonders wenn Schwellen unterschiedlichor Stärke in oberen Geschossen möglichst steif verbunden werden sollen.

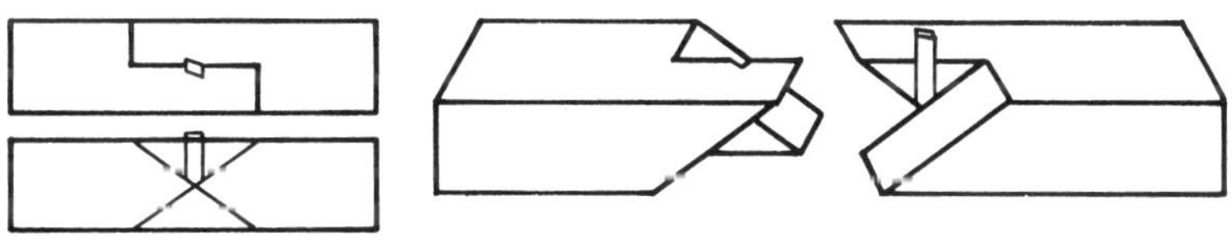

Doppelte Schäftung mit Keilschloß (Isuka-tsugi)

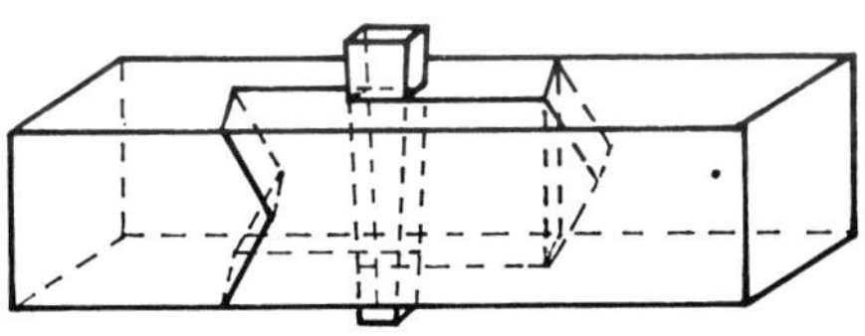

Verkeilter Führungsstoß

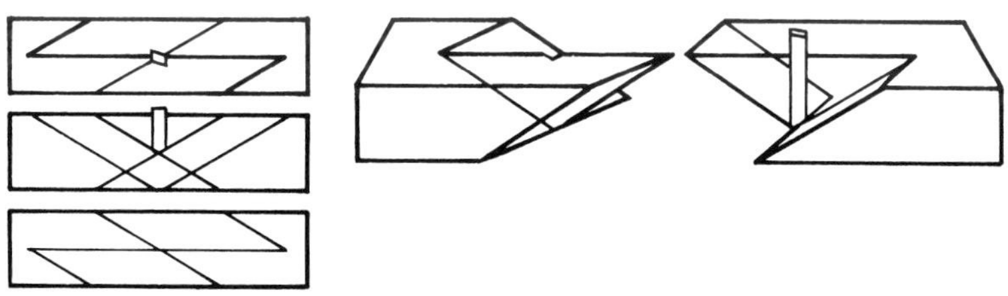

Doppelte Schäftung mit Keilschloß und schrägem Anschnitt (Miyajima-tsugi)

Zur Herstellung derartiger Verbindungen ist ein hohes Maß an räumlichem Vorstellungsvermögen erforderlich. Einen Eindruck hiervon vermittelt die isometrische Zeichnung der ***doppelten Schäftung mit Nutzapfen.***

Es ist darauf zu achten, daß die Schrägschnitte nicht zu steil angesetzt werden, damit die auf Abscherung belastete Fläche nicht durch den Keil zu klein wird.

In Japan finden diese Verbindungen dort Anwendung, wo von drei Seiten her Einsicht in die Konstruktion möglich ist.

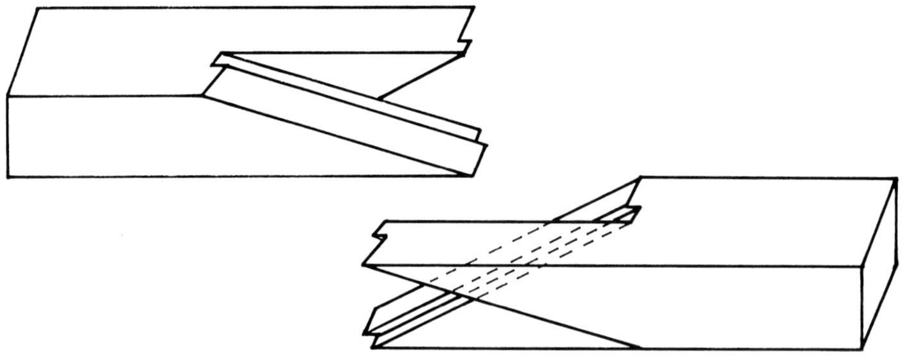

Doppelte Schäftung mit Sicherung durch Nutzapfen

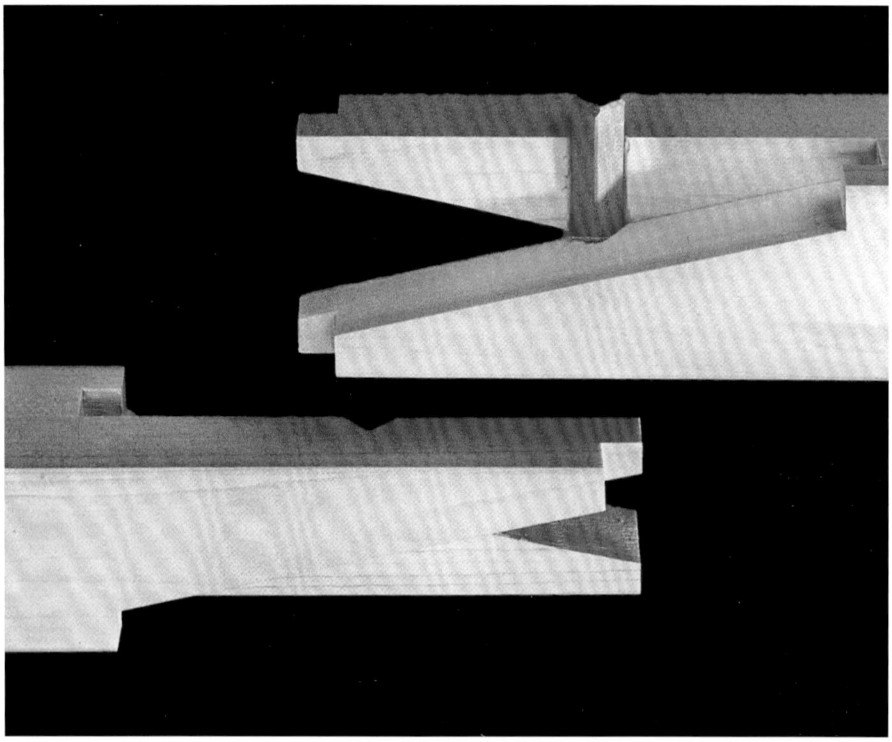

Doppelte Schäftung mit Sicherung durch Brüstungszapfen (Sumikiri-isuka-tsugi)

Der Zapfenstoß

Wie das Blatt durch seine senkrechten Anlageflächen gegen lotrechtes Verschieben Sicherung bietet, so ist der ***Zapfenstoß*** seitlich unverschiebbar. Gleichzeitig verhindert er wirksam das Verdrehen der Balken gegeneinander. Auch beim Schwinden des Holzes behält er seine Formschlüssigkeit.
Die Kombination von Zapfenstoß und Blatt ergibt den ***Zapfenblattstoß (Stufenblatt)***, der sich weder in waagerechter noch in senkrechter Richtung verschieben läßt und ein Verdrehen des Holzes unmöglich macht. Aufgrund der einfachen Herstellung dieser Fügung ist sie heute sowohl bei Schwellenanschlüssen als auch bei Pfettenstößen über Pfosten verbreitet. Die notwendige Zugfestigkeit wird durch Laschen und Metalleinlagen erreicht. Die Holzlaschen sollten zumindest 60 cm lang sein, die Metalleinlagen eine Fläche von wenigstens 10 × 50 cm aufweisen.
Sind große Lasten aufzunehmen, so sollte der Zapfenblattstoß zusätzlich durch ein ***Sattelholz aus Hartholz*** gesichert werden.

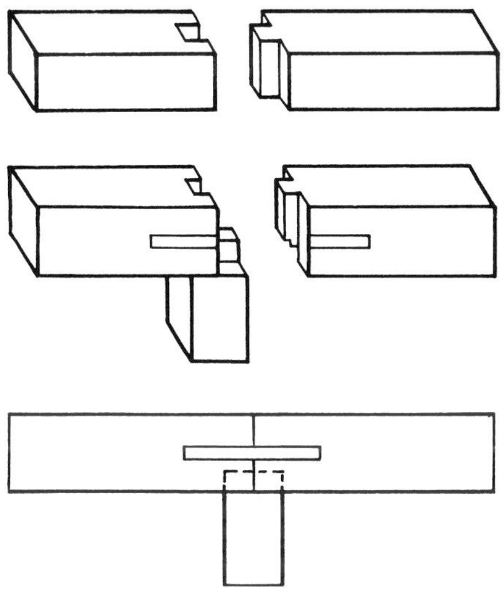

Zapfenstoß

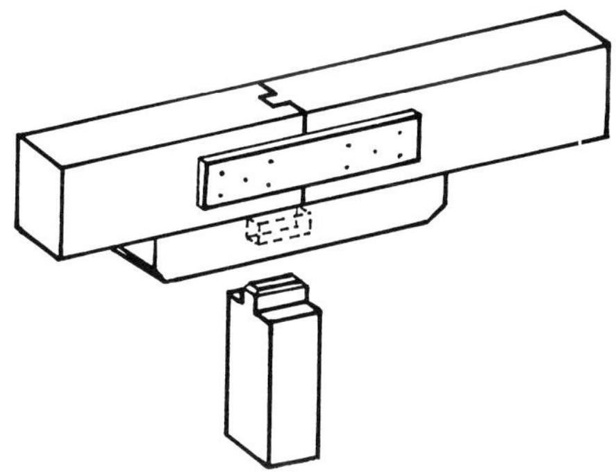

Zapfenblattstoß mit Holzlasche und Sattelholz

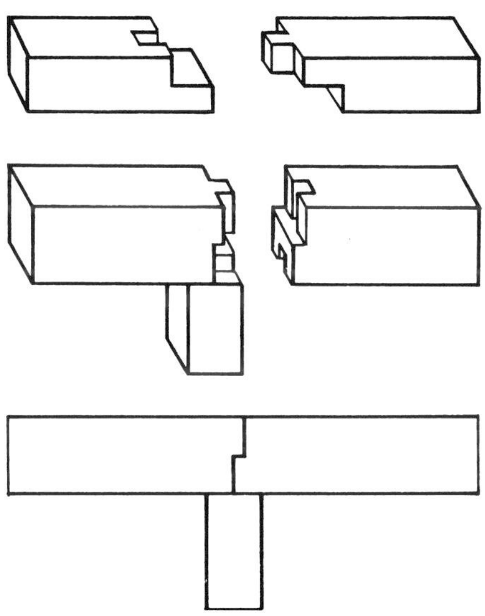

Zapfenblattstoß (Stufenblatt)

Stabzapfen

In Japan kommt den über mehrere Stockwerke durchlaufenden Pfosten bei der Aussteifung der Hausgrundkonstruktion große Bedeutung zu. Dies erklärt die Vielfalt und Ausgefeiltheit der zur Anlängung der Hölzer verwendeten Verbindung, die, wörtlich übersetzt, ***Stabzapfenverbindungen*** genannt werden. Diese stellen eine Weiterentwicklung des Zapfenblattstoßes dar.
Die im Querschnitt geschwächten Zapfen erfahren durch die ausgearbeiteten Brüstungen eine Unterstützung ihrer Tragfähigkeit. Die Besonderheit dieser Verbindungen liegt in ihrer Zugfestigkeit und in ihrer Standfestigkeit gegenüber Verwindung. Eine paßgenaue Ausarbeitung vorausgesetzt, ist die Schwächung des stehenden Kantholzes nur geringfügig, da die äußeren Zugzonen des Balkens erhalten bleiben und die inneren Zonen wieder auf Druck ausgefüllt werden.
Durch Verkeilung kann ein noch festerer Sitz erreicht werden.
Wird an einem stehenden Pfosten nur in drei Richtungen angeschlossen, so muß das dritte Holz auf Zugfestigkeit verbohrt oder verkeilt werden. Dies ist im Fachwerkbau von Bedeutung, wenn die Schwellen der Längs- und Querwände so in einem Pfosten verbunden werden sollen, daß sie auf einer Höhe zu liegen kommen. In Europa benötigen wir zur Herstellung solcher Knotenpunkte Hilfsmittel, wie Balkenschuhe aus Metall.

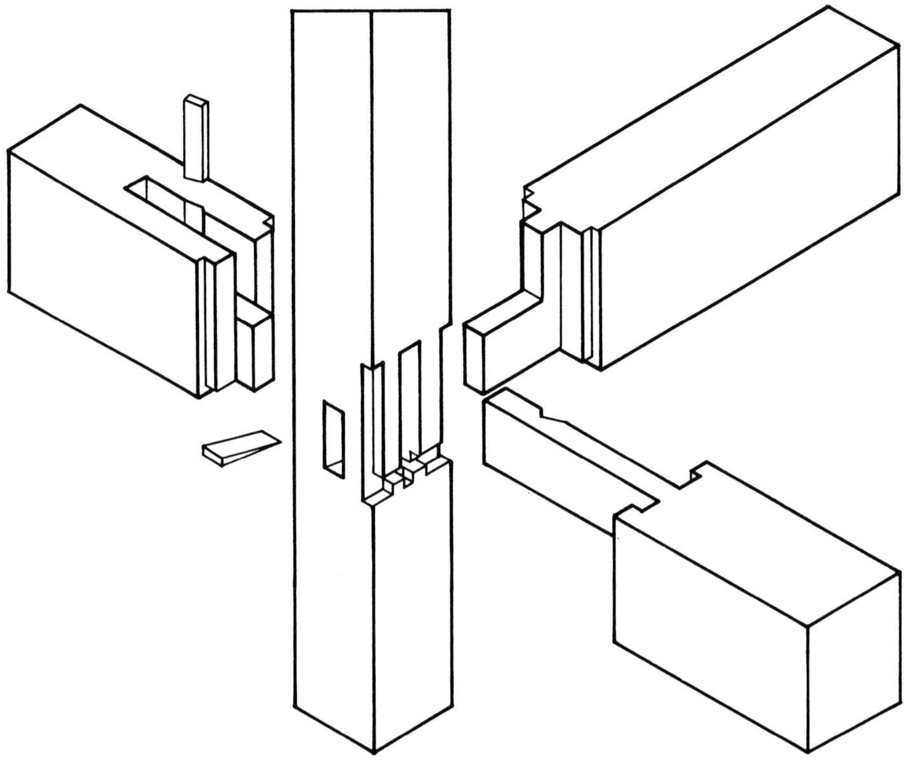

Durchgesteckte Stabzapfenverbindung mit Spannkeil und Brüstung als Knotenpunkt (Shi-ho-shachi-kumi-te)

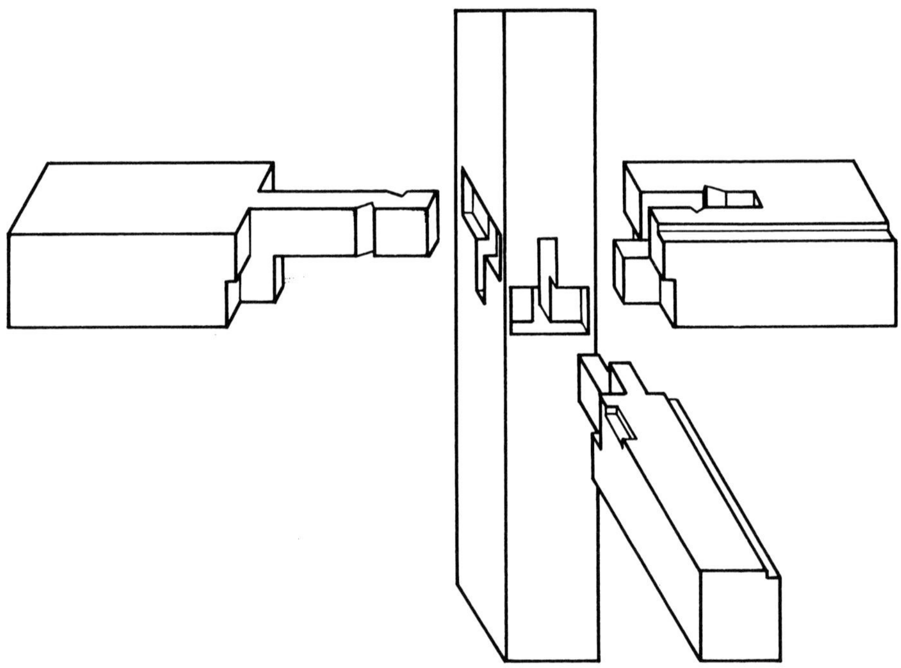

Durchgesteckte Stabzapfenverbindung mit Steckfalz als Knotenpunkt mit Verkeilung oder Dübelsicherung (Sampo-zashi)

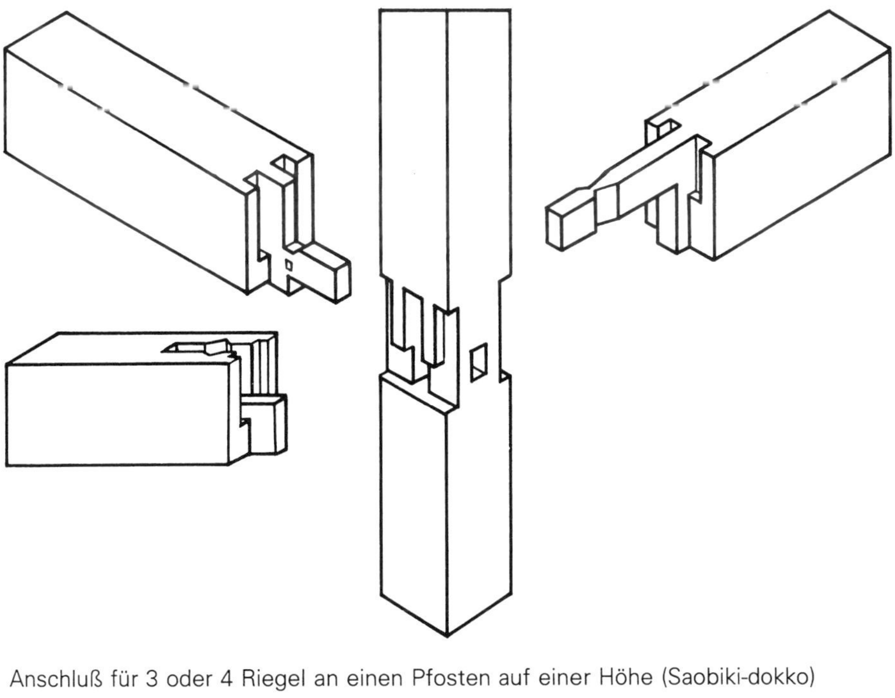

Anschluß für 3 oder 4 Riegel an einen Pfosten auf einer Höhe (Saobiki-dokko)

Die ***Stabzapfenverbindung*** wird ebenfalls für einfache Verkreuzungen von Pfosten mit Riegeln oder Bodenbalken herangezogen. In diesen Fällen kann der Hals stärker ausgeführt werden.
Darüber hinaus ist die Stabzapfenverbindung auch für einfache Anlängungen von Bedeutung.
Bei aufliegenden Balkenlagen und Schwellenstößen wird hierbei anstelle eines Blattes ein doppelter Steckfalz zur Übertragung von Drucklasten ausgeführt, der zugleich das Verwinden der Hölzer verhindert.
Diese Verbindung kann auch für Anlängungen von Stichbalken an Balkonen und für Rundholzverbindungen eingesetzt werden.

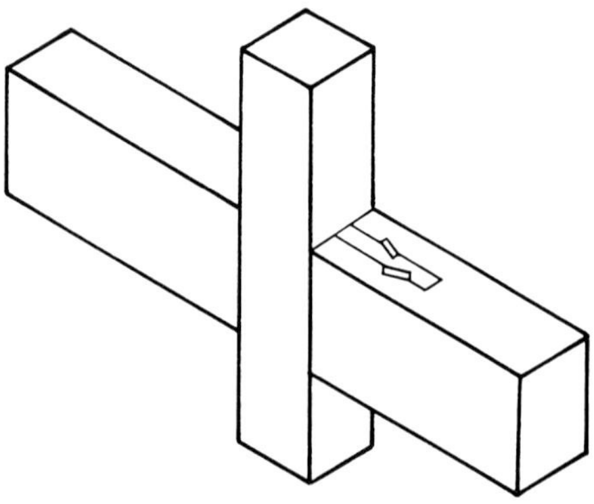

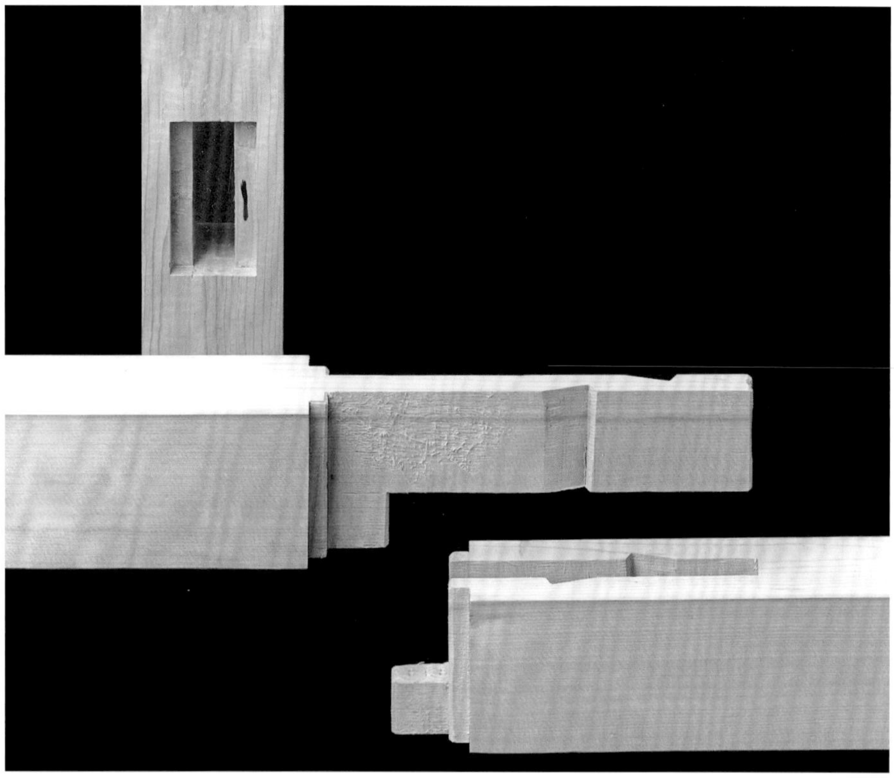

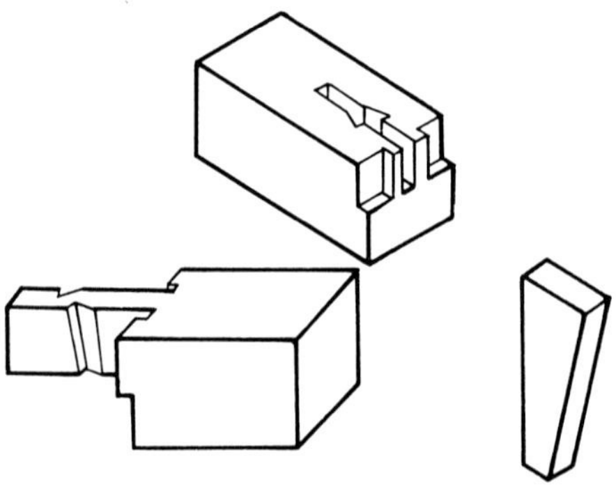

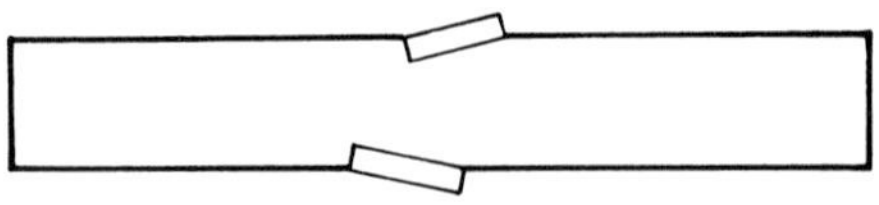

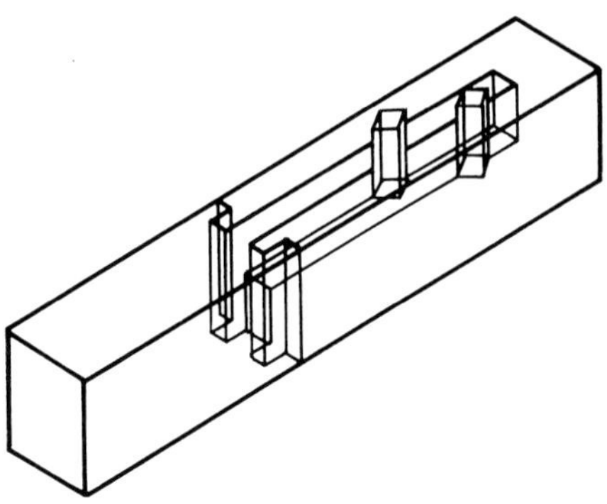

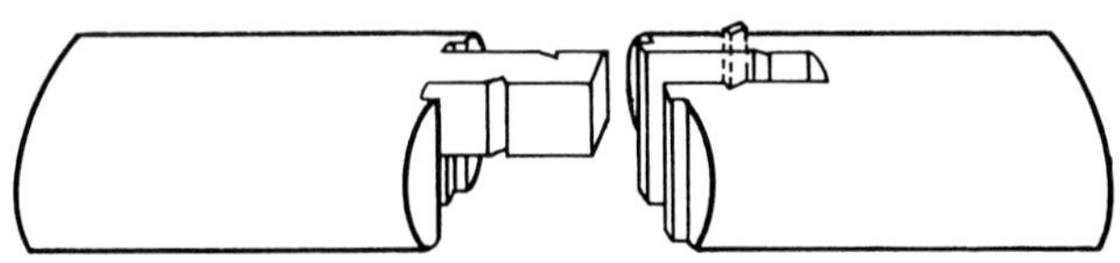

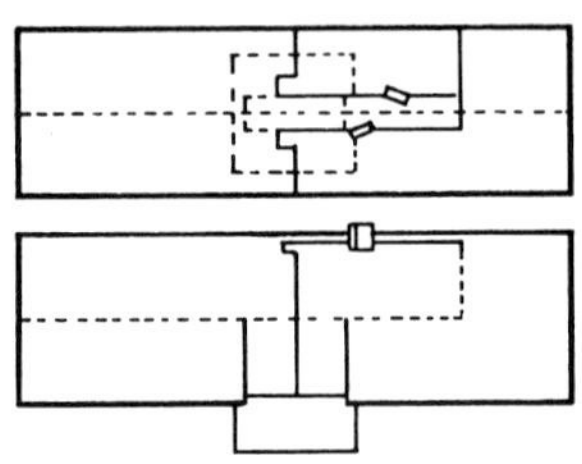

Stabzapfenverbindung mit Steckfalz
als Anlängung für Kanthölzer und Rundhölzer
(Sao-shachi-tsugi)

Schlitzzapfenverbindung

Verlängerte Schlitzzapfen sind sowohl in Japan als auch in Europa bekannt. Außer dem Führungszapfen mit Verbohrung stammen die nebenstehenden Beispiele aus dem Bereich des Möbelbaus und sind für flache Querschnitte geeignet. Der allseitige Halt wird durch Verbohrung mit Holznägeln erreicht.
Der *Schlitzzapfen mit hinterschnittener Brüstung* ermöglicht aufgrund des schräg angeschnittenen Hirnholzes eine gute Verleimung und verhindert ein Öffnen der Leimfuge.
Der *Doppelzapfen* ist für stärkere Rahmenhölzer geeignet.
Ist die Ausarbeitung eines Zapfens aufgrund zu geringer Länge der Hölzer nicht möglich, so kann man sich mit einem beidseitig eingeschlitzten *Fremdzapfen* aus Querholz behelfen, der nicht zu schmal sein sollte.
Bei dünnen Möbelteilen können die Zapfen als sogenannte *versetzte Doppelzapfen* auch durch ein kreuzendes Teil durchgestoßen werden. Die gleiche Verbindung kann auch mit *falschem Zapfen* ausgeführt werden.
Der *gerade Zapfenstoß*, auch Scherzapfen genannt, und der *schräge Führungszapfenstoß* eignen sich für Konstruktionshölzer größerer Querschnitte, wobei eine Verbohrung erforderlich ist.

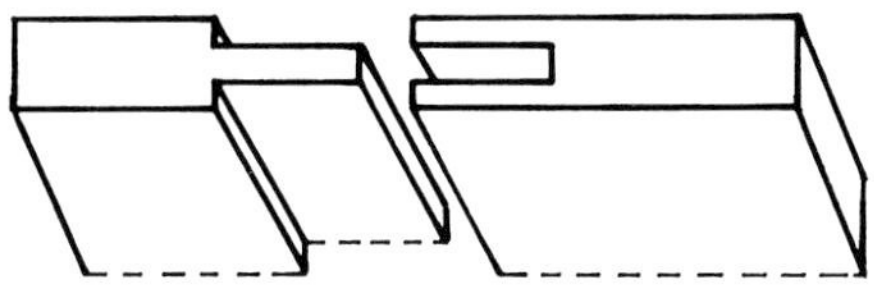
Verlängerter Schlitzzapfen

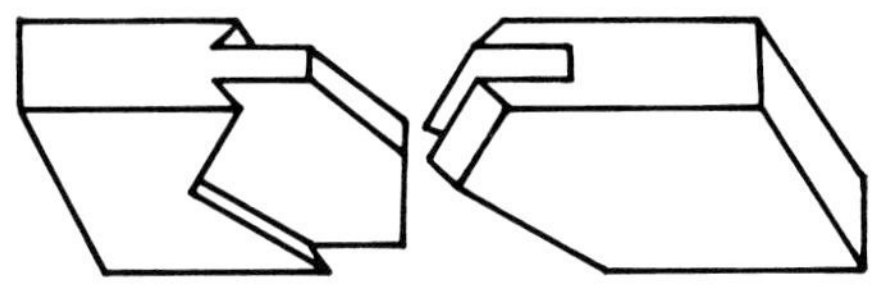
Führungszapfen mit hinterschnittener Federbrüstung

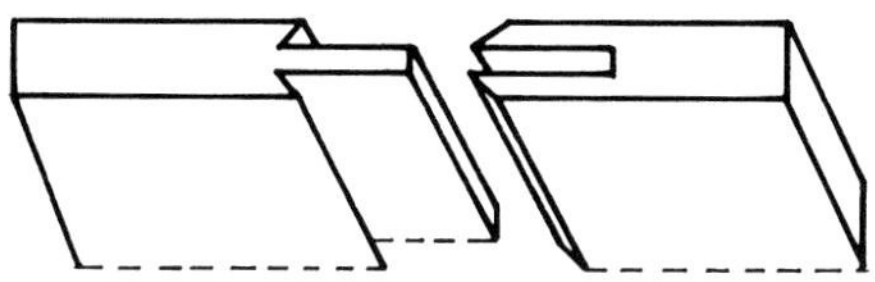
Schlitzzapfen mit hinterschnittener Brüstung

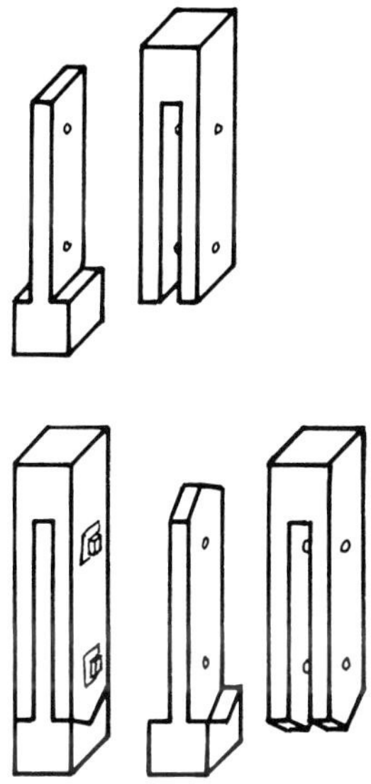
Gerader Zapfenstoß und Führungszapfenstoß mit Verbohrung

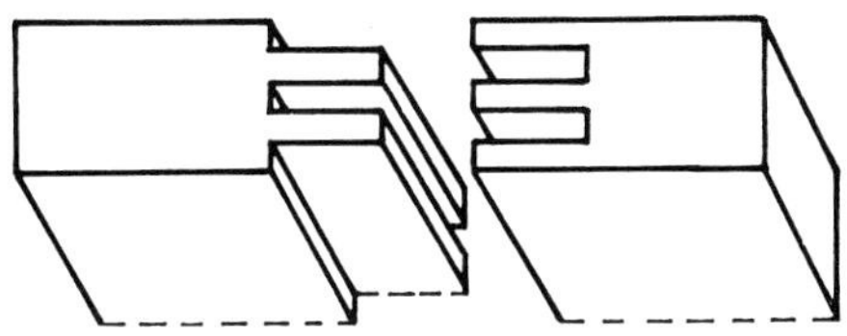
Doppelzapfen

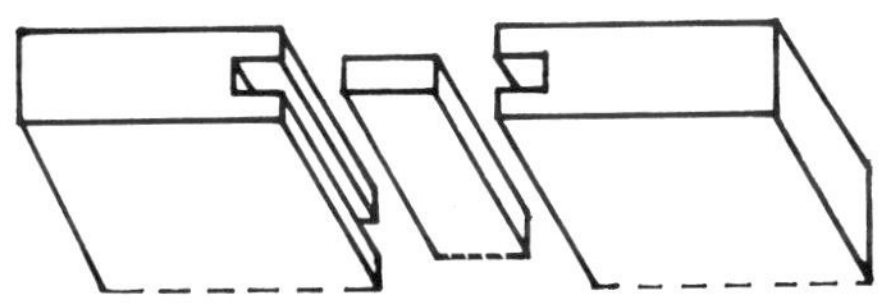
Fremdzapfen eingeschlitzt

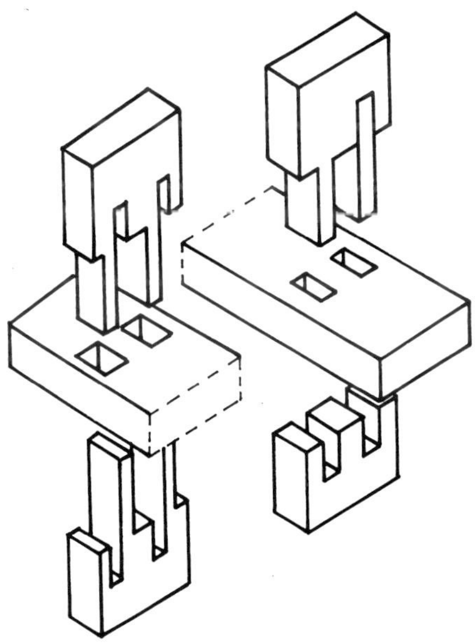
Versetzte Doppelzapfen

Abgesetzte Zapfen und Kreuzzapfen

Diese kommen als Längsverbindungen in unterschiedlichen Formen vor, insbesondere bei Pfropfungen. Bei den ***abgesetzten Zapfen*** sollten die Zapfen kürzer ausgearbeitet werden als die entsprechenden Löcher, damit keinesfalls die gesamte Drucklast über das Hirnholz des Zapfens übertragen wird.
Die zur Herstellung derartiger Zapfenverbindungen verwendeten Hölzer sollten zumindest halbtrocken sein, damit nicht durch zu starkes Schwinden beim Trocknen die Paßformen ungenau werden oder sich die Hölzer verwinden, was zur Aufspaltung der Verbindung führen würde.
Gegen ein Verwinden der Hölzer bietet lediglich der ***Kreuzzapfen*** ausreichende Sicherung. Bei Seitendruck allerdings reißen Zapfenlöcher leicht aus.
Anders als beim abgesetzten Zapfen wird der Kreuzzapfen gleich lang mit der Tiefe seines Zapfenloches ausgearbeitet, weil bei ihm die Hirnholzfläche am Zapfen groß genug ist, um auftretende Drucklasten zu übertragen.
Eine weitere Form des Kreuzzapfens kann mit einer Brettlasche gesichert werden.
Ein ***Dollen*** kann zum Teil die Funktion eines Zapfens übernehmen. Die auf Druck belastbaren Flächen sind in dieser Verbindung größer, jedoch ist keinerlei Sicherheit gegen ein Verwinden oder Abknicken gegeben.

Winkelzapfen (Kaneon-mechigai-tsugi)

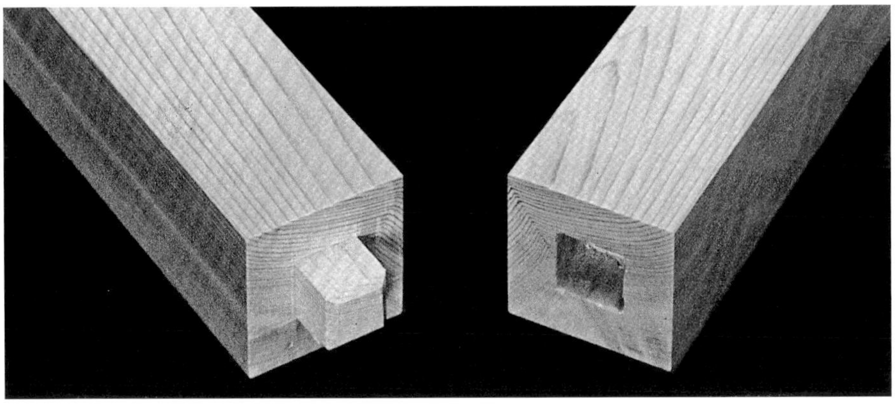

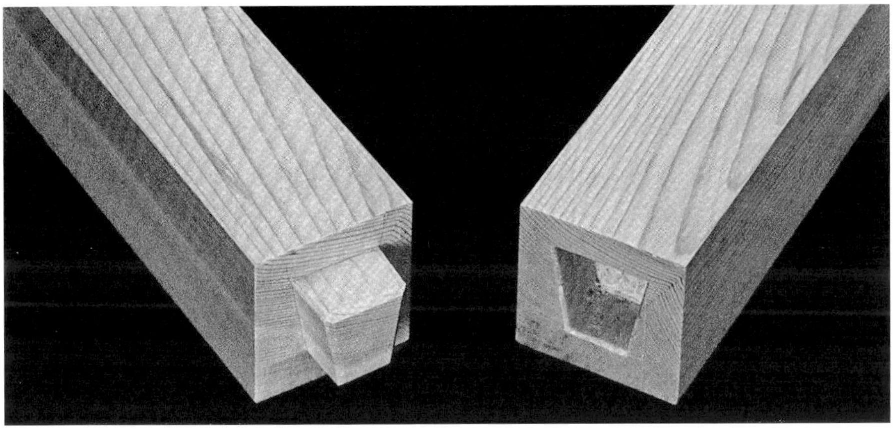

Kreuzzapfen (Jyu-mon-ji-tsugi-te)

Zierform eines Kreuzzapfens

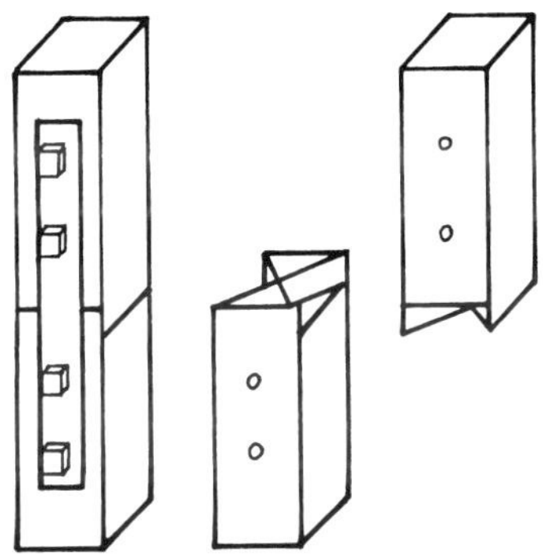

Kreuzzapfen mit Lasche

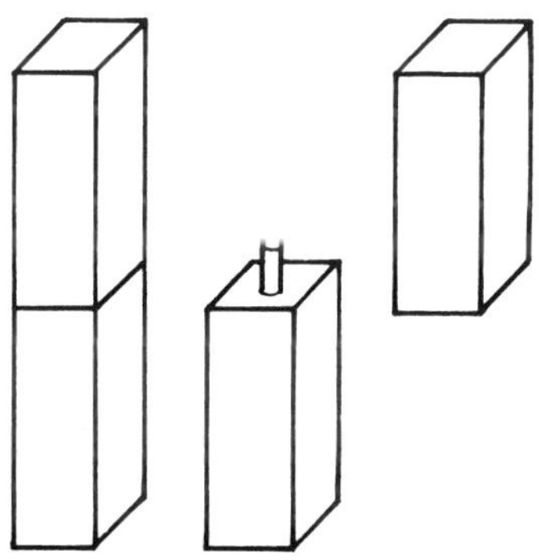

Dollen anstelle eines Zapfens

Die Schwalbenschwanzverbindungen

Der schwalbenschwanzförmige Zuschnitt eines Zapfens macht das Auseinanderziehen seiner Verbindung unmöglich.
Obwohl seine Zugfestigkeit eine gewisse Einschränkung durch die relativ kleinen Seitenflächen der Schwalbe, die leicht abscheren, erfährt, so kann doch durch eine sorgfältige Auswahl des Holzes eine zugfeste Verbindung erreicht werden. Im einzelnen ist zu beachten:

1. Das Holz darf keinen schrägen Faserverlauf zeigen.
2. Die Schwalbe sollte immer am Zopfende des Holzes ausgearbeitet werden.
3. Im Querschnitt sollten die Jahresringe in beiden Hölzern parallel verlaufen, damit nicht das unterschiedliche Schwundmaß in der Dicke und in der Breite eines Balkens (radialer und tangentialer Schwund) zu Paßungenauigkeiten führt.
4. Nach Möglichkeit sollte kein frisches Holz verwendet werden.

Der ***durchgehende Schwalbenschwanz*** ist für die Aufnahme reiner Zugbelastung geeignet und wird deshalb in der Hauptsache bei Stößen der Grundschwelle ausgeführt.
Der ***Schwalbenschwanz-Blattstoß*** sichert zusätzlich gegen lotrechtes Verschieben. Diese stufenblattförmige Verbindung schert jedoch schon bei geringer Durchbiegung und leichtem Verdrehen der Balken ab, da hier die Anlageflächen der Schwalbe sehr klein sind.
In Japan werden die Schwalben etwas kürzer gefertigt als in Europa.
Die Kombination von Schwalbenschwanz mit Kreuzblatt ergibt eine Verbindung, die gegenüber dem Verdrehen der Hölzer relativ widerstandsfähig ist. Sie wurde von Zimmerleuten in Japan und Europa ersonnen, um leichte Fachwerkwände und deren Schwellen und die darüberliegenden Dachpfetten anlängen zu können.

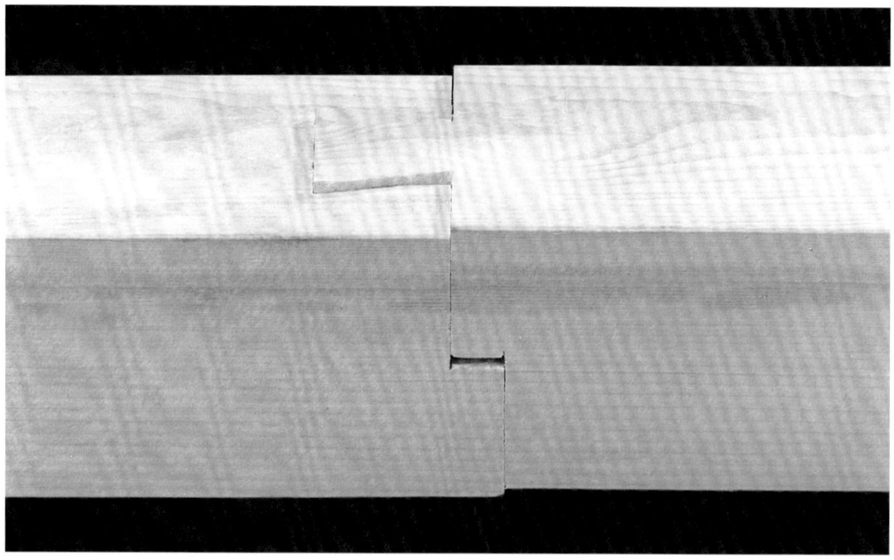

Schwalbenschwanz mit Kreuzblatt (Koshikake-ari-tsugi-te)

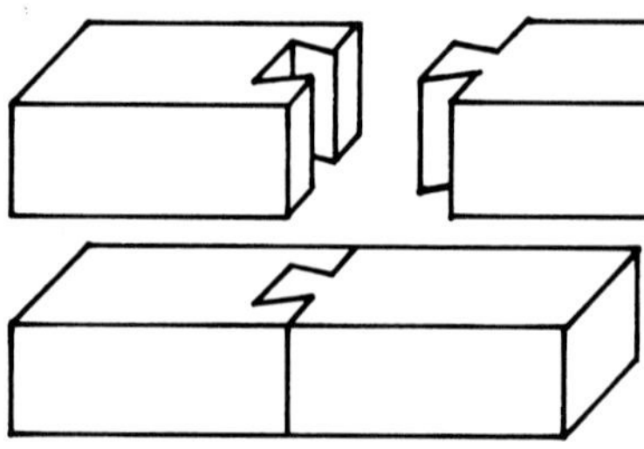

Durchgehender Schwalbenschwanz-Zapfen

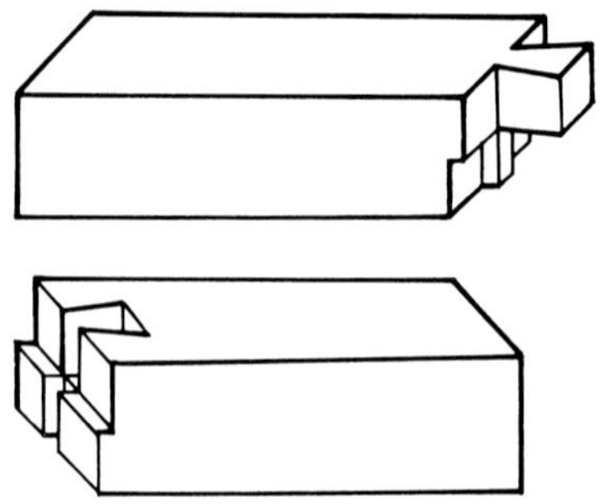

Koshi-ire-mechigai-zuki-ari-tsugi

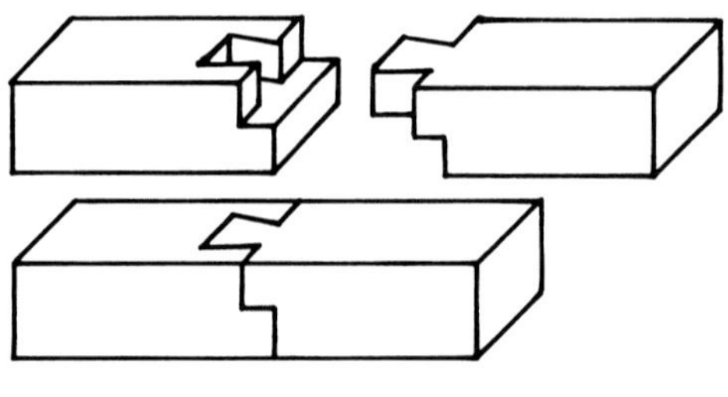

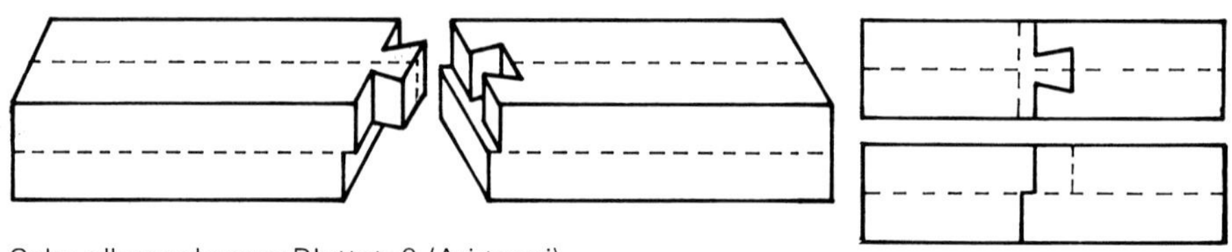

Schwalbenschwanz Blattstoß (Ari-tsugi)

Doppelte Schwalbenschwänze

Eine konsequente Weiterentwicklung der Kombination von schwalbenschwanzförmigem Zapfen und Blatt ist der seitengleiche *doppelte Schwalbenschwanzstoß*. Bei diesem sind die auf Abscherung beanspruchbaren seitlichen Anlageflächen ebenso groß wie beim durchgehenden Schwalbenschwanz. Gleichzeitig besteht eine Sicherung gegen lotrechtes Verschieben wie bei den Blattverbindungen.

Aus Japan stammt der *doppelte Schwalbenschwanz-Blattstoß*, der zwischen der Gruppe der Blattstöße und der im nachfolgenden zu erläuternden Hakenblattverbindungen einzureihen ist. Diese Verbindung kann auch als *Hakenblatt mit zweiseitigem Schwalbenschwanz* bezeichnet werden.

Die seitengleiche Ausführung von Verbindungen ist für den japanischen Holzbau typisch. Die beiden gleichgeformten Teile können miteinander angezeichnet werden, wodurch die Herstellung wesentlich vereinfacht und eine große Paßgenauigkeit erzielt wird. Als Grundregel ist zu beachten, daß das Sägeblatt jeweils im wegfallenden Teil neben dem Anriß anzusetzen ist. Andernfalls würden Fugen in der Stärke des Sägeschnitts entstehen. Diese Verbindung dient dem Schreiner als dekoratives Element. Der Zimmermann setzt sie dort ein, wo zugfest herzustellende Verbindungen nicht unterstützt werden können.

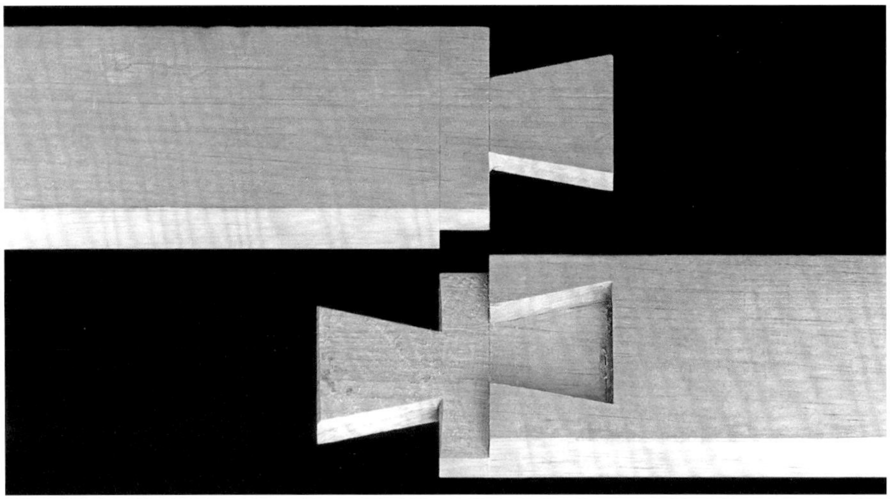

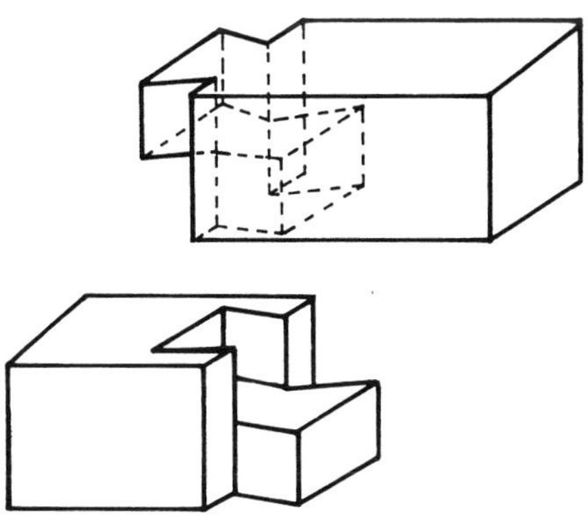

Doppelter Schwalbenschwanzstoß

Seitengleicher doppelter Schwalbenschwanzblattstoß (Ryo-men-ari-tsugi)

Sichelzapfenverbindung

Eine dem Schwalbenschwanzprinzip ähnliche Methode, um Zapfen zugfest anzuschließen, ist die – aus dem Japanischen wörtlich übersetzt – Sichelzapfenverbindung. Ihre verschiedenen Formen wurden in Japan bereits um 1000 n. Chr. ausgeführt. Sie bestehen aus einem verlängerten Zapfen, der in einen Kopf, in der Form eines umgekehrten Schwalbenschwanzes ausläuft.

Empfindliche Punkte dieser Verbindung sind die ausgestemmten Löcher, die sich beim Aufreißen des Holzes infolge von Schwund so weit öffnen können, daß der Zapfen herausrutscht. Beim Verdrehen eines der Hölzer schert der Zapfen leicht ab.

Die Verbindung mit ***einfachem Sichelzapfen*** stellt die in Japan im alten Reich gebräuchliche Form dar.

In der Edo-Zeit (17. Jh.) waren an Sichelzapfenverbindungen aufgrund besserer Werkzeuge Verfeinerungen durch ***Steckfalze*** möglich. Die Gefährdung der Verbindung durch Verdrehen oder Aufreißen der Hölzer war dadurch beseitigt.

Der höhere Nacken machte die Verbindung gegenüber Durchbiegung widerstandsfähig. Heute wird durch einen kleinen ***Brüstungszapfen*** der gleiche Effekt erzielt.

Die heute in Japan verbreiteten Formen (Beispiele rechts unten) können auch hohl gestoßen werden, d. h. die Verbindung benötigt keinen unterstützenden Balken. Der Zapfen wird am eingehängten Holz, das Loch dagegen im tragenden Balken ausgearbeitet. Die Zapfenlänge sollte doppelt so groß sein wie die Breite der Hölzer, jedoch maximal 12 cm betragen, da größere Längen nicht zu zusätzlicher Belastbarkeit führen.

Maschinell sind diese Sichelzapfenverbindungen rationell herstellbar und erfreuen sich in Japan aufgrund ihrer vielfältigen Einsatzmöglichkeiten großer Beliebtheit.

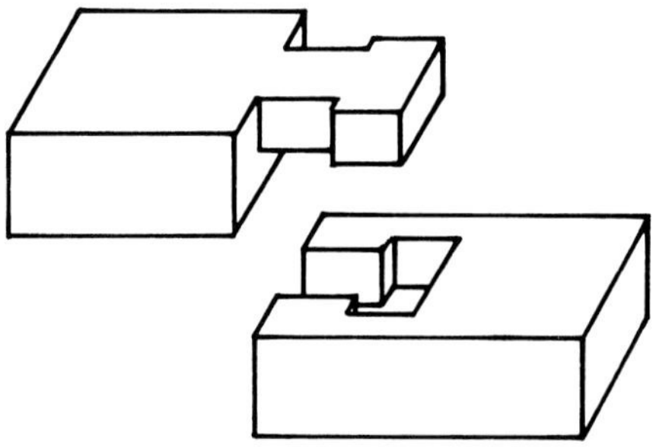

Einfacher Sichelzapfen (Kama-tsugi)

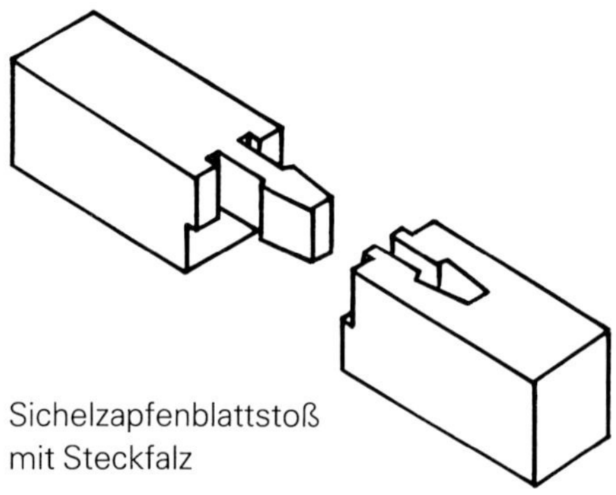

Sichelzapfenblattstoß mit Steckfalz

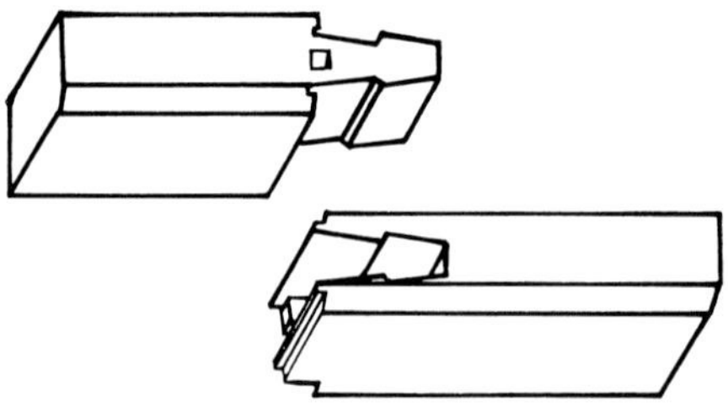

Sichelzapfen mit Steckfalz und hohem Nacken

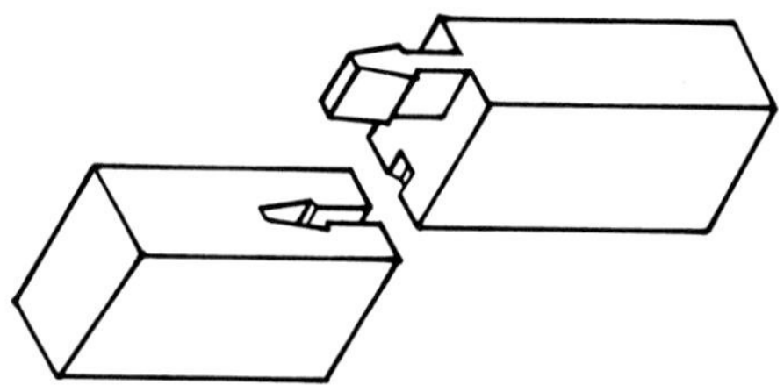

Sichelzapfen mit Brüstungszapfen

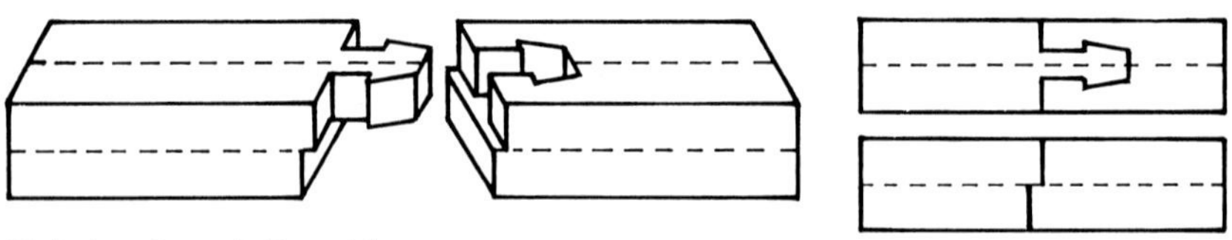

Sichelzapfen mit Kreuzblatt

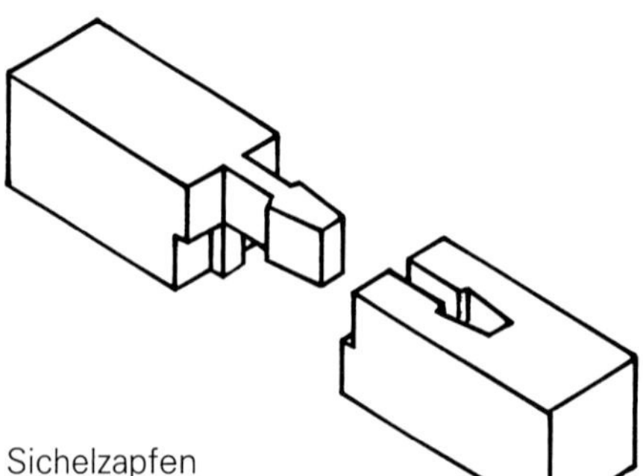

Sichelzapfen mit Kreuzzapfen und Kreuzblatt

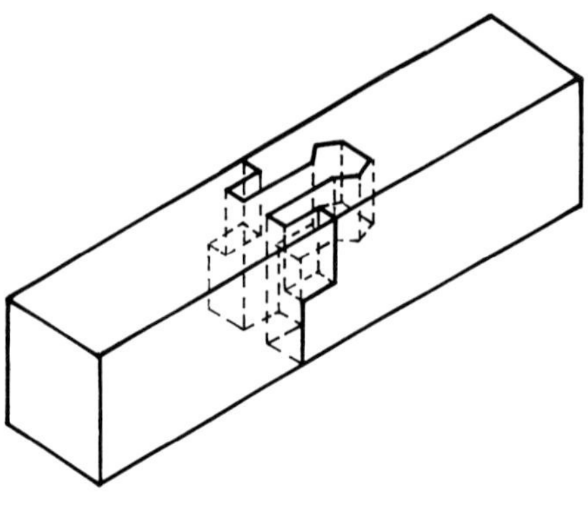

Isometrische Darstellung eines alten Sichelzapfens mit verbesserter Aufnahme von Seitenkräften.

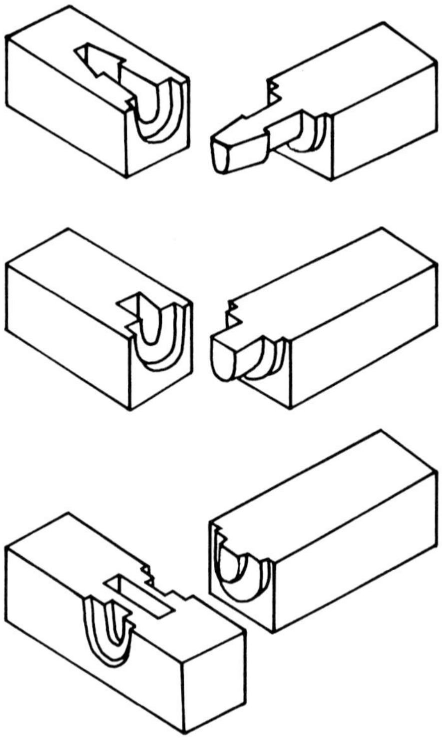

Maschinell hergestellte Sichelzapfenverbindungen

Die Kombination von ***Sichelzapfen mit einem Gehrungsblatt*** ist besonders für offen liegende Hölzer geeignet, da sich der Gehrungsschnitt unauffällig in die Maserung einfügt. Anwendung findet diese Verbindung bei innen und außen liegenden Gesimsen.

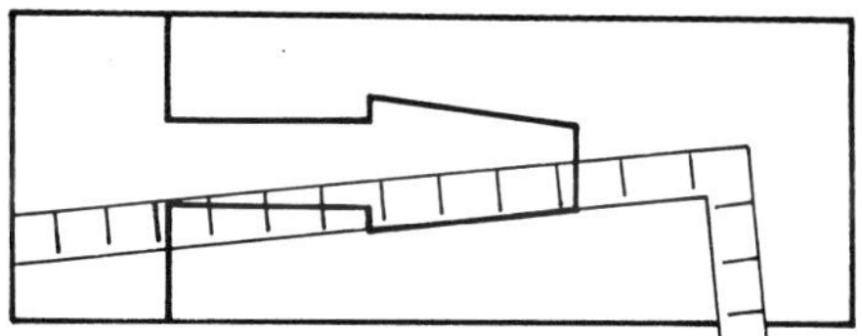

Anreißen eines Sichelzapfens – das benutzte Lineal ist 15 mm breit

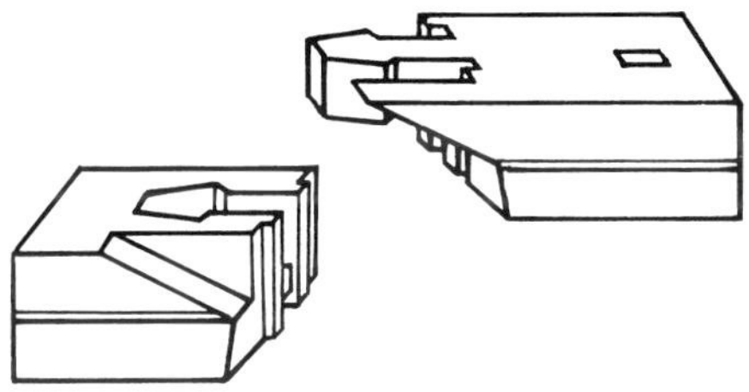

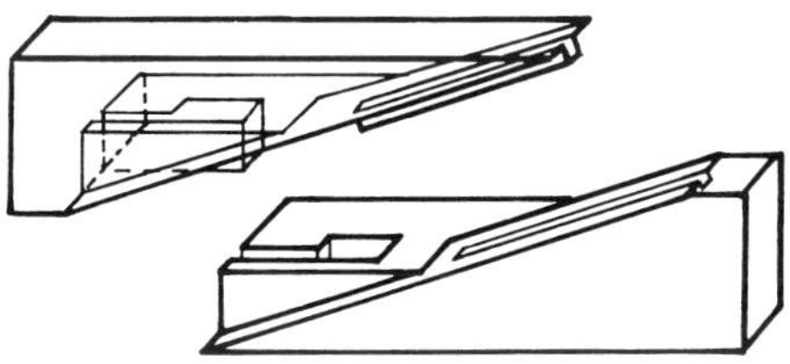

Verdeckte Zierform mit halbem Sichelzapfen und Nutzapfen in der Schäftung

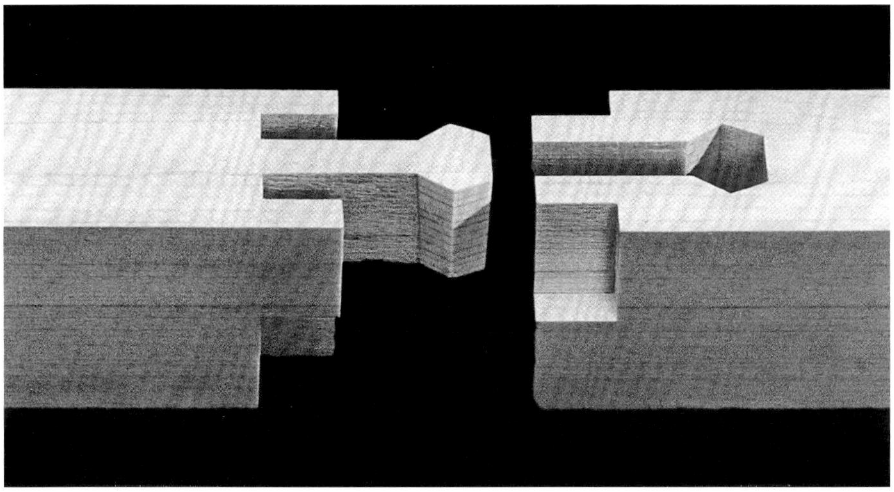

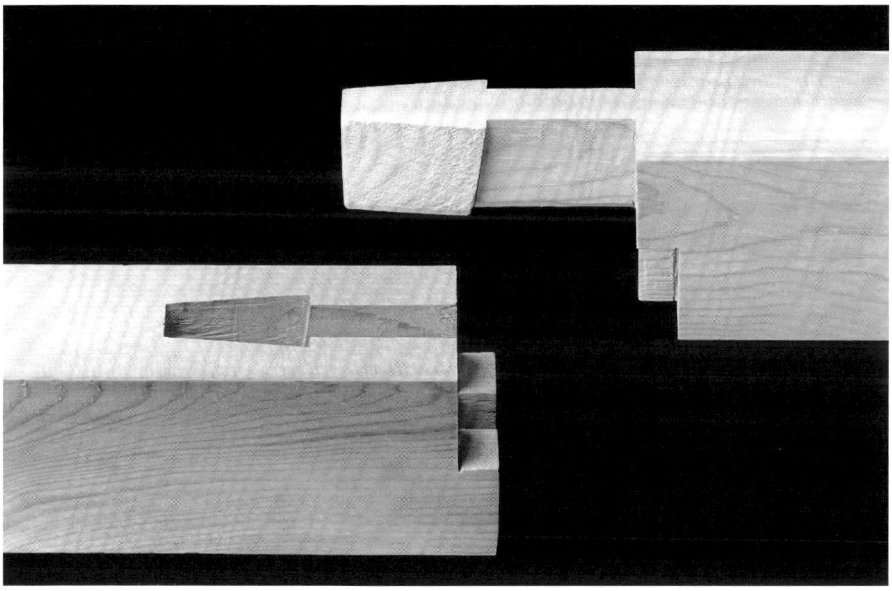

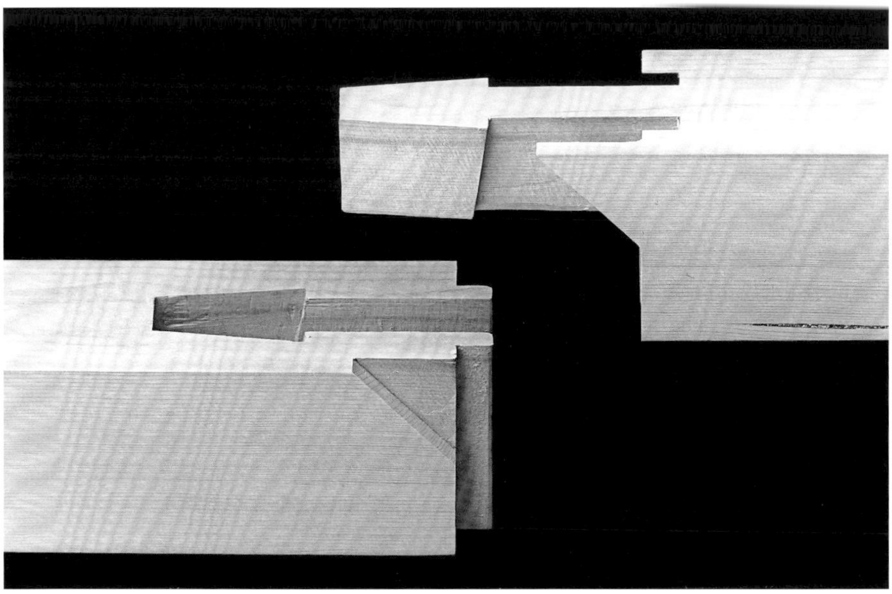

Sichelzapfenverbindungen mit Gehrungsblatt (Koshikake-kama-tsugi)

Eingelegte, schwalbenschwanzförmige Fremdverbinder

Die Stabzapfenverbindungen verursachen einen relativ großen Längenverlust der Konstruktionshölzer durch die bis zu 12 cm langen Zapfen, die aus dem Balkenquerschnitt herausgearbeitet werden müssen.
Durch das Einlegen eines Fremdverbinders kann dieser Längenverlust umgangen werden. Hierbei ist zu beachten:
– der Verbinder sollte aus Hartholz gearbeitet werden, das trockener ist als das Holz, in das er eingelegt wird,
– der Stoß muß unbedingt unterstützt werden und kann nur bei waagerecht verbauten Hölzern ausgeführt werden.
Die Verwendung eines Fremdverbinders bietet sich insbesondere dort an, wo Balken an schwer zugänglichen Stellen montiert werden müssen.
Der ***separat eingelegte Stabzapfen mit Holzdübelsicherung*** eignet sich für den nachträglichen Einbau oder zur Montage von Balken an Punkten, an denen die Hölzer nicht mehr beliebig bewegt und ineinandergeschoben werden können.
Schwalbenschwanzeinlagen als Fremdverbinder sind dort sinnvoll, wo Verbindungen aus verschiedenen Gründen gelegentlich geöffnet werden müssen, z. B. bei zerlegbaren Schränken.

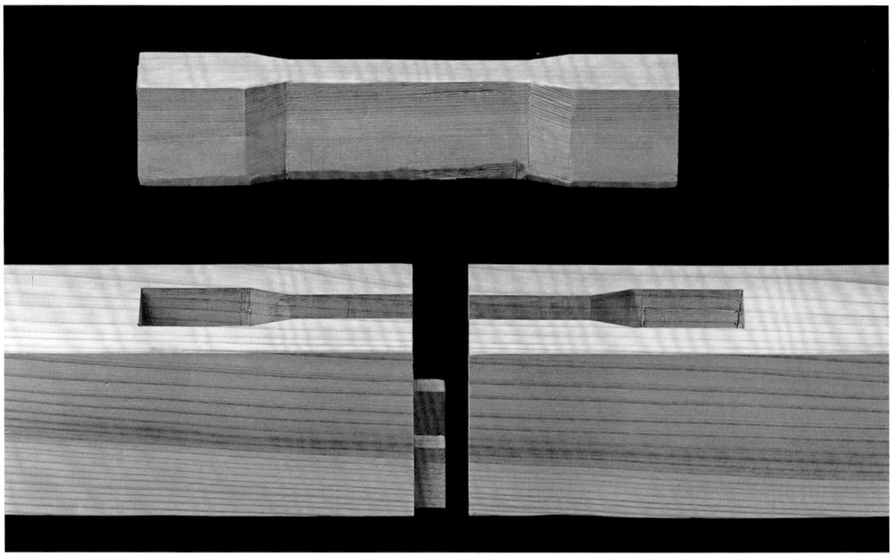

Stumpfer Stoß mit Sichelzapfen als Fremdverbinder und abgesetzten Fingerzinken (Ryo-kine-gata-tsugi)

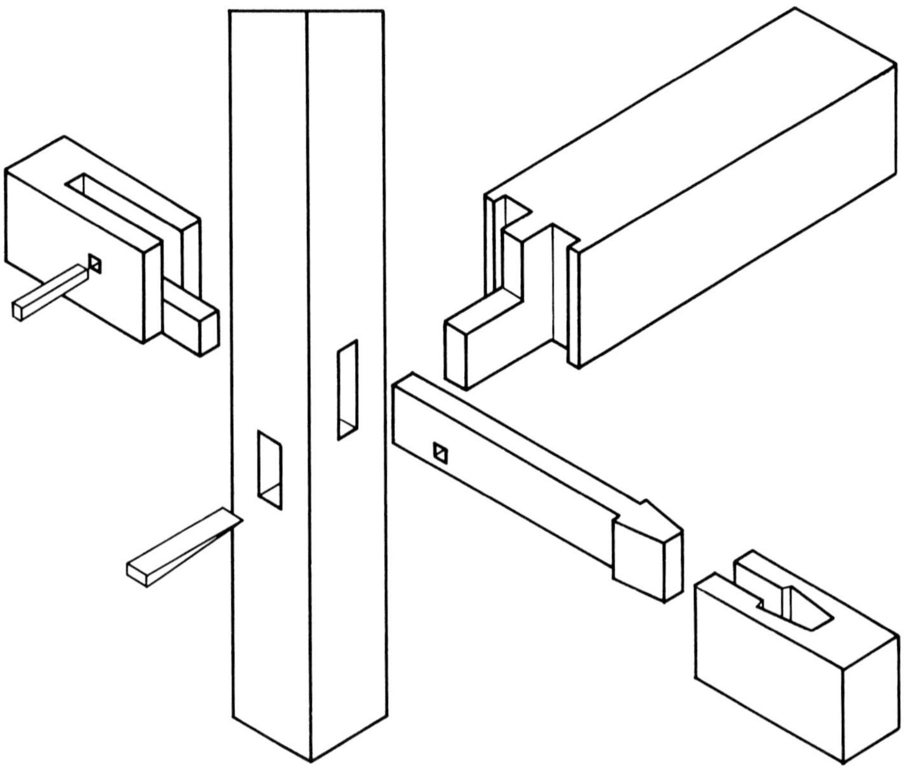

Durchgestoßener Sichelzapfen als Fremdverbinder mit Holzdübelsicherung

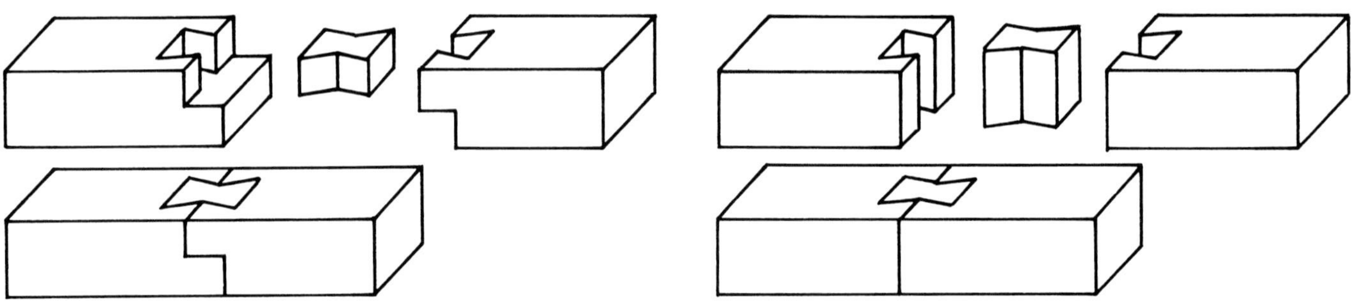

Schwalbenschwanzeinlage als Fremdverbinder (Chigiri-tsugi-ari-kata)

Fixierschlösser

In der japanischen Bautradition kommt freistehenden Holzsäulen und -pfosten eine große Bedeutung zu. Da ihre Fußenden in besonderem Maße von Fäulnis bedroht sind, wurden sogenannte Wurzelverbindungen entwickelt, die es erlauben, die Fußenden nachträglich auszuwechseln. Die Verbindungen an diesen Säulen und Pfosten sind von allen Seiten her einsichtig, weshalb das Bemühen japanischer Zimmerleute darauf gerichtet war, die Nahtstellen möglichst unauffällig zu gestalten und den inneren Aufbau der Verbindung nach außen hin nicht erkennen zu lassen. In die Gruppe der Wurzelverbindungen sind die Fixierschlösser einzureihen.
Der ***doppelte Sichelzapfen*** wird diagonal und auf Keilform angeschnitten.
In gleicher Form angeschnitten ist der *doppelte Schwalbenschwanz*. Durch den Keilschnitt läßt sich die Verbindung nur in einer Richtung öffnen.
Torpfosten spielen bei japanischen Kultbauten eine besondere Rolle. Wird ein Ises-Schrein, wie in Japan üblich, nach 20 Jahren wieder abgebrochen, so wird alles Abbruchholz verbrannt oder zu untergeordneten Zwecken weiterverwendet. Lediglich die zwei, den Firstbalken tragenden Säulen werden aufbewahrt und dienen dann als Torpfeiler für einen neu entstehenden Tempel oder anderen Kultbau.

Keilförmiger, doppelter Sichelzapfen diagonal angeschnitten (Shi-ho-kama-tsugi-te)

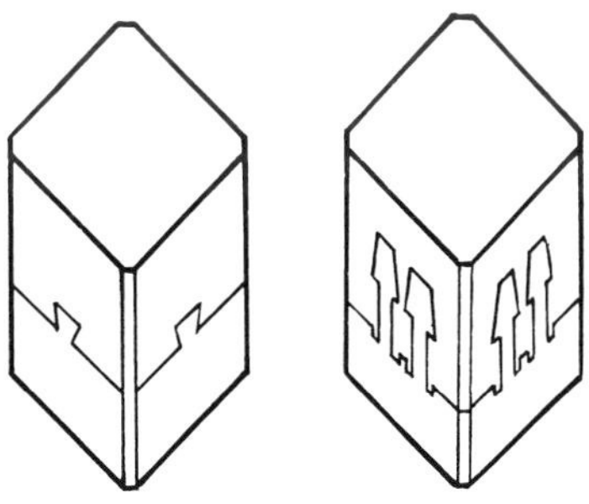

Keilförmiger und doppelter Schwalbenschwanz diagonal angeschnitten.

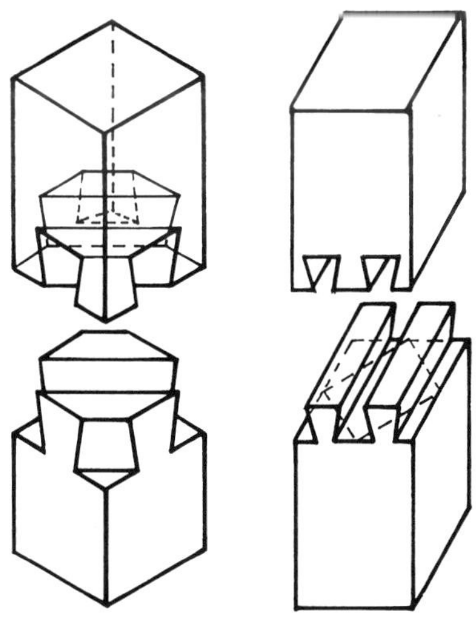

Auf der rechten Zeichnung ist die Herstellung der linken Verbindung zu erkennen. Genauso werden der einfache Schwalbenschwanz und der doppelte Sichelzapfen hergestellt.

Der nachfolgend abgebildete *Führungsstoß* mit *schwalbenschwanzförmigem Zapfen* wurde am Torpfeiler des Schlosses von Osaka ausgeführt. Als in unseren Tagen der Austausch des Säulenfußes notwendig wurde, mußte die Verbindung geröntgt werden, um herauszufinden, daß sie sich nach schräg unten öffnen läßt.
All diese Fixierschlösser sind Wunderwerke der Handwerkskunst und zielen bewußt auf Bewunderung beim Betrachter. Sofern sie mit höchster Perfektion gearbeitet werden, können sie in geschlossenem Zustand kaum »entschlüsselt« werden.

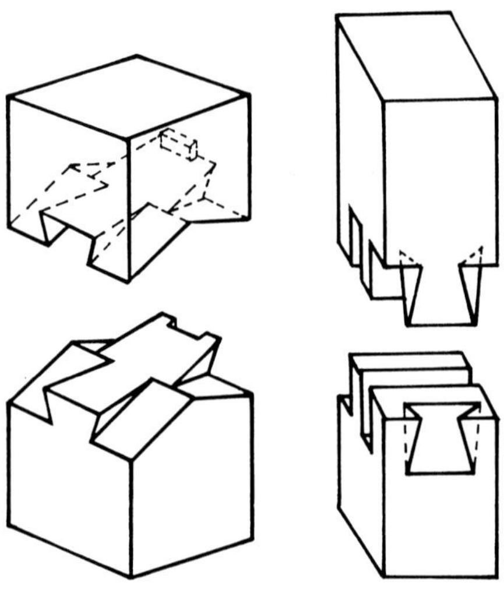

Führungsstoß mit doppeltem, keilförmigem Schwalbenschwanzzapfen

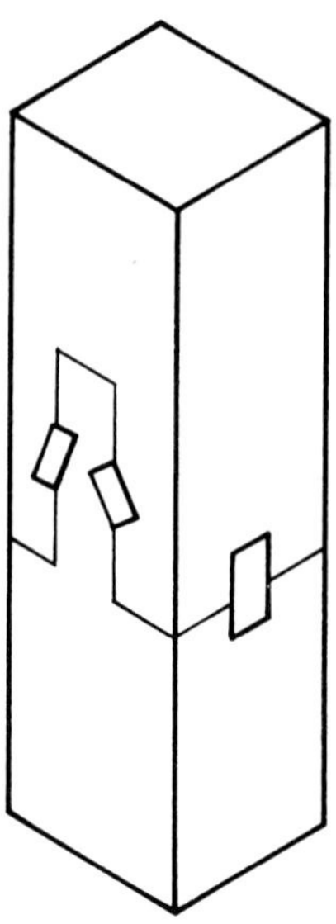

Stabzapfen als Fixierschloß mit mehrfacher Verkeilung (Shachi-tsugi)

Stabzapfenverbindung für Riegelanschlüsse in Fachwerkwänden

Eine besondere Leistung japanischer Zimmerleute ist die Entwicklung zugfester Riegelanschlüsse, die in dieser Form in Europa unbekannt sind. Mit ihrer Hilfe wird eine Aussteifung der Wandkonstruktion erreicht, die im Fall von Erdbeben elastischer reagiert als die bei uns üblichen Dreiecksverbände. Die in Dreiecksverbänden aussteifenden Diagonalstreben sprengen bei Verformung ihre Eckverbindungen auf.
Bestimmend für die Ausarbeitung der Riegelanschlüsse ist die Anzahl der Riegel, die auf gleicher Höhe mit einem Pfosten verbunden werden sollen. In der Regel wird es sich um 2, 3 oder 4 Riegel handeln.

Man unterscheidet im japanischen Holzbau Verbindungen aus Elementen gleicher Funktion – tsugite genannt –, also beispielsweise Stützen mit Stützen oder Riegel mit Riegeln von solchen aus Elementen verschiedener Funktion – shiguchi –, beispielsweise Stützen mit Riegeln oder Stützen mit Pfetten. Diese Verbindungen werden sowohl zug- als auch druckfest ausgeführt. Vor der Anfertigung werden sie häufig zunächst stereometrisch aufgezeichnet. Je nach Form, Belastung und Funktion werden die Verbindungen aus unterschiedlich harten oder weichen Hölzern gearbeitet. Da Verbindungen in Japan vom Zimmermann »entworfen« werden, der sich diese im Zusammenhang des gesamten Tragwerkes vorstellen muß, hat er zusätzlich zu seiner Arbeit als ausführender Zimmermann Aufgaben zu bewältigen, die bei uns dem Architekten im Rahmen der Ausführungsplanung zukommen.
Bei den dargestellten Knotenverbindungen handelt es sich um Beispiele, in denen Riegel der Länge nach in einem Pfosten miteinander verbunden werden.
Die ältesten Formen sind daran zu erkennen, daß die Riegel mit vollem Querschnitt in den Pfosten eingelassen sind.
Bei den später entstandenen Verbindungen wird der verlängerte Zapfen eines Riegels in das Hirnholz des zweiten Riegels eingeschlitzt und mit stegförmigem Keil von oben gesichert. Die Ausarbeitung einer zusätzlichen Brüstung hilft, die Riegel für Druck von oben belastbar zu machen.
Ein weiterer Anwendungsbereich für Stabzapfen-Fremdverbinder ist der nachträgliche Einbau von Riegeln zwischen bestehenden Pfosten.

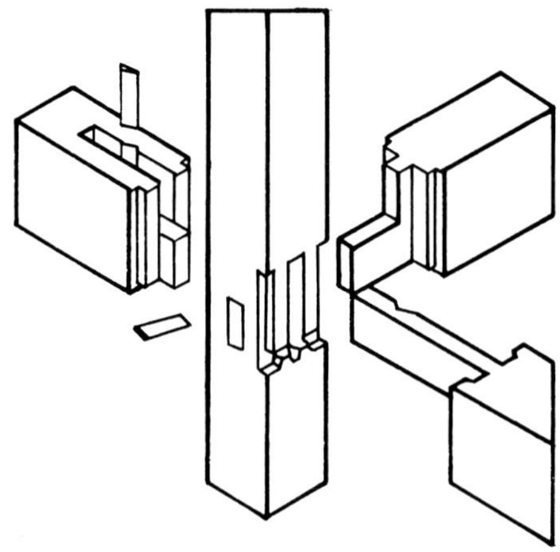

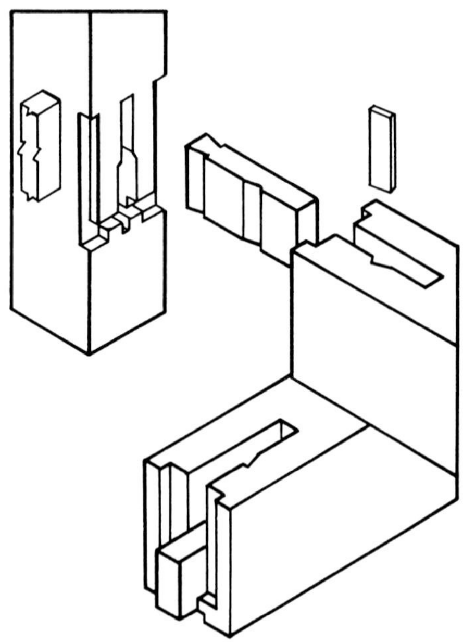

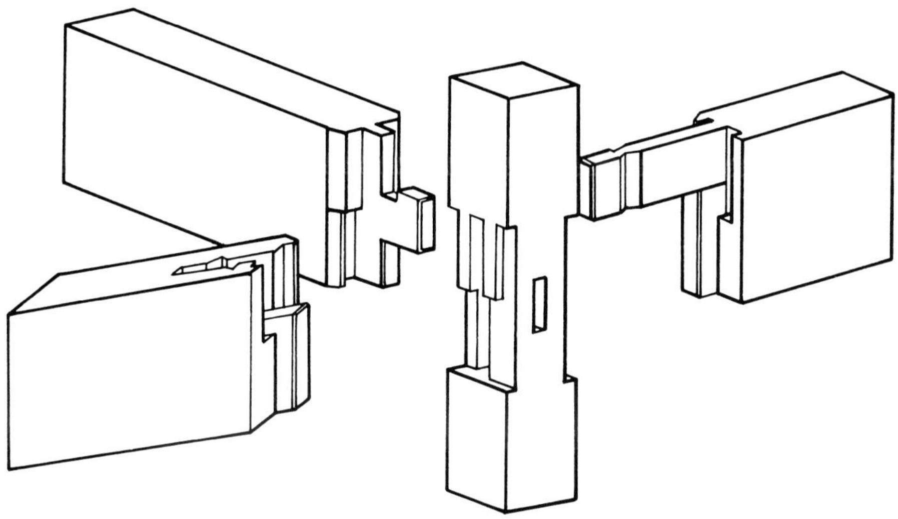

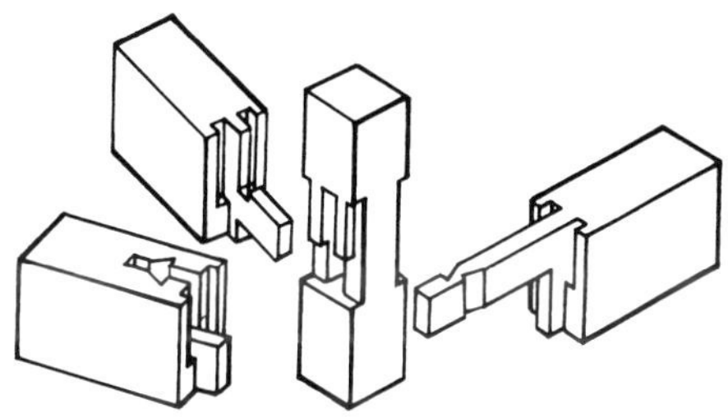

Riegelanschlüsse im Fachwerk
(Jiku-gumi)

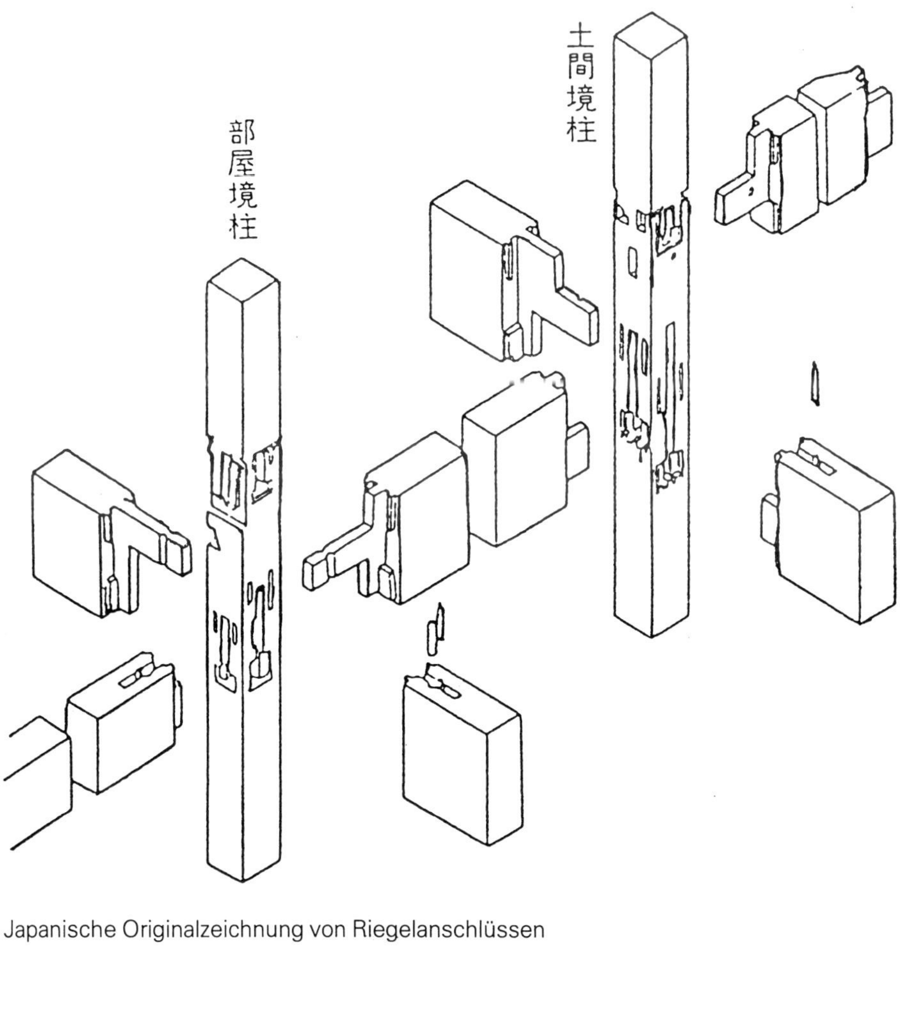

Japanische Originalzeichnung von Riegelanschlüssen

Das schräge Hakenblatt

Im folgenden wird aufgezeigt, wie aus dem ***einfachen schrägen Blatt*** sehr stabile und zugfeste Verbindungen für Balken gleicher Stärke entstehen können.
Die meisten Hakenblätter bestehen aus seitengleichen Teilen, wodurch sich Vereinfachungen bei der Herstellung ergeben.
Die Zeichnung links oben auf Seite 73 zeigt ein ***Hakenblatt auf Grat***, wobei der Haken auf Keilform geschnitten ist, um einen besseren Sitz zu gewährleisten. Die Hakenform sichert gegen ein Abheben der beiden Balken voneinander ebenso wie gegen Verdrehung und seitliches Verschieben in einer Richtung. Um ein Aufspalten am tragenden Balken zu verhindern, sollte das Hakenblatt immer über einem Auflagerpunkt angebracht werden.

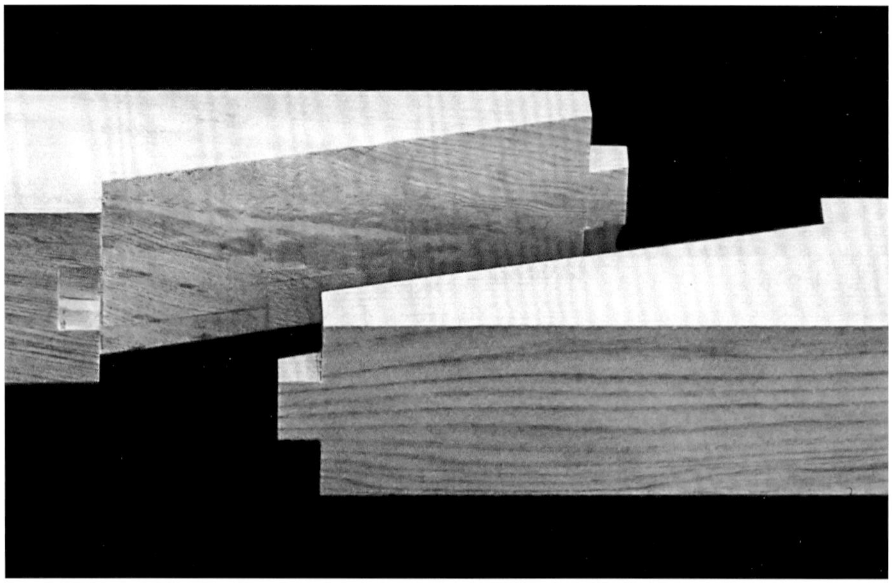

Schrägblatt mit Brüstungszapfen (Daimochi-tsugi)

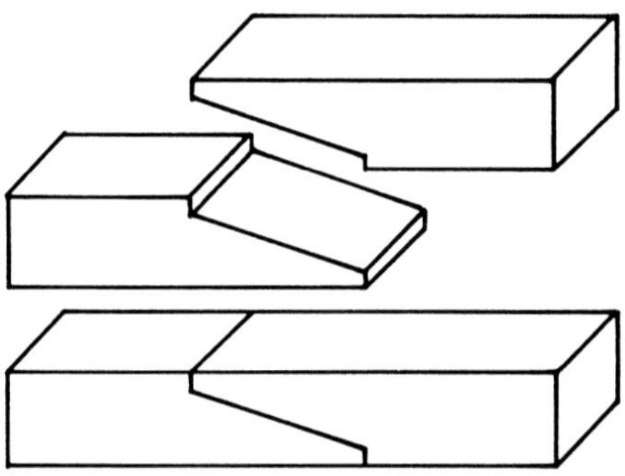

Einfaches Schrägblatt

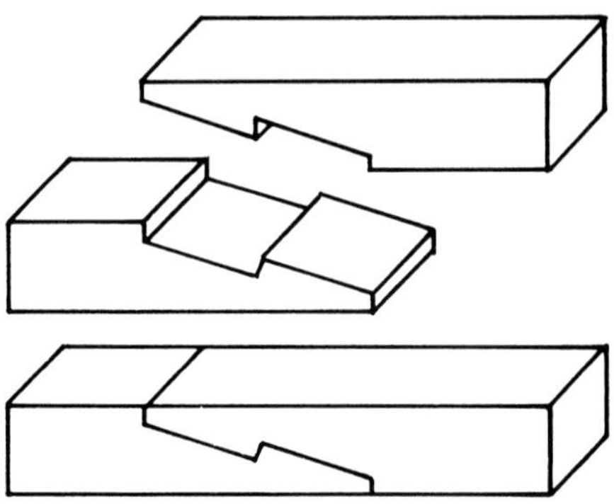

Einfaches schräges Hakenblatt

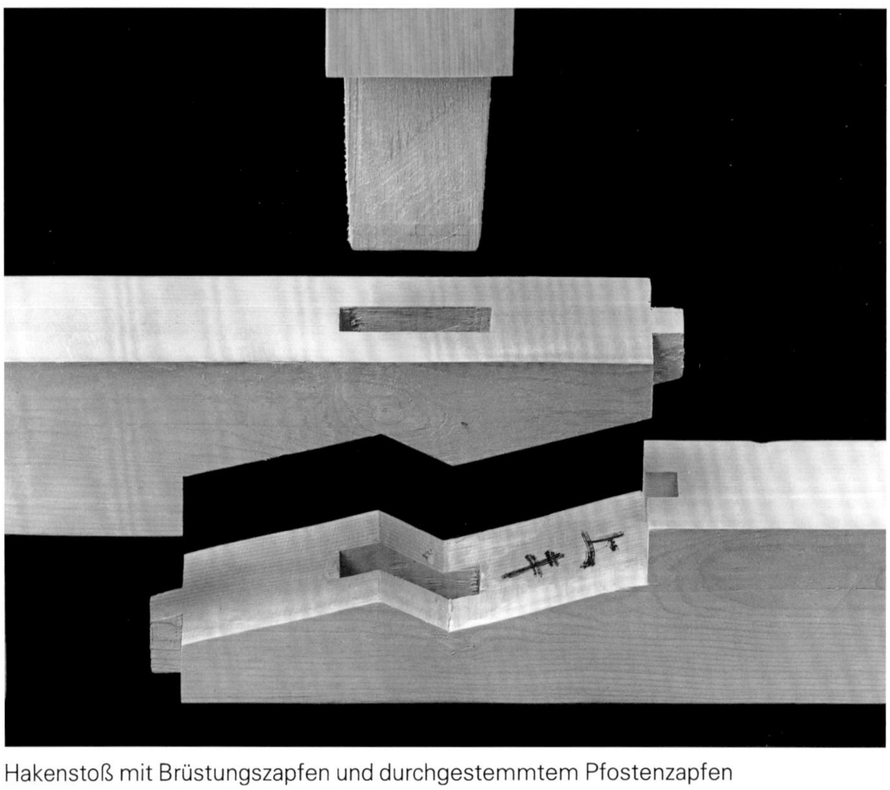

Hakenstoß mit Brüstungszapfen und durchgestemmtem Pfostenzapfen (Daimochi-tsugi-te)

Das ***Schrägblatt mit Brüstungszapfen*** stellt eine sehr alte japanische Pfettenverbindung dar, bei der der Zapfen gegen seitliches Verschieben sichert.
Besteht die Möglichkeit, einen Hakenstoß über oder unter einem Pfosten auszuführen, so kann dessen Zapfen durch die beiden Teile des Hakenblattes gestemmt werden, wodurch eine große Zugfestigkeit dieser Schwellenverbindung erreicht wird.
Liegt die Verbindungsstelle auf einer Wand auf, so werden ***verdeckte Dollen*** in das Hakenblatt eingebohrt.
Das ***Hakenblatt*** kann auch anstelle des Brüstungszapfens ***mit*** einem ***Steckfalz*** (auch Führungszapfen genannt) ausgeführt und dann seitlich ineinandergeschoben werden. Die Verbindung wird zusätzlich mit Dübeln gesichert. Dadurch ergibt sich eine allseits belastbare Anschlußstelle.

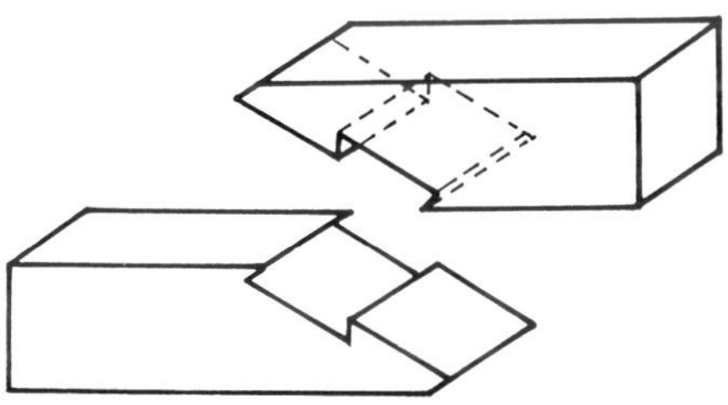

Hakenblatt auf Grat

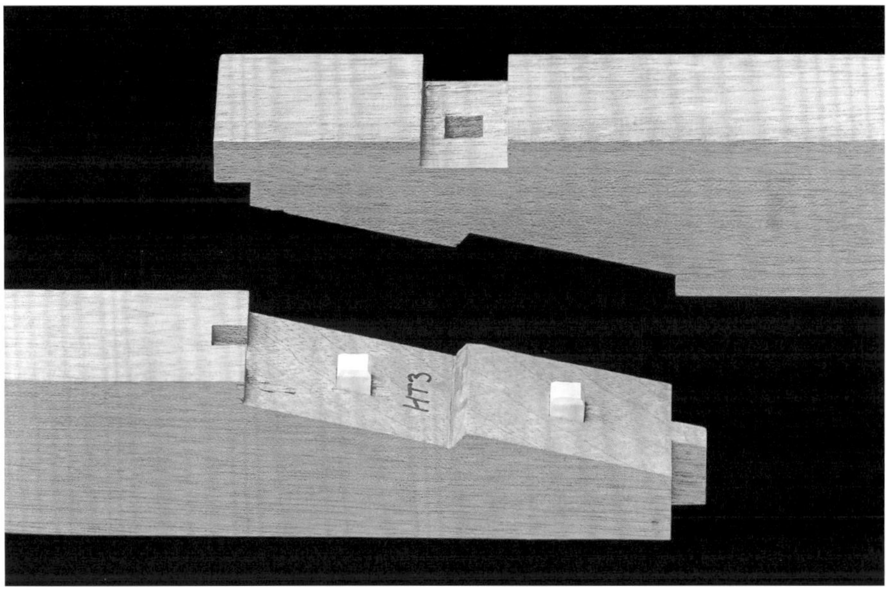

Schräges Hakenblatt mit Brüstungszapfen und verdeckten Dollen (Daimochi-tsugi)

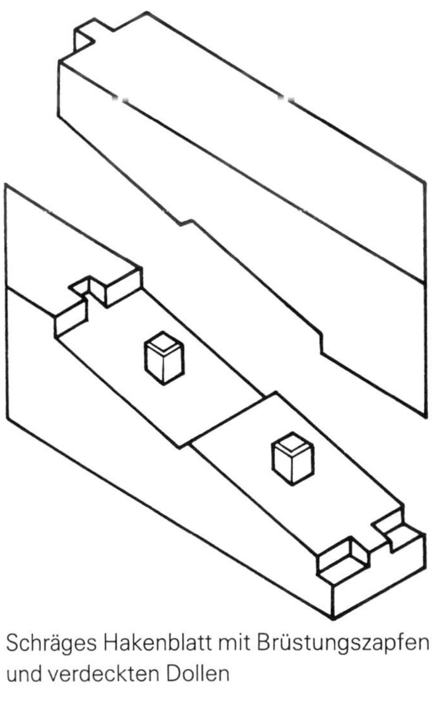

Schräges Hakenblatt mit Brüstungszapfen und verdeckten Dollen

Schräges Hakenblatt mit Steckfalz (Führungszapfen) und Dübelsicherung (Okkake-dai-sen-tsugi)

Der Gerberstoß

1880 entwickelte Heinrich Gerber, München, für den Ingenieurholzbau ein spezielles Hakenblatt als Pfettenverbindung, das sogenannte ***Gerberblatt***, bei dem ein Pfettenabschnitt mit Hilfe einer Bauschraube dem anderen untergehängt wird. Hieraus ergeben sich zwei Vorteile:
1. Der Stoß kann und muß im Hohlen ohne Auflager ausgeführt werden. Der Abstand der Gelenke zum nächsten Auflager beträgt $\frac{1}{5}$–$\frac{1}{7}$ der Stützweite. Dadurch kann die Pfette als durchlaufender Träger gewertet werden, da der Stoß am Nullpunkt liegt. Hieraus ergibt sich eine rechnerische Einsparung am Querschnitt der Pfette.
2. Das Unterhängen des getragenen Pfettenabschnittes stellt einen wirksamen Schutz gegen das Aufspalten des tragenden Pfettenkopfes dar.

Zusätzliche Sicherung bei Zugbelastung bieten Hartholzeinlagen, Haken oder Haken mit Keileinlage ebenso wie eingefräste Hartholzdübel.
Die Anwendung des Gerberstoßes führt jedoch aufgrund des schwierigen Einfahrens der Gelenkpfetten zu gewissen Schwierigkeiten beim Aufrichten.

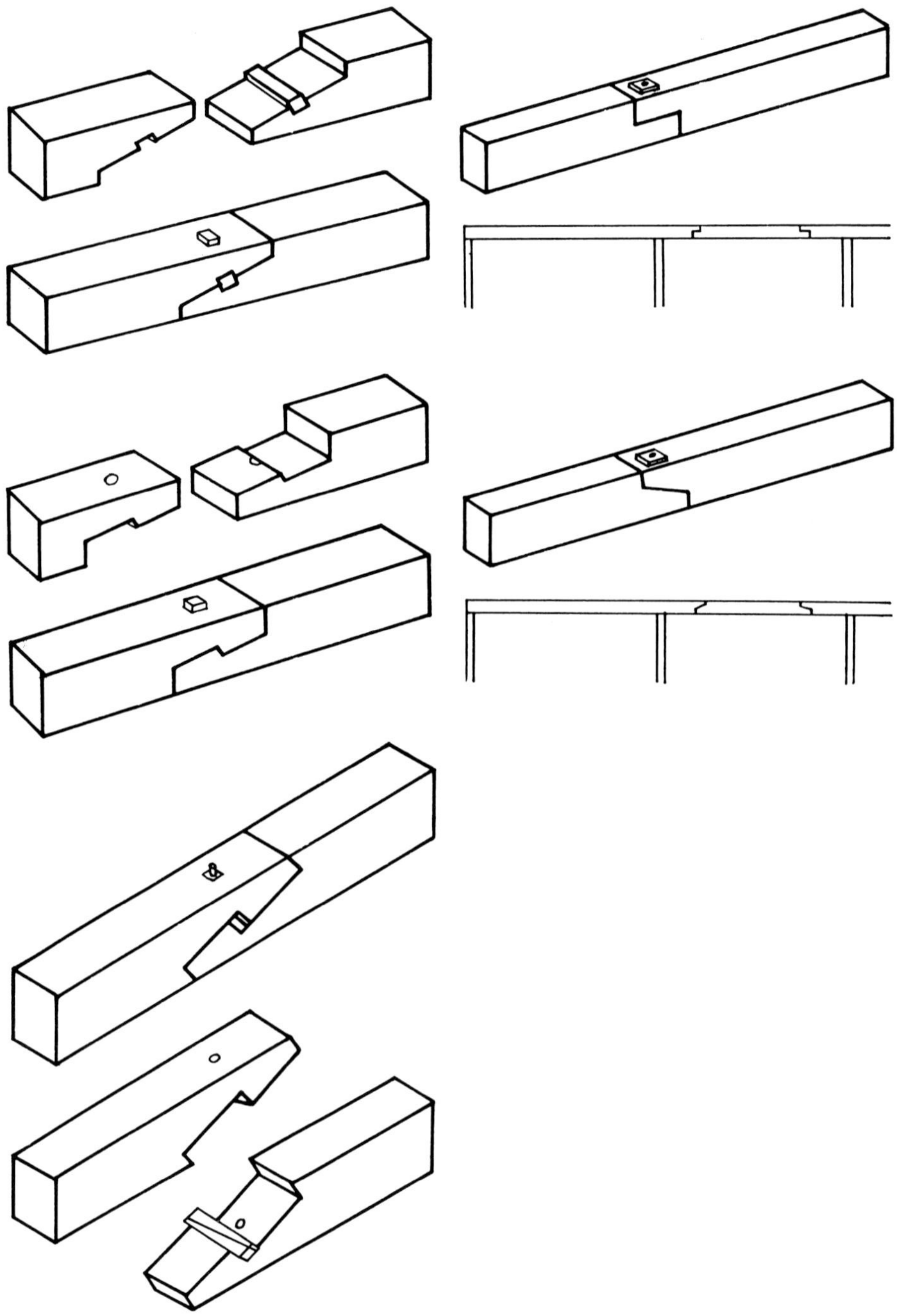

Verschiedene Varianten des Gerberstoßes

Das gerade Hakenblatt

Auch am geraden Blattstoß kann ein Haken angearbeitet werden. Im 12. Jahrhundert brachten chinesische und koreanische Zimmerleute diese Konstruktionsweise nach Japan.

Die unverkeilte Grundform des ***geraden Hakenblatts mit Steckfalz*** wird gegenüber der schrägen Ausführung um 90° gedreht eingebaut, so daß die Anlageflächen senkrecht verlaufen. Hierdurch soll eine zu starke Belastung des Steckfalzes verhindert werden. Die Verbindung eignet sich für hohle Stöße von Schwelle, Rähm und Pfette. Die Brüstungen werden leicht auf Keil geschnitten und so gegen senkrechtes Verschieben gesichert.

Als ***Bogenschloß*** bezeichnen wir das ***gleichförmige Hakenblatt mit Dübelsicherung***. Die Dübel bewirken eine noch größere Stabilität in senkrechter Richtung als beim Keilschnitt. Das Bogenschloß wird gerne bei gebogenen Gesimsbrettern des Daches und bei Dachsparren, aber auch im Ausbau verwendet.

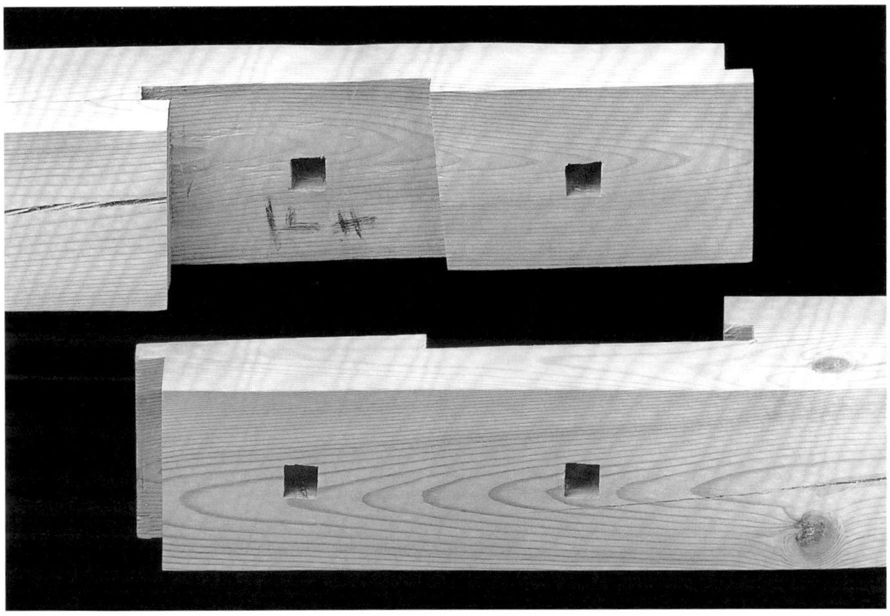

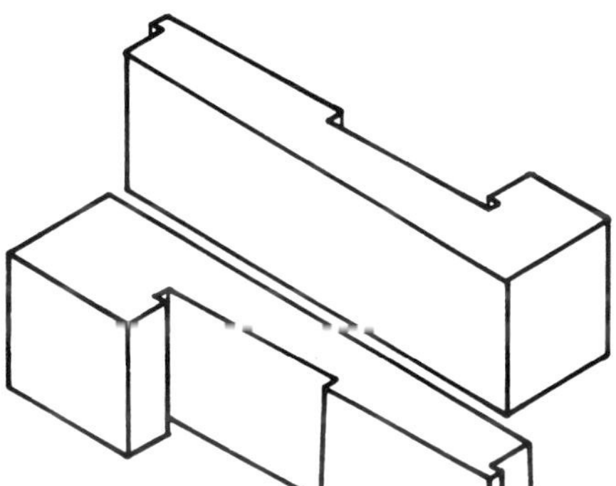

Gerades Hakenblatt mit Steckfalz

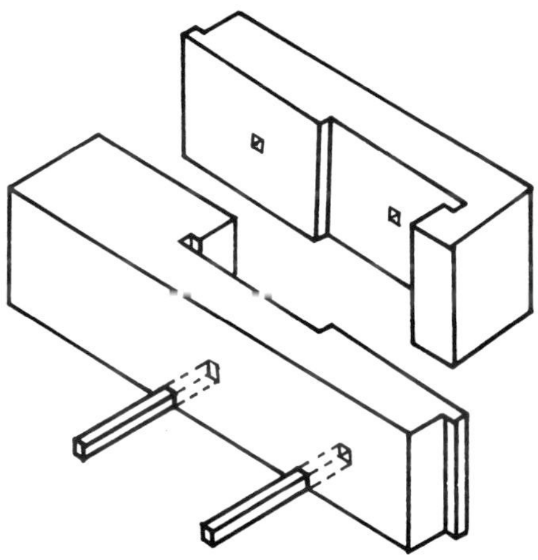

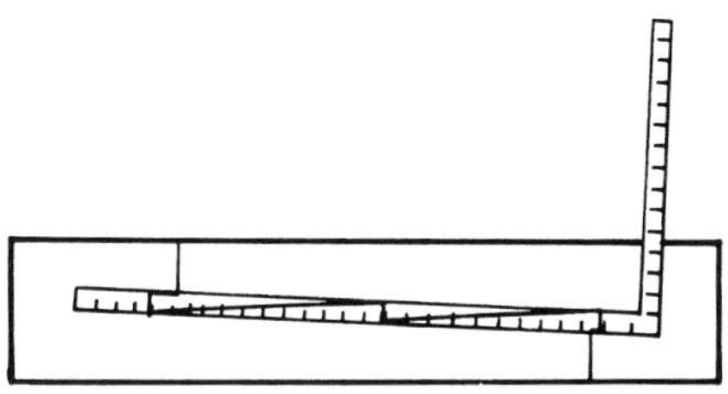

Gezeigt ist hier das Anreißen der geraden Hakenblätter mit dem 15 mm breiten Winkel

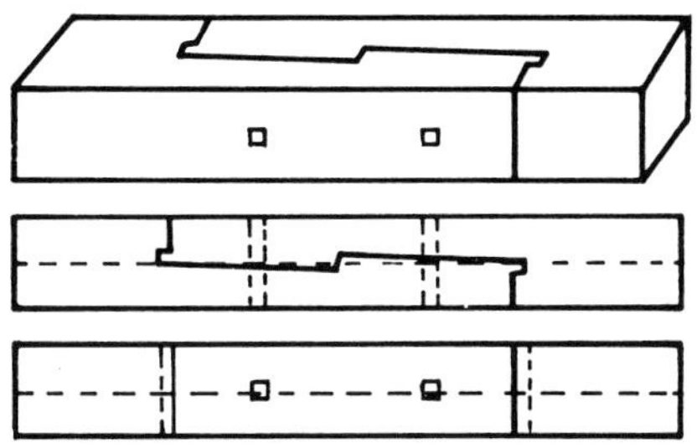

Gerades Hakenblatt mit Steckfalz und Dübelsicherung (Bogenschloß) (Atsukake-daisen-tsugi)

Bei Längsverbindungen, die bis zu 60° aus ihrer Achse abgewinkelt sind, wie bei der Verbindung von Ortgangbrettern am Firstpunkt, wird eine winkelstabile Variante des ***Bogenschlosses mit Keilsicherung*** angewendet.
Neben den Formen des Hakenblattes, die durch ein seitliches Ineinanderschieben der beiden Verbindungsteile entstehen, gibt es solche, deren Verbindungsteile ineinandergelegt werden.
Die einfachste Form, das ***gerade Hakenblatt mit gerader Brüstung***, ist für unterstützte Schwellen und Fußpfettenstöße geeignet. Der Haken sollte wenigstens 10–12 cm lang sein, damit durch die maßgebliche Scherfläche ausreichend Halt gewährt wird.
Ist die Länge der zu verbindenen Balken zu gering, um eine Überblattung irgendeiner Art auszuführen, so kann ein ***gerades Hakenblatt mit Schloßstück*** Verwendung finden. Dieser Stoß kann selbstverständlich nur bei einwandfrei aufliegenden Schwellen, die zudem mit Auflast am Verdrehen gehindert werden müssen, eingesetzt werden.

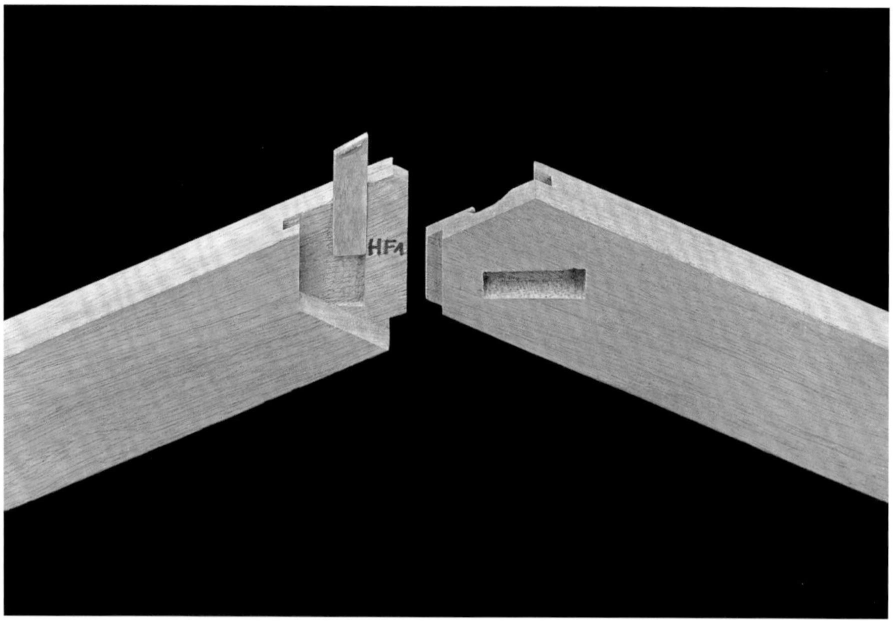

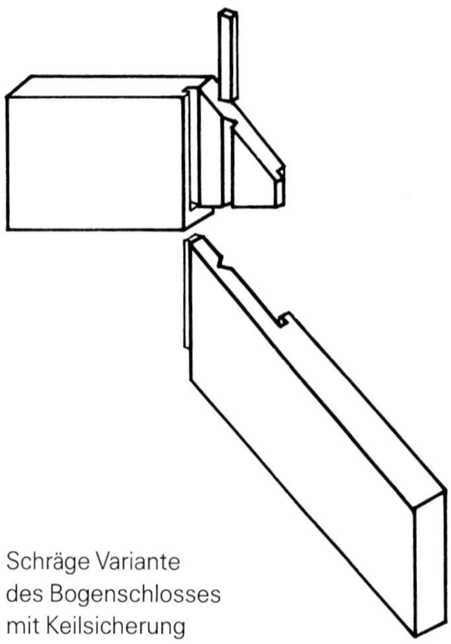

Schräge Variante
des Bogenschlosses
mit Keilsicherung

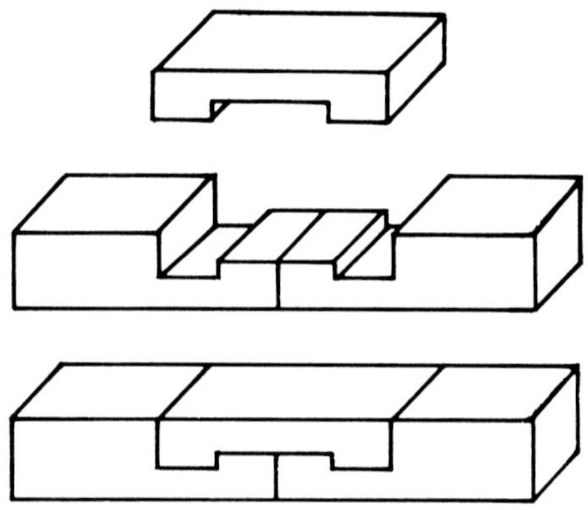

Gerades Hakenblatt mit Stoßstück

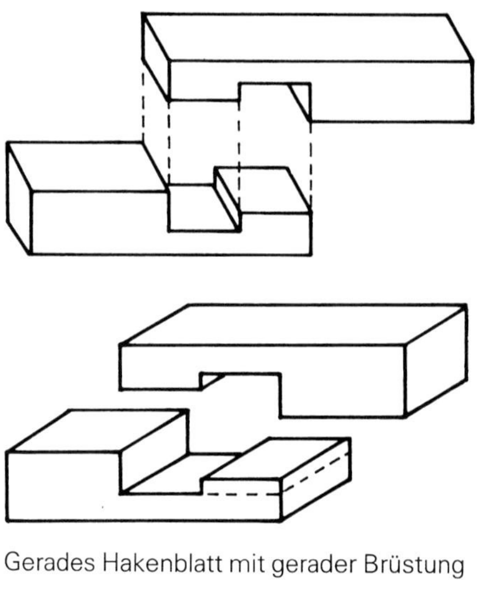

Gerades Hakenblatt mit gerader Brüstung

Hakenblätter bei Riegelanschlüssen

Im folgenden sollen einige, in Japan altbewährte Riegelanschlüsse gezeigt werden, die auf dem Prinzip des Hakenblattes beruhen. Wie bereits dargestellt, werden Riegel häufig durch tragende und durchlaufende Pfosten hindurchgestoßen und miteinander zugfest verbunden. Die Stöße sind leicht zu montieren und wirken als Zugbänder rund um das Gebäude. Sie sind gleichzeitig unter ästhetischem Blickwinkel vorteilhaft, denn hier verschwinden die Stoßstellen in den Pfosten, und mehrere Riegel können auf gleicher Ebene verbunden werden.

Bei japanischen Hakendruckschlössern wird der notwendige Druck durch Verkeilung erreicht. Ebenso wie beim Stabzapfenanschluß von Riegeln an Pfosten bleibt die Schwächung des Pfostens minimal. Die Keile pressen die Riegel so fest in die Pfostenlöcher, daß die Riegel unverschiebbar werden.

Das *Hakenblatt mit schrägem Haken* läßt die beiden Riegel im Pfosten paßgenau ineinandergleiten. Jedoch können hierbei die Riegel nur in einer Richtung verbunden werden.

Die Ausarbeitung einer *schrägen Brüstung* bietet sich dort an, wo Riegel in zwei Raumrichtungen auf gleicher Höhe gestoßen werden müssen.

Bei der Sichelzapfenverbindung übernimmt der Holznagel die Funktion von Keilen.

Wird in den Knotenpunkt von Pfosten und Riegeln eine Schwelle für Bodenbalken angeschlossen, so wird diese mit *abgesetztem Zapfen, Brustverstärkung* und *Holznagel* eingebunden.

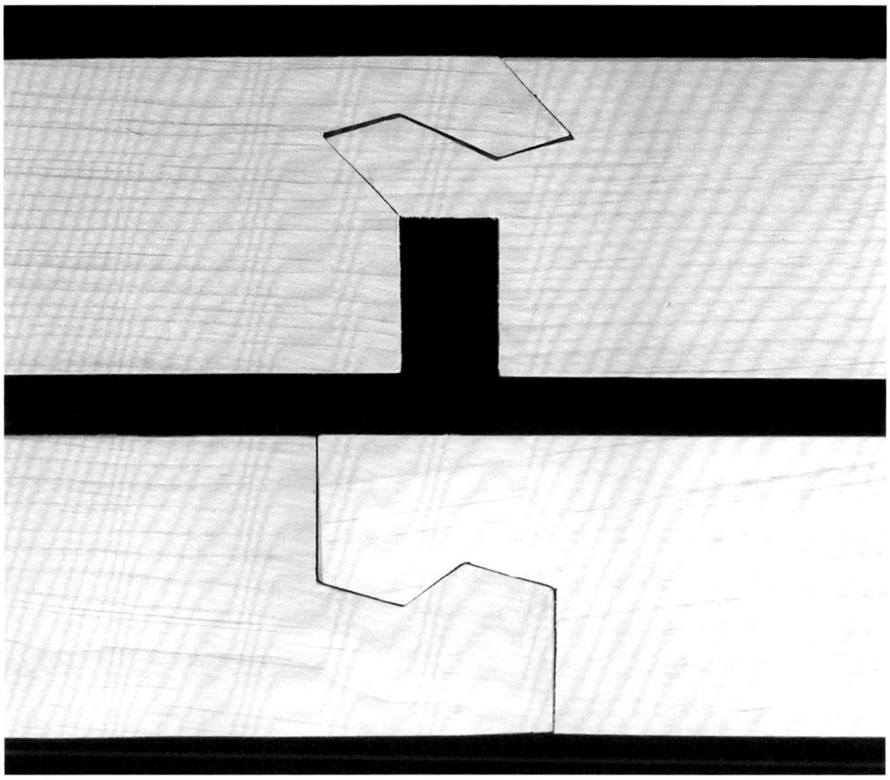

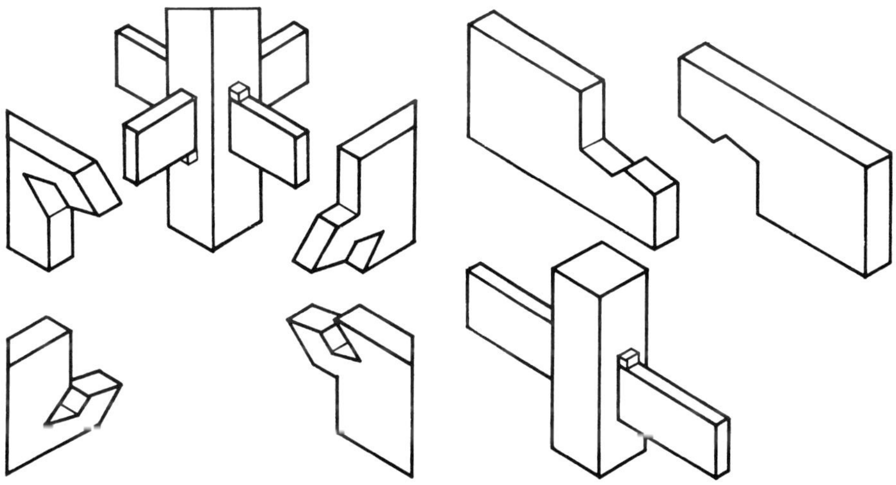

Hakendruckschloß mit schrägem Haken
(Yonnai-gana und Ninai-gana oder auch Shiho-kama und Nimai-kama)

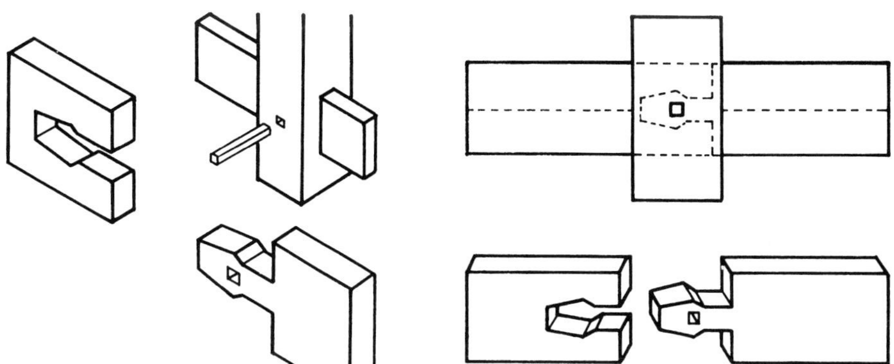

Sichelzapfenverbindung mit Dübelsicherung (Kanasen-uchi oder auch Komisen-uchi)

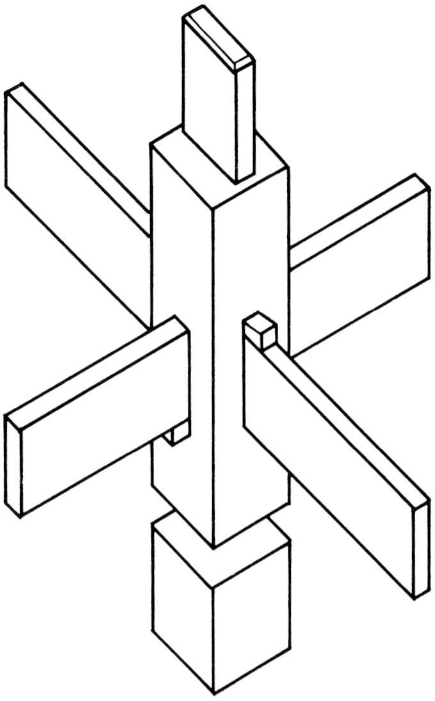

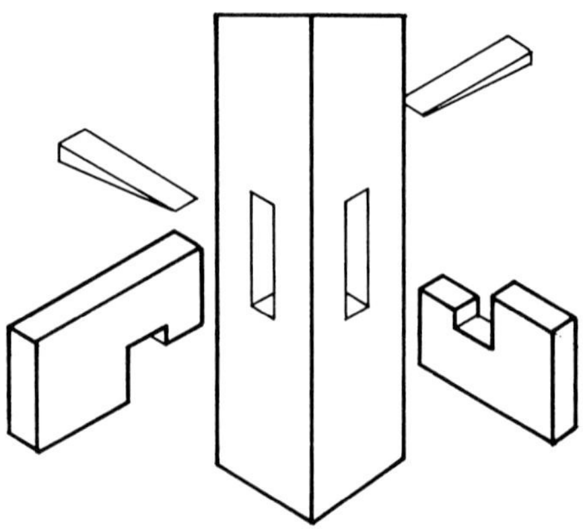

Gerades Hakendruckschloß

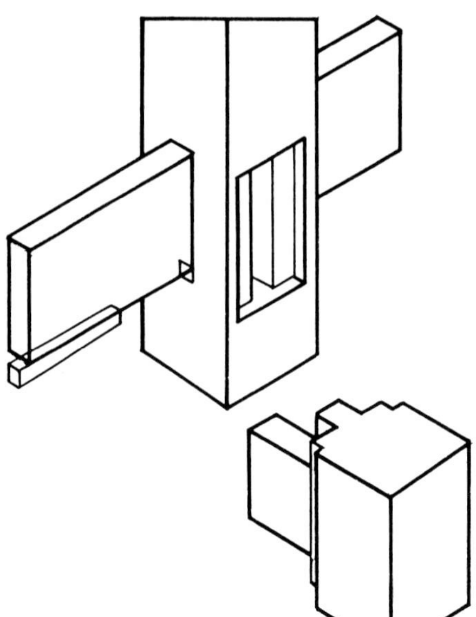

Riegelanschluß mit abgesetztem Zapfen, Brustverstärkung und Holznagel (Nuki-shiho-zashi)

Die verkeilten geraden Hakenblätter

Alle bisher aufgeführten Hakenblätter können ebenfalls mit Keil gefertigt werden. Damit die Keile einen dauerhaften, guten Sitz der Verbindung gewährleisten, sollten folgende Erfahrungen berücksichtigt werden:

1. Holz besitzt einen röhrenförmigen Zellaufbau und kann so in der Längsrichtung große Druckbelastung aufnehmen, ohne daß seine Fasern gestaucht werden.
Eine Kraft, die seitlich auf das Holz, also rechtwinklig zur Holzfaser, einwirkt, führt sehr viel früher zur Quetschung der Faser. Da Keile im rechten Winkel zur Verbindung eingetrieben werden, sind ihre Fasern seitlichem Druck ausgesetzt. Wird die Verbindung auf Zug belastet, sind es die Keile, die als erste dem Druck nicht mehr standhalten können und Faserbruch erleiden.
2. Schwinden die Keile ab, so verliert die Verbindung ihre Paßform. Aus diesem Grund müssen die Keile aus sehr trockenem Holz gefertigt werden. Zudem ist die Druckfestigkeit trockenen Holzes größer als die von frischem. Das Aufquellen der trockenen Keile unter dem Einfluß von Luftfeuchtigkeit kann dann sogar das, wenn auch minimale Abschwinden der Verbindung ausgleichen.
3. Hakenblätter mit Schloßstück sollten grundsätzlich nur bei gutem Auflager Verwendung finden, da sie keine Sicherheit bei Durchbiegung bieten.

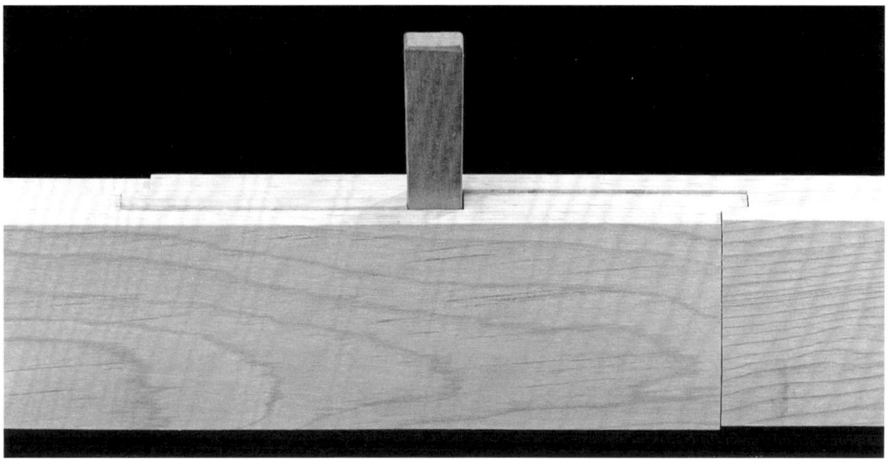

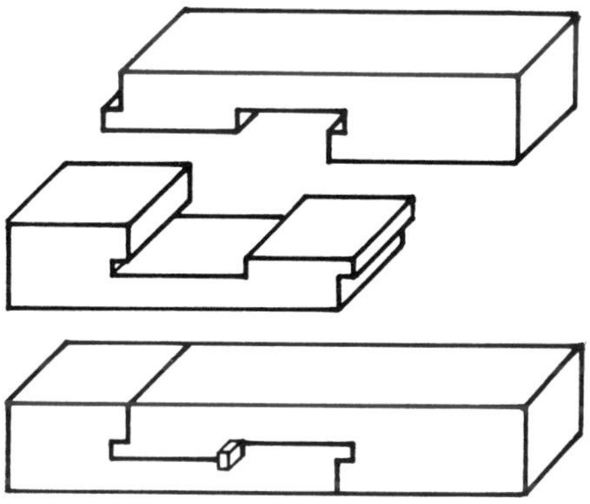

Gerades Hakenblatt mit Schloß und Keil (Bogenschloß, Kane-gata-ai-gaki-tsugi)

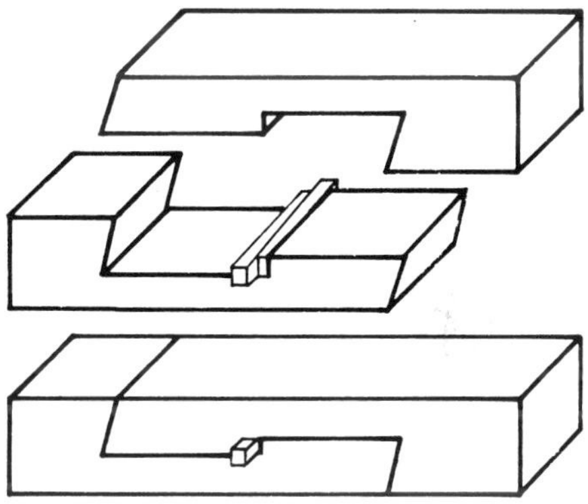

Gerades Hakenblatt mit Keil und schräg untersetzter Brüstung

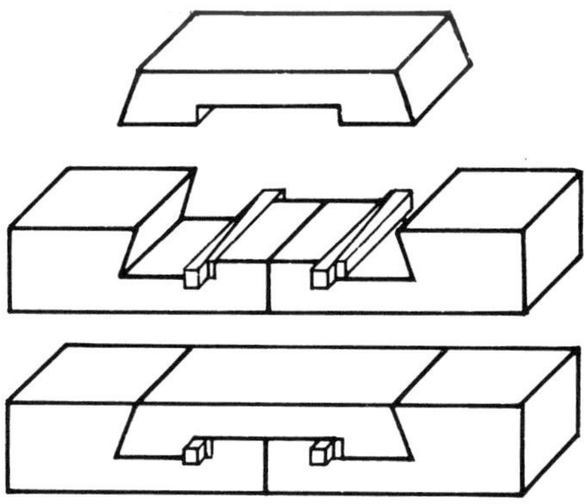

Hakenblatt mit schräg untersetzt angeschnittenem und verkeiltem Schloßstück

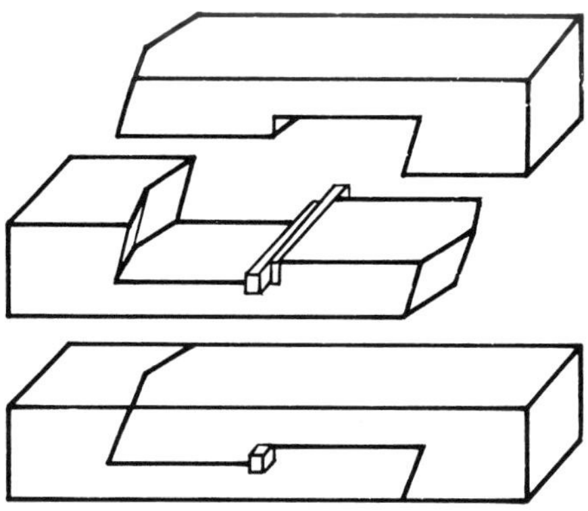

Gerades Hakenblatt mit Keil und schrägem Führungsstoß

Einsatzschlösser als Varianten des Hakenblattes

Beim *Französischen Schloß*, einer Weiterentwicklung des Hakenblattes, wird der Steckfalz durch einen Nutzapfen ergänzt, wodurch sich die Form eines Kreuzzapfens ergibt. Um diese Verbindung montieren zu können, ist ein Keil erforderlich. Der kreuzförmige Zapfen bietet Schutz sowohl gegen Ausknikkung, wie sie bei stark belasteten Pfosten auftreten kann, als auch gegen seitliches Verschieben und Verdrehen. Die Belastbarkeit so verbundener Balken kommt der eines durchlaufenden Balkens am nächsten, sofern präzise gearbeitet wurde. Diese Verbindung läßt sich nachträglich leicht öffnen.
Wird sie als Sichtverbindung ausgeführt, so sollte der *Nutzapfen innen* liegen.

Verdeckte Hakenstöße

Die Phantasie japanischer Schreiner und Zimmerleute hat weitere Formen des Hakenblattes ersonnen, um an den einsehbaren Seiten der Verbindung nur einen einfachen geraden oder schrägen Schnitt zu zeigen.
Die zweiseitig verdeckten geraden Hakenstöße sind typische Verbindungen für Verkleidungsbretter wie Traufabschlüsse, Ortgangbretter und Gesimse, aber auch für tragende Riegel und für den Ausbaubereich. Besonders bei gebogenen Abschlußbrettern von Dachgesimsen kommen diese Varianten des geraden Hakenblattes vor, da sie die Spannung, die mit der Biegung auftritt, auf Dauer unbeschadet überstehen.
Das ***zweiseitig verdeckte gerade Hakenblatt*** gewährt einen so guten Halt, daß es im Hohlen ausgeführt werden kann und ebenfalls zum Anlängen von aus dem Gebäude ragenden Balkenköpfen geeignet ist.
Das ***zweiseitig verdeckte, schräge Hakenblatt mit Keilverschluß, Steckfalz und Nutzapfen*** wird angewendet, um der Witterung ausgesetzte Balkenteile nachträglich auswechseln zu können.

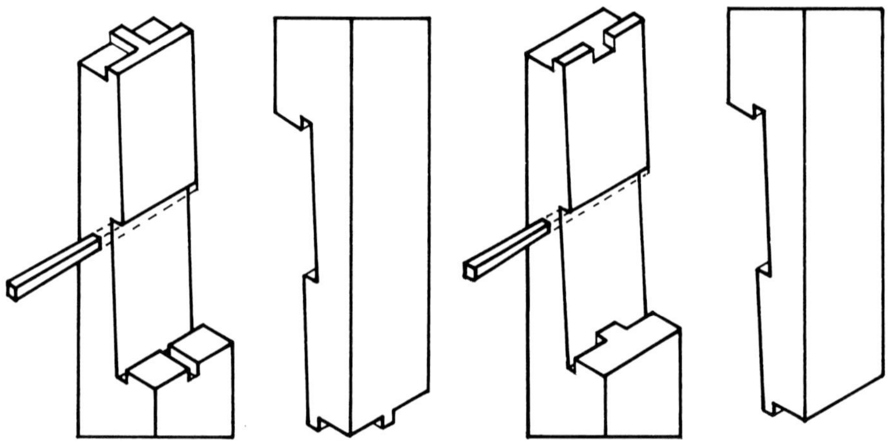

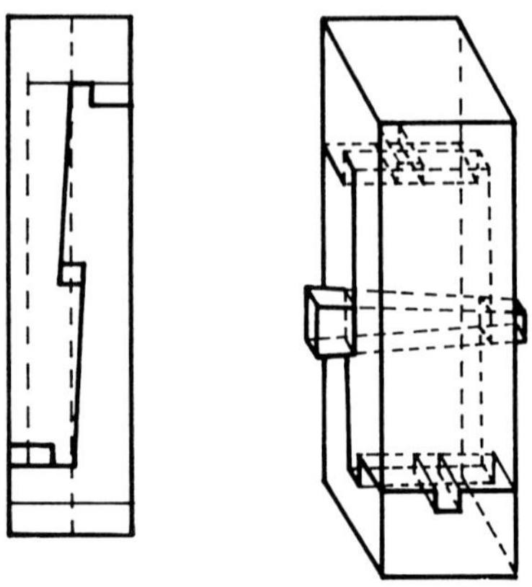

Gerades Hakenblatt
mit außen oder innen liegendem
Kreuzzapfen und Keilsicherung
(Kana-wa-tsugi und Shirikasani-tsugi)

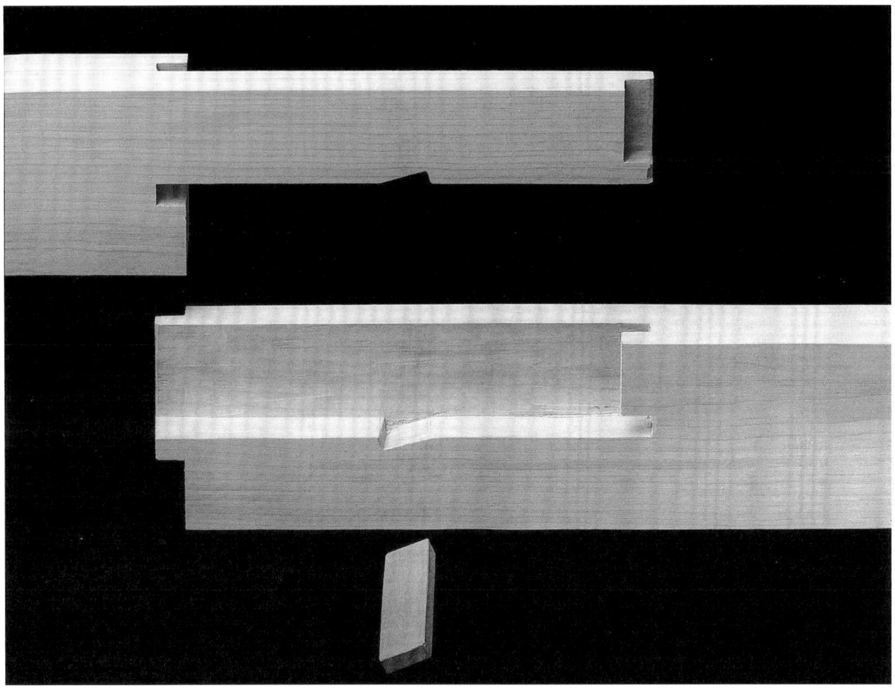

Zweiseitig verdecktes gerades Hakenblatt mit Spannkeil, Steckfalz und Nutzapfen (Ni-men-kana-wa-shachi-sen-tsugi-te oder Hakodai-mochi-tsugi)

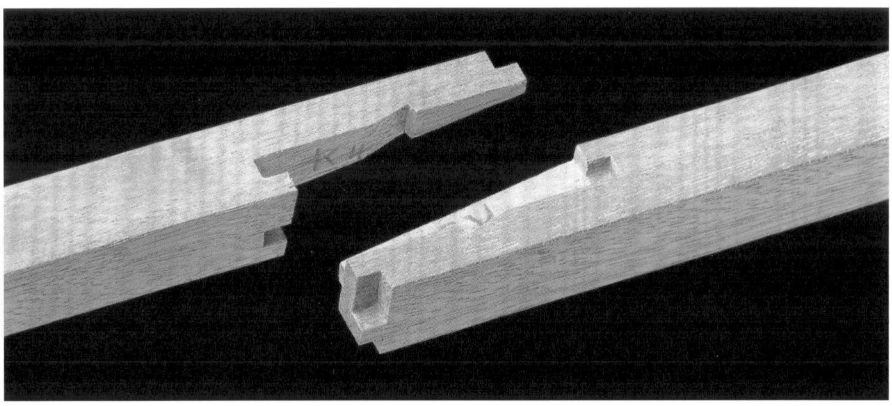

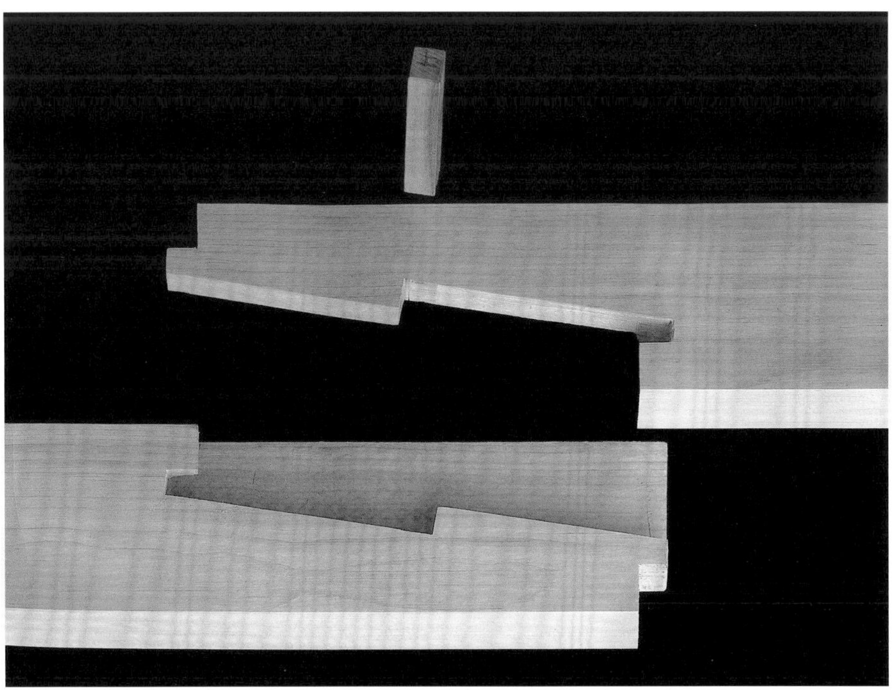

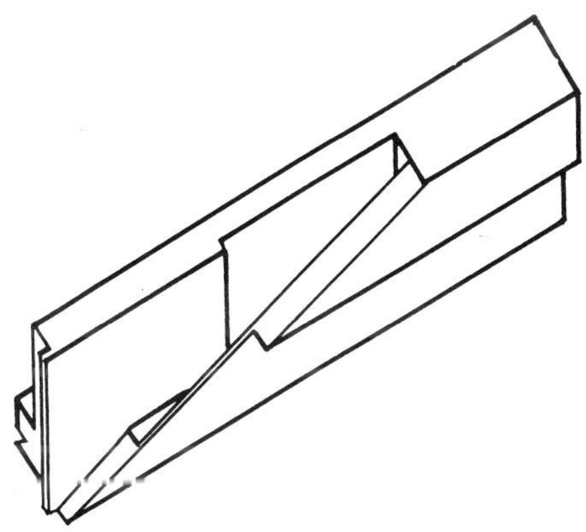

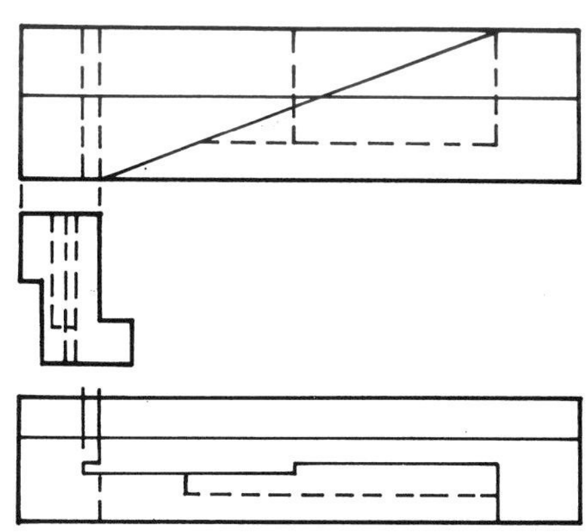

Zweiseitig verdecktes schräges Hakenblatt mit Keilverschluß, Steckfalz und Nutzapfen (Ni-men-kana-wa-dai-sen-tsugi-te)

Bei eher quadratischen Querschnitten stärkerer Konstruktionshölzer benutzt der Japaner dieses ***zweiseitig verdeckte Bogenschloß mit Spannschloß.***
Die Hakenwirkung kann durch einen schräg zur Faser eingeschobenen Keilsteg (Spannkeil) als Keilverschluß erzielt werden. Hierbei entsteht eine sehr stabile Verbindung, die selbst die Pfropfung von Eckpfosten erlaubt.
Die Diagonaltrennung oder -verbindung von Hölzern, wie sie die ***allseitig verdeckte Hakenblattpfropfung*** für freistehende Pfosten zeigt, verdient in besonderem Maße unsere Aufmerksamkeit. Die Anlageflächen sind in der Diagonalen größtmöglich. Mit unseren heutigen maschinellen Einrichtungen lassen sich exakte 45° Winkelschnitte problemlos herstellen. Die Längstrennungen erscheinen an den Kanten der Hölzer, wo sie die Maserung des Holzes nicht zerschneiden. An den Seiten zeigt sich lediglich ein einfacher Winkelschnitt. Der Keilsteg wird diagonal eingeführt.

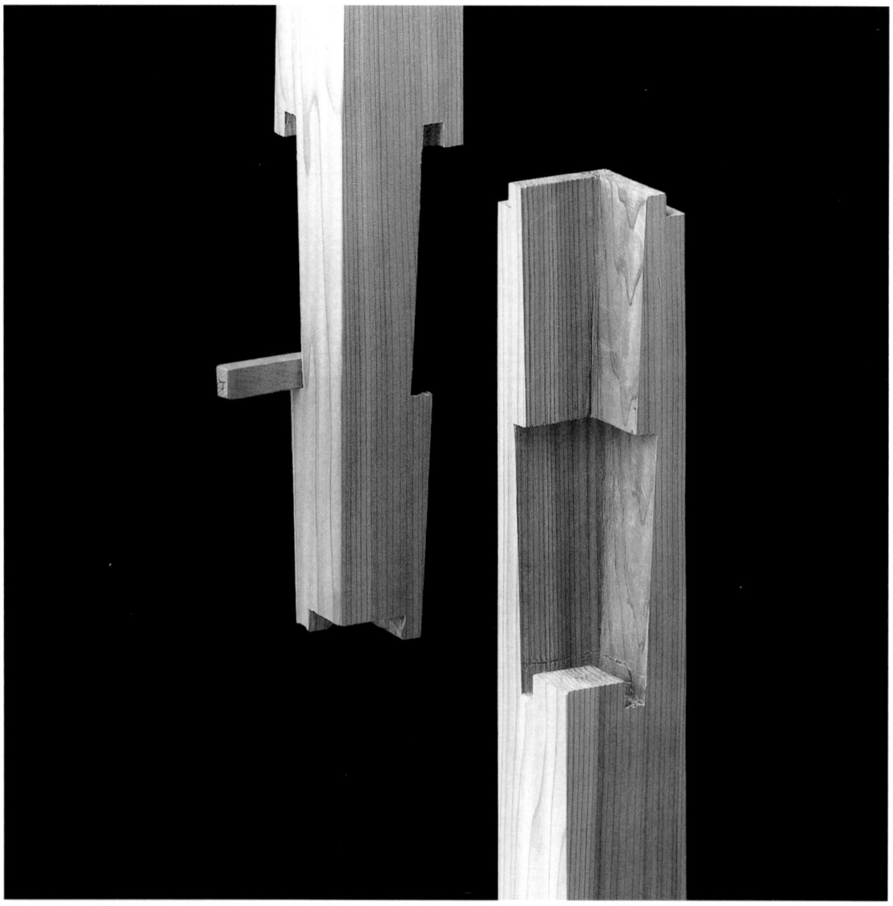

Zweiseitig verdecktes Bogenschloß
mit doppeltem Spannschloß
(Ni-ho-shachi-sen oder Hakosen-tsugi)

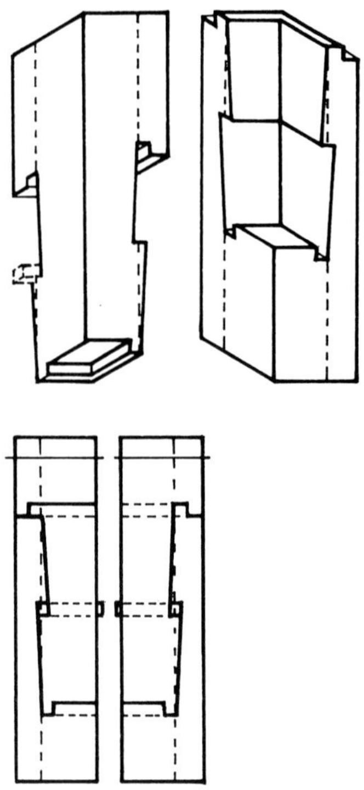

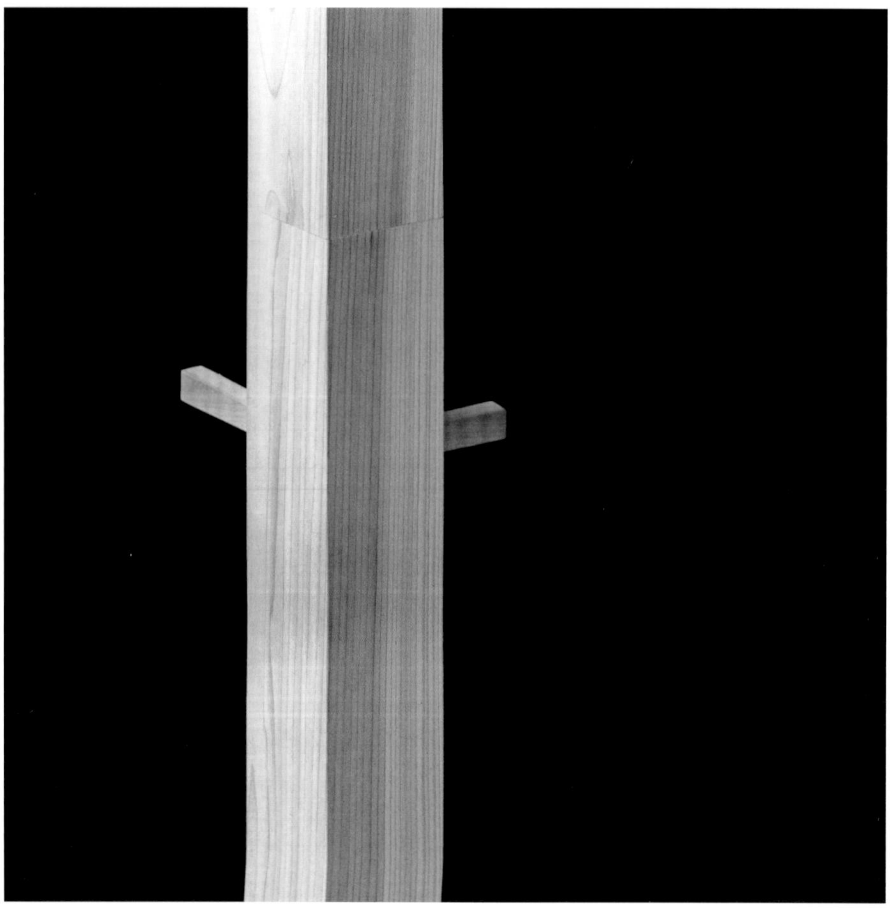

Zweiseitig verdecktes gerades Hakenblatt mit Spannkeil (Ni-ho-dai-sen-tsugi-te oder Hako-shachi-tsugi)

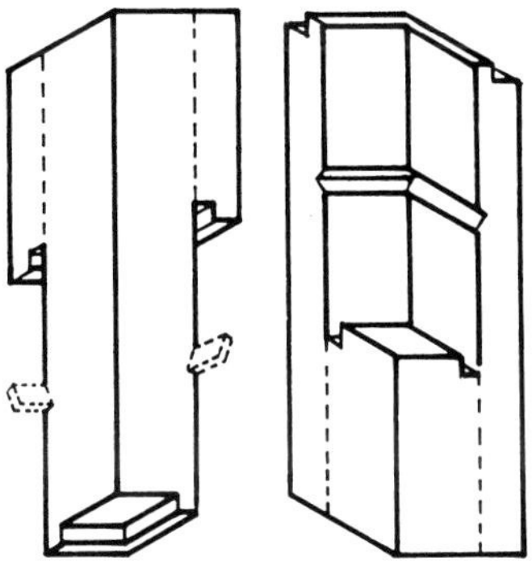

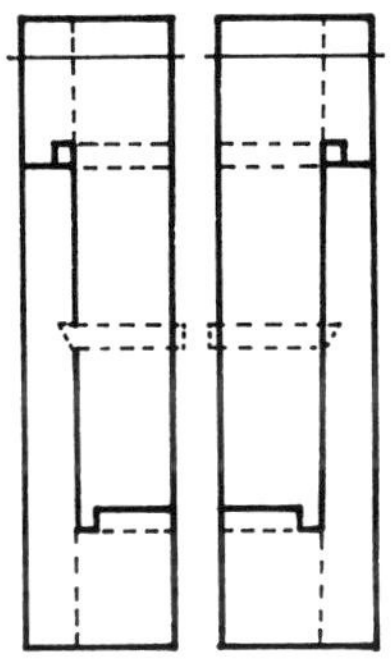

Verdeckte Hakenblattpfropfung, diagonal angeschnitten mit Spannkeil (Hako-tsugite-shachi-sen)

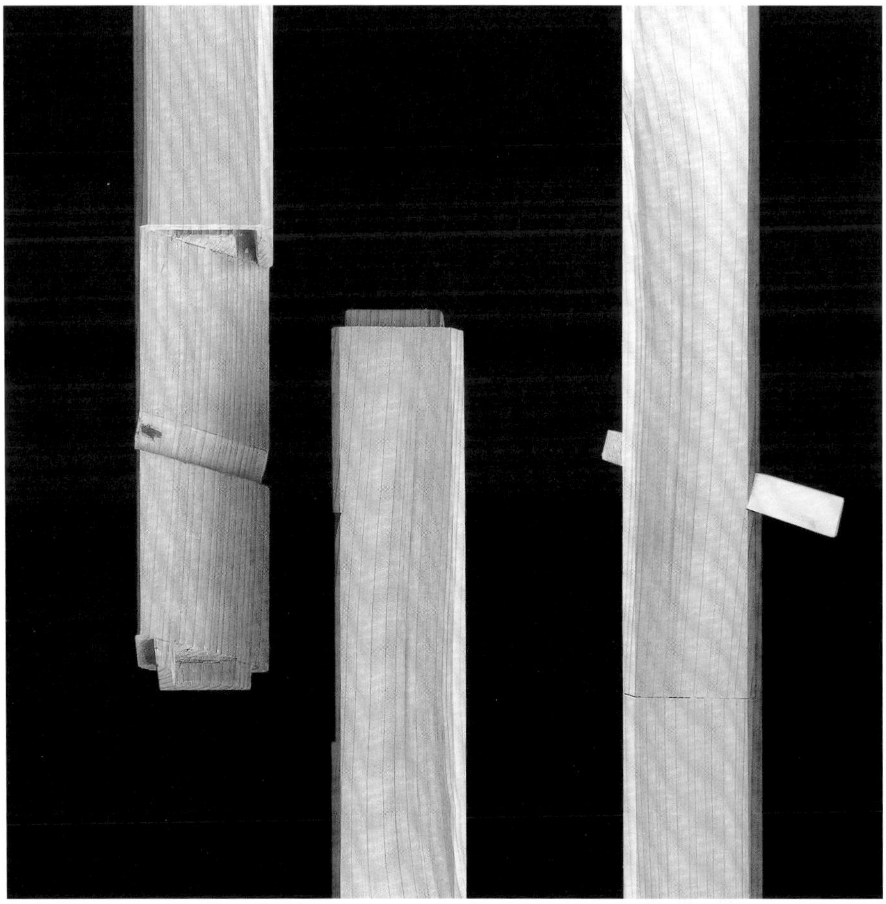

Versetzte Kopfbänder mit
abgestirnten Strebezapfen

II. Schrägverbindungen

Treffen zwei Hölzer bei einer Winkelstellung weniger als 90° aufeinander, so erfolgt ihre Verbindung mit Hilfe eines Schrägverbandes.
Aufgrund der andersartigen Konstruktionen japanischer Häuser spielt der Schräganschluß dort nur eine untergeordnete Rolle und ist vergleichsweise wenig entwickelt, im europäischen Dach-, Haus- und Brückenbau und vor allem auch im ingenieurmäßigen Holzbau hat er große Bedeutung erlangt.
Schräganschlüsse sind bei der Herstellung von Dreiecksverbänden in tragenden Holzkonstruktionen erforderlich ebenso wie in speziellen Fällen wie bei Kopfbändern, Wandstreben, Streben bei Spreng- und Hängewerken, Streben in Dachbindern, Sparren, Kehlbalken und Scherensparren.
Auch der Schreiner verwendet konstruktive Schrägverbindungen zum Anschluß von aussteifenden Strebenleisten, beispielsweise bei einfachen Türen.
Maßgebend für die Wahl der Verbindung ist die Größe der Belastung. Gering belastete Kopfbänder (Büge) oder Wandstreben werden im allgemeinen mit einem abgestirnten Strebenzapfen und mit Holznägeln druck- und zugfest angeschlossen. Vielfach wird heute das Verbohren oder Abnageln der Zapfen bei diesen Aussteifungen vernachlässigt, wodurch ihre Wirkung wesentlich beeinträchtigt wird.
Stärker beanspruchte Streben in Dachstühlen werden mit unterschiedlichen Formen von Versätzen angeschlossen. Die Art der Versatzung, insbesondere die Versatztiefe und die Länge des notwendigen Vorholzes am tragenden Holz, wird mit Hilfe statischer Berechnung bestimmt.
Der Versatz kommt als Grenzfall auch bei bestimmten rechtwinkligen Anschlüssen innerhalb von Fachwerkwänden vor oder auch bei parallel verlaufenden Balken, die zu einem größeren Querschnitt aufgedoppelt werden sollen.
Bei Dachsparren treten ebenfalls zahlreiche Schrägverbindungen auf, so die Kerve (von Kerbe), mit der die Sparren auf die Pfetten aufgesetzt werden, die Klauen, wenn Hölzer in zwei Ebenen schräg aufeinandertreffen, und die vielfältigen Schiftungen bei Grat- und Kehlsparren.

Der Versatz

Versätze dienen dem druckfesten Anschluß schräg zusammenlaufender Hölzer. Dabei wird besonders die vordere Versatzfläche auf Druck belastet. Die hohe Druckfestigkeit von Holz parallel zur Faser kommt diesem Anschluß zugute, Druckverformungen treten erst bei relativ hohen Belastungen auf.

Die Einschnittflächen müssen bei Versätzen genauestens bearbeitet werden, um zu verhindern, daß es bei ungenauem Stoß zu örtlichen Überbeanspruchungen innerhalb der Verbindung und dadurch zu Längsrissen (Abscheren) im Holz kommt.

Die einfachste Versatzform ist der *Stirnversatz.* Der Neigungswinkel der vorderen Versatzfläche wird unter herstellungstechnischen und statischen Gesichtspunkten bestimmt.

Im Hinblick auf die Tragfähigkeit ist jene Ausführung am sinnvollsten, bei der Streben- und Untergurtstirnfläche unter dem gleichen Winkel beansprucht werden. Dabei wird die vordere Versatzfläche in der Winkelhalbierenden zwischen Strebe und Untergurt angeschnitten.

Unter fertigungstechnischen Aspekten ist es jedoch besser, die Versatzfläche so anzuschneiden, daß sich am Grund zwischen vorderer und hinterer Versatzfläche ein rechter Winkel bildet. Der Vorteil bei der Herstellung liegt darin, daß sich der rechtwinklige Versatz im Untergurt mit dem schräg gestellten Kervenfräser sauber ausfräsen läßt. Wird zwischen vorderer und hinterer Versatzfläche im Untergurt ein Winkel ungleich 90° gewählt, so erfordert die Herstellung aufwendige Nacharbeit. Obgleich diese Ausführung eine ungleiche Belastung der Untergurt- und Strebenstirnflächen und eine etwas geringere Vorholzfläche mit sich bringt, sind die statischen Nachteile gering.

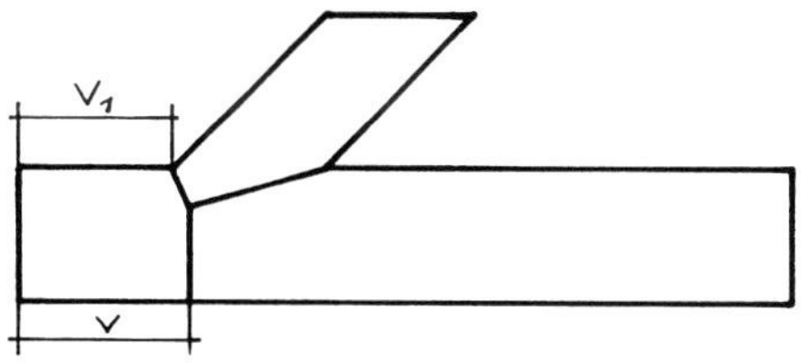

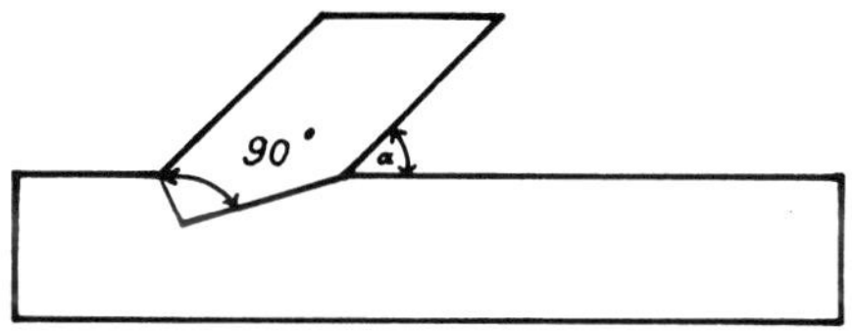

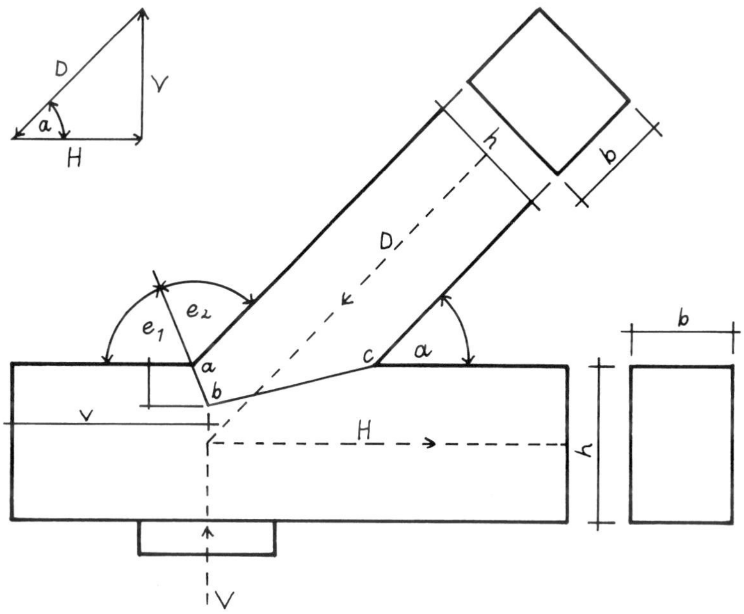

Stirnversatz (Kashigi-oire)

D = Druckkraft der Strebe
H = Horizontalzug im Untergurt (H = D · cos a)
V = Vertikalkraft im Auflager (V = D · sin a)
a = Streben- oder Versatzwinkel
t = Einschnitt-Tiefe
v = Vorholzlänge
a–b = Vordere Versatzfläche
b–c = Hintere Versatzfläche

Die Scherspannung ist am tiefsten Punkt der Versatzfläche am größten. Die Berechnung erfolgt daher mit der Vorholzlänge v.

Einschnittiefe

Um eine zu starke Schwächung der Untergurtbalken zu vermeiden, darf die Einschnittiefe t nicht beliebig groß gewählt werden. Sie darf nach DIN 1052, Abschnitt 7.5.2., für Winkelanschlüsse bis 50° maximal ¼ der Untergurthöhe, bei 50–60° zwischen ¼ und ⅙, bei 60° und mehr maximal ⅙ der Höhe betragen.
Bei zweiseitigem Versatzeinschnitt ist jeder Einschnitt unabhängig vom Anschlußwinkel höchstens mit ⅙ des Holzquerschnittes des eingeschnittenen Holzes zulässig.

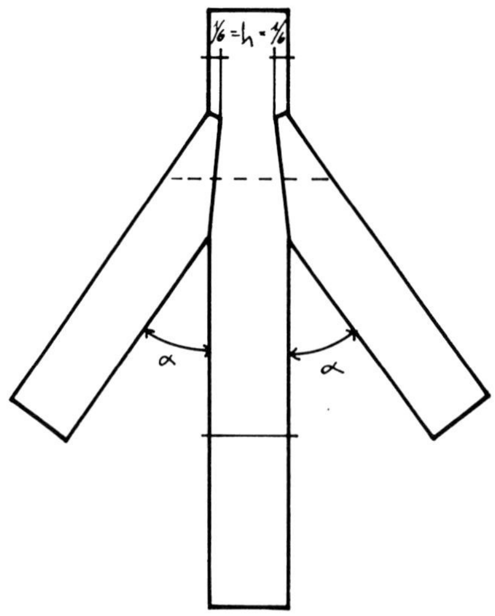

Zu langes Vorholz bewirkt ungleichmäßig verteilte Scherspannung.

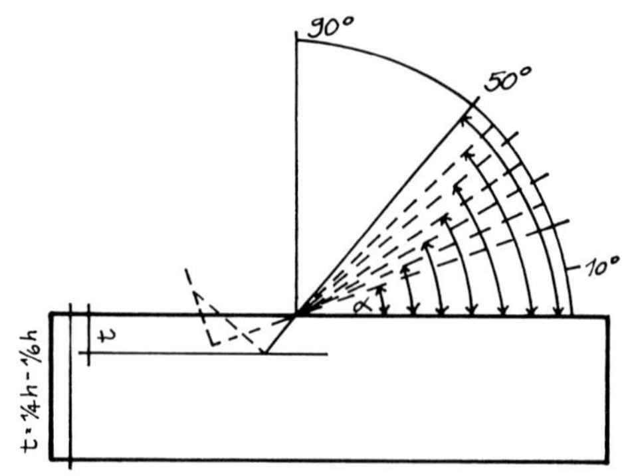

Vorholzlänge beim Versatz

Wird eine Strebe in einen Untergurt eingefügt, so muß der Versatzeinschnitt gegenüber dem Ende des Untergurtes zurückgesetzt werden, damit das auf Druck belastete Holz zwischen der vorderen Versatzfläche und dem Untergurtende nicht abgeschert wird. Das vor dem Versatz verbleibende Holz wird auch als »wirksame Scherfläche« oder »Vorholz« bezeichnet.
Die Belastbarkeit eines Versatzes hängt weitgehend von der Länge des Vorholzes ab. Zu kurze Vorhölzer werden durch den Strebendruck abgespalten. Die Vorholzlänge sollte nicht geringer als 20 cm sein, da die häufig auftretenden Hirnholzrisse am Ende des Untergurtes die Abscherfestigkeit des Vorholzes zusätzlich vermindern. Zu langes Vorholz jedoch führt zu ungleichmäßiger Verteilung der Scherspannungen im Unterzug.
Bei Berechnung der erforderlichen Vorholzlänge wird der Abstand zwischen tiefstem Einschnittpunkt des Versatzes und Balkenende des eingeschnittenen Holzes ermittelt. Eine Faustregel besagt, daß die Vorholzlänge das Achtfache der Einschnittiefe betragen soll.

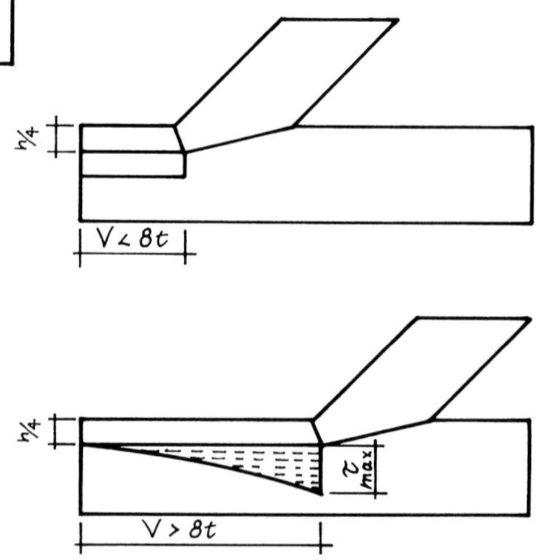

Die schraffierte Fläche kennzeichnet die Verteilung der Scherspannung.

Stirnversatz und Strebenzapfen

Während der einfache Versatz im Ingenieurholzbau meist mit einem Schraubbolzen gesichert wird, um zu verhindern, daß seine Paßgenauigkeit durch Verschieben oder Verdrehen verlorengeht, dient beim zimmermannsmäßigen Bau der ***Strebenzapfen*** der zusätzlichen Sicherung. Das Zapfenloch sollte hierbei unbedingt 1 mm tiefer ausgearbeitet werden als der Zapfen, um dessen Aufsitzen zu verhindern. Nur so ist gewährleistet, daß der Druck über die Stirnflächen des Versatzes übertragen wird.
Die rechnerisch ermittelte Tragkraft des Versatzes und auch des eingeschnittenen Holzes verringert sich durch den Strebenzapfen. Dies spielt insbesondere bei größeren Anschlußwinkeln eine Rolle.
Die Strebenzapfen müssen bei aussteifenden Druck- und Zugstäben (Büge, Streben) mit einem Holznagel zugfest abgebohrt werden.
Die Stirnflächen der Zapfen werden in der gleichen Flucht wie die Stirnfläche der Versätze zurückgeschnitten.
In Japan wird der auch bei uns bekannte ***Versatz mit Strebenzapfen*** bevorzugt. Die Stirnfläche läuft hierbei in Richtung der Winkelhalbierenden zwischen den Hölzern; sie ist jedoch soweit zurückgeschnitten, daß sie die Achse am tiefsten Punkt der Versatzung schneidet. Hieraus ergibt sich der statische Vorteil, daß die Strebenkraft mittig übertragen wird.

Abgestirnter Schlitzzapfen

Ein ***abgestirnter Schlitzzapfen*** kann anstelle eines Versatzes ausgeführt werden. Sein Vorteil liegt darin, auch seitliche Kräfte aufnehmen zu können. Der ausgestemmte Balken wird weniger geschwächt als beim einfachen Versatz, jedoch beträgt die Tragkraft des abgestirnten Schlitzzapfens nur ungefähr ein Drittel des einfachen Versatzes. Wie der Strebenzapfen sollte auch der Schlitzzapfen abgebohrt werden.
Der Schlitzzapfen kann unter anderem bei gering belasteten Kopfbandanschlüssen eingesetzt werden. Beim Schwinden oder Verdrehen des Holzes kann sich die Schmiege zwischen Bug und Pfosten öffnen.
Beim nachträglichen Einbau eines Kopfbandes kann nur der ***abgenagelte Jagdzapfen*** montiert werden, dessen Stirnfläche stärker zurückgeschnitten wird als beim abgestirnten Schlitzzapfen.

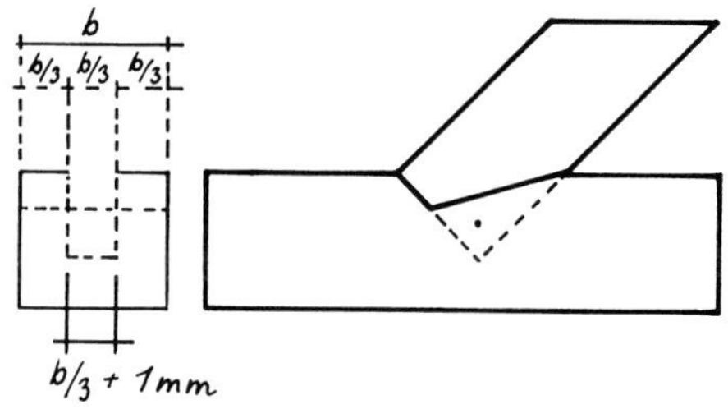

Stirnversatz mit Strebenzapfen

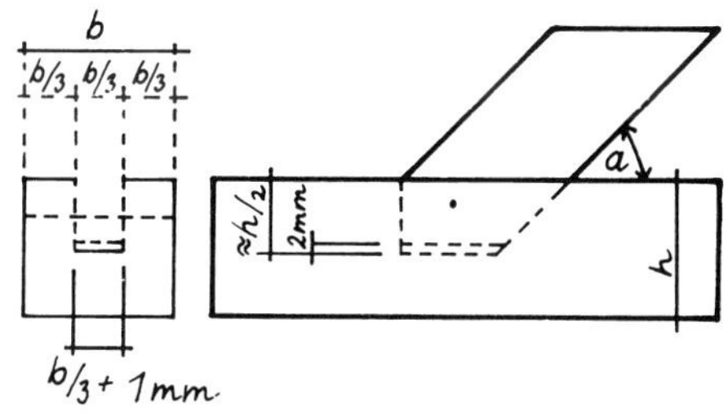

Schlitzzapfen abgestirnt (Nagare-hozo)

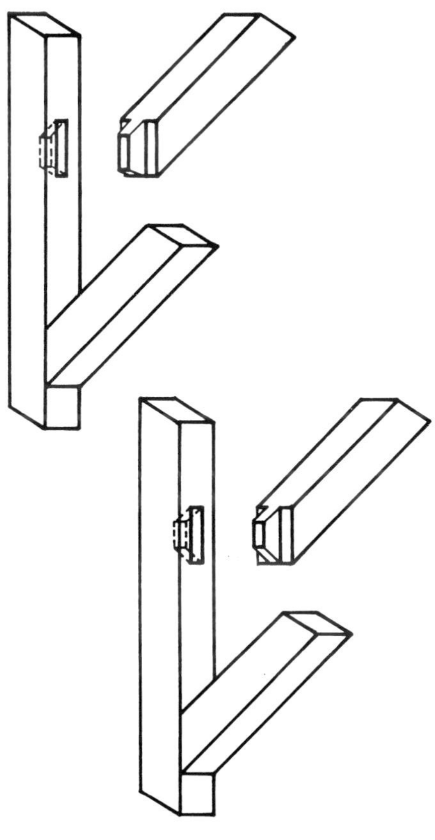

Abgenagelter Jagdzapfen

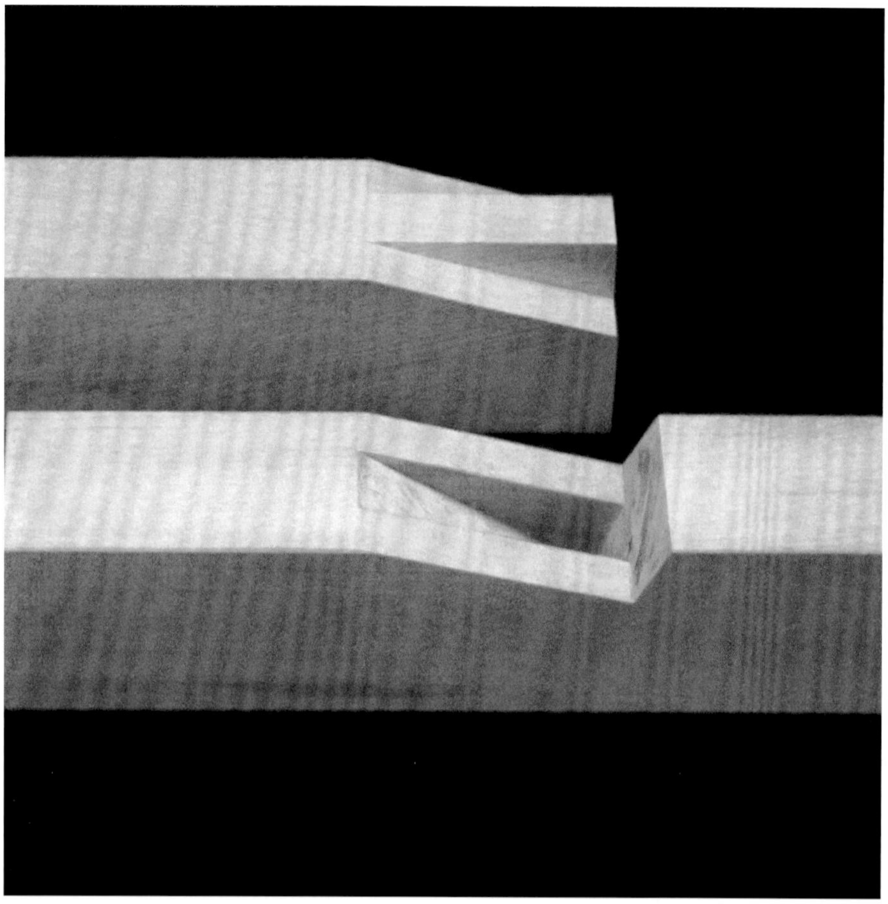

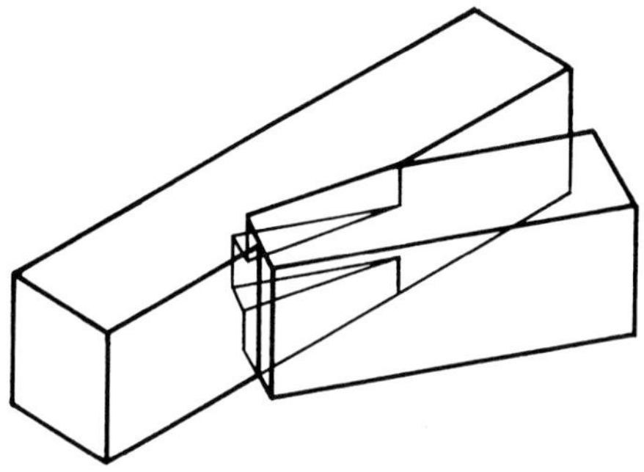

Versatz mit Strebenzapfen (Kashigi-oire)

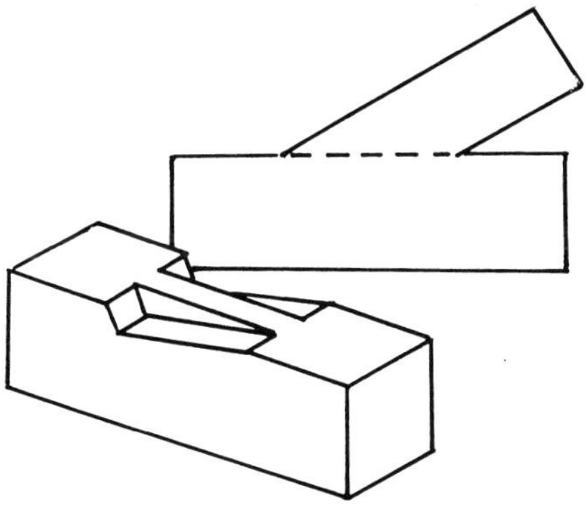

Der einfache Stirnversatz, eingeschlitzt, verhindert seitliches Verrutschen bei Dachstreben und nimmt gleichzeitig größere Lasten auf als der Schlitzzapfen.

Versetzter zweiseitiger Versatzeinschnitt bei Kopfbändern mit abgestirnten Strebenzapfen (Ari-otoshi)

Brustversatz

Falls die gegebene Vorholzlänge für die Ausführung eines Stirnversatzes nicht ausreicht, kann der Lastangriffspunkt des Versatzes trägereinwärts verschoben werden. Hierzu kann der ***einfache Brustversatz*** dienen. Der in der Zeichnung gerastert dargestellte Zahn bleibt häufig aus ästhetischen Gründen erhalten. In diesem Fall sollte jedoch eine Fuge zwischen Unterzug und Strebenzahn offenbleiben, damit nicht durch Belastung des Zahns die Strebe aufspaltet. Die Wirkachse fällt beim Brustversatz mit der Stabachse der Strebe zusammen, wodurch eine exzentrische Belastung, die zu einer Durchbiegung der Strebe führen würde, ausgeschlossen wird.

Bei flachen Anstellwinkeln der Strebe entsteht bei einfachen Versätzen im Untergurt ein tiefer Versatzeinschnitt. Dieser kann mit Hilfe des ***ungeraden Rückversatzes*** verflacht werden.

Beim ***geraden Rück- oder Fersenversatz*** wird der Versatzeinschnitt noch weiter trägereinwärts verlagert wie beim Brustversatz, wodurch einerseits noch mehr Vorholz als bei diesem gewonnen werden kann, andererseits jedoch die Strebe außermittig belastet wird.

Bei kurzen Stablängen und geringen Querschnitten der Strebe kann der ***stumpfe Versatz*** ausgeführt werden.

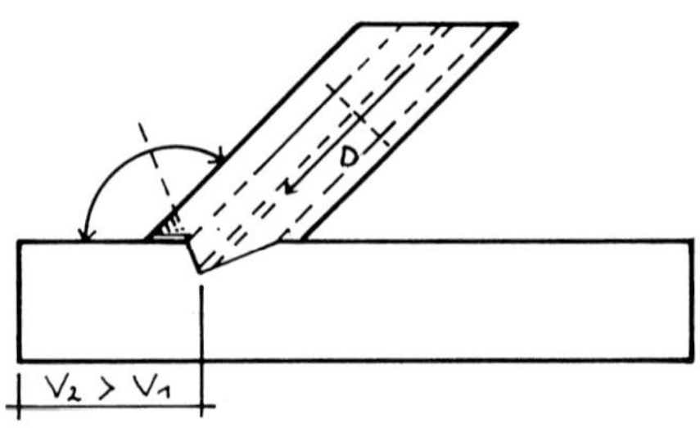

Brustversatz

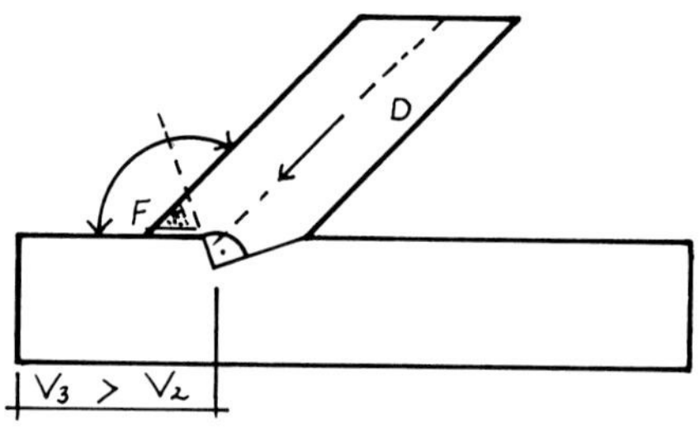

Ungerader Rückversatz

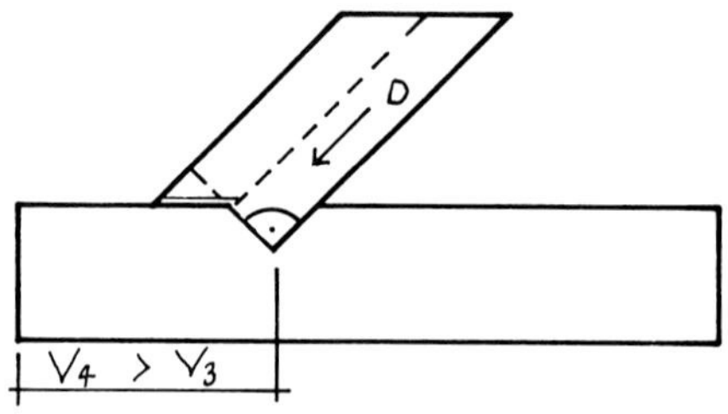

Gerader Rückversatz oder Fersenversatz

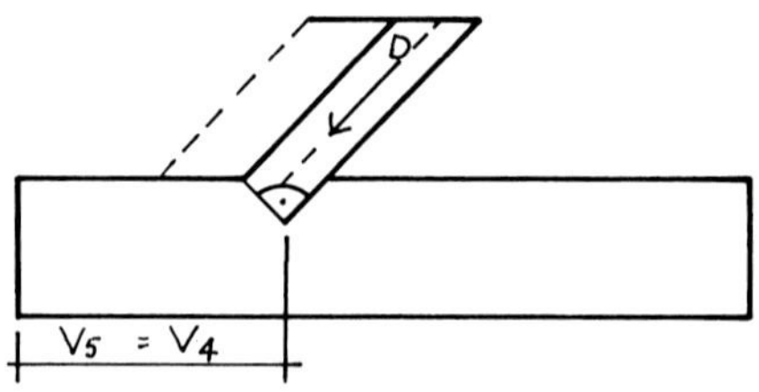

Stumpfer Versatz

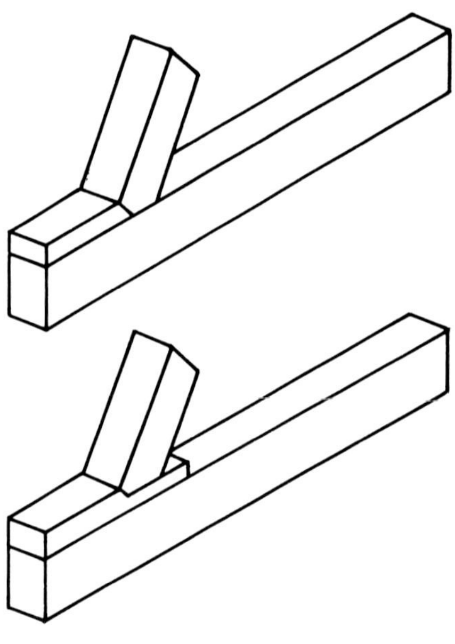

Versatz mit Beiholz

Doppelter Versatz

Falls die statische Berechnung zu hohe Druck- oder Scherspannungen im Vorholz oder in der Strebe ergibt, so daß die Ausführung einer der bisher genannten Versatzformen nicht möglich erscheint, so bieten sich die doppelten Versätze an.

Durch ihre zwei Versatzflächen entsteht im Untergurt eine größere, auf Abscherung beanspruchbare Fläche. Schwund bewirkt geringere Verformungen als bei den Einfachversätzen, bei denen sich durch den Schwund des Holzes an der hinteren Versatzfläche eine Fuge öffnet und sich der Druck auf die vordere Versatzfläche verlagert. Der dadurch entstehenden außermittigen Belastung weicht die Strebe durch Biegung aus. Diese Biegebeanspruchung entfällt bei doppelten Versätzen und dem Brustversatz, da sie beim Schwinden des Holzes zuverlässiger ihren Kraftschluß beibehalten als einfache Versätze.

Die heute übliche Ausführung des doppelten Versatzes besteht aus ***Stirn- und Fersenversatz.***

Neben dem Stirn-Fersen-Versatz gibt es ***den doppelten Stirnversatz, den Brust-Fersen-Versatz*** und den ***doppelten Fersenversatz***, die nur der Vollständigkeit halber aufgeführt, jedoch nicht von großer Bedeutung sind.

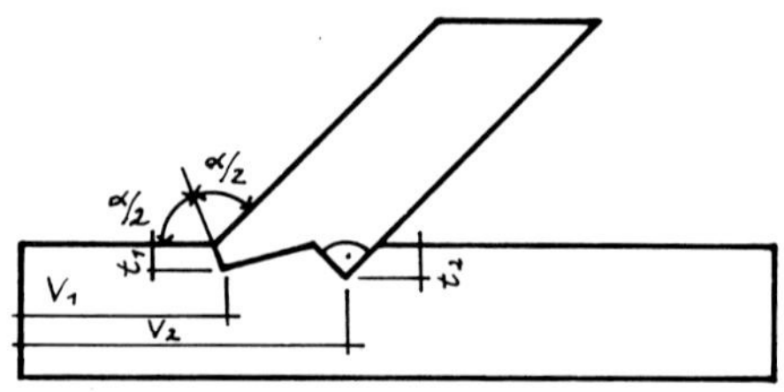

Stirn-Fersenversatz

Bei der Ausarbeitung der doppelten Versätze ist zu beachten:

1. Damit die Stirnflächen sowohl des Stirn- als auch des Fersenversatzes stramm anliegen, muß sehr exakt gearbeitet werden. Sollten sich die Hölzer vor dem Aufrichten verziehen, so müssen sie ersetzt werden.

Ein Ausgleichen der Ungenauigkeiten durch Bleieinlagen ist zwar möglich, kann jedoch nicht im Sinne des Versatzes sein.

2. Die Einschnittiefe des zu einem doppelten Versatz gehörenden Stirnversatzes wird gegenüber dem Fersenversatz um 20% verringert, damit die beiden Versätze verschiedene Faserebenen im Unterzug auf Abscherung beanspruchen.

3. Wird ein Schraubbolzen eingebohrt, so ist darauf zu achten, daß die Unterlagscheiben nicht auf einer Kante aufsitzen, sondern sauber eingelassen werden. Der Schraubbolzen sollte rechtwinklig zur Winkelhalbierenden zwischen Strebe und Unterzug eingebohrt werden.

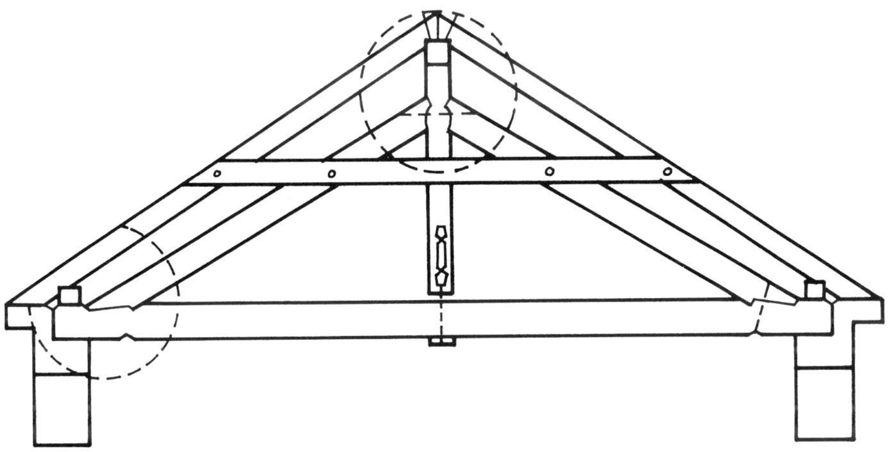

Anwendungsbeispiel des Stirn-Fersenversatzes bei einem Hängewerk

Dreifachversatz

Dreifachversätze führen zu außerordentlich tragfähigen Verbindungen, sofern genügend große Holzquerschnitte zur Verfügung stehen. Jedoch erfordern sie ein millimetergenaues Arbeiten, damit sämtliche Stirnflächen fest anliegen. Gegen seitliches Verschieben sollten diese Anschlüsse mit Laschen oder Schraubbolzen gesichert werden.

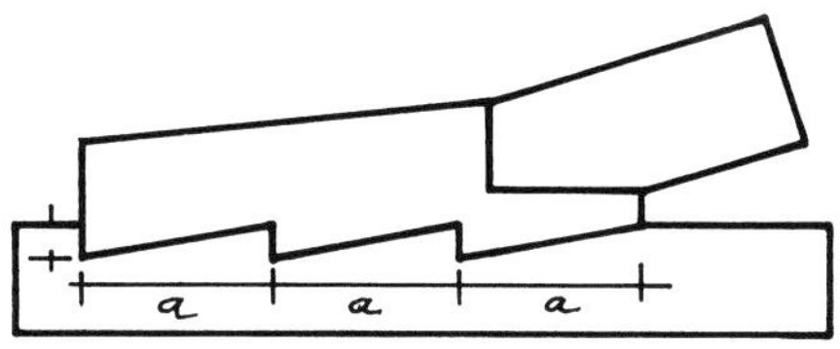

Dreifachversatz

Mehrfachversätze als Verzahnungen bei parallel zusammengefügten Balken – die zusammengesetzten Träger

Für große Lasten und große Spannweiten werden gelegentlich Träger von so großen Querschnitten benötigt, daß diese nicht mehr aus einem einzelnen Baumstamm erzeugt werden können. Balken großer Querschnitte sind zudem aufgrund ihrer Schwindverformungen und der Schwundrisse schlecht verwendbar. Träger, die größere Lasten aufzunehmen haben, müssen daher aus Einzelbalken zusammengesetzt werden.

Heute werden Träger großer Querschnitte üblicherweise in Form von Leimbindern erzeugt. Hierunter versteht man Bretter, die unter hohem Druck zusammengeleimt werden.

Die Herstellung der Leimbinder ist nicht sehr wirtschaftlich, da sie sehr energieintensiv ist. Die Stämme werden energieaufwendig zu Brettern zersägt, künstlich getrocknet, in großen Preßanlagen verleimt und dann wiederum in die gewünschten Dimensionen gesägt. Leimbinder dürfen nur von wenigen lizensierten Betrieben hergestellt werden. Dies bedeutet, daß der Rohstoff zunächst zu diesen zentralen Produktionsstätten transportiert werden muß und die fertigen Leimbinder anschließend zu den einzelnen Zimmereibetrieben gebracht werden.

Im Hinblick auf die Kosten und die Energiebilanz schneiden ohne Zweifel die in einzelnen Zimmereibetrieben gefertigten, zusammengesetzten Träger besser ab.

Eine bereits vor mehreren hundert Jahren von Zimmerleuten in Nord- und Mitteleuropa angewandte Technik ist die der verzahnten Balken. Diese finden sich in den frühmittelalterlichen Stabkirchen Skandinaviens in Form von umlaufenden Balkenzangen, die aus jeweils zwei nebeneinanderliegenden und miteinander verdübelten Balken bestehen und die Säulenschäfte zangenförmig umfassen.

Verzahnte Balken

Die berühmten Schweizer Brückenbauer und Zimmerer, die Gebrüder Grubenmann, benutzten verdübelte und verzahnte Balken für ihre weitgespannten Holzbrücken, die noch nach gut 200 Jahren selbst heutigem Schwerlastverkehr standhalten.

Die Wirkung der aufgedoppelten Balken beruht auf folgender Beobachtung. Wird ein Balken mit einem angenommenen Querschnitt von 12×24 cm hochkant verlegt, so weist er in etwa die dreifache Belastbarkeit auf, als wenn er flach liegt. Unverbunden übereinandergelegte Balken können nicht mehr an Belastung aufnehmen, als wenn sie nebeneinanderliegend eingebaut wären. Werden jedoch die übereinanderliegenden Balken fest miteinander verbunden, so nehmen sie mehr als das Dreifache an Belastung auf.

Balken lassen sich aus materialtechnischen Gründen nicht miteinander verleimen. Der Mehrfachversatz in der Form einer Verzahnung der Balken ergibt jedoch eine stabile Verbindung.

Für die einzelnen Zähne eines verzahnten Balkens gelten die gleichen Regeln wie für den Stirnversatz.

Bei der Herstellung des Trägers sind folgende Punkte zu beachten:

1. Die Zahnrichtung verläuft beim unteren Balken stets so, daß die Stirnfläche auf den Mittelpunkt des Balkens gerichtet ist, für den oberen Balken gilt das Umgekehrte.
2. Der obere Balken nimmt im Belastungsfall ausschließlich Druckkräfte auf. Daher kann er zur besseren Montage aus mehreren Teilen zusammengesetzt werden.
3. Beim Abbund sollten beide Balken gemeinsam gebogen werden. Beim Entspannen nach dem Zusammenbau der Balken werden die Zähne der Balken satt aufeinandergepreßt und gewinnen so einen guten Sitz.
4. Die Tragfähigkeit verdübelter und verzahnter Balken kann noch gesteigert werden, indem man sie beim Abbund durchbiegt. Der zusammengesetzte Träger ist dadurch in sich derart gespannt, daß er seine bogenförmige Überhöhung beibehält. So wird die Kraftwirkung von Auflasten innerhalb des Trägers in Druckkräfte umgewandelt, die auf die Versätze parallel zur Faser wirken. Wie bereits ausgeführt, ist die mögliche Druckaufnahme von Holz parallel zur Faser erheblich höher als diejenige senkrecht zur Faser. Diese materialtypische Eigenschaft des Holzes wird durch die Technik des verzahnten Balkens auf intelligente Weise ausgenützt. Die dabei entstehende Erhöhung der statischen Widerstandsmomente konnte vor kurzem durch Belastungsproben nachgewiesen werden.
5. Verfolgt man den Verlauf der Druckspannungen zwischen den beiden Balken, so zeigt sich, daß sich diese zu den Enden hin erhöhen. Dementsprechend wird die Zahnteilung an den Auflagerpunkten kürzer sein als zur Mitte des Trägers hin. Hierdurch wird ein statisches Problem gelöst, das sich bei jedem einfachen Balken ergibt: Da das Biegemoment bei Balken in der Mitte zwischen den Auflagern am größten ist, muß sich der Querschnitt des gesamten Balkens an der Belastung an diesem Punkt orientieren. Daraus folgt, daß jeder konventionelle Balken zu den Auflagern hin überdimensioniert ist. Der verzahnte und zusammengesetzte Träger kann dieses Dimensionierungsproblem mit Hilfe der Vorspannung und der ungleichmäßigen Zahnlänge lösen.
6. Damit die zusammengesetzten Balken bei Belastung nicht auseinanderweichen, müssen Schraubbolzen mit großen Unterlagscheiben oder Metallreifen die Balken zusammenhalten.
7. Auch unter wirtschaftlichen Gesichtspunkten ist der verzahnte Balken heute vorteilhaft. Er kann von jedem qualifizierten Zimmereibetrieb hergestellt werden.

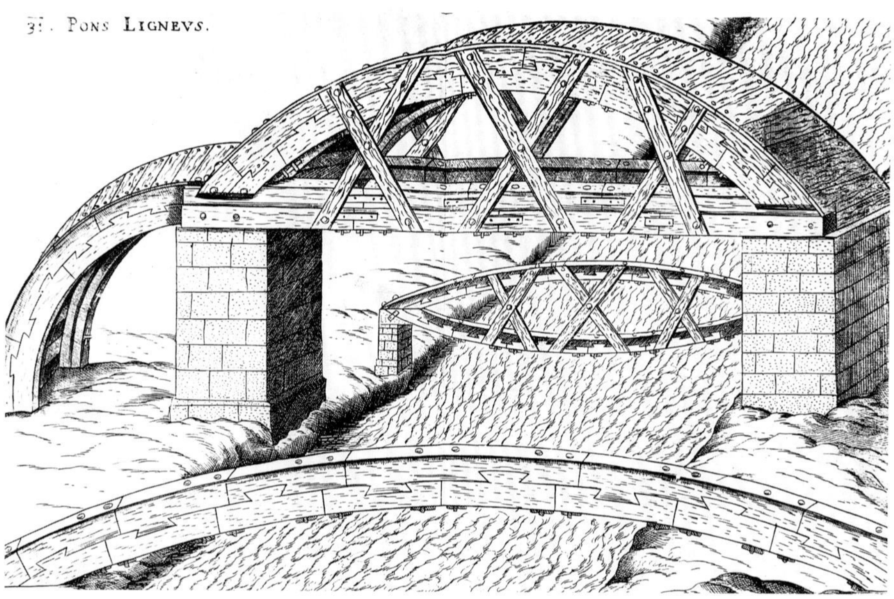

Darstellung einer römischen Holzbrücke

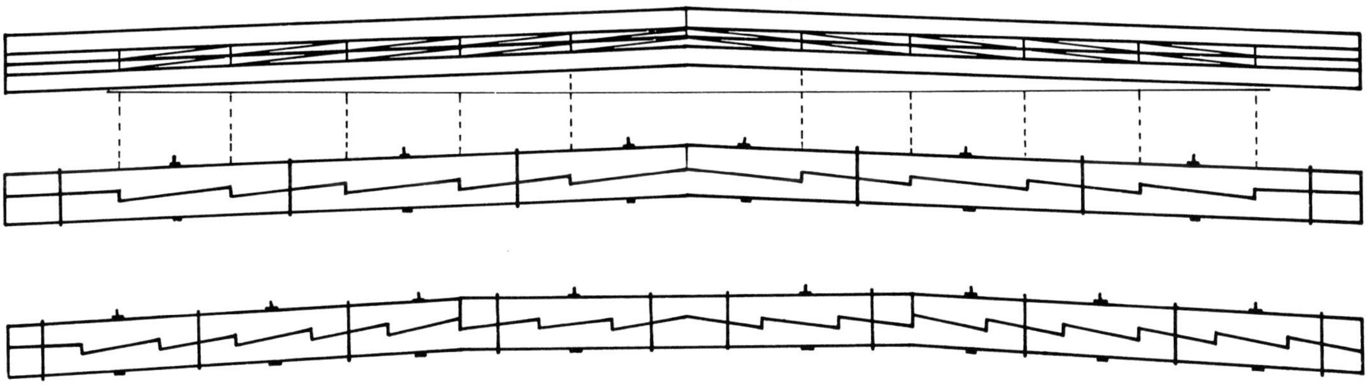

Verzahnte Balken

Verzahnter Balken auf einem Prüfstand

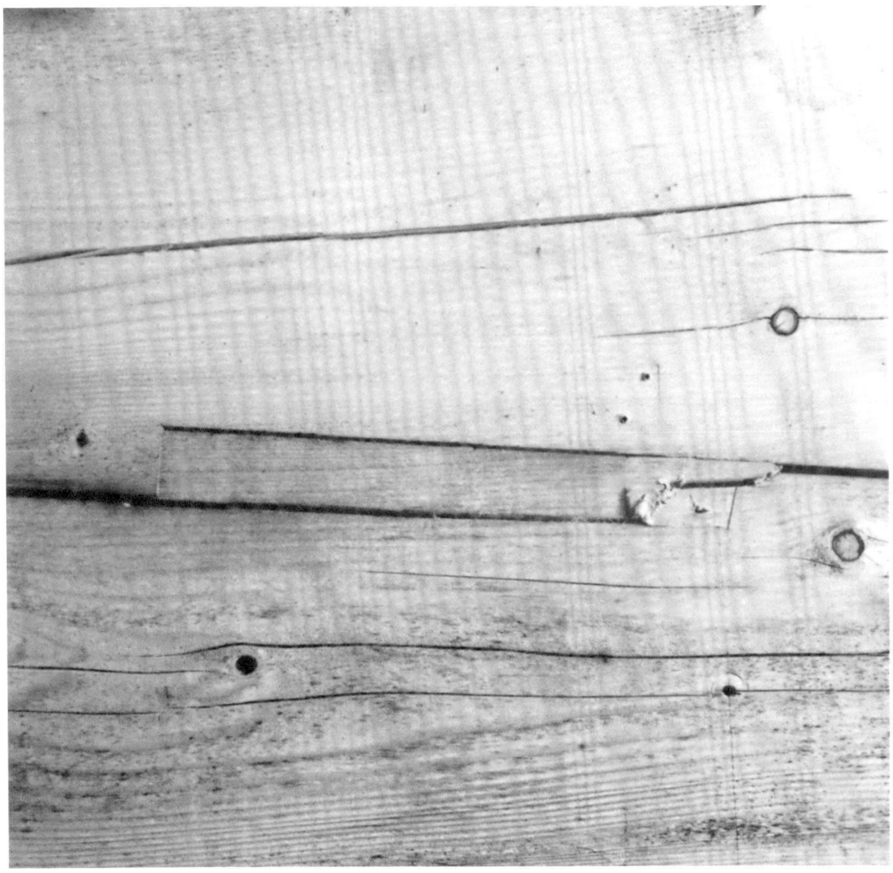

Entgegen der rechnerisch ermittelten Voraussage sprengen die Versatzzähne bei Belastung nicht ab, sondern der zusammengesetzte Balken bricht wie ein einfacher Balken in der Mitte unten (Werkfoto Firma Hotzenholz, Herrischried).

Verdübelte Balken

Dübel sind Verbindungsmittel, die vorwiegend auf Druck und Abscherung beansprucht werden. Bei den verdübelten Balken werden die Einzelbalken mittels Eichenholz-, Ring- oder Einpreßdübel zu einem Träger zusammengesetzt. Diese verhindern, daß die übereinanderliegenden Balken sich gegeneinander verschieben können. Zwischen den Stirnflächen der Aussparungen im Balken und den Dübeln entsteht Druck; der Dübel und das Vorholz werden dadurch auf Abscheren beansprucht. Damit die Dübel und die Balken nicht senkrecht zur Kraftrichtung ausweichen und die Dübel nicht kippen können, müssen die Balken zusätzlich durch Bolzen, Laschen oder Metallbänder zusammengehalten werden. Bei der Verwendung von Bolzen müssen extra große Unterlagscheiben verwendet werden, entsprechend DIN 1052, Tabelle 11. Die erzielte Verbindung ist nicht vollständig schubfest. Daher ergeben sich gegenüber einem aus einem einzelnen Stamm hergestellten Balken Verminderungen in der Widerstandsfähigkeit. Solange noch keine exakten Meßdaten vorliegen, sollte bei zwei übereinander gedübelten Balken der Wert des Widerstandsmomentes gegenüber dem eines Vollholzbalkens nur mit 85%, bei drei übereinander gedübelten Balken mit 60% angesetzt werden.
Bei der Bestimmung der Durchbiegung von zwei verdübelten Balken sollte der Wert der Biegesteifigkeit um 45% geringer sein als der von Vollholzbalken. Hieraus ergibt sich, daß die Festigkeit von verdübelten Balken gegenüber unverbunden übereinandergelegten Balken mindestens 1,7mal höher und die Durchbiegung rund 2,5mal geringer ist.
Die nebenstehenden Zeichnungen zeigen verschiedene Methoden der Verdübelung:

- Dübelbalken mit schräg gestellten Hartholzdübeln,
- Hartholzdübel quer zur Faser,
- Hartholzdübel parallel zur Faser.

Die Rechteckdübel werden aus trockenem Hartholz hergestellt. Ihre Länge sollte der dreifachen Einschnittiefe des Dübels im Balken entsprechen. Die beste Druckaufnahme wird erreicht, wenn die Dübel so eingebaut werden, daß die Fasern im Dübel und im Balken parallel miteinander verlaufen.

Tabelle für die Maße und Tragfähigkeit rechteckiger Holzdübel

Dübelhöhe 2 t (= 2 × Einschnittiefe t)		cm	2	3	4	5	6	7	8	9	10
Minimale Dübellänge l ($l \geq 5$ t)		cm	5	7.5	10	12.5	15	17.5	20	22.5	25
Vorholzlänge v ($v \geq 8$ t)	minimal	cm	8	12	16	20	24	28	32	36	40
	maximal ca.	cm	≈25	≈37	≈50	≈62	≈75	≈87	≈100	≈112	≈125
zulässige Tragkraft P · b pro 1 cm Dübelbreite b	Hzul = 50 kg cm²	kg	50 (70)*	75 (105)*	100 (140)*	125 (175)*	150 (210)*	175 (245)*	200 (280)*	225 (315)*	250 (350)*

* mit lastverteilender Einlage (70 kg/cm²)

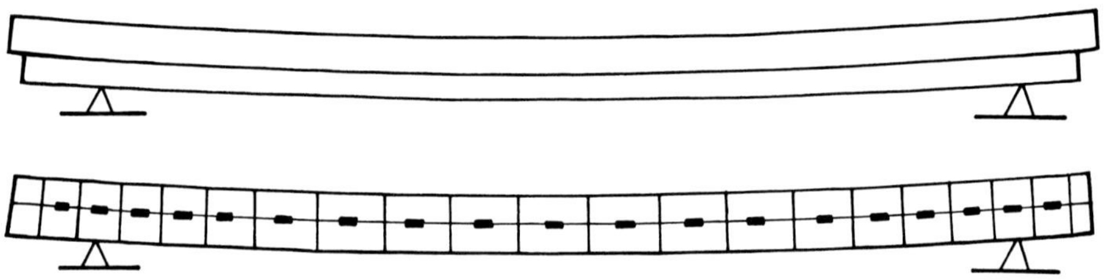

Unverbundene Balken bei Belastung (oben) und verdübelte Balken bei Belastung (unten). Festigkeit mind. 1,7mal höher; Durchbiegung mind. 2,5mal geringer als bei Einzelbalken

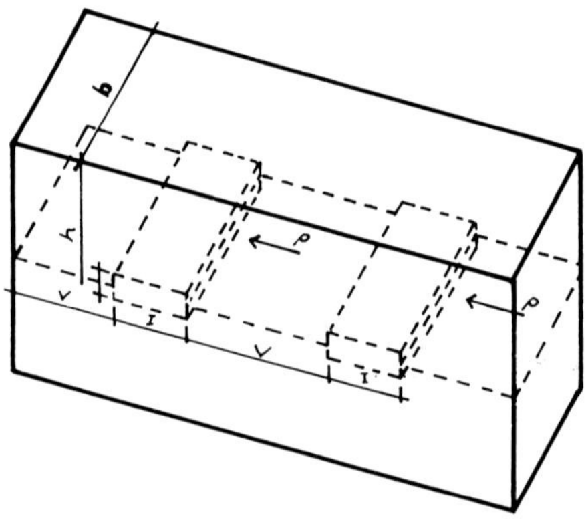

Schema eines verdübelten Balkens

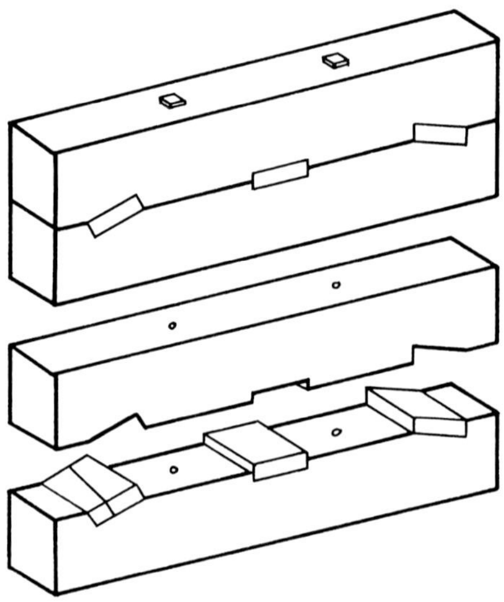

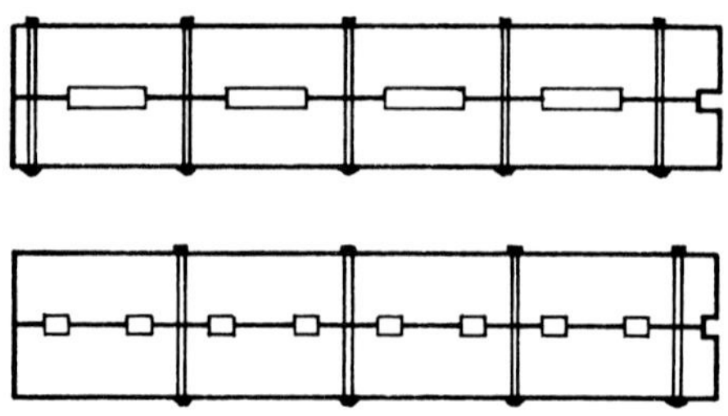

Mittelteil eines verdübelten Balkens im Detail mit doppeltem und einfachem Keil

Versätze bei rechtwinkligen Anschlüssen

Fenster- und Türriegel in Fachwerkwänden sind gewöhnlich durch eine einfache Nut-Zapfen-Verbindung mit dem Pfosten verbunden. Wo jedoch durch große Pfostenabstände große Riegellängen entstehen und diese Riegel großen Auflasten ausgesetzt sind, wird der stark beanspruchte Anschluß mit ***Versatz und Zapfen*** ausgeführt. Es entsteht eine breitere Auflagerfläche des Zapfens, wodurch größere Kräfte in die Pfosten übergeleitet werden. Der Versatz verhindert zudem ein Verdrehen der Riegel.

Der Zapfen wird gewöhnlich 4 cm breit und 4–5 cm tief ausgeführt. Die Versatztiefe beträgt dann 1,5–2,0 cm.

Spannriegel beim doppelten Hängewerk werden mit einem nach oben gerichteten Stirnversatz an den Hängepfosten angeschlossen. Diese Verbindung muß mit aufgenagelten Holzlaschen gesichert werden.

Um zu verhindern, daß sich die Eckpfosten von Gebäuden durch Querschub von der Schwelle lösen, wird der ***Zapfen abgesetzt und geächselt.*** Dadurch verbleibt an der Schwellenecke vor dem Zapfenloch etwas Vorholz. Will man die Schwelle nicht über die Hausecke hinausragen lassen, so ist das Vorholz zu kurz, um die auftretenden Schubkräfte aufzunehmen. Es bietet sich die Verwendung eines Versatzes an, der in Zusammenwirken mit der Auflast auf den Eckpfosten einen guten Sitz des Pfostens auf der Schwelle gewährleistet und gegen seitliches Verschieben gesichert ist.

Alle Eckverbindungen von Schwellen sind durch die offen liegenden Hirnholzflächen gegenüber Witterungseinflüssen sehr anfällig. Daher ist es ratsam, sofern keine Schubkräfte zu befürchten sind, den auf der Ecke stehenden Pfosten ganz herunterzuführen und die Schwelle mit einem kurzen Zapfen und einem nach oben gerichteten Versatz einzulassen. Die Zapfen der Schwellen sollten so tief eingestemmt werden, daß sie, ohne aufgespalten zu werden, mit Holznägeln kreuzweise gesichert werden können.

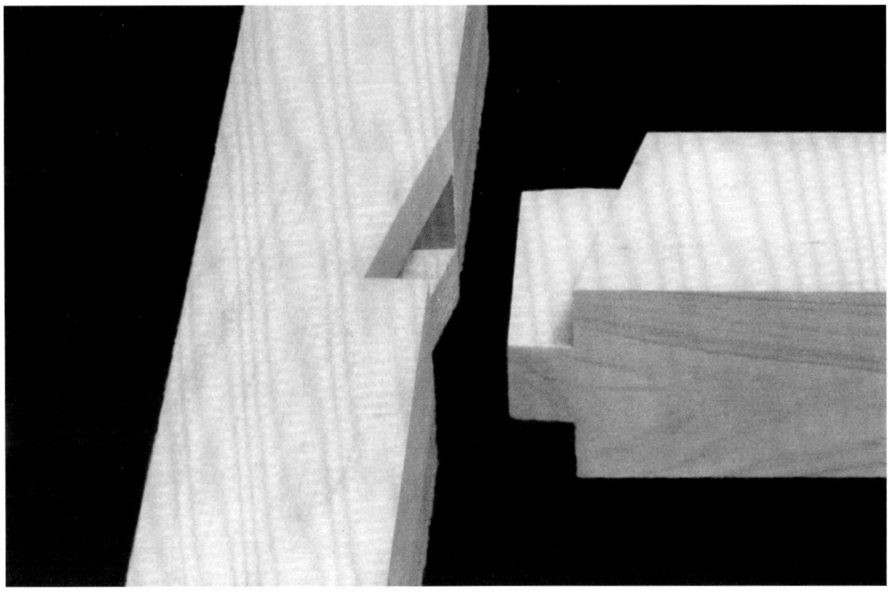

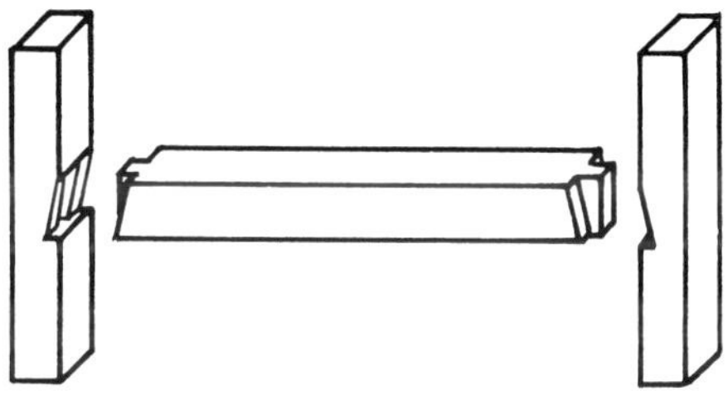

Riegelanschluß mit Versatz und Zapfen (Oire)

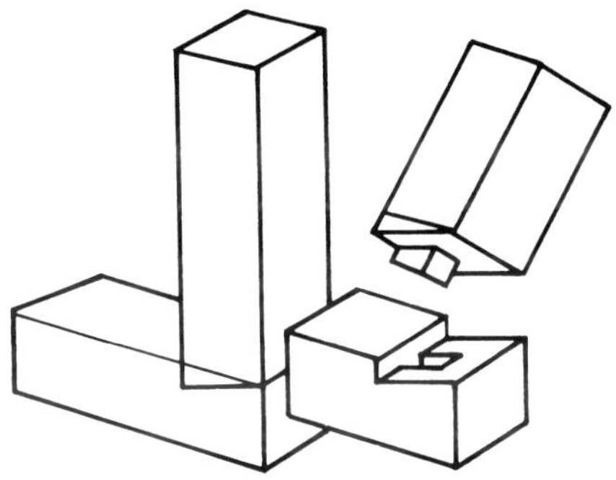

Eckpfostenanschluß mit geächseltem Zapfen und Versatz

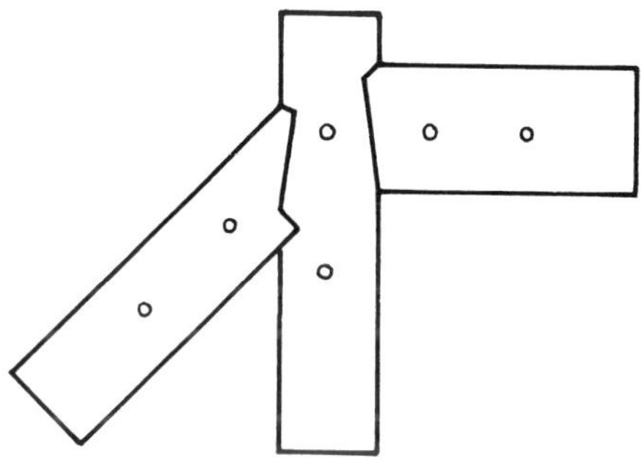

Spannriegel beim doppelten Hängewerk mit Stirnversatz und Strebenanschluß

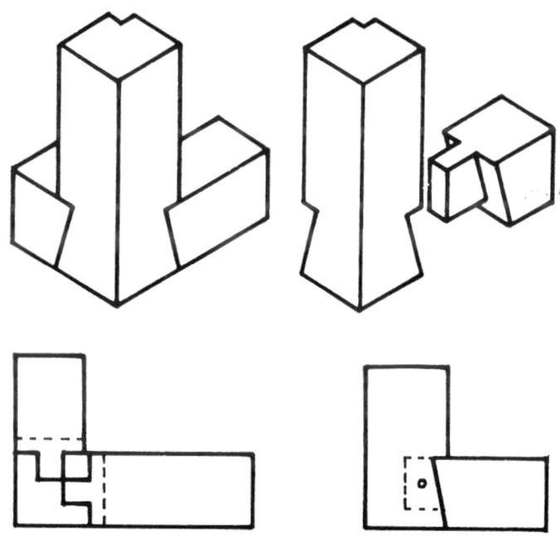

Mit Versatz eingelassener Eckpfosten

Die Kerve

Die *Kerve* stellt einen weiteren Schrägverband dar, mit dessen Hilfe zwei sich im Raum kreuzende Hölzer über Eck miteinander verbunden und verkantet werden können. Der Einschnitt der Kerve erinnert an den des Stirnversatzes und wird bei geraden Kerven mit gleichem Werkzeug, dem Kervenfräser, ausgearbeitet. Die Lastübertragung verläuft jedoch entgegengesetzt.

Kerven dienen im allgemeinen dem Auflagern von Dachsparren auf die Dachpfetten und werden mit Holz- oder Drahtnägeln gesichert. Die Kerve schwächt den Querschnitt des Sparrens. Daher sollte ihre Tiefe nicht mehr als ¼ der Sparrenhöhe, im allgemeinen jedoch 1,5–3,0 cm betragen. Die Kerve des Flugsparrens, der den Abschluß des Daches an der Giebelseite herstellt, wird nur auf ¾ der Breite des Sparrens ausgenommen. Das verbleibende Stück, auch ***Besteck vor der Kerve*** genannt, schützt das Hirnholz des Pfettenendes vor Witterungseinflüssen.

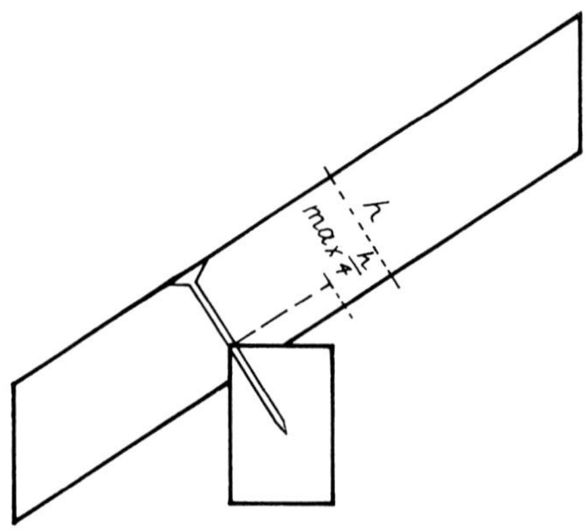

Sparrenkerve

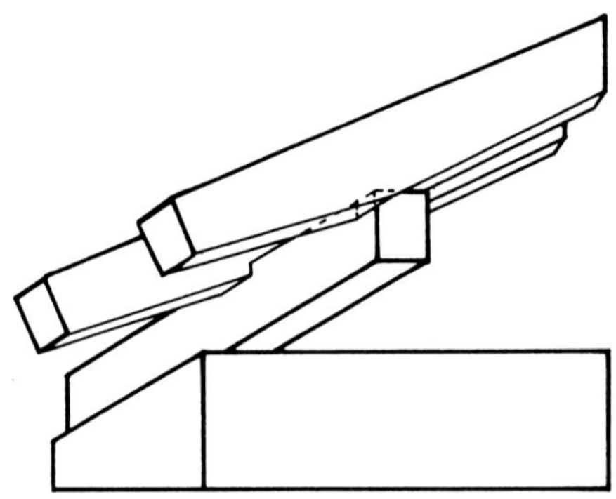

Besteck vor der Kerve bei einem Flugsparren

Schiftung und Dachausmittlung

Der Begriff Schiftung umfaßt alle zum Herstellen eines schrägen Dachbalkens erforderlichen Arbeitsgänge, wie das Aufreißen der Dachfluchten auf dem Reißboden, das Anreißen (Anzeichnen) der Dachhölzer und das Ausarbeiten der Verbindungen. Um die Winkelverhältnisse innerhalb der Verbindungen zu ermitteln, werden die Grenzlinien der entsprechenden Dachsegmente lotrecht auf die waagerechte Grundfläche projiziert. Hierbei spielen die Gesetze der darstellenden Geometrie eine bedeutende Rolle, wie die Winkelfunktionen, Winkel und Gegenwinkel. Eine Gratsparrenkerve beispielsweise wird aus den Dachneigungen von Walm- und Hauptdach, den Dachgrundlängen und den angetragenen Dachhöhen bestimmt.

In den Schnittebenen der Kerve spiegeln sich die geometrischen Verhältnisse des Dachstuhls. Da es nicht möglich ist, die wahren Längen dieser schräg durch den Raum verlaufenden Balken in einer Ebene aufzuzeichnen, ist vom Zimmermann für die Ausarbeitung der Kerve ein ausgeprägtes räumliches Vorstellungsvermögen gefordert. Dies gilt sowohl für die in Europa und Japan weitverbreiteten Walmdächer mit Gratsparren und gelegentlich auch Kehlsparren als auch in verstärktem Maße für die Herstellung jener Dächer, die über ungleichmäßigen Grundrissen und mit ungleichen Neigungen errichtet werden müssen, aber auch für im Winkel errichtete Gebäude mit Kehlen im Dach.

Bei Walmdächern treffen die Schiftersparren von schräg unten auf den Gratsparren und werden an diesen, je nach Steilheit des Winkels, entweder mit einer einfachen Anschiftung oder einer ***Gratklaue*** angeschlossen.

Für Kehlen in Dächern dagegen gilt, im Gegensatz zu Gratsparren, daß die Kehlschifter von oben an den Kehlsparren geführt werden.

Zeitaufwendig ist das Ausarbeiten der ***Gratsparrenkerven*** über den Pfettenenden und das Herstellen der Firstschmiegen und der ***unteren Anschnitte an Grat- und Kehlsparren*** (auch ***Hexenschnitt*** genannt).

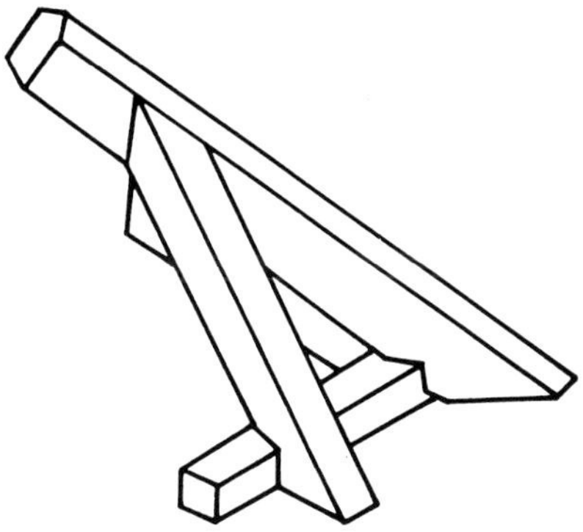

Gratsparrenschifter

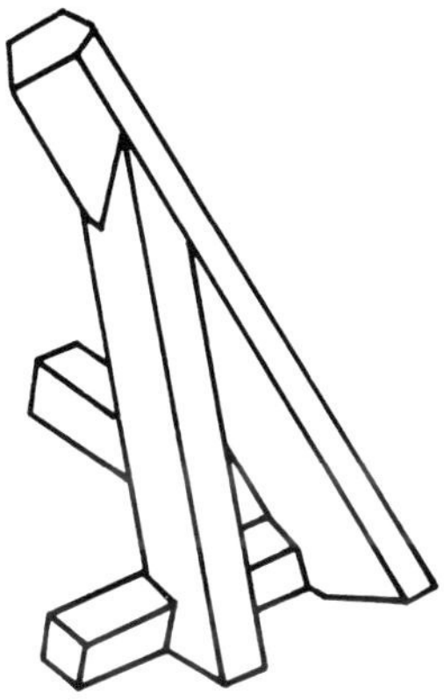

Gratklauenschifter

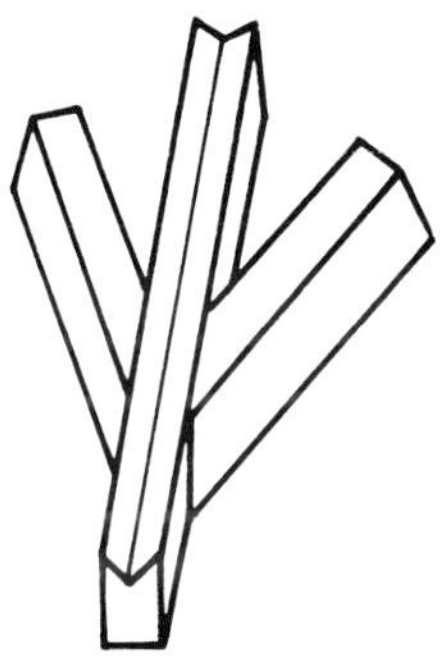

Kehlschifter

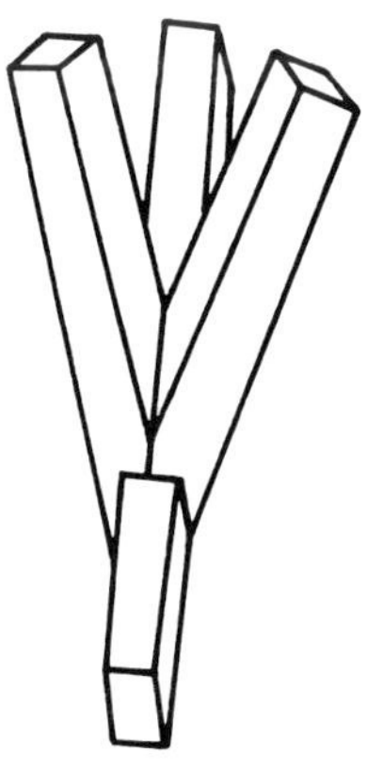

Kehlklauenschifter

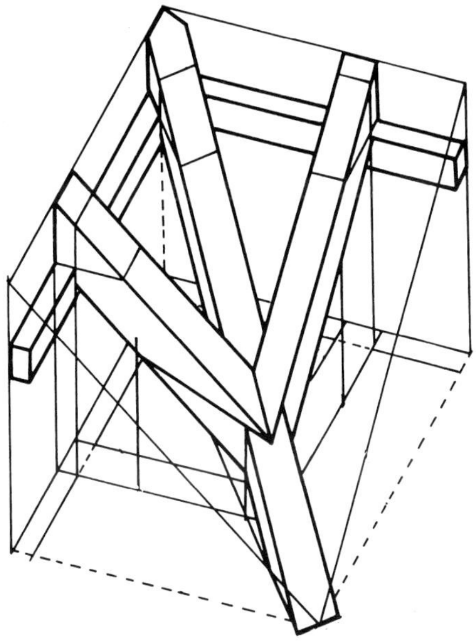

Kehlsparren mit Kehlklauenschifter

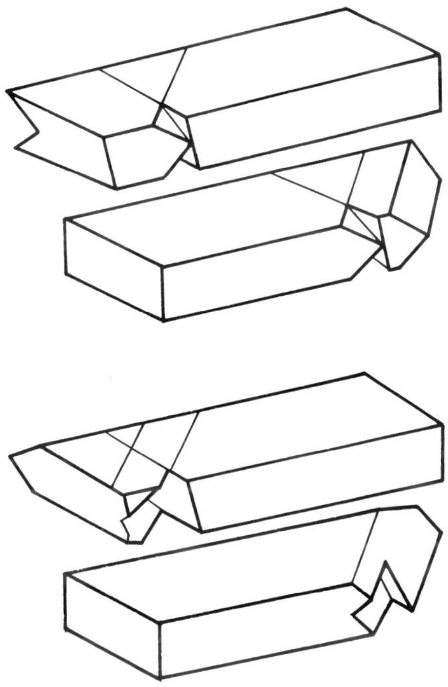

Kehlsparren und Gratsparren ausgearbeitet

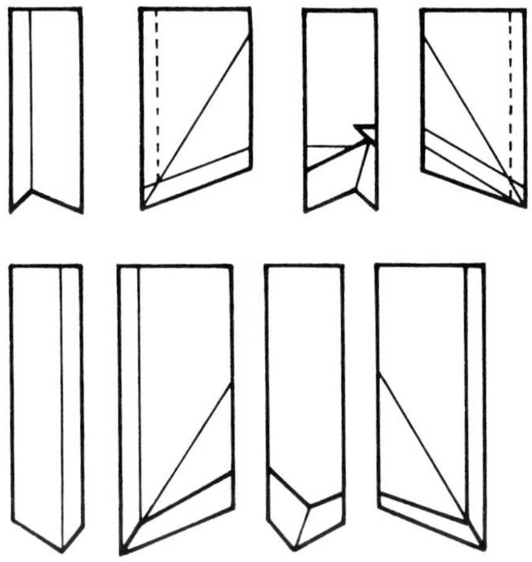

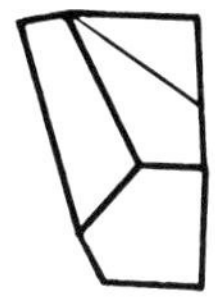

Hexenschnitte an Kehlsparren- und Gratsparrenkopf

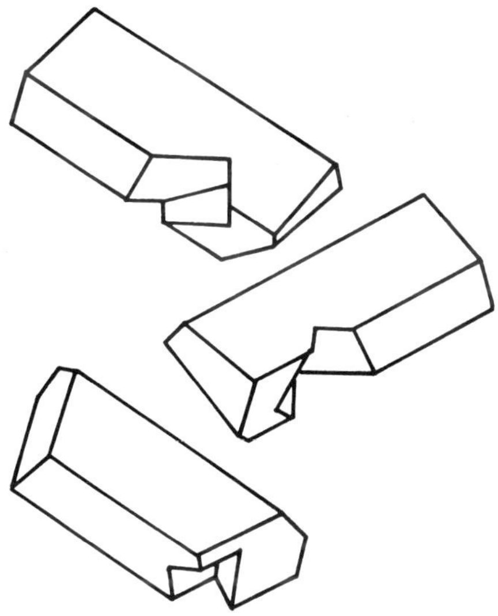

Gratkerven und Hexenschnitte

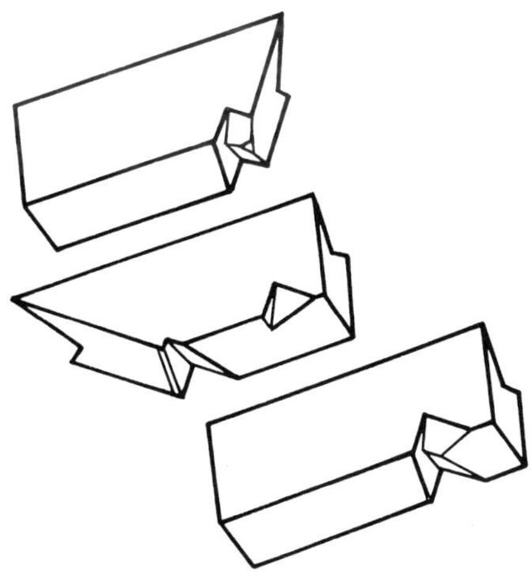

Auskehlungen und Kehlsparrenkerven

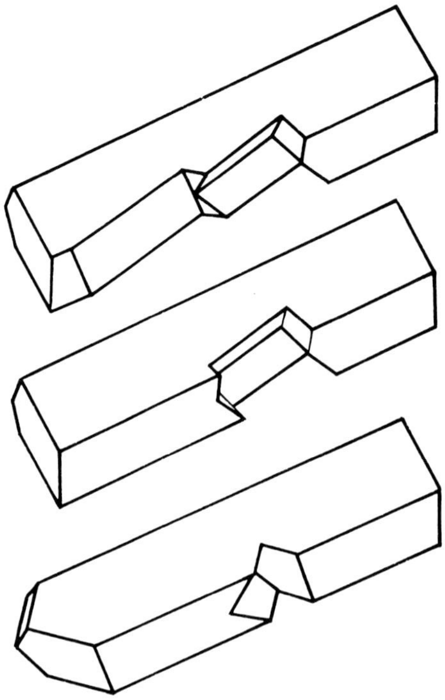

Haken-Gratkerve

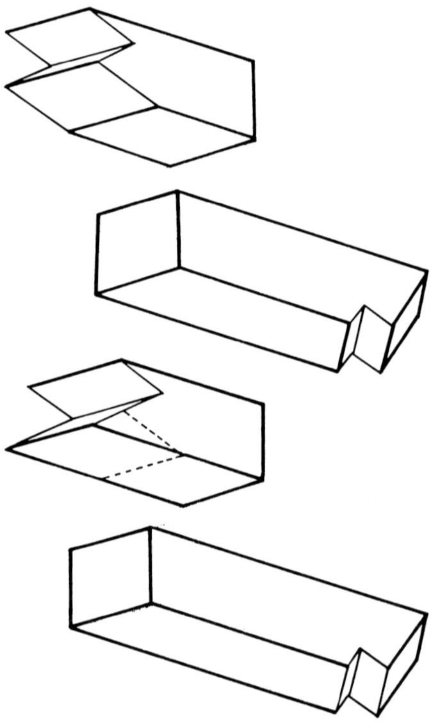

Gratklauenschifter

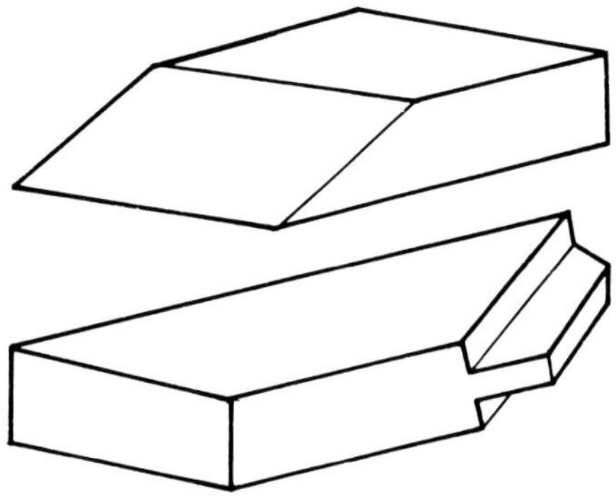

Gratstrebe

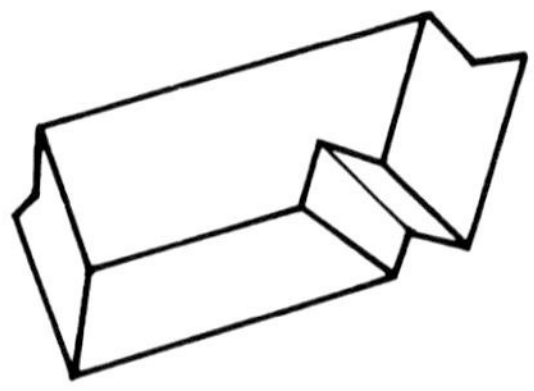

Angeschifteter unterer
Kehlsparrenkopf

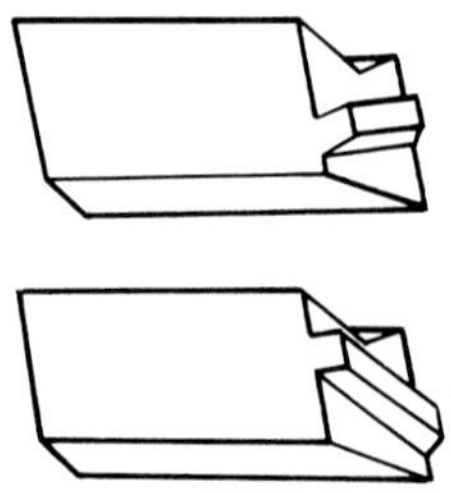

Anschluß des Kehlsparrens an den
Giebelsparren,
eingezapft und angeschiftet

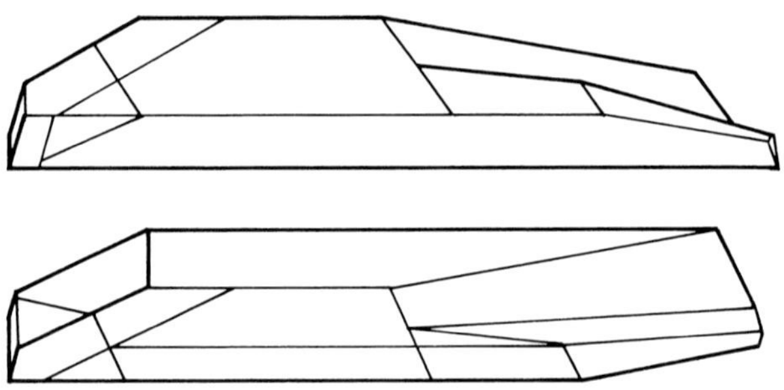

Grataufschiebling

Die Blätter als Schräganschlüsse

Sowohl das Blatt als auch die schräge Kreuzüberblattung mindern den tragenden Querschnitt der Hölzer erheblich. Trotz dieser Tatsache treten bei alten Dachstühlen selten Bruchstellen an den Überblattungen auf, selbst wenn die Hölzer relativ schwach sind. Nur in seltenen Fällen hat sich ein Holznagel aus dem Blatt gelöst.
Wo Firststreben mit Firstpfosten überkreuzt werden, benutzt man *schräge Überblattungen.*
Bei aussteifenden Streben, die zug- und druckfest angeschlossen werden müssen, wird häufig das ***einseitige Schwalbenschwanzblatt (Weißschwanz)*** ausgeführt.
In entsprechender Weise werden auch Kehlbalken an Sparren angeschlossen.
Zum Abschluß dieses Kapitels wird noch eine bei uns in dieser Form unbekannte, jedoch hochinteressante japanische Schrägverbindung gezeigt: das ***schräge, halbe Schwalbenschwanzblatt, eingelassen mit Stirnversatz.*** Dieser Versatz kann nachträglich eingebaut werden, erfordert keine Vernagelung, bewirkt keine größere Querschnittsschwächung als der Strebenzapfen und verhindert das unangenehme Öffnen der Fuge zwischen Strebe und Pfosten. Daher ist diese Verbindung zweiseitig als Sichtverbindung geeignet.

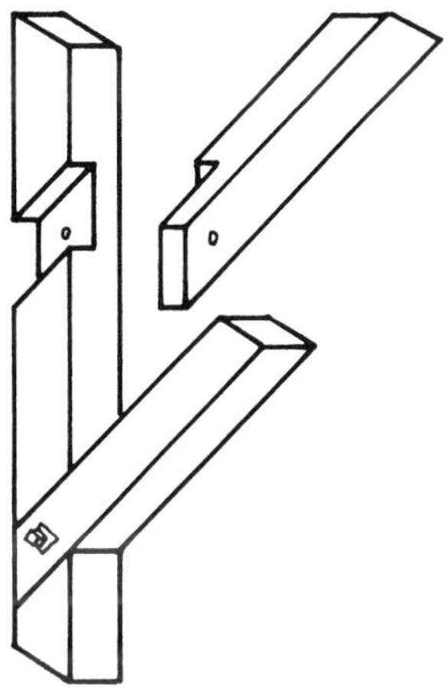

Gerade Überblattung

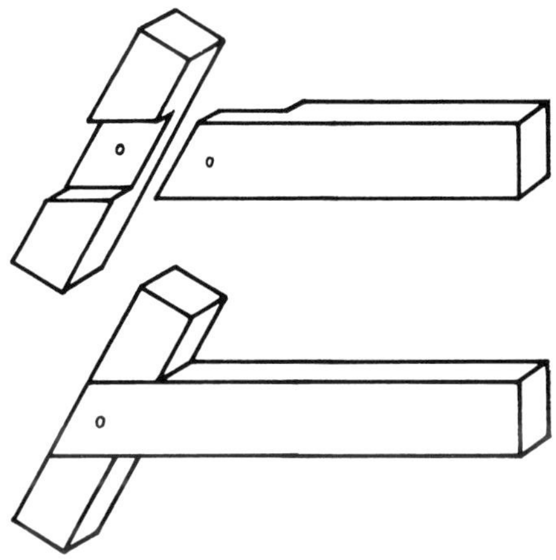

Gerades Blatt am Kehlbalken

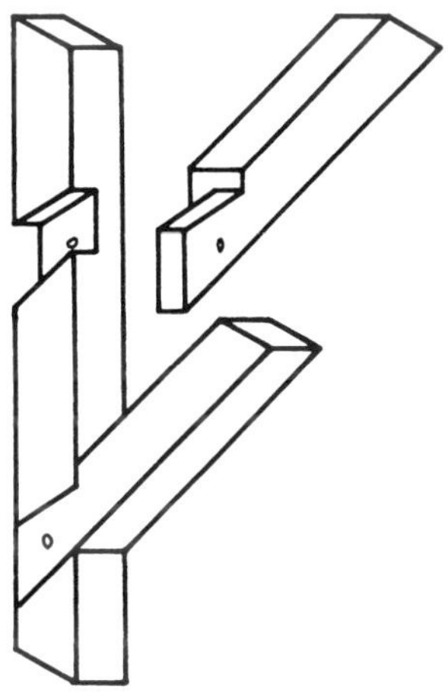

Einseitiges Schwalbenschwanzblatt (Weißschwanz)

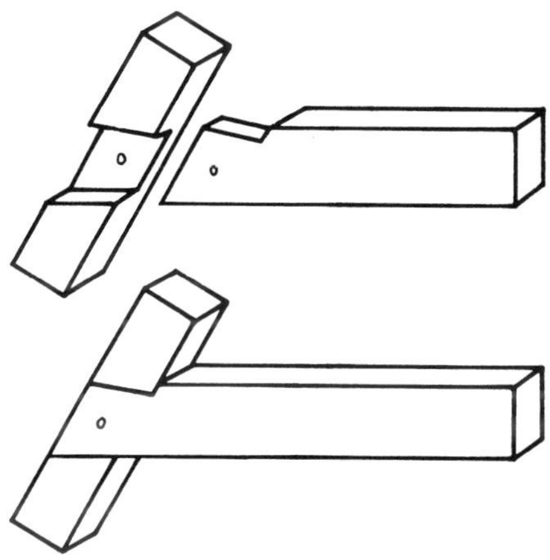

Einseitiges Schwalbenschwanzblatt beim Kehlbalken

Schräges, halbes Schwalbenschwanzblatt, eingelassen mit Stirnversatz (Hiuchi-ari-otoshi)

Abgesetzter Stufenzapfen
mit zweiseitigem Gehrungsblatt

III. Winkel- und Kreuzverbände

Winkelverbände kommen in Form von ***Eckverbindungen***, T-förmigen ***Querverbindungen*** oder als ***Verkreuzungen*** vor. Werden die Hölzer nur mit einem Teil ihrer Querschnitte ineinandergefügt und liegen deshalb nicht bündig, so ergeben sich ***Aufverbindungen*** und ***Anverbindungen.***
Im folgenden soll jedoch nicht nach dieser aus der Konstruktion stammenden Systematik der Verbindungen vorgegangen werden. Vielmehr verfolgen wir wieder die Entwicklung der einzelnen Verbindungselemente und deren Kombinierbarkeit mit dem Ziel, so die Funktionsweise der einzelnen Verbindungen zu erhellen.

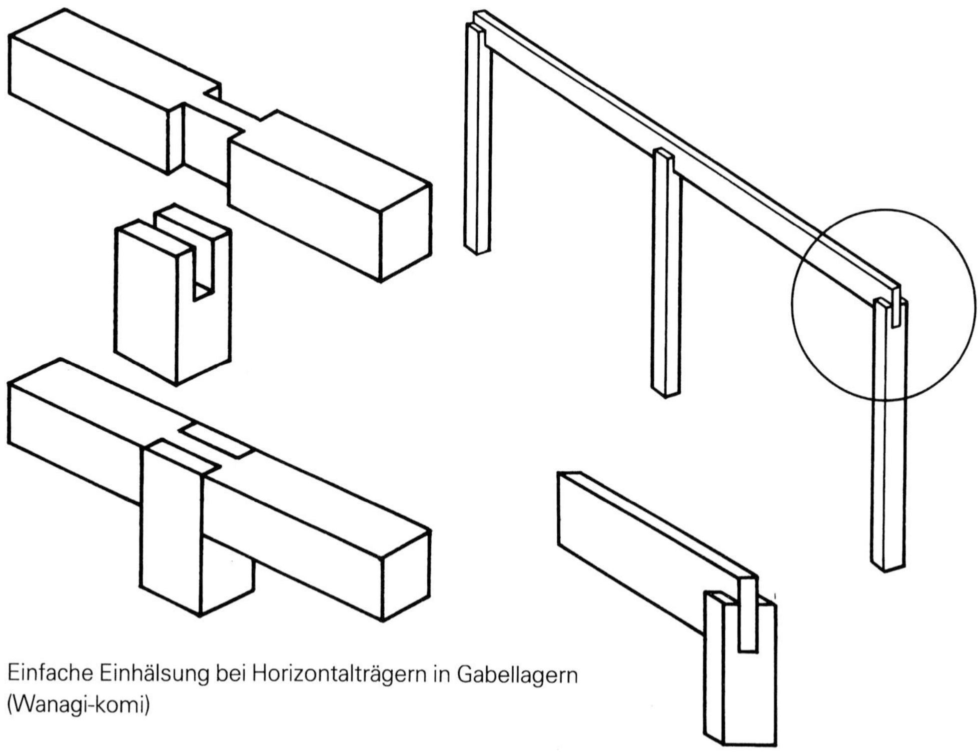

Einfache Einhälsung bei Horizontalträgern in Gabellagern (Wanagi-komi)

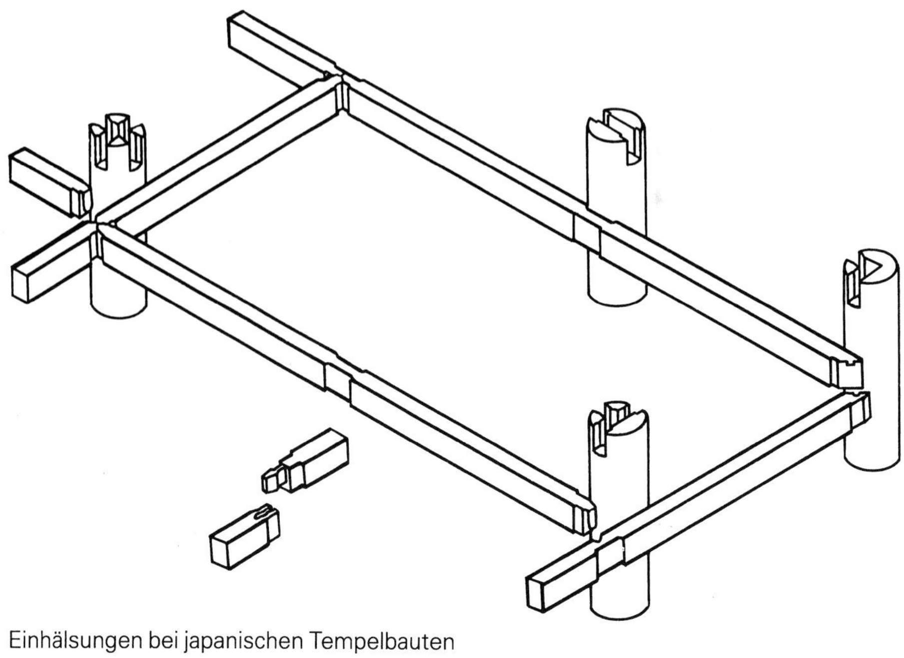

Einhälsungen bei japanischen Tempelbauten

Die Einhälsung

Die Grundform aller Winkelverbände ist die Astgabel, in die ein Holz hineingelegt wird. Die gleiche Grundgeste findet sich bei der *einfachen Einhälsung*, die uns aus den frühen nordeuropäischen Stabbauten bekannt ist und auch in modernen Bauten wieder Anwendung findet. Dabei werden Horizontalträger in die Gabellager der Stützen gelegt und mit Schraubbolzen oder Stabdübeln gesichert.

Einhälsungen im japanischen Möbelbau (Wanagi-komi)

Der stumpfe Stoß

Dieser überträgt ausschließlich Drucklasten. In abgewandelter Form kann er gegen Seitenkräfte gesichert werden, indem er in das quer verlaufende Holz 2 cm tief eingelassen wird. Eine einfachere Methode besteht darin, zwei Holzdübel einzubohren, die das Verschieben der Pfosten verhindern. Gegen Verwinden jedoch bieten sie nur ungenügenden Schutz. Diese Verbindungsart findet sich heute bei Wandkonstruktionen einfacher Fertighäuser.

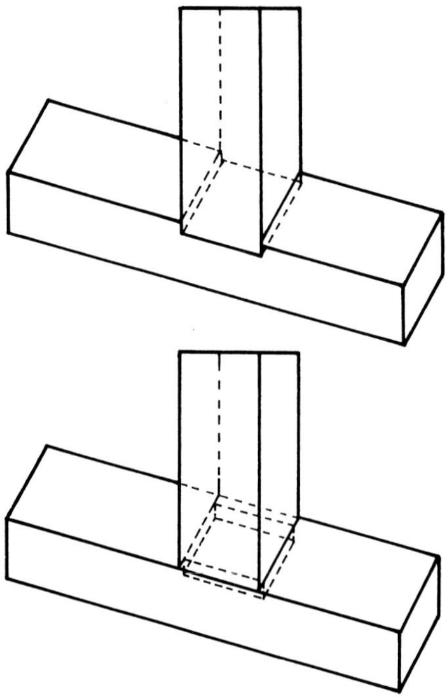

Eingelassener stumpfer Stoß

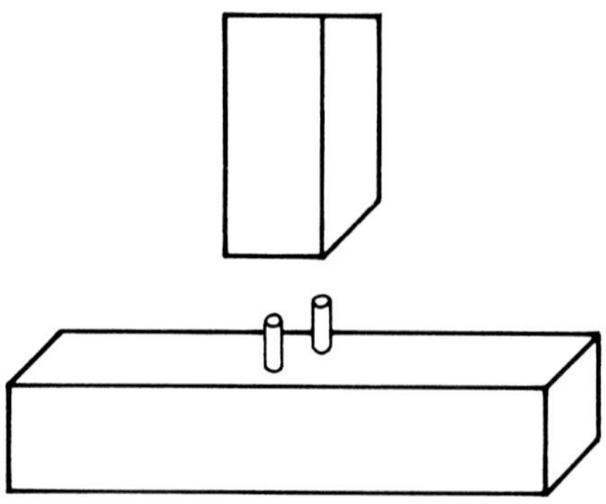

Stumpfer Stoß mit eingebohrten Dübeln

Der Zapfen

Die weitaus gebräuchlichste Winkelverbindung ist der ***Zapfen mit Zapfenloch.*** Aufgrund der einfachen Herstellung und seiner vielseitigen Belastbarkeit findet er insbesondere im Fachwerkbau Anwendung bei Pfosten, Riegeln, Schwellen, Rähmen etc. Die so verbundenen Hölzer können in jeder Raumrichtung eingebaut werden. Der Schreiner benutzt den Zapfen im Gestellbau, Rahmenbau, bei Fenstern und Türen, bei Treppengeländeranschlüssen, an Treppenpfosten etc.

Die Zapfen dienen, senkrecht eingebaut, dem Halt bei seitlicher Belastung und verhindern ein Verdrehen der Balken.

Bei Zimmermannsarbeiten soll das Zapfenloch gegenüber der angeschnittenen Zapfenlänge, die heute bei nicht abgebohrten Zapfen im allgemeinen 4–5 cm beträgt, um 0,5 cm tiefer ausgestemmt werden. Hierdurch soll verhindert werden, daß beim Schwinden des Querholzes der Zapfen aufsitzt und so die ganze Drucklast auf ihn übertragen wird. Die Stärke des Zapfens wird heute vom Zimmermann aus werkzeugtechnischen Gründen zumeist einheitlich mit 4 cm ausgeführt. In anderen Fällen gilt die Regel: Breite des Zapfens ist ⅓ der Holzbreite.

Bei Witterungseinfluß sind die Zapfenlöcher in der unteren Wandschwelle durch festsitzende Feuchtigkeit gefährdet. Um eine Drainage zu ermöglichen, sollten die Zapfenlöcher nach unten durchgestemmt oder durchgebohrt werden. Es kann sich ebenfalls als sinnvoll erweisen, die Wandschwelle aus Eiche herzustellen, um so eine bessere Haltbarkeit dieses gefährdeten Bauteils zu garantieren.

Hat der Zapfen nach dem Abtrocknen durch Schwund breitseitig im Zapfenloch Luft, so sollte ein Hartholzkeil eingeschlagen werden, der den Zapfen seitlich im Zapfenloch anpreßt. Müssen die Zapfen zusätzlich auf Zug gesichert werden, so kann eine Holzlasche aufgenagelt oder

der Zapfen abgebohrt und mit einem Holznagel gesichert werden. Dies kommt bei Fachwerkwänden vor, deren Wandfüllungen sehr leicht ausgeführt werden. Durch eine Verbohrung sowohl der oberen Riegelreihe als auch der Strebe oben und unten kann deren aussteifende Wirkung verbessert werden. Um den seitlichen Riegeldruck von den Eckpfosten wegzunehmen, können einige Pfosten in einer Wand abgebohrt werden. Sollen Zapfen abgebohrt werden, so müssen sie um 2–3 cm länger ausgeführt werden als gewöhnlich, um ein Aufspalten der Zapfen beim Eintreiben des Holznagels zu verhindern.

Am häufigsten verwendet wird der gewöhnliche Zapfen, der Kräfte über seine Breit- und über seine Schmalseite übertragen kann.

Eckpfosten werden am Fuß- und Kopfende mit *einseitig abgesetzten Zapfen* versehen. Hierbei bleibt zwischen dem Zapfenloch und dem Endabschnitt der Schwelle ein Vorholz (Besteck) bestehen, das verhindert, daß der Eckpfosten durch Riegeldruck aus dem Loch nach außen verschoben werden kann. Türpfosten werden in diesem Sinne wie Eckpfosten ausgeführt, da im Bereich der Tür die Schwelle häufig nachträglich herausgeschnitten wird. Ein nicht richtig abgesetzter Zapfen würde dabei seinen seitlichen Halt verlieren.

Bei rundum laufenden Schwellen und Rähmen wird der Eckpfosten mit *Winkelzapfen* versehen. Dieser verklammert den Eckstoß der Schwellen und sichert gleichzeitig den Pfosten gegen Verdrehen und Verschieben.

Damit bei sichtbaren Zapfenanschlüssen keine auffällige Fuge erscheint, werden die ***Zapfen beidseitig abgesetzt.***

Wird der abgesetzte Zapfen auf der Seite des Vorholzes zum Zapfenende hin verjüngt (*geächselt*), so gewinnt man an der Schwelle zusätzliches Vorholz. Bei nicht sauber angeschnittenen Schrägen besteht die Gefahr, daß das Vorholz der Schwelle durch die Last auf dem Pfosten abgespalten wird.

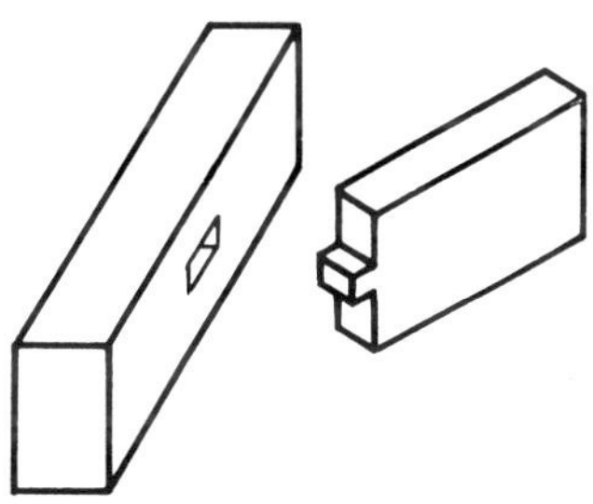

Loch und Zapfen

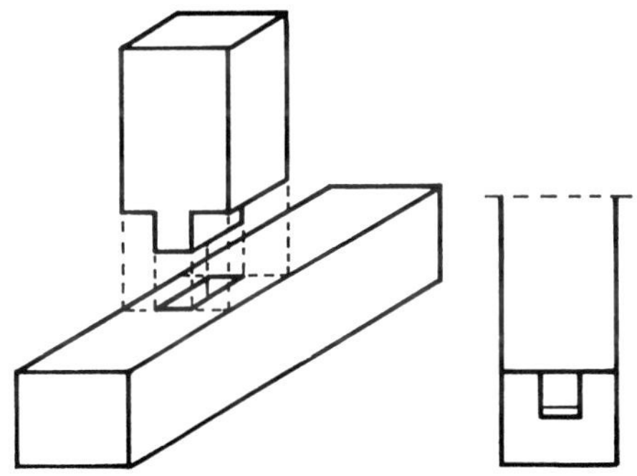

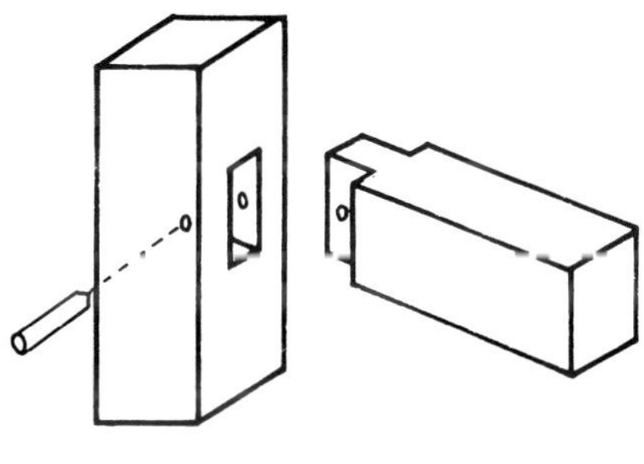

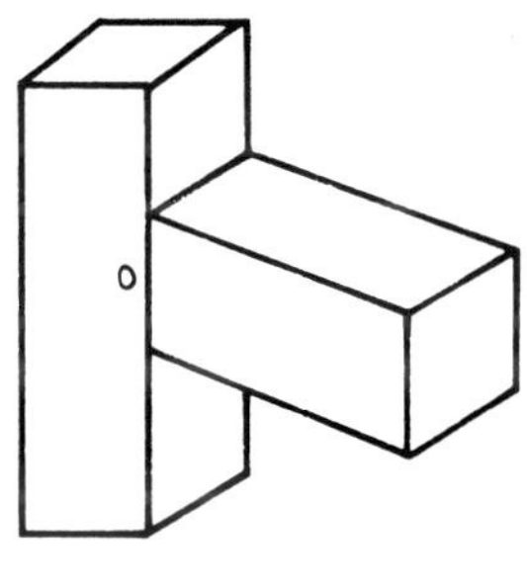

Abgebohrter Zapfen

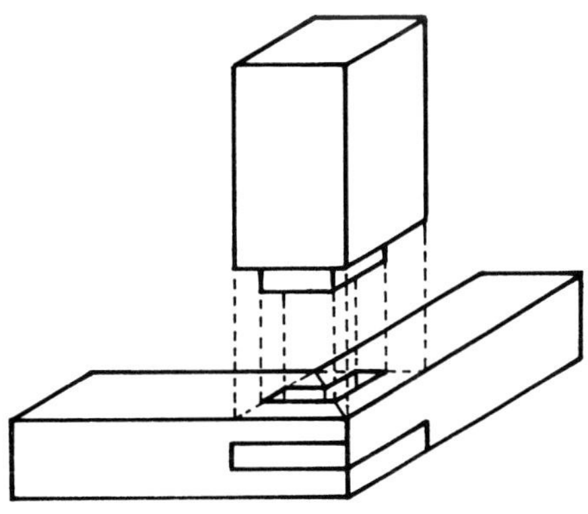

Winkelzapfen

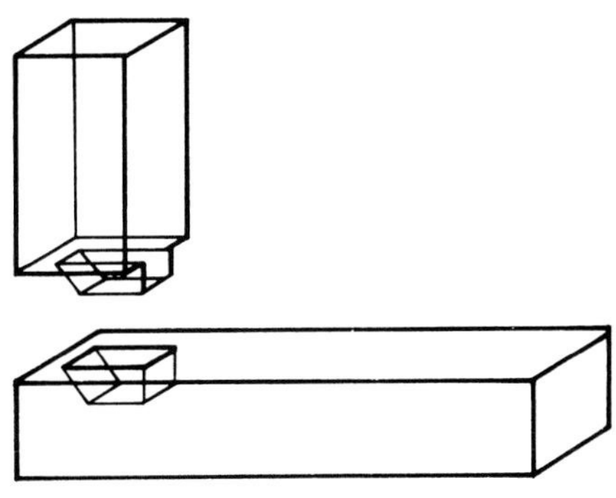

Einseitig abgesetzter, geächselter Zapfen

Bei Bundpfosten, die stärker als die Schwelle sind, wird der ***Zapfen mit Überblattung ausgeführt.***

Waagerechte Querverbindungen von Balkenlagen, Stichbalken, Wechseln und Stürzen werden je nach Last, die sie aufzunehmen haben, mit ***einfachem Zapfen, geradem Zapfen mit Brustverstärkung*** oder ***schrägem Brustzapfen*** ausgeführt. Die Brüstung wird dabei nur 1,5–2 cm in den ausgestemmten Balken eingelassen, um die Balkenlage nicht zu sehr zu schwächen.

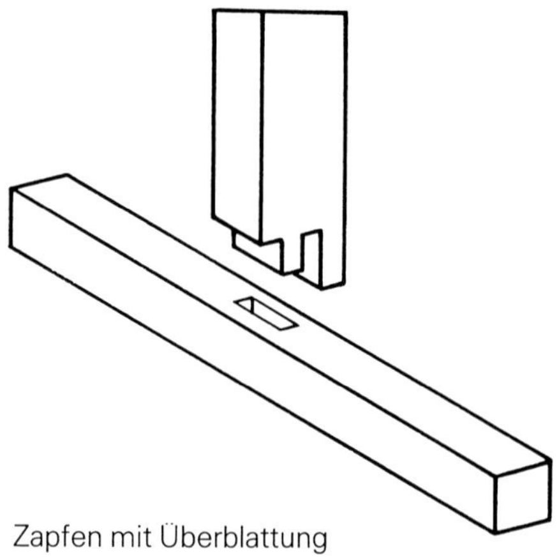

Zapfen mit Überblattung

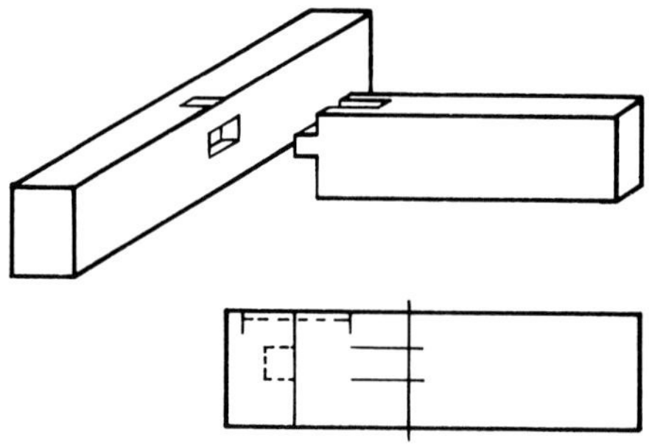

Einfacher Zapfen mit Bauklammer

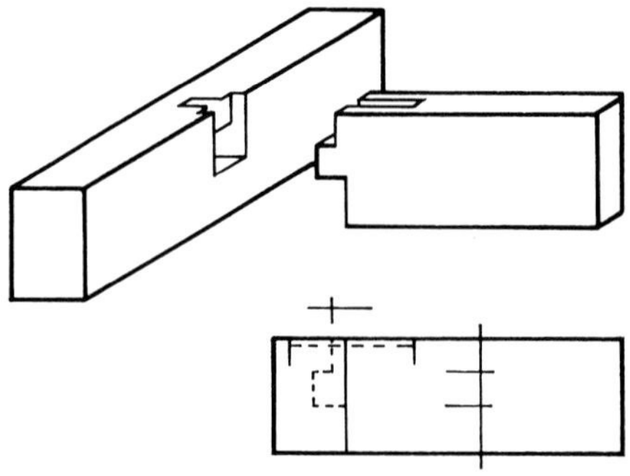

Gerader Zapfen mit Brustverstärkung

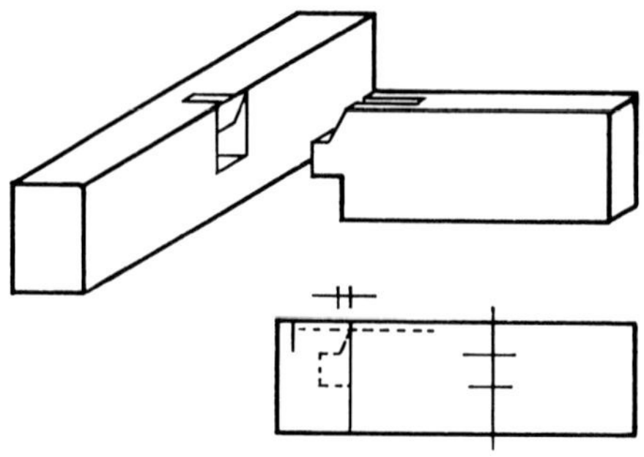

Schräger Brustzapfen (Kiba-hozo)

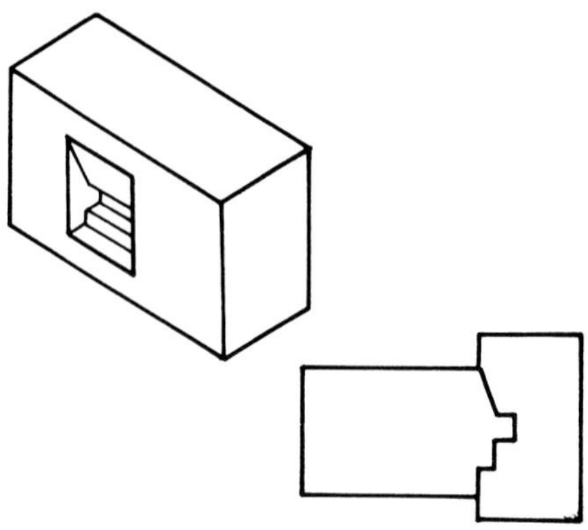

Eingelassener schräger Brustzapfen

Nut- und Stufenzapfen

Die aufgeführten Zapfenverbindungen sind auch bei japanischen Schreinern und Zimmerleuten sehr gebräuchlich.

Anstelle des geächselten Zapfens wird in Japan jedoch an Eckpunkten ein ***Stufenzapfen*** zur Verstärkung des Vorholzes verwendet. Ähnlich geartet ist der in Europa bei Schreinern bekannte durchgestemmte Zapfen mit Nutzapfen. Diese Form sichert starke Zargen und Rahmen gegen Verdrehen.

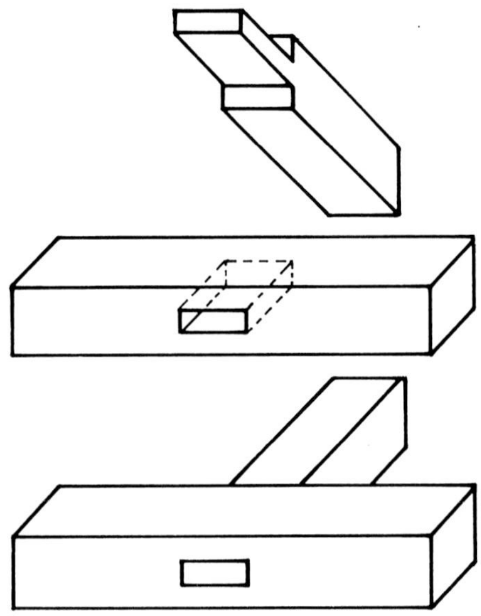

Durchgestemmter Zapfen für einfache Rahmenkonstruktionen von Möbeln und Unterkonstruktionen

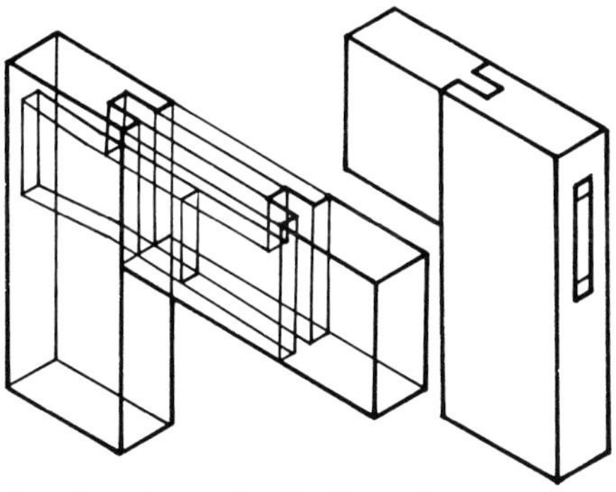

Durchgestemmter Zapfen mit Nutzapfen, eventuell verkeilt

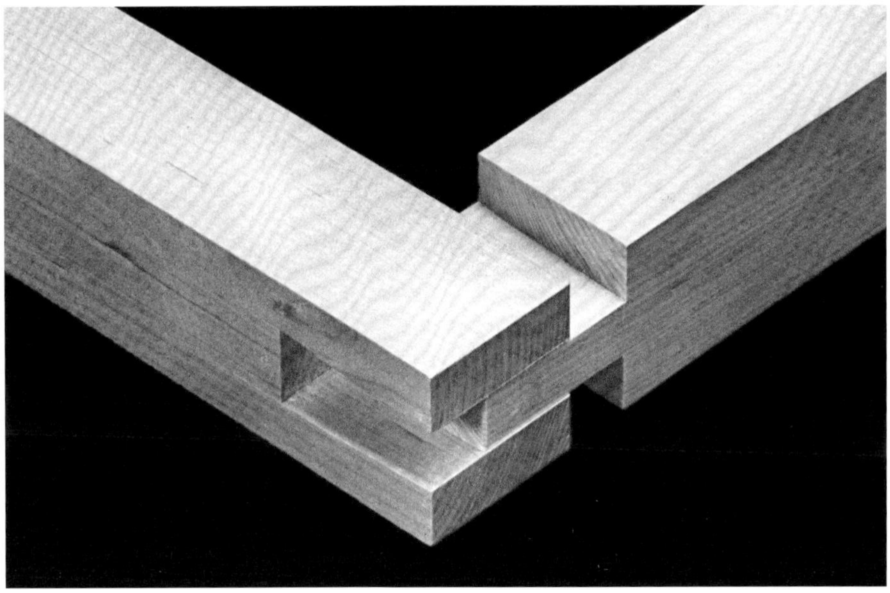

Einfacher Zapfen (Hira-hozo)

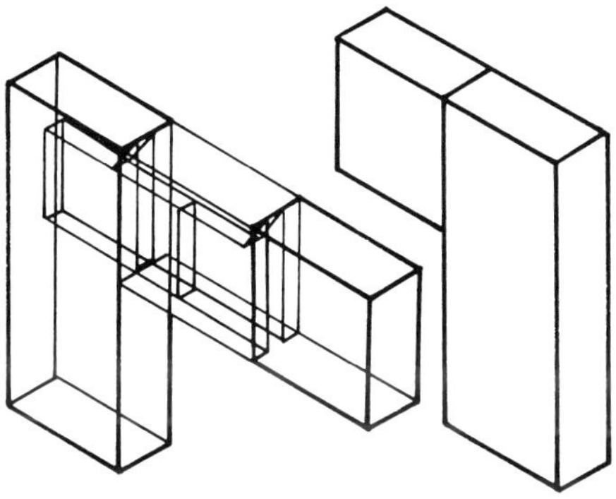

Verdeckte Ausführung von Zapfen mit Nutzapfen

Einfacher abgesetzter Zapfen (Usu-hozo)

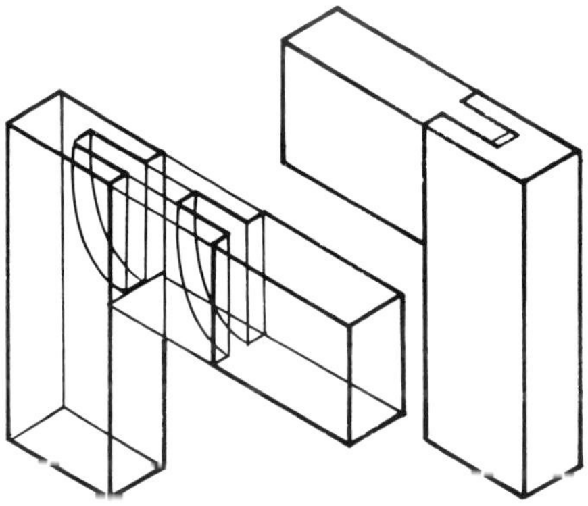

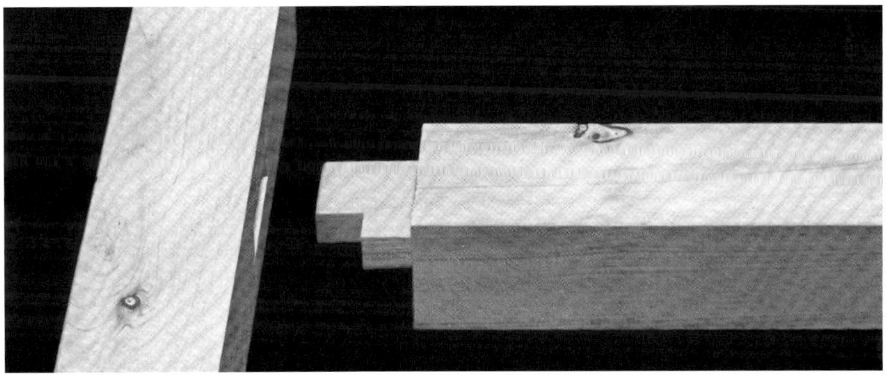

Stufenzapfen (Kone-hozo)

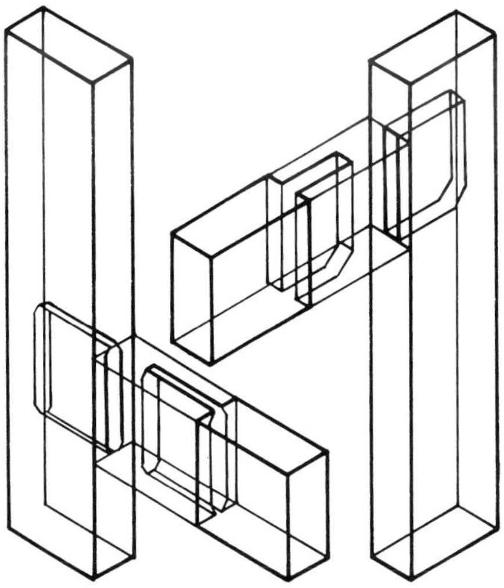

Eingebohrte, eingestemmte und eingefräste Zapfen

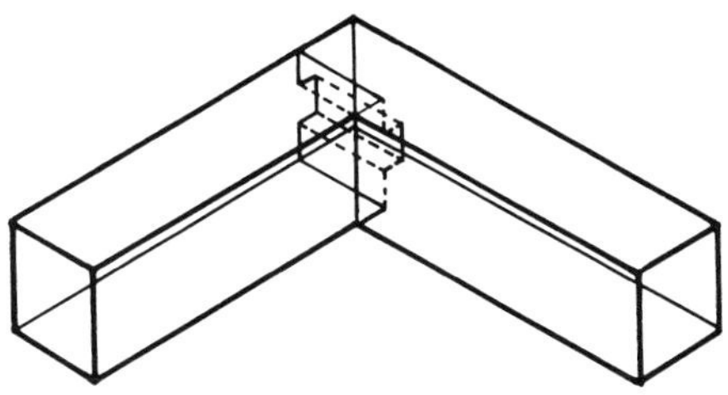

Nut-Zapfen (Mechigai-dome)

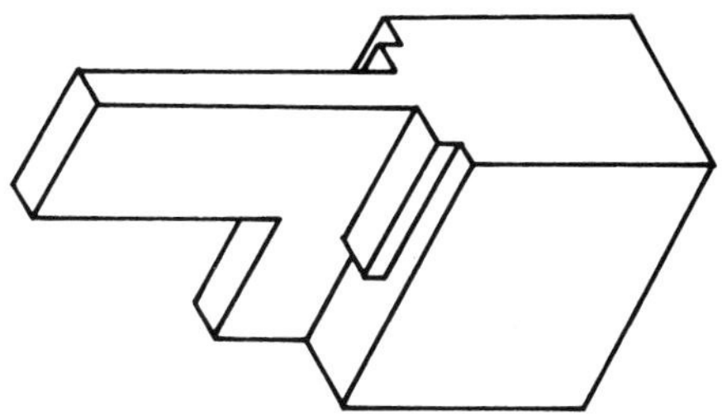

Abgesetzter Zapfen mit abgesetzter Brüstung (Eriwa-hozo)

Verkeilte Zapfen

Von Interesse ist das Verkeilen von Zapfen im Hirnholz. Hierbei wird das Hirnholz eines abgesetzten Zapfens eingesägt, und in die Einschnitte werden Keile lose eingesetzt. Das Zapfenloch wird nach innen konisch verbreitert. Wird der so vorbereitete Zapfen in das entsprechend nach innen verbreiterte Zapfenloch eingeschlagen, so werden die Keile in die Sägeschnitte gepreßt, der Zapfen spreizt sich auf, und die Verbindung läßt sich nicht mehr öffnen. Es entsteht eine stabile schwalbenschwanzförmige Verbindung.
Bei einfachen, nicht sichtbaren Unterkonstruktionen werden ***Zapfen*** ganz durch den Balken ***durchgestemmt.*** In das auf der Rückseite des Balkens erscheinende Hirnholz des Zapfens können anschließend schmale Hartholzkeile eingeschlagen werden, die einen hervorragenden winkelstabilen Sitz der Zapfenverbindung bewirken und eine zugfeste Verbindung garantieren.

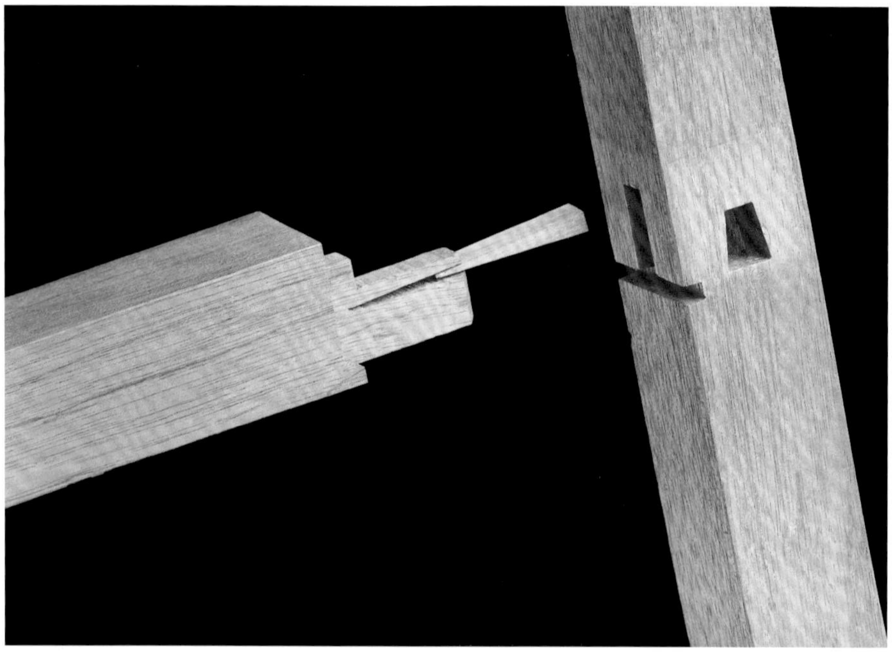

Verkeilter Zapfen (Jigoku-kusabi)

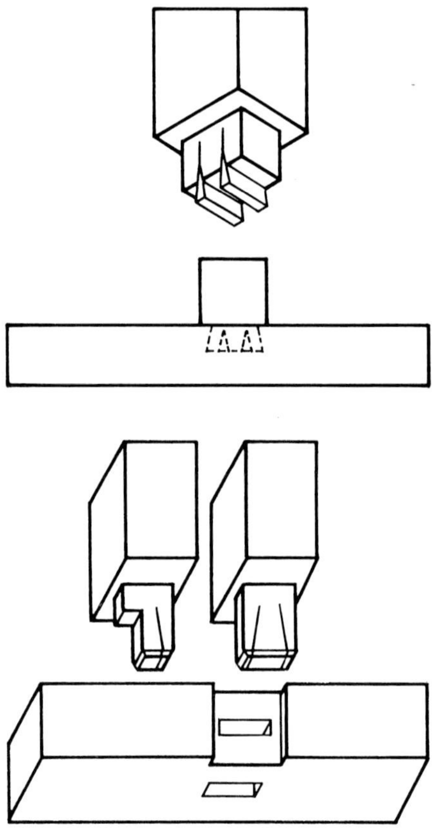

(Kone-hozo und Koshi-tsuki)

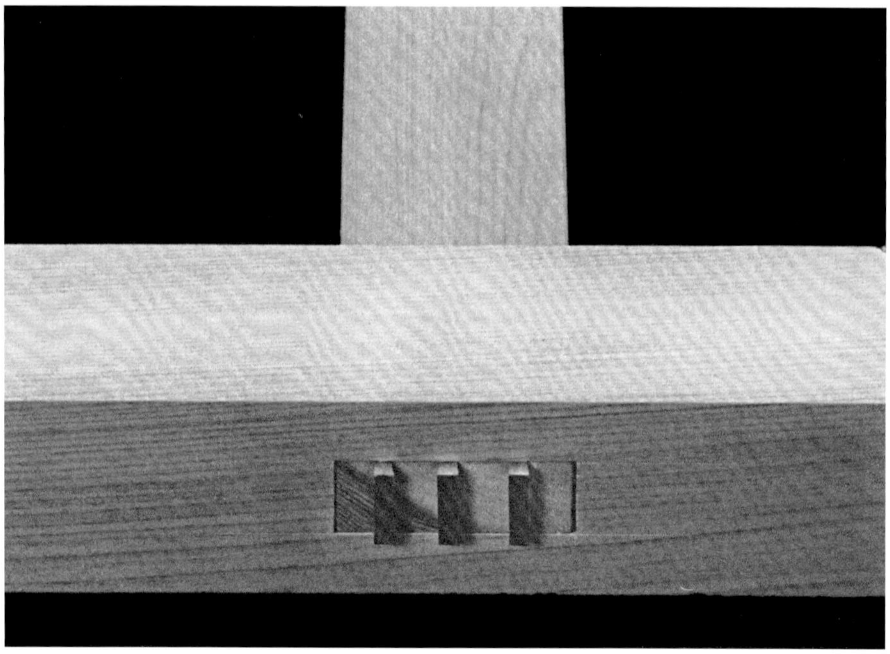

Durchgestemmter und verkeilter Zapfen (Jigoku-hozo-sashi)

Zapfenverbindung mit längsseitigem Keilschloß

Zapfen werden im japanischen Holzbau fast immer ganz durch die Hölzer durchgestoßen, so daß sie über das eingestemmte Holz hinausragen. Eindringendes Wasser kann auf diesem Wege besser wieder aus der Verbindung entweichen. Gleichzeitig ermöglicht diese Verbindung das Anbringen von Keilschlössern. Ein *längsseitiges Keilschloß* erfordert eine ausreichende Länge des Zapfens, damit dieser nicht aufspreizt. Die Keile bewirken einen strammen Sitz des Zapfens. Die Tragfähigkeit der Zapfenverbindung kann dabei durch einen Versatz noch erhöht werden.
Das längsseitige Keilschloß ist geeignet für Unterzüge, Schwellenverbindungen, aber auch für den Möbel- und Rahmenbau, setzt jedoch in etwa quadratische Hölzer und eine der Belastung entsprechende Zapfendicke voraus.

Durchgestoßener Zapfen mit breitseitigem Keilschloß

Durchgestemmter Zapfen mit breitseitigem Keilschloß (Komi-sen)

Durchgestoßener Zapfen mit längsseitigem Keilschloß (Tate-ippon-sen-hozo)

Zapfenverbindung mit breitseitigem Keilschloß

Die *breitseitige Verkeilung* spaltet leicht den Zapfen auf, daher ist diese Ausführung nur dann angebracht, wenn die Stärke des Zapfens für einen Längskeil zu gering ist. Um der Verbindung eine ausreichende Stabilität zu geben, ist unbedingt die Verwendung von zwei Keilen anzuraten.

Durchgestoßener Zapfen mit breitseitigem, doppeltem Keilschloß (Yoko-ni-hon-sen-hozo)

Mehrfache Zapfen

Der *dreifache Steckzapfen* bietet eine gute Sicherung gegen Verdrehen. Daher findet er im Ausbau beim Einsetzen von Friesen und Riegeln Verwendung. Zudem weisen die drei Steckzapfen insgesamt eine größere verleimbare Oberfläche auf als ein einzelner Zapfen. Werden kleinere Querschnitte der Zapfen gewählt, so sind auch nur kleinere Schwundfugen zu erwarten, mit denen selbst bei lufttrockenem Holz gerechnet werden muß.
Der *vierfache Steckzapfen* überbietet die Vorteile des Dreifachzapfens durch noch größere Leimflächen, erfordert jedoch auch einen größeren Arbeitsaufwand bei der Herstellung.

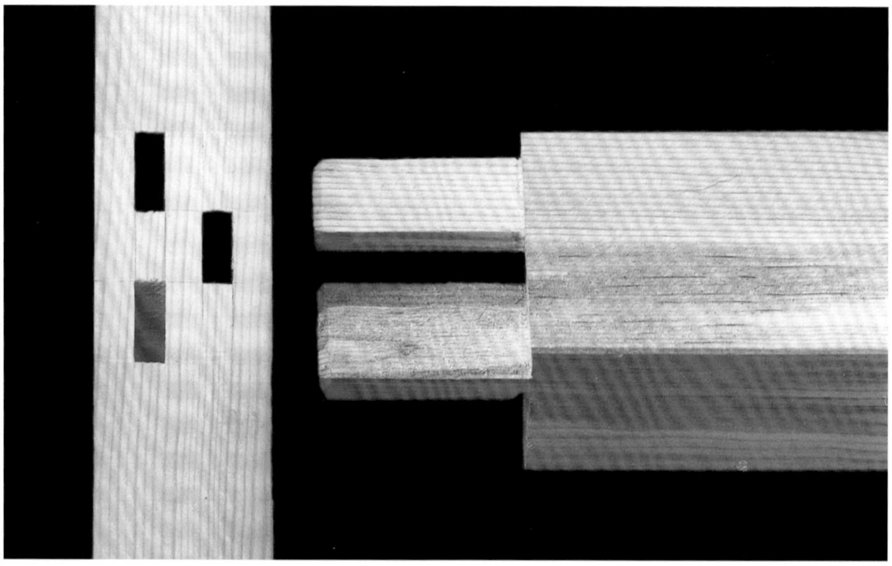

Dreifacher Steckzapfen (Tate-san-mai-hozo)

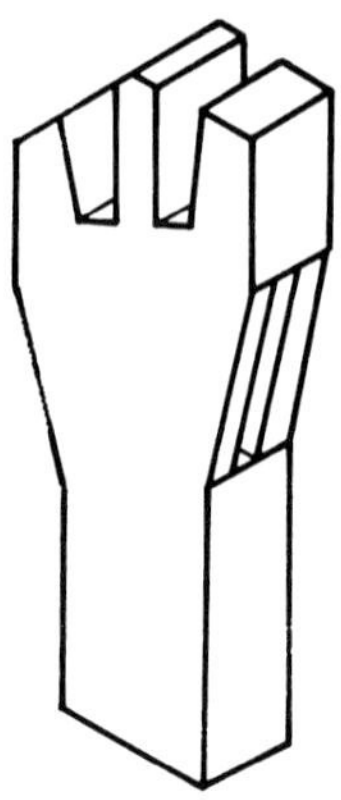

Dreifachzapfen mit seitlichem Zapfenloch für Strebenanschluß (Wanagi-hozo)

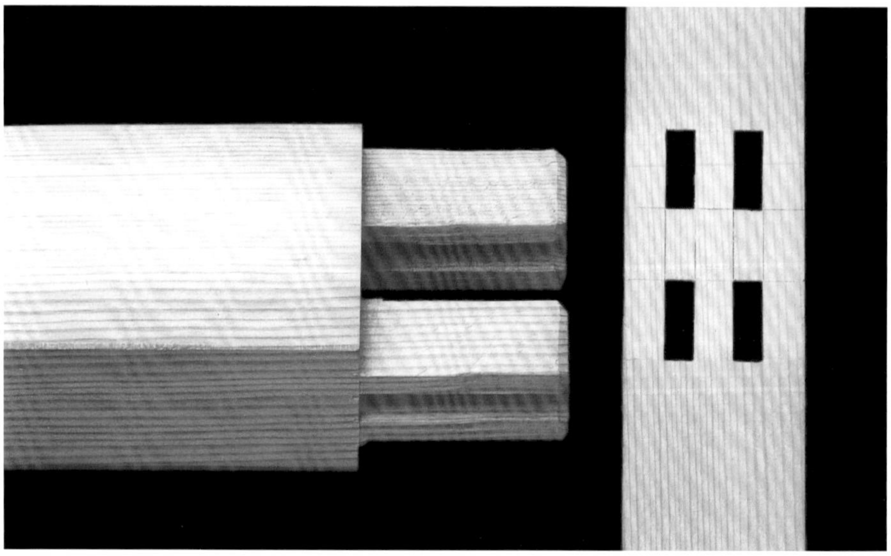

Vierfacher Steckzapfen (Tate-yon-mai-hozo)

Doppelzapfen und Konterprofil

Bei profilierten Hölzern im Innenausbau kann die Winkelstabilität von Zapfenverbindungen erhöht werden, indem die Profilleisten mit Profil und Konterprofil ineinandergefügt werden. Dies kommt auch den ästhetischen Anforderungen entgegen.

Gleiches gilt für den *Doppelzapfen mit Konterprofil, verdeckter Fuge und umlaufendem* Profil. Ein Öffnen der Fuge tritt hier nach außen nicht in Erscheinung.

Eine weitere Methode, um die Winkelstabilität zu steigern, stellt der *eingelassene Doppelzapfen* dar. Dieser ist besonders für Friese, Kampfer und Stöcke im Fensterbau und sonstige Rahmenkonstruktionen im Ausbau geeignet.

Durch den *Gehrungsschnitt des doppelten Durchsteckzapfens* werden die Verbindungsfugen beim Schwinden des Holzes verdeckt.

Der abgesetzte *Doppelzapfen mit auf Gehrung angeschnittenem Konterprofil* ist in dieser Reihe die am höchsten verfeinerte Verbindung, die nur zu besonderem Zwecke vom Schreiner verwendet wird, beispielsweise für Rahmenfriese und Sprossen.

Der *abgesteckte Doppelzapfen als Eckverbindung* für stabile Rahmenverbindungen an Einbaumöbeln, Blendrahmen etc. kann zusätzlich als verdeckte Verbindung mit Gehrungsblatt gefertigt werden. Bei dieser Verbindung tritt kein Hirnholz in Erscheinung.

Doppelzapfen (Ni-mai-hozo) und Doppelzapfen mit Konterprofil (Koshi-oshi-ni-mai-hozo)

Eingelassener Doppelzapfen (Uma-nori-ni-mai-hozo)
und abgesetzter, eingelassener Doppelzapfen (Kuchi-uma-ni-mai-hozo)

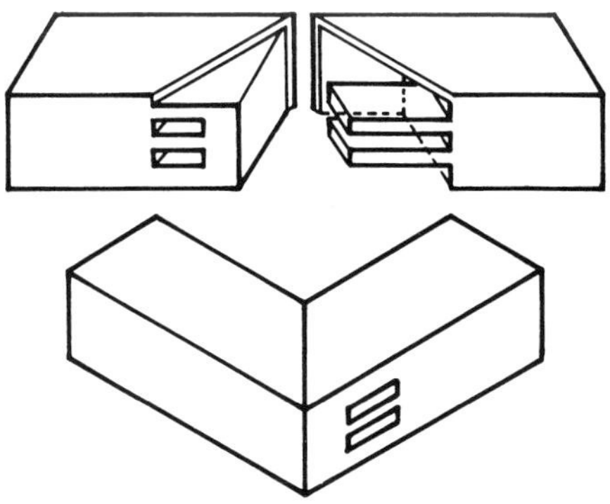

Verdeckter, abgesteckter Doppelzapfen mit Gehrungsblatt (Hako-dome)

Eingelassener Doppelzapfen mit eingepaßter Gehrung

Doppelzapfen beidseitig auf Gehrung (Furi-dome/San-mai-hozo)

Scherzapfen (Scherblatt)

Der Scherzapfen wird für die Eckverbindung von Dachpfetten verwendet. Da der Scherzapfen mit den offenliegenden Hirnholzflächen witterungsempfindlich ist, eignet er sich nicht als Schwellenverbindung. Der Schreiner setzt den Scherzapfen bei der Fertigung von Möbelrahmen, Zargen, Blendrahmen etc. dann ein, wenn Haltbarkeit und Stabilität und weniger das gute Aussehen im Vordergrund stehen. Ein Nachteil des Scherzapfens beim anspruchsvollen Möbelbau ergibt sich aus dem ungleichen Schwund von Längs- und Querholz. Einige Zeit nach dem Zusammenbau wird der Zapfen mit seinem Hirnholz etwas aus der Fläche ragen und die Brüstungsfuge sich öffnen. Bei der Herstellung von Blendrahmen wird der Schlitz am senkrechten Teil ausgearbeitet, der Zapfen am waagerechten. Falls ein umlaufender Türfalz vorzusehen ist, muß dessen Tiefe an der Zapfenbreite abgezogen werden.

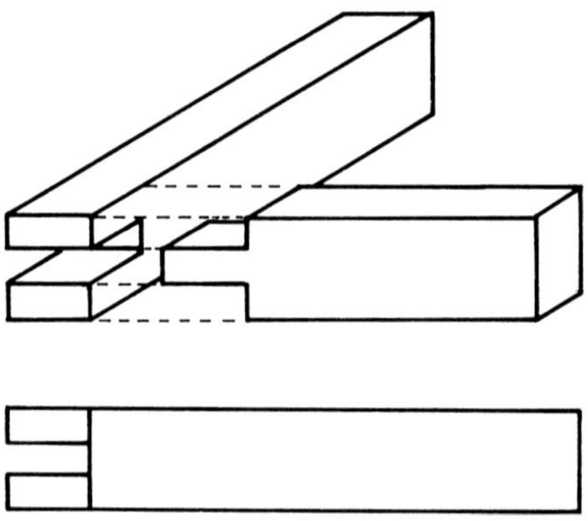

Scherzapfen oder Scherblatt oder Schlitz und Zapfen genannt (Kanegata-sanmai-hozo)

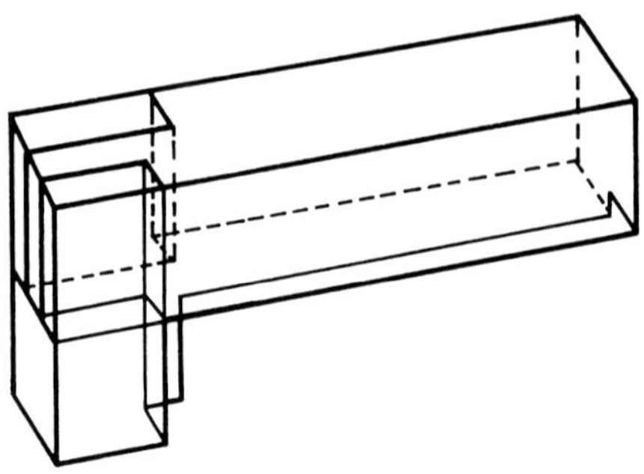

Scherzapfen mit Türfalz

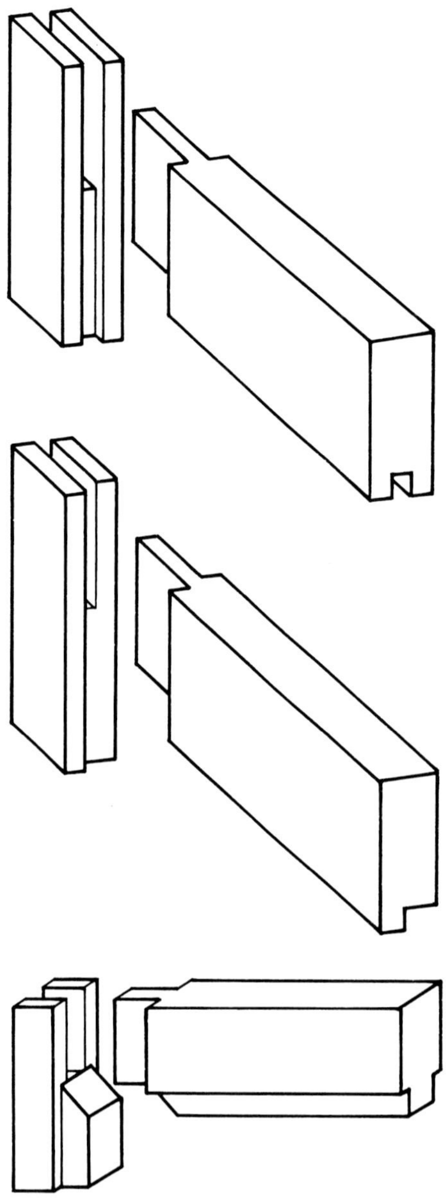

Eckverbindungen beim Rahmen- und Füllungsbau

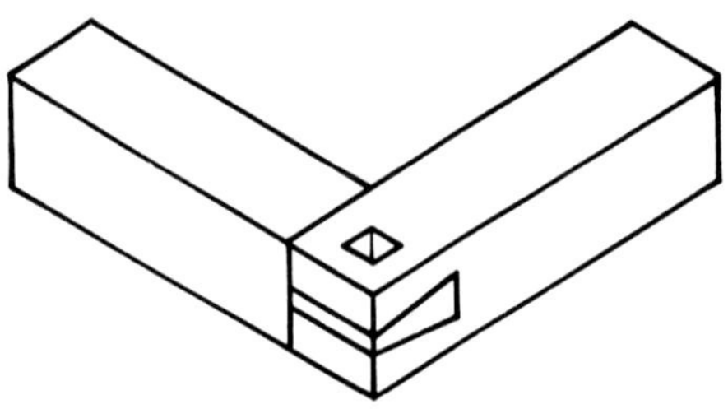

Zinkenzapfen (Ari-kata-sanmai-hozo-konisen-uchi)

Keilschlitz

Durch keilförmiges Anschneiden des Scherzapfens kann zumindest auf einer Seite der Verbindung das unansehnliche Öffnen der Brüstungsfuge verhindert werden.
Beim Möbelbau mit Rahmen und Füllung werden die Hölzer zur Aufnahme der Füllungen genutet oder gefälzt und die Rahmenteile häufig mit Scherzapfen verbunden.

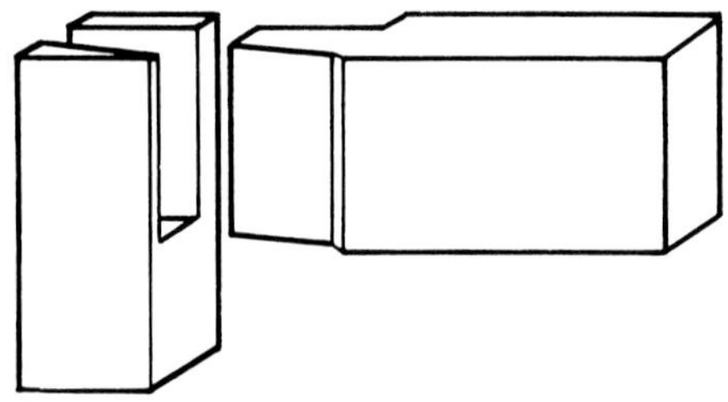

Keilschlitz

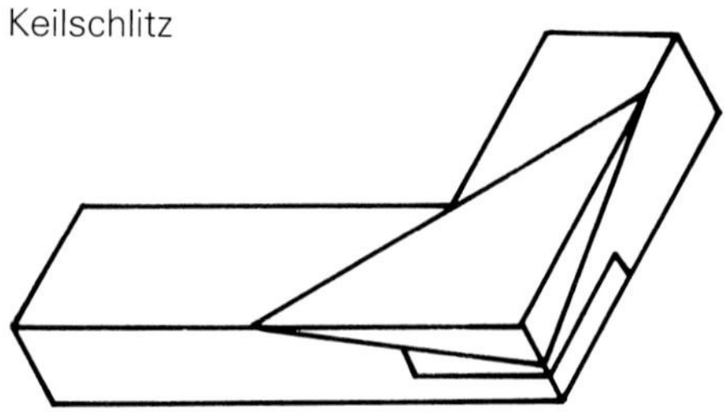

Diese Ausführung wird auch gewählt, wenn der Rahmen später überfurniert werden soll, damit sich die Kanten nicht abzeichnen.

Sparrenschere und Senkelschere

Bei Dachkonstruktionen sind zwei Haupttypen zu unterscheiden: Sparrendächer und Pfettendächer.
Das Sparrendach gehört traditionell zum Stab- oder Gebindebau. Es leitet sein Gewicht ganz auf die Längswände ab. Die nach außen auf die Längswände wirkenden Schubkräfte aus den Sparren werden durch ein an die Sparren zugfest angeschlossenes Kehlgebälk, Scherensparren oder ähnlich konstruierte Dreiecksverbände abgefangen.
Ein typisches Merkmal von Sparrendächern ist die Verbindung der Sparren am Firstpunkt mit *Sparrenschere* oder *Senkelschere mit einseitigem Gehrungsblatt.*

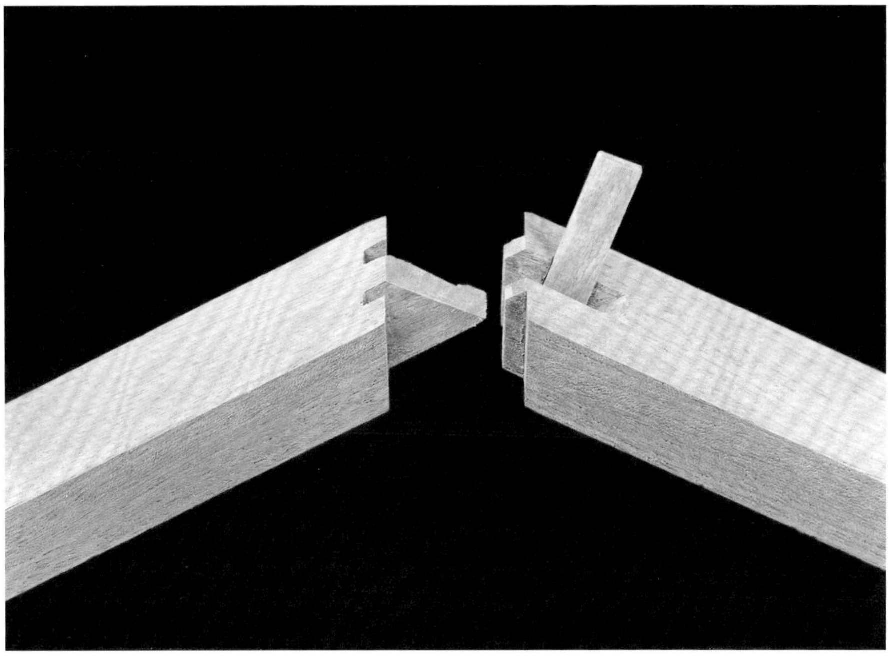

Anblattung

Das Pfettendach galt im Mittelalter in Europa als weniger vornehm als das Sparrendach. Heute jedoch ist es hier und in Japan weit verbreitet. Beim Pfettendach wird die Last der Sparren über Kerven auf eine tragende Konstruktion in Längsrichtung des Gebäudes (Pfetten) übertragen. Im Firstpunkt sitzen die Sparren auf der Firstpfette auf und benötigen daher keine Sparrenschere; eine einfache Anblattung reicht hier aus.

Verkeilte Senkelschere auf Gehrung als zugfeste Verbindung von Ortgangbrettern am Firstpunkt

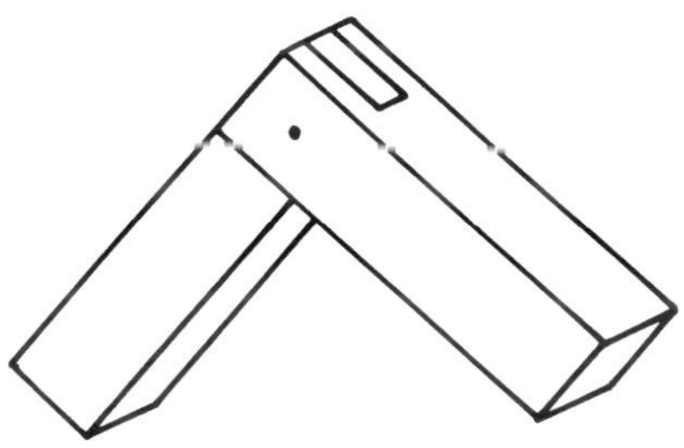

Sparrenschere

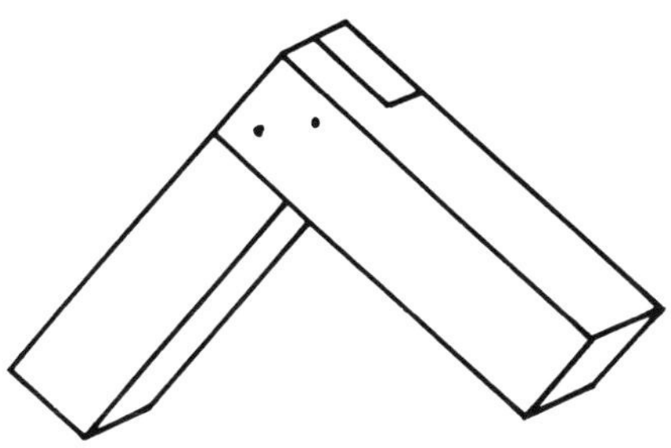

Anblattung

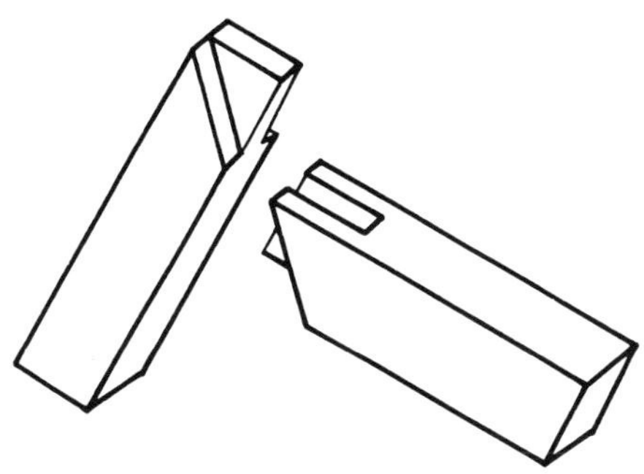

Senkelschere mit einseitigem Gehrungsblatt

Gehrungszapfen

Werden die Winkelverbindungen nicht stumpf im rechten Winkel gestoßen, sondern verläuft die Stoßfuge in der Winkelhalbierenden zwischen den zu verbindenden Teilen, so spricht man von einem Gehrungsschnitt. Dieser bietet folgende Vorteile:

1. Bei Schwelleneckverbindungen wird die Fuge durch den daraufstehenden Pfosten verdeckt und gegen Witterungseinflüsse geschützt.
2. Aufgrund der relativ gleichmäßigen Schwundverhältnisse kommt es nicht zum Öffnen der Fuge.
3. Der Gehrungsschnitt führt die Maserung der Hölzer besser ineinander als der rechtwinklige Schnitt und läßt das Hirnholz nicht in Erscheinung treten.

Die Gehrung sollte immer leicht im Winkel unterschnitten werden, da sonst die Hölzer bei Schwund an der Spitze auseinanderweichen.

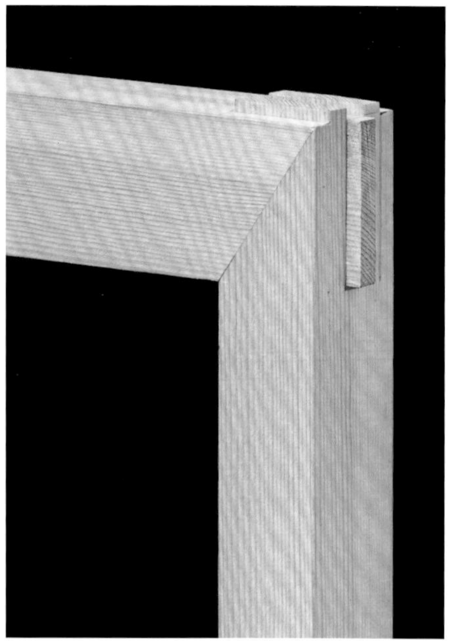

(Furi-dome)

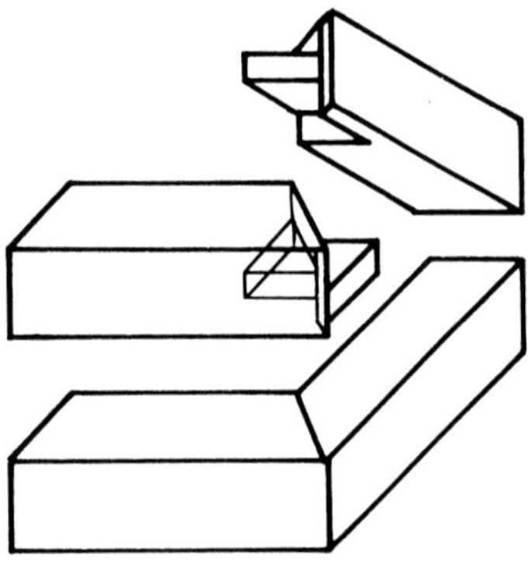

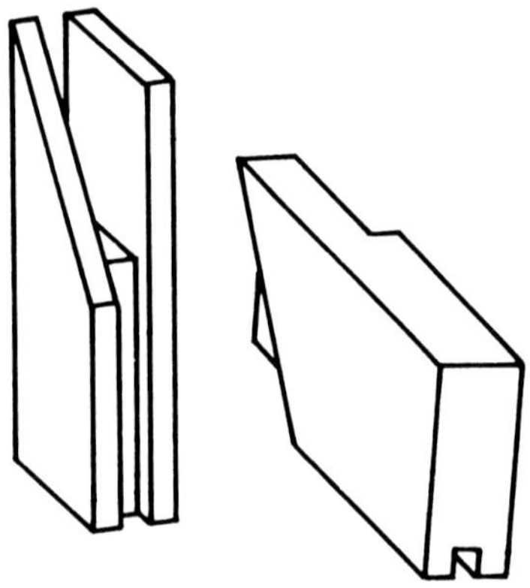

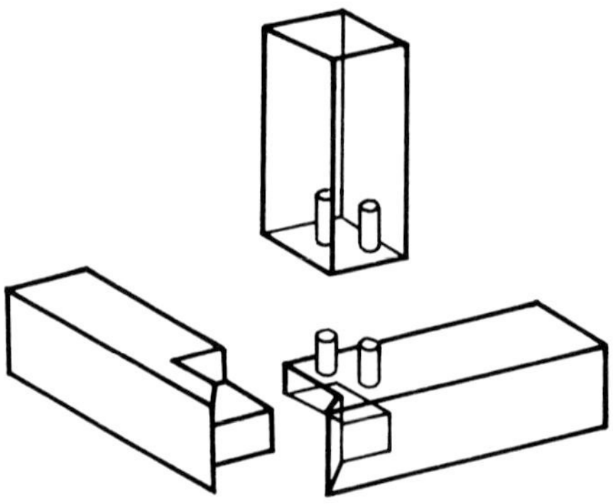

Verdeckter Gehrungszapfen

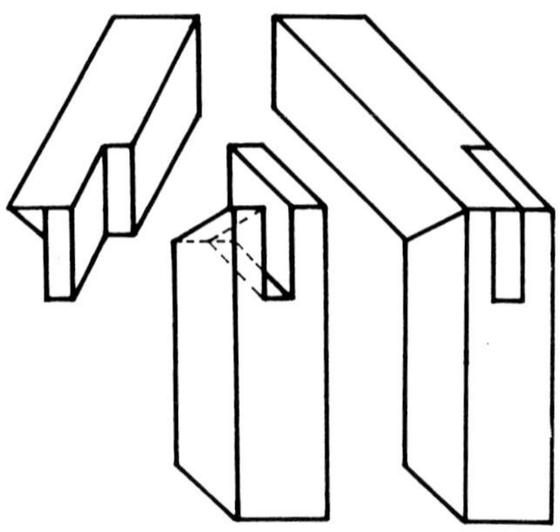

Scherzapfen einseitig auf Gehrung

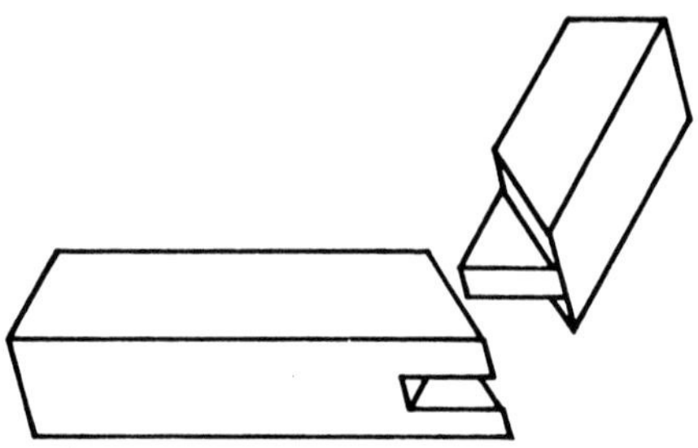

Scherzapfen auf Gehrung (Gehrungszapfen, Tomekata-sanmai-hozo)

Stufenzapfen mit Gehrungsblatt

Der *verdeckte Gehrungszapfen* (Scherzapfen auf Gehrung) kann mit zwei kreuzweise angesetzten Holznägeln verbohrt werden, die durch die Verbindung laufen sollten. Der so ausgeführte Gehrungszapfen findet als verdeckter Eckstoß bei Fensterrahmen, Fensterläden, Türrahmen und der Rahmen-Füllungsbauweise, aber auch bei Schwellenstößen Anwendung.

Der *einseitig auf Gehrung gearbeitete Scherzapfen* mit Nut oder Falz ermöglicht einen in der Draufsicht verdeckten Eckstoß und eignet sich daher für Abdekkungen, Balkongeländer, umlaufende Fensterbrüstungen, Blendrahmen etc.

In Japan wird der *abgesteckte doppelte Durchsteckzapfen mit einseitigem Gehrungsblatt und verlängertem Vorholz* angewandt. Er stellt eine winkelstabile, verdeckte Eckverbindung für Rahmenhölzer dar und ist ebenfalls als Eckschloß für Fußschwellen im Blockbau geeignet.

Der verdeckte Stufenzapfeneckstoß mit Brüstung kann als Sichtverbindung dienen. Der ästhetische Vorzug und der durch diese Form der Verbindung erreichte Schutz des Hirnholzes machen diese Verbindung trotz geringerer Stabilität interessant. Der durchgestoßene Zapfen kann von außen verkeilt werden. Es ist jedoch darauf zu achten, daß das Vorholz nicht durch zu starken Keildruck abgeschert wird.

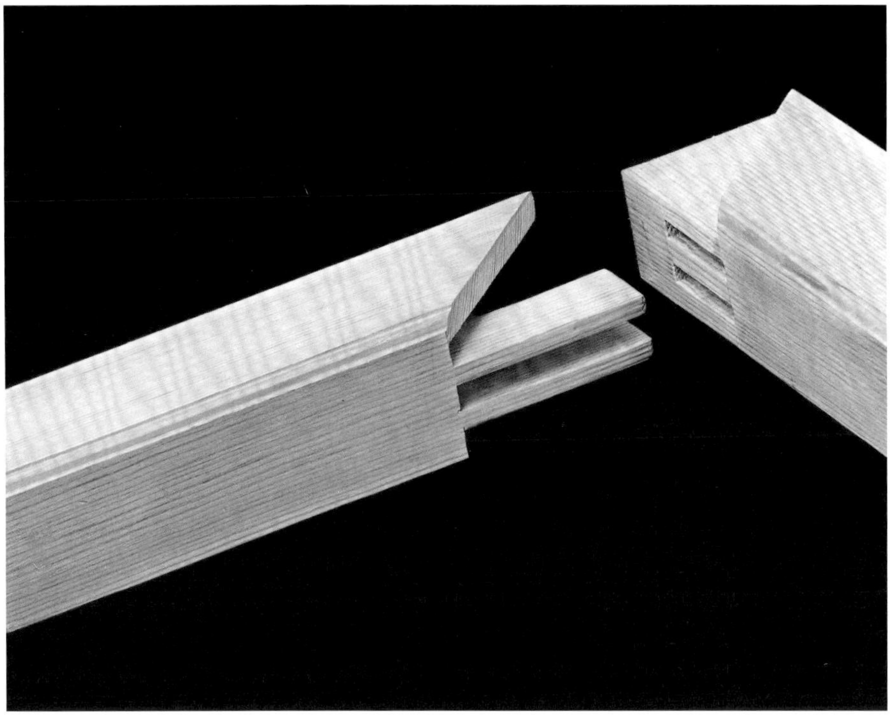

Abgesteckter, einfacher und doppelter Stufenzapfen mit einseitigem Gehrungsblatt und verlängertem Vorholz (O-dome)

Alle Formen durchgestemmter Zapfen eignen sich nicht für Möbel, deren Oberfläche lackiert wird. Durch das unterschiedliche Schwundverhalten von Längs- und Querholz kommt der Lack unter Spannung an der Fuge von Schlitz und Zapfen und reißt ab.

Abgesteckter Stufenzapfen mit halbem Gehrungsblatt und Führungszapfen

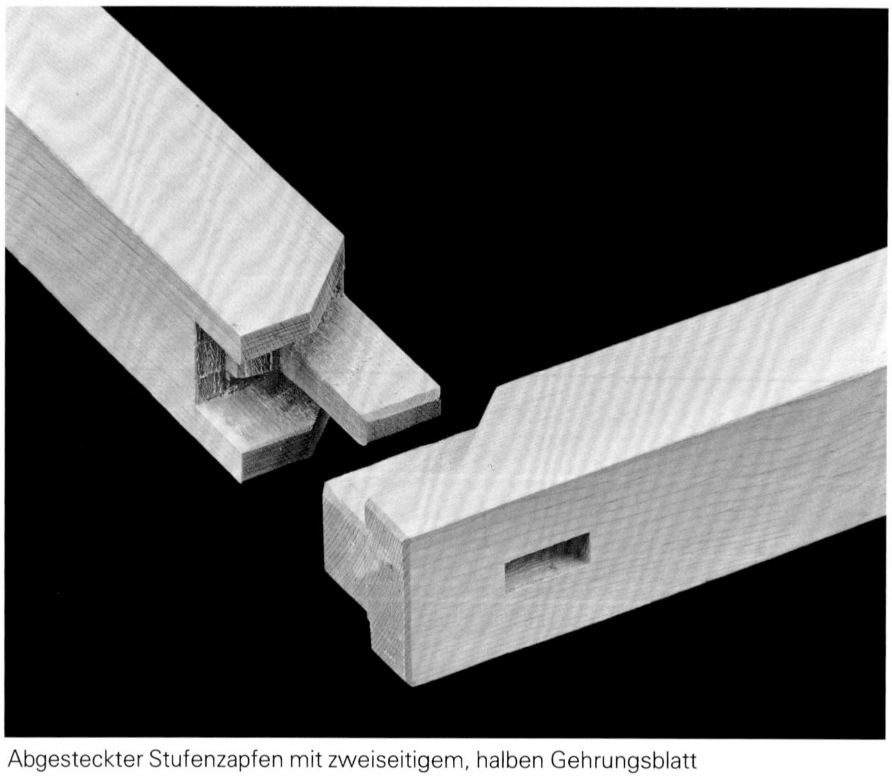

Abgesteckter Stufenzapfen mit zweiseitigem, halben Gehrungsblatt

Einseitige Führungszapfen

Das Prinzip des *einseitigen Führungszapfens* ist auch in Europa bekannt. Dieser bietet in einer Richtung Halt. In verleimter Form ist er für den Schreiner bei flachen, brettförmigen Formaten der Hölzer interessant. Der Zimmermann sollte sich eines zusätzlichen Hilfsmittels wie einer Zugschraube bedienen. Daneben gibt es in Japan sinnvolle Formen mit halbem Gehrungsblatt. Brüstungszapfen sichern zusätzlich gegen Verwinden.

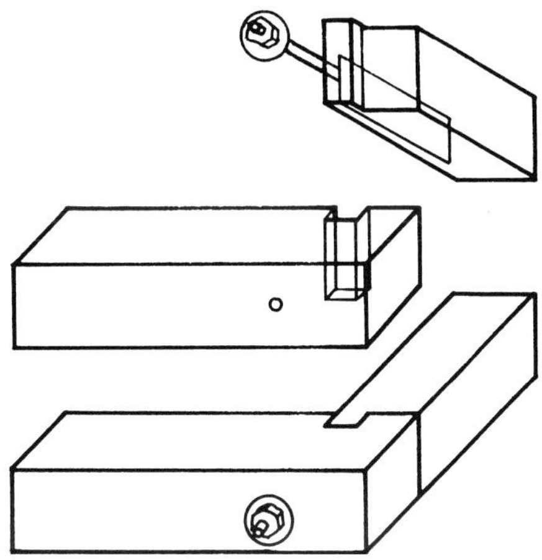

Einseitiger Führungszapfen mit Zugschraube (Eriwa)

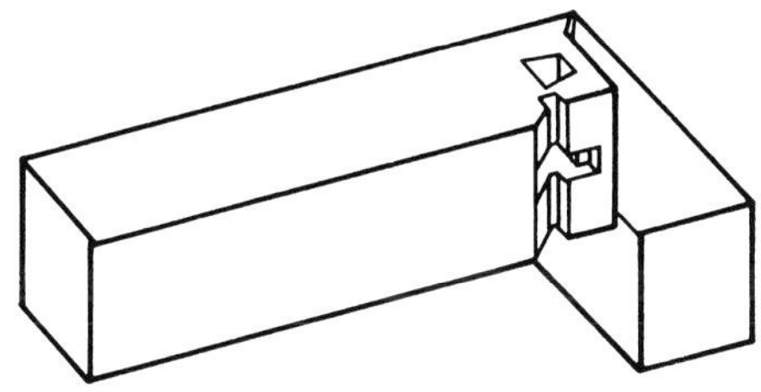

(Daiwa-dome)

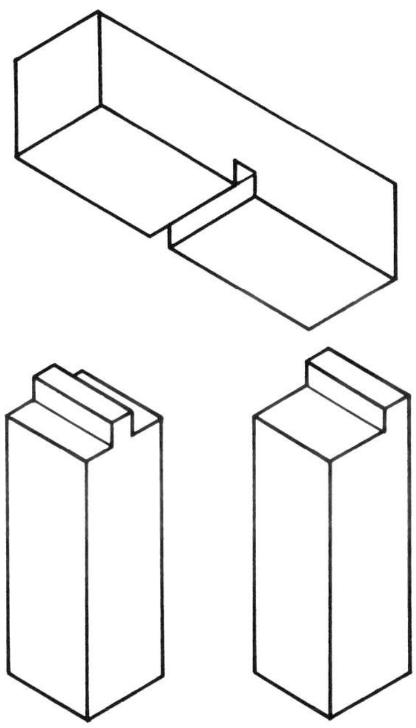

Führungszapfen (Michi-giri)

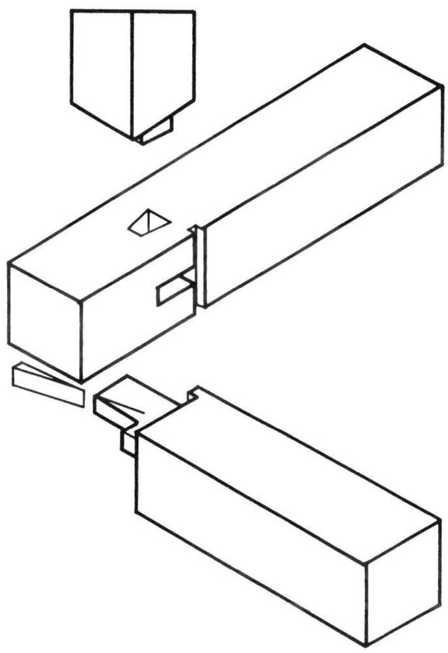

Verkeilter Stufenzapfen mit Führungszapfen

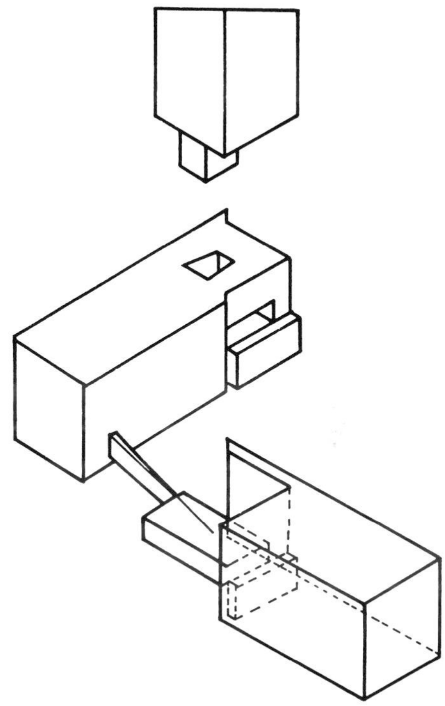

Verdeckter Zapfeneckstoß mit Brüstung und halben Führungszapfen (Sumidome-hozo-sashi)

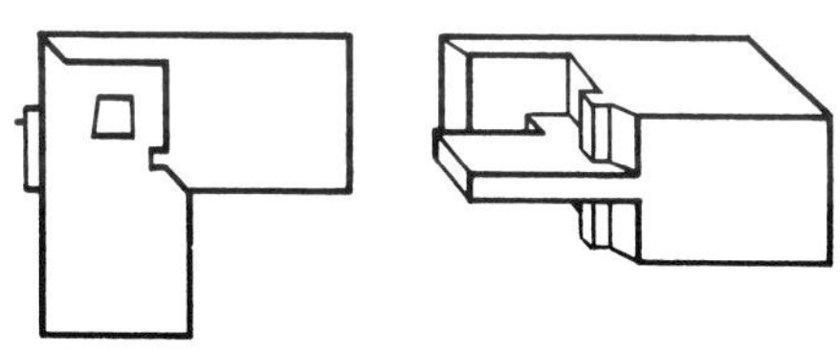

Verdeckter Stufenzapfeneckstoß mit Führungszapfen (Sumidome-hozo-sashi)

Schwalbenschwanzförmige Zapfen

Zur Herstellung von zugfesten Winkelverbindungen eignet sich der *schwalbenschwanzförmige Zapfen*, da dieser durch den unterschiedlichen Schwund von Längs- und Querholz eher eine Tendenz zum Einschwinden als zu einer Lokkerung erfährt. Er erfreut sich in Japan noch größerer Beliebtheit als in Europa. Seine Anwendung ist bei Winkelverbindungen unproblematischer als bei Längsstößen, weil bei ersteren das Zapfenloch nicht durch Schwundrisse oder Abscheren gefährdet ist. Daher liegt die Schwachstelle der Verbindung allein auf Seiten der Schwalbe.

Der *verdeckte schwalbenschwanzförmige Zapfen (Zapfenverzinkung) auf Gehrung* ergibt besonders bei ungleich breiten Hölzern eine gute, winkelstabile Verbindung. Sie wird speziell von Schreinern verwendet.

Der *schwalbenschwanzförmige einseitig oder zweiseitig abgesetzte Zapfen* entspricht in der Anwendung verkeilten einfachen Zapfen. Scherkräfte und Durchbiegung gefährden jedoch diese Verbindung. Die zweiseitig abgesetzte Variante wird vornehmlich am unteren Ende von Dachpfosten eingesetzt, um das Dach gegen ein Abheben bei Windsog zu verankern.

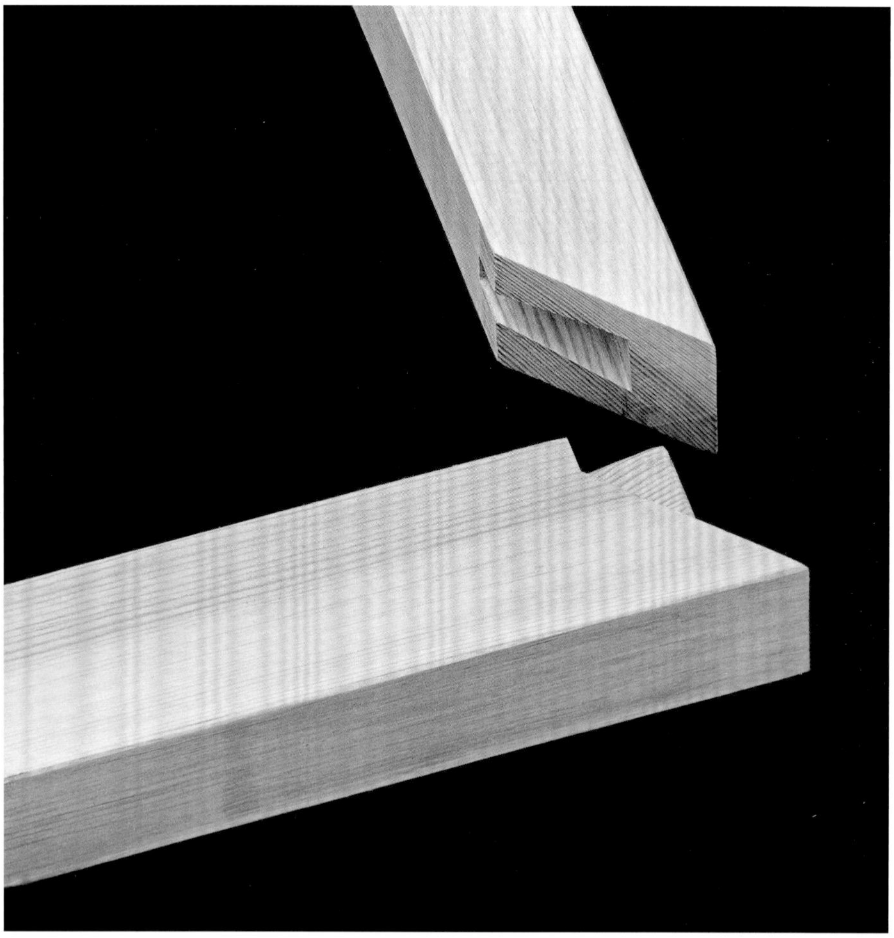

Verdeckter, schwalbenschwanzförmiger Zapfen (Zapfenverzinkung) auf Gehrung (Handome/Kakushi-ari)

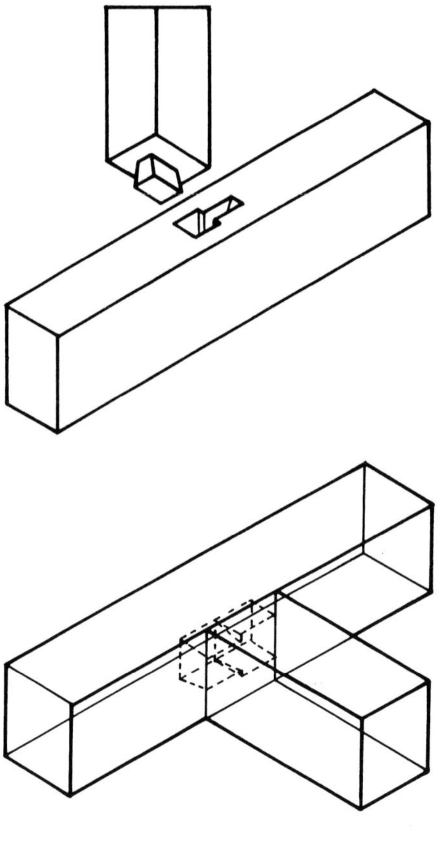

Schwalbenschwanzförmige Zapfen, einseitig oder zweiseitig abgesetzt (Fukuro-ari/Ari-otoshi/Kama-hozo)

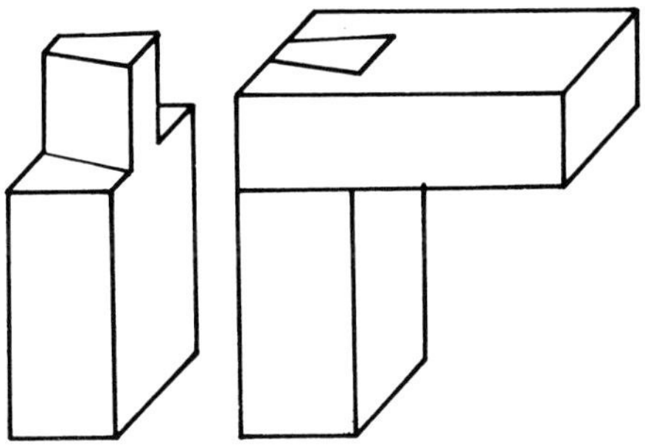

Schwalbenschwanzzapfen als Eckstoß eines Rahmens (Ari-kata-san-mai-hozo)

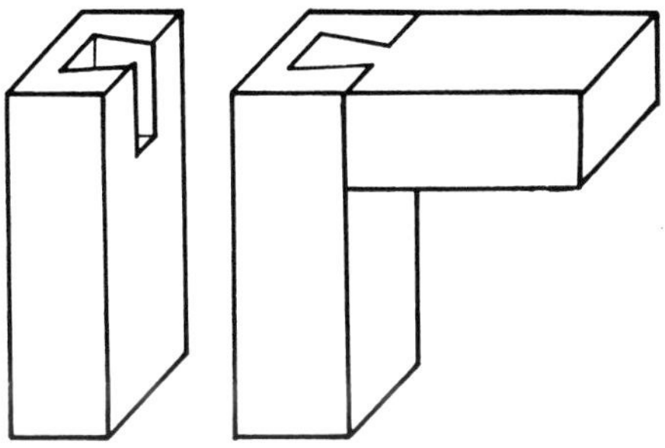

Kurzer Schwalbenschwanzzapfen (Kakushi-ari-kata-san-mai-hozo)

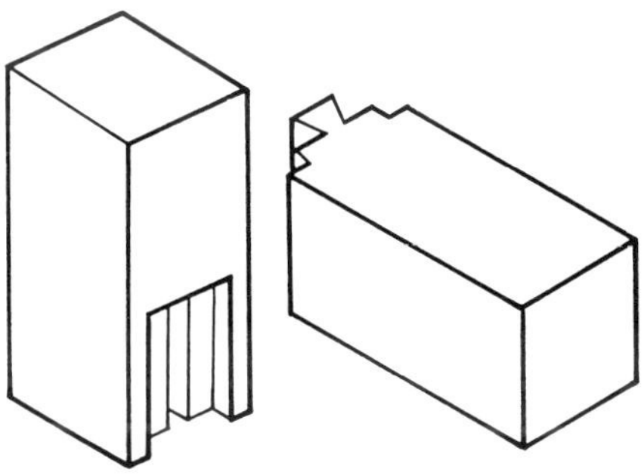

Eingelassener Schwalbenschwanzzapfen bei der Verbindung von Türschwelle und Pfosten (Eriwa-tsuki-ari-otoshi)

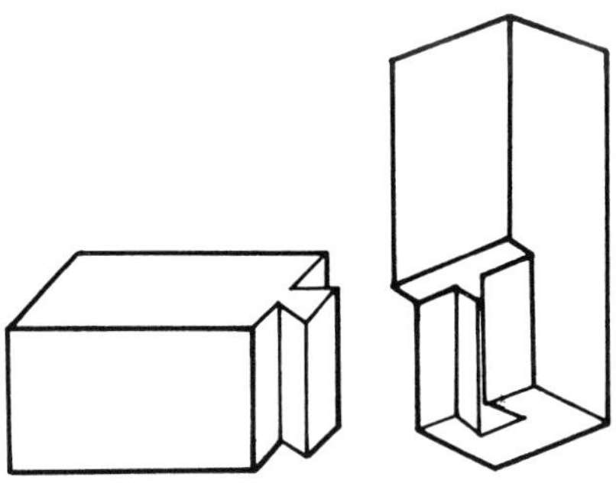

Verbindung einer Türschwelle mit Türpfosten (Kageiri-ari-otoshi)

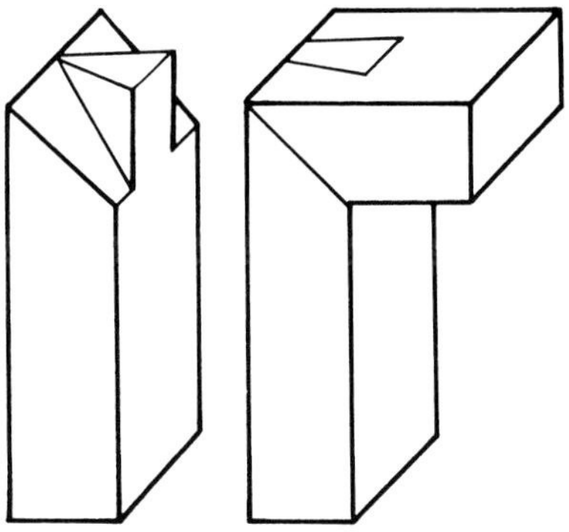

Schwalbenschwanzzapfen mit Gehrungseckstoß für Rahmen (Tome-ari-kata-san-mai-hozo)

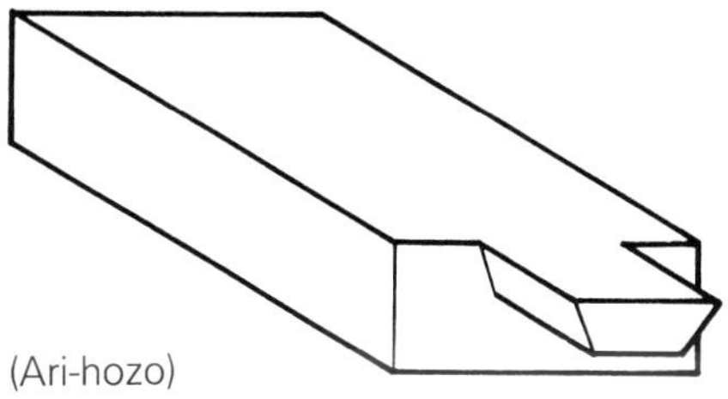

(Ari-hozo)

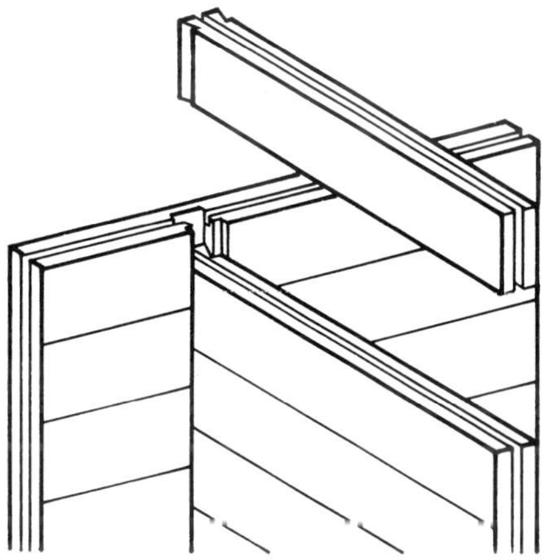

Schwalbenschwanzverband eingenutet

Verkeilte Weißschwänze

Für Riegelanschlüsse ist der ***verkeilte, einseitig schwalbenschwanzförmige Zapfen*** besser geeignet, da er die Pfosten weniger schwächt und gleichzeitig größere Tragfähigkeit besitzt. Der Zapfen wird hierbei nicht waagerecht, sondern senkrecht in den Pfosten eingestemmt.

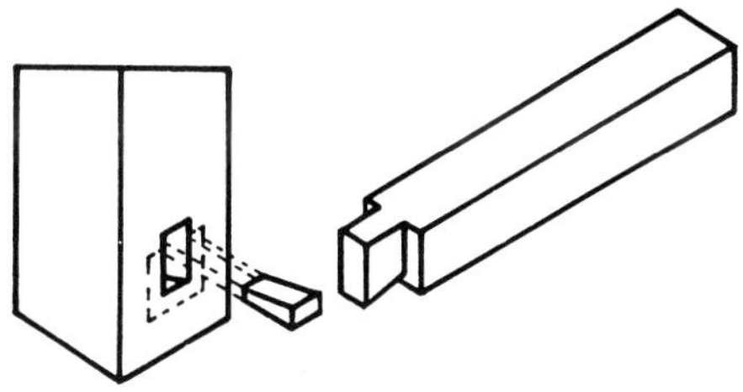

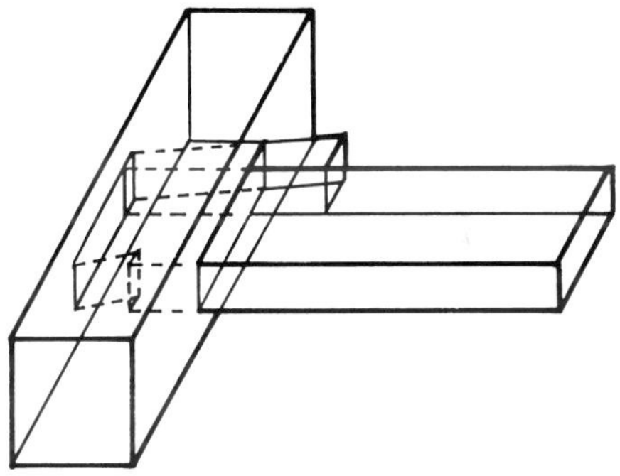

Verkeilter, einseitig schwalbenschwanzförmiger Zapfen (Shitage-kama)

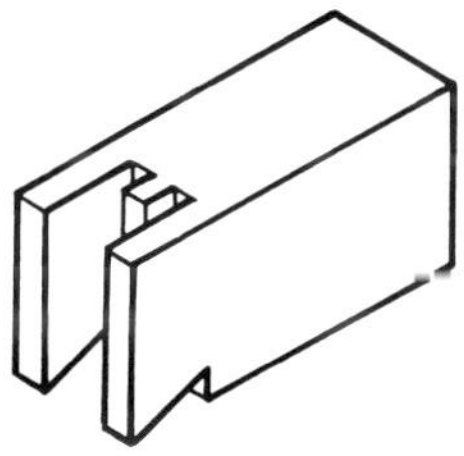

Zweifacher Weißschwanzzapfen zum Verkeilen (Shitage-kama)

Sichelzapfen

Fremdverbinder aus Hartholz ermöglichen einen nachträglichen Einbau von zugbelasteten Riegeln. Die eine Seite des Fremdverbinders wird als Schwalbenschwanz gearbeitet, die andere als Sichelzapfen mit Keilverschluß in den Riegel eingeschlitzt. Die Auflast des Riegels wird durch einen Zapfen auf den Pfosten übertragen. Dieser Zapfen wird unter den Fremdverbinder eingeschoben und klemmt diesen hiermit fest.
Eine relativ steife Verbindung für Blockrahmen von Türen und für Rahmen japanischer Schiebewände etc. ist die ***Zapfenverzinkung in Form eines Sichelzapfens.*** Mit entsprechendem Werkzeug ist diese Verbindung rationell herzustellen.
Der Vollständigkeit halber sei als letzte Form in dieser Reihe der ***eingenutete Schwalbenschwanzverband*** für den Anschluß von Innenwänden im Blockbau erwähnt. Das vordere Ende des Schwalbenschwanzes entspricht in der Breite der des Wandbalkens.

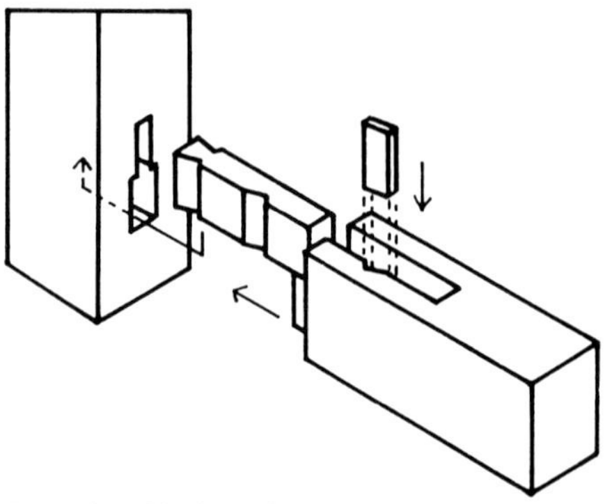

Fremdverbinder, einseitig als abgesetzter Schwalbenschwanz, auf der anderen Seite als Sichelzapfen gearbeitet

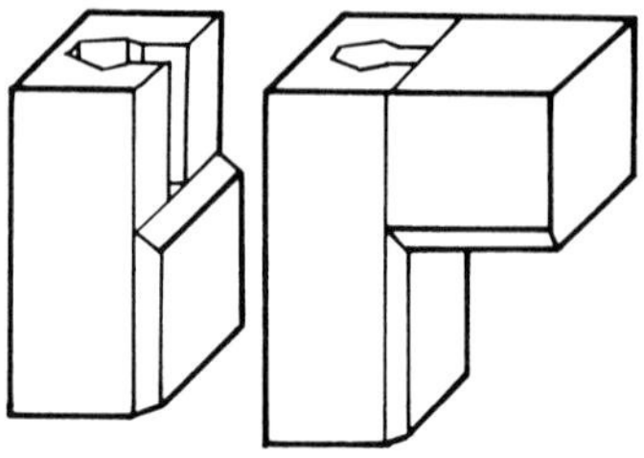

Sichelzapfen als Rahmeneckverbindung mit umlaufendem Profil auf Gehrung (Otoshi-gama)

Eckverbindung einer Grundschwelle mit Sichelzapfen (Kiguchi-ari)

Das Blatt

Wie beim Zapfen sind auch die vielfältigen Varianten des Blattes aus einer einfachen Grundform entstanden. Diese ist so alt wie der Zapfen und findet noch heute Anwendung als glattes Eckblatt oder einfache Überblattung.
In dieser einfachen Form dient es entweder dazu, ein Holz auf ein anderes aufzulagern oder zwei Hölzer in einer Ebene zu verkreuzen. Im Unterschied zum später beschriebenen Kamm werden beim Blatt die Hölzer soweit ineinander eingelassen, daß die Oberkanten bündig in einer Ebene zu liegen kommen. Anwendung findet es bei Eckverbänden von Schwellen, bei Wandpfetten von Fachwerk- und Riegelwänden, daneben aber auch zur Verbindung von sehr flachen Hölzern im Ausbau, bei Friesen und Fußkreuzen von Tischen und Fenstersprossen etc.
Das Beispiel einer schrägen Überblattung zeigt, daß sich Blattverbindungen auch bei nicht rechtwinkligen Anschlüssen ausführen lassen.
Wie bereits bei unseren früheren Erläuterungen zur Funktion des Blattes bei Anlängungen angedeutet, sind waagerechte Verblattungen aufgrund der durch das Ausblatten verursachten Schwächung der Hölzer zu unterstützen oder aufzulegen, wenn Auflasten vorhanden sind. Auch verleimt weist die Verbindung geringe Haltbarkeit auf.

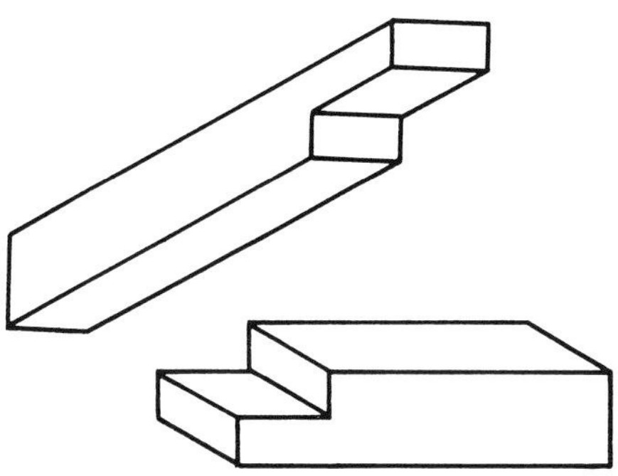

Glattes Eckblatt

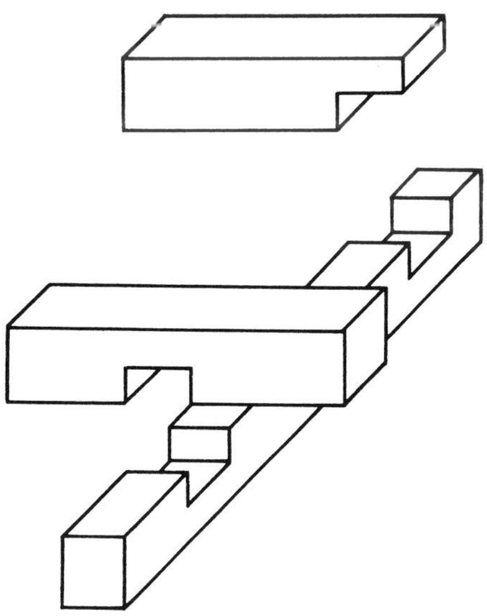

Einfache Überblattung

Schräge Überblattung
(Naname-ai-gaki-kumi-te)

Verdecktes Eckblatt und Druckblatt

Wie der Scherzapfen kann auch das ***Eckblatt auf Gehrung*** geschnitten werden, um die Anschlußstelle zu verdecken und es Witterungseinflüssen gegenüber widerstandsfähiger zu machen.
Das ***Druckblatt (Französisches Schloß)*** stellt eine einfache Lösung dar, um Schwellen auf Zug miteinander zu verbinden. Die Klemmwirkung beruht auf den geneigt angeschnittenen Blattflächen, die zudem durch eine ausreichend große, auf den Schwellen lagernde Last zusammengepreßt werden müssen.
Wird das Druckblatt verdeckt ausgeführt, so verringert sich die Klemmwirkung. Dieses ***verdeckte Druckblatt*** muß gut gegen Feuchtigkeit geschützt werden, damit sich am tiefsten Punkt des Blattes nicht Wasser ansammeln kann, das zu rascher Fäulnis führen würde.

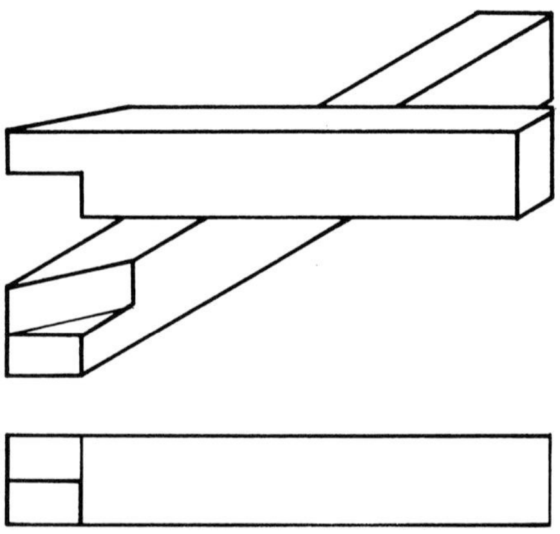

Eckblatt auf Gehrung

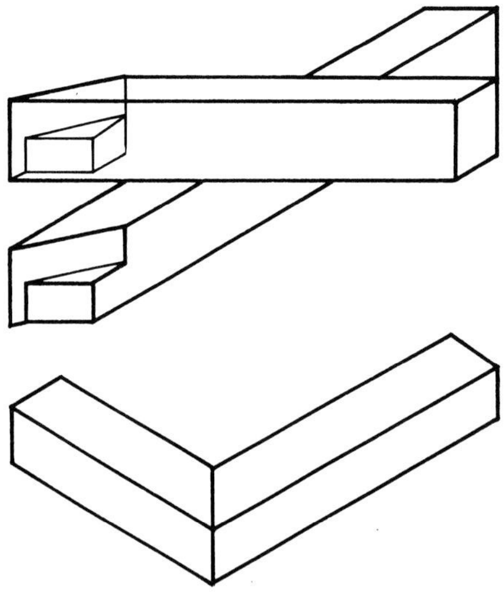

Verdecktes Eckblatt auf Gehrung

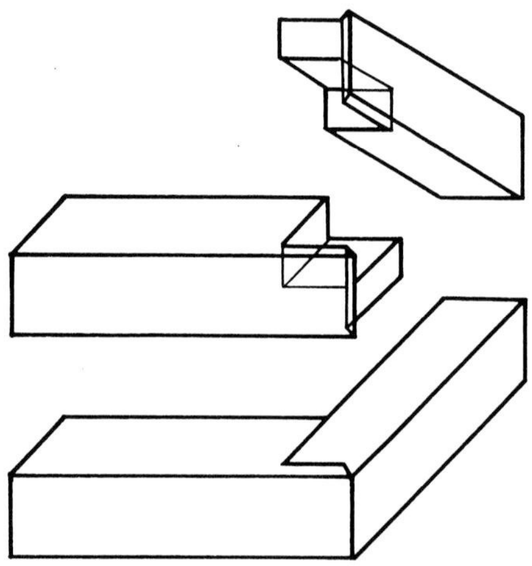

Verdecktes Eckblatt

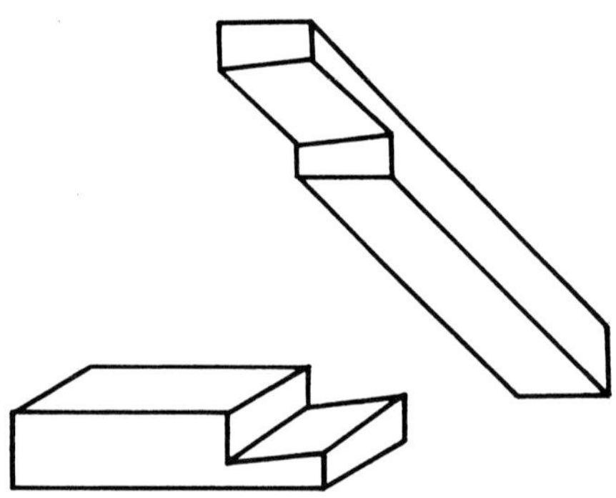

Druckblatt

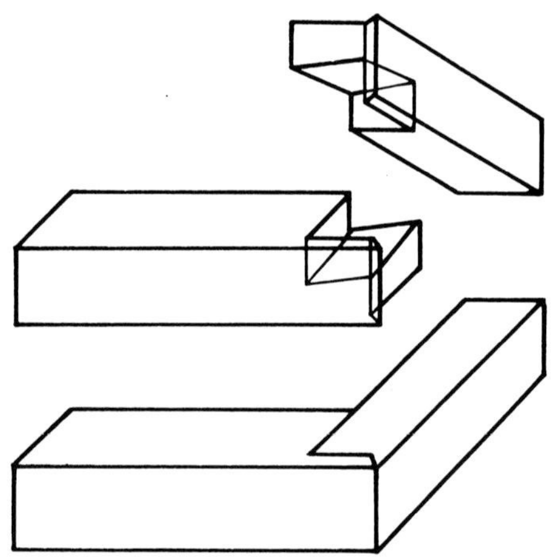

Verdecktes Druckblatt

Hakenblätter

Ist keine ausreichend große Auflast auf waagerechten Balken vorhanden, so verliert das Druckblatt seine Wirksamkeit. An seine Stelle tritt das in der Herstellung aufwendigere Hakenblatt, das einen einigermaßen zugfesten Anschluß erlaubt.

Das ***Hakenquerblatt*** stellt eine Möglichkeit dar, um T-förmig angeschlossenen Blattverbindungen Zugfestigkeit zu verleihen. Voraussetzung ist jedoch eine ausreichende Länge des Vorholzes am Haken. Gegebenenfalls sollte man den Balkenkopf über das tragende Holz herüberragen lassen, um ein längeres Vorholz zu erhalten. Das Hakenquerblatt schwächt jedoch die verbundenen Hölzer stärker als das gewöhnliche Querblatt. Die Zugfestigkeit ist recht gut, sofern das Vorholz am Haken eine ausreichende Länge aufweist.

Um Hakenblätter bei Eckstößen auch gegen seitliches Verschieben zu sichern, wird der Haken schräg abgeschnitten.

Das ***schräge Hakeneckblatt*** als Eckverbindung der oberen Rähme von Fachwerkwänden erleichtert das Aufstellen der Wände, da diese so ohne weitere Hilfsmittel ineinandergreifen.

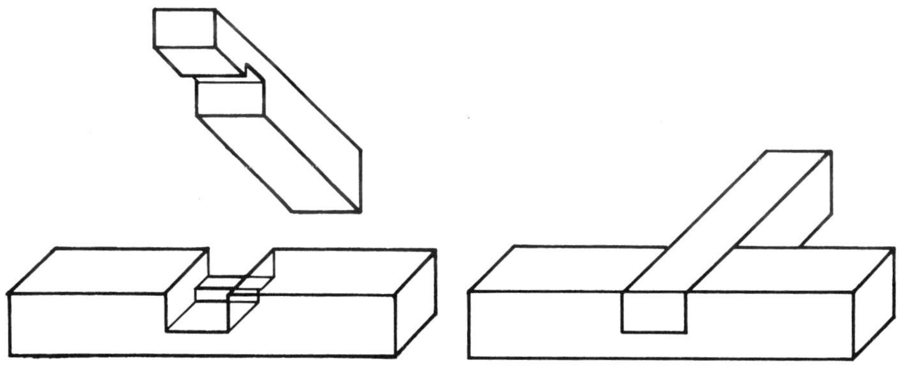

Hakenquerblatt

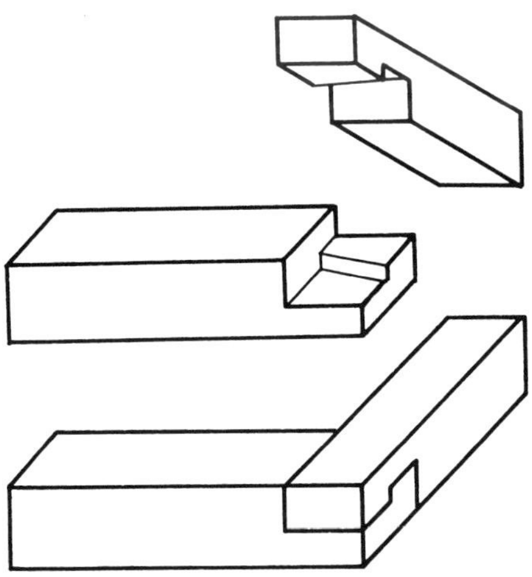

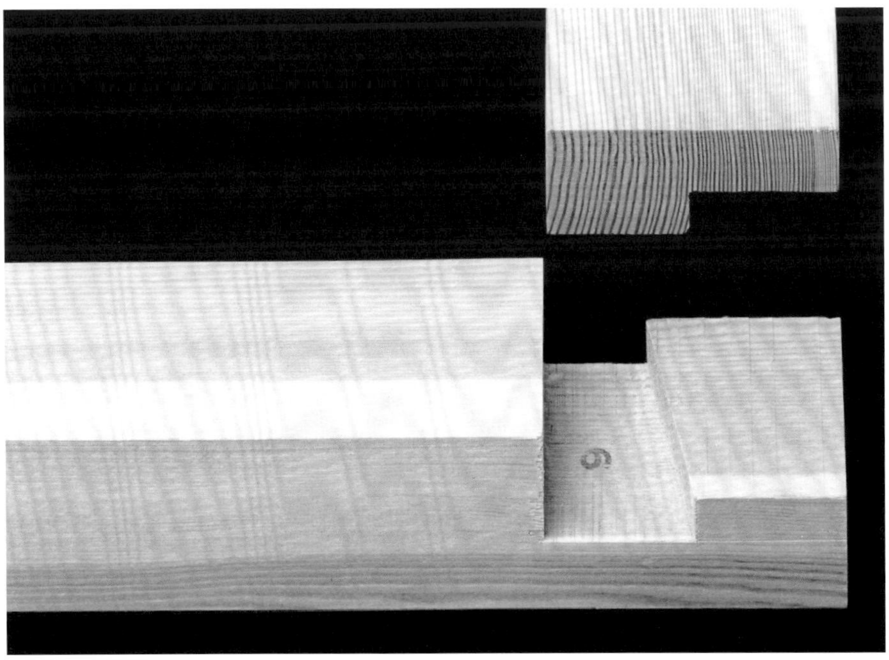

Schräges Hakenquerblatt

Wie für die meisten verdeckten Ausführungen von Verbindungen trifft auch für das ***verdeckte, schräge Hakenblatt*** die Regel zu: Die Stabilität ist zugunsten eines besseren Witterungsschutzes und Aussehens geschmälert.

Das ***japanische schräge Eckblatt*** ist eher geeignet, Seitenkräfte aufzunehmen als auf Zug belastet zu werden.

Eine höhere Zugfestigkeit und geringere Schwächung des tragenden Holzes ist beim ***japanischen Hakenquerblatt*** mit zusätzlicher Schwalbenschwanzsicherung gegeben. Verwendung findet es bei der Verbindung von Zuggliedern mit dem oberen Wandrähm von Fachwerkbauten, wobei dieses Rähm in Japan zugleich die Aufgabe einer Fußpfette übernimmt und zur Auflage der Sparren an der Oberkante abgeschrägt wird. Die Darstellung zeigt zudem ein Zapfenloch für einen Wandpfostenzapfen, der von unten durch die Verbindung gesteckt wird, um einen noch besseren Halt dieses Knotens zu gewährleisten.

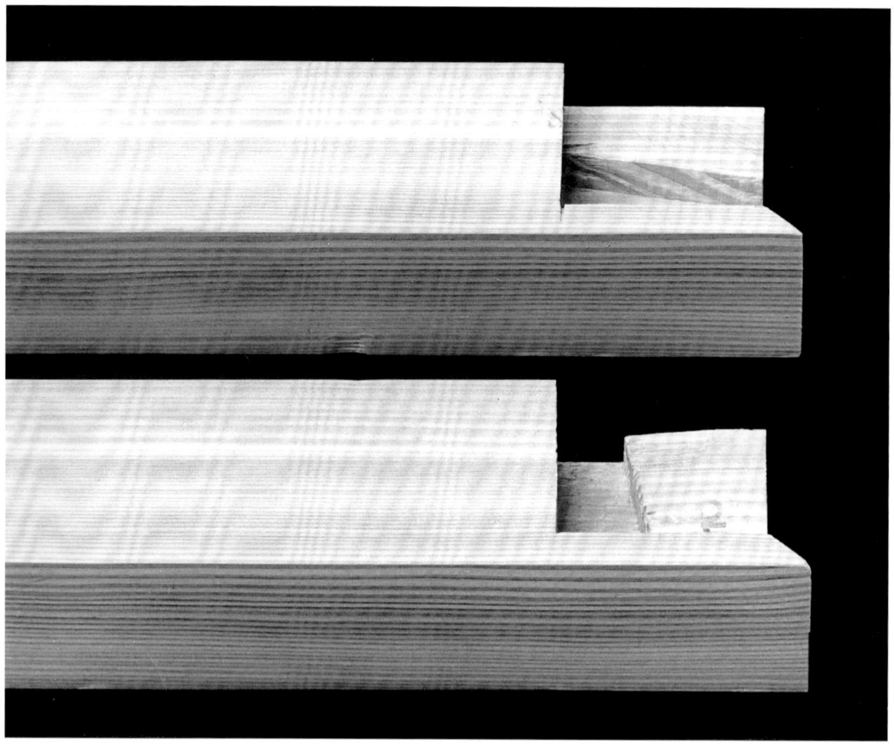

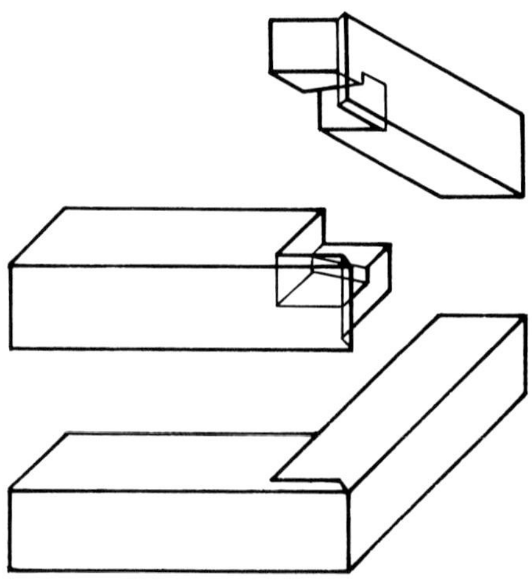

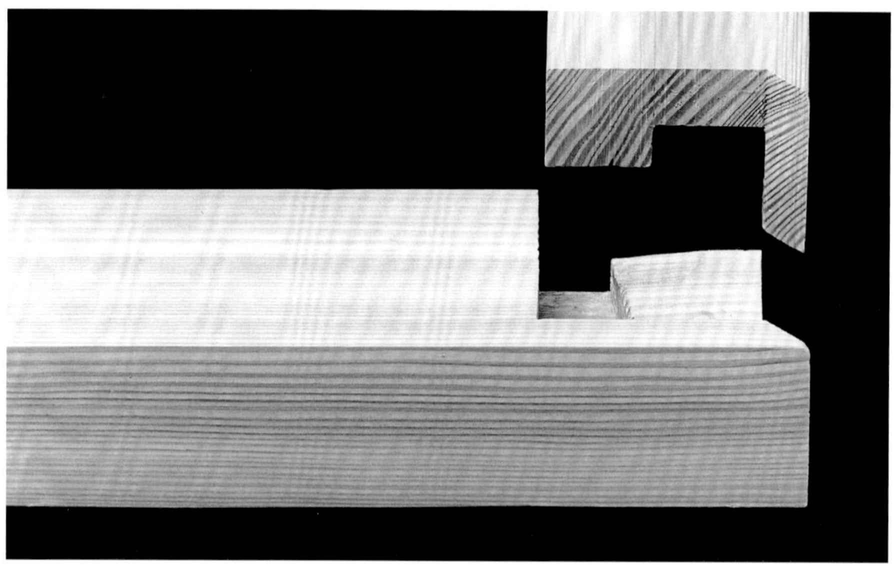

Verdecktes schräges Hakeneckblatt

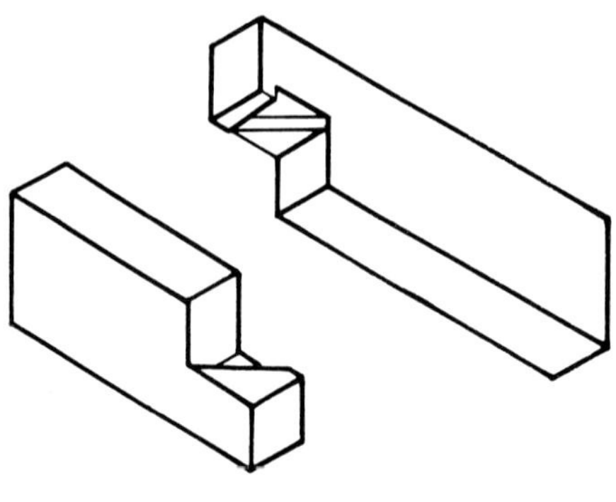

Japanisches schräges Hakeneckblatt mit Vorholz

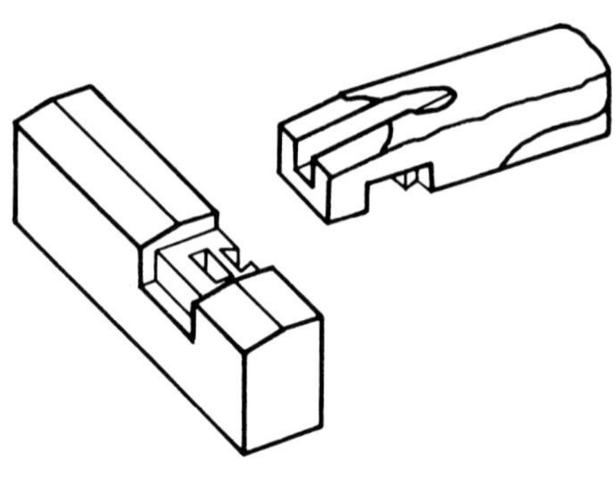

Hakenquerblatt mit Schwalbenschwanzsicherung (Kabuto-ari)

Eine weitere Möglichkeit, Blätter zugfest anzuschließen, besteht darin, sie in Form eines Schwalbenschwanzes auszuführen.

Das ***schwalbenschwanzförmige Blatt*** schwächt zwar das tragende Holz weniger als das Hakenblatt, seine Winkelstabilität ist jedoch auch geringer. Um dauerhafte Formschlüssigkeit dieser Verbindung zu garantieren, muß eine sorgfältige Holzauswahl erfolgen, wie im ersten Kapitel bei den Schwalbenschwänzen beschrieben.

Der ***Schwalbenschwanz mit Brüstung*** kann sowohl größere seitliche Scherkräfte als auch größere Auflasten aufnehmen.

Besonders bei Schräganschlüssen von Dachstreben an Pfosten, von Kehlbalken an Sparren, aber auch bei rechtwinkligen Anschlüssen von Wechseln an die Balkenlage oder an Sparren wird der ***einseitige Schwalbenschwanz (Weißschwanz)*** angewandt.

Durch das Eintreiben von Keilen in das Hirnholz des einfachen Blattes kann dieses schwalbenschwanzförmig aufgespreizt werden. Dies geschieht beispielsweise bei der Herstellung eines *»Wiener Fachwerkträgers«*.

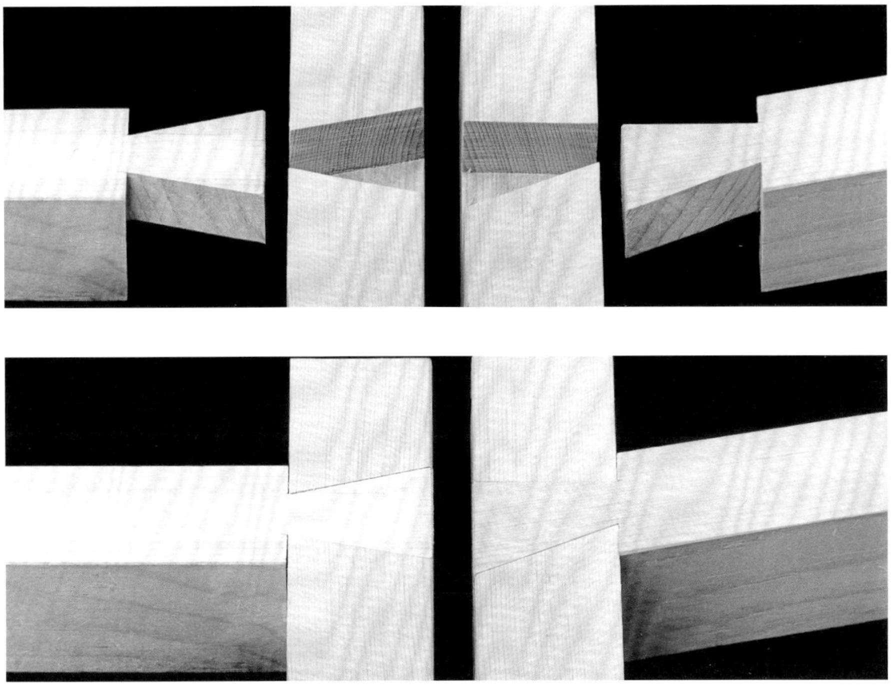

Schwalbenschwanzförmiges Blatt (Tsutsumi-ari-gata-ai-gaki-tsugi)

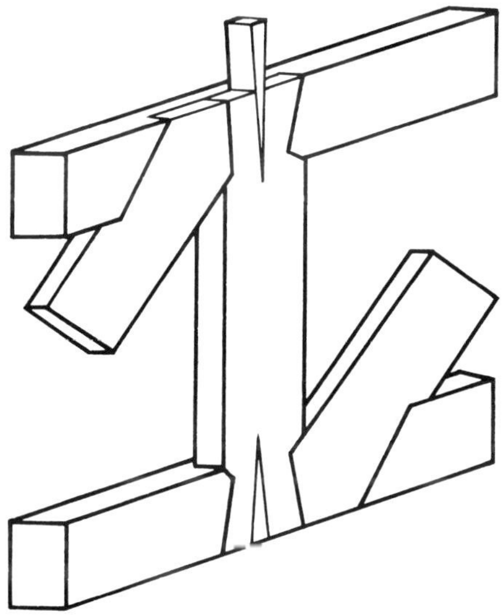

Aufgespreiztes Blatt beim Wiener Fachwerkträger

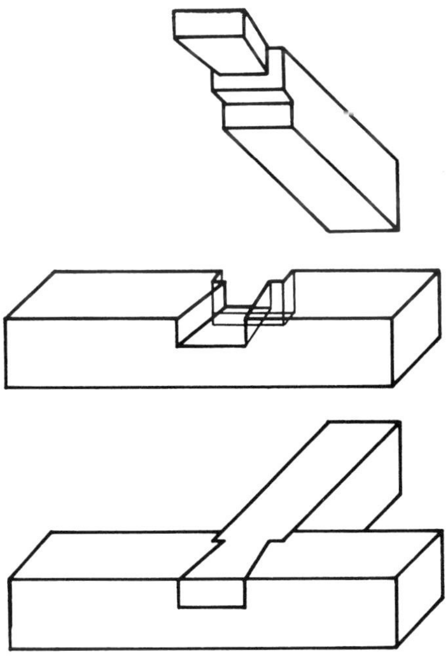

Schwalbenschwanzförmiges Blatt mit Brüstung

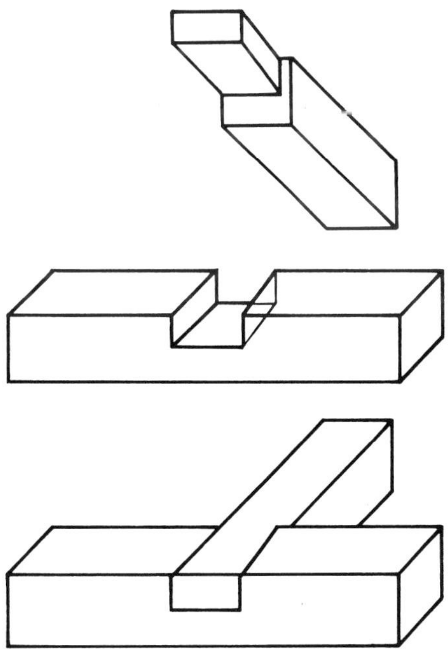

Einseitig schwalbenschwanzförmiges Blatt – Weißschwanz (Naname-ari-ai-gaki-tsugi)

Blattverbindungen im Blockbau

Seit dem Mittelalter ist der Blockbau in waldreichen Gegenden Europas und Japans bekannt. Besonders weit entwickelt wurde er in Norwegen, da die Schweden den Norwegern, nachdem sie diese unterworfen hatten, den Bau von Steinhäusern verboten. Für Blockwände werden gerade gewachsene und gleichförmige Rundhölzer benötigt. Früher wurden diese in Wachstumsrichtung versetzt übereinandergelegt, so daß abwechselnd Zopf- und Fußende an den Ecken übereinanderlagen, wodurch sich die Abholzigkeit der Stämme ausglich. Mit fortschreitender Werkzeugtechnik wurden die Stämme parallel zugerichtet, um eine bessere Winddichte bei bewohnten Blockhäusern zu erreichen.

Die Herstellung eines Blockhauses erfordert einen erfahrenen Zimmermann, der mit den speziellen, bei dieser Bauweise auftretenden Schwierigkeiten vertraut ist. Das starke Abschwinden der liegenden Balken ist zu berücksichtigen ebenso wie das dadurch verursachte Setzen des Hauses. Probleme entstehen an den stehenden Türpfosten, da diese in ihrer Längsrichtung weit weniger schwinden als die Blockwand selbst. Sie müssen mit beweglichen, langen Gleitzapfen eingesetzt werden, um diese Schwunddifferenz aufnehmen zu können. Gleiche Probleme ergeben sich beim Einbau der Fenster. Wasser- und Stromleitungen können nur mit Gleitschellen befestigt werden. Alle starren Einbauten wie Schornsteine und Wandverkleidungen müssen beweglich angeschlossen werden. Wird dies übersehen, so werden sich beim Schwinden die Längsfugen zwischen den Wandbalken öffnen und die Eckverbindungen auseinanderreißen.

Die Eckverbindungen bei verschiedenen Blockbauweisen unterscheiden sich in folgenden Punkten:

1. ob sie bündig oder mit Balkenkopf ausgeführt sind,
2. ob sie als einfache Verblattung, verschränkte Überblattung oder durch einseitige Verkämmung verbunden sind,
3. ob der Verbindungshals bei Eckverbindungen mit Balkenkopf drei-, vier-, fünf- oder sechseckig, oval, rund oder rhombisch ist.

In allen Fällen kann die notwendige Winddichte nur durch genaue Paßform der Verbindung erreicht werden.

Einfache Überblattungen sollten bei Eckverbindungen mit Hartholzdübeln gegen Verschieben gesichert werden.

Die ***verschränkten Verblattungen*** ergeben einen besseren Verband, da durch sie jede Balkenlage sowohl mit der unteren als auch mit der darüberliegenden verzahnt wird.

Durch den ***Viertelblatt-Verband*** wird eine gute Stabilität gegen ein mögliches Verschieben der Blockwandecke erreicht.

Der Chaletbau in der Schweiz ist eine aus Dielen bestehende moderne Form des Blockbaus. Die ***Chaletverbindung*** wird abgesetzt und gefalzt, um eine größere Winddichtigkeit zu erzielen. Hierbei werden gleichförmige Dielen, zumeist mit Doppelnut versehen, hochkant übereinandergelegt, wobei die Wand zweischalig mit innenliegender Wärmedämmung ausgeführt wird.

Man erhält zugfeste Anschlüsse für den Blockbau, indem das Blatt in einer oder zwei Ebenen trapezförmig zugeschnitten wird. Diese Art der Verbindung bezeichnet man als ***schwalbenschwanzförmige, versetzte Verblattung.***

Der ***Schwalbenschwanzverband bei Innenwandanschlüssen*** stellt die Übertragung der Verbindungsweise des Schwalbenschwanzblattes auf das Viertelblatt dar, welches dabei in der waagerechten Ebene angeschrägt wird.

Im Gegensatz dazu wird bei der ***Verzinkung*** von Innenwänden der Schrägschnitt in der senkrechten Ebene angebracht.

Beim ***Strickbau*** erfolgt die Verzinkung wie beim Druckblatt.

Der traditionelle ***Klingschrot*** ist durch gebogene Übergriffsflächen der Zinken gekennzeichnet.

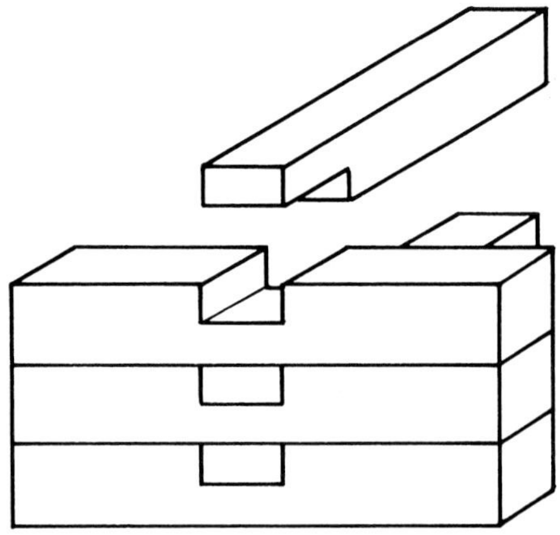

Überblattung

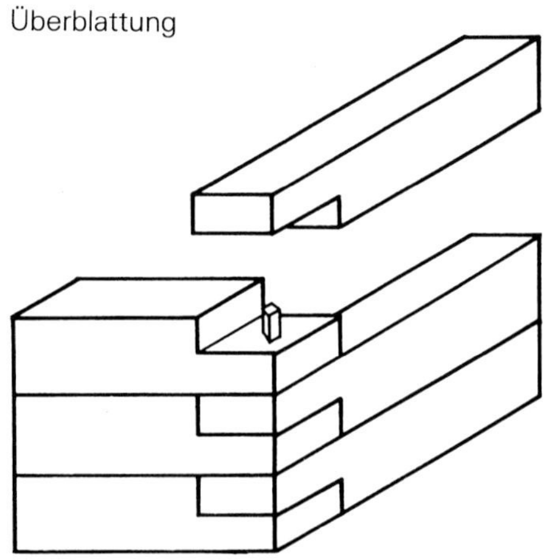

Überblattung mit Hartholzdübeln

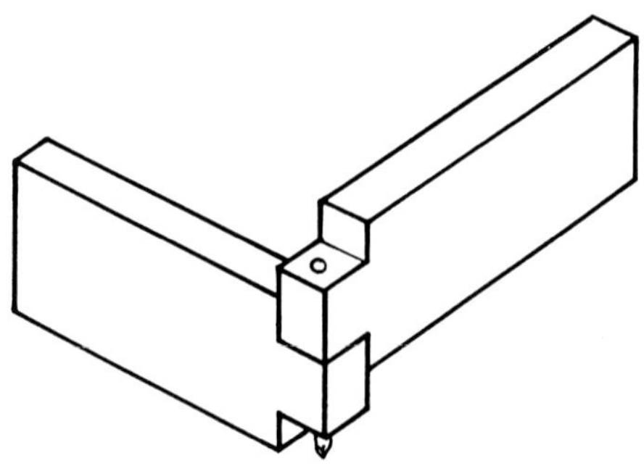

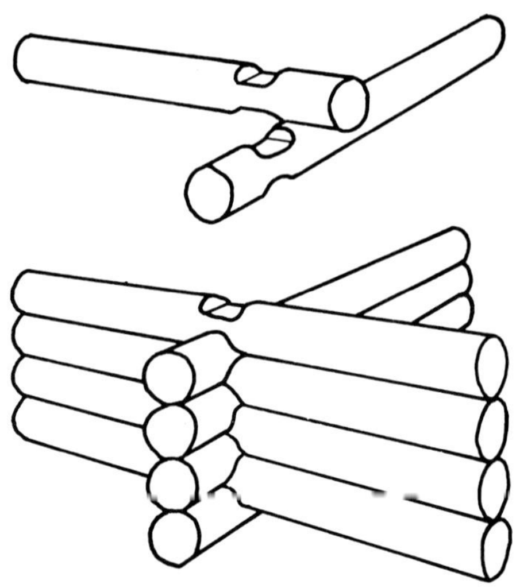

Verschränkte Verblattung

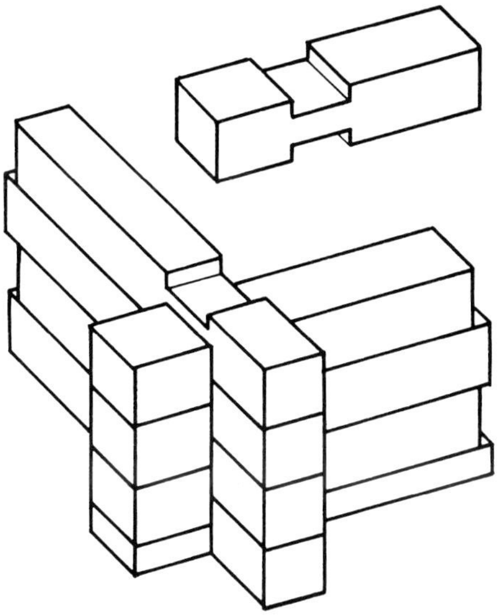

Viertelblattverband

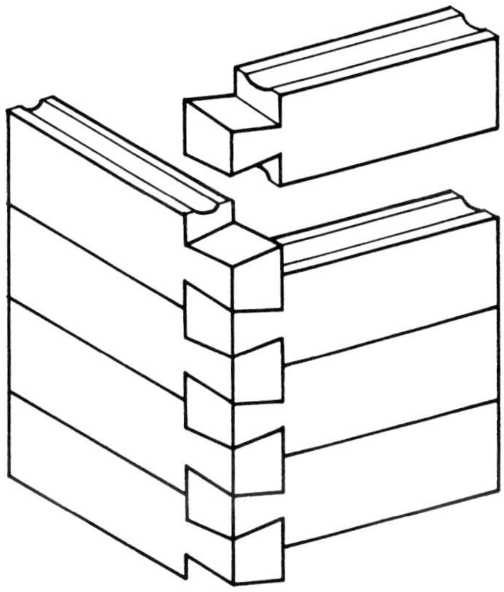

Schwalbenschwanzförmige, versetzte Verblattung

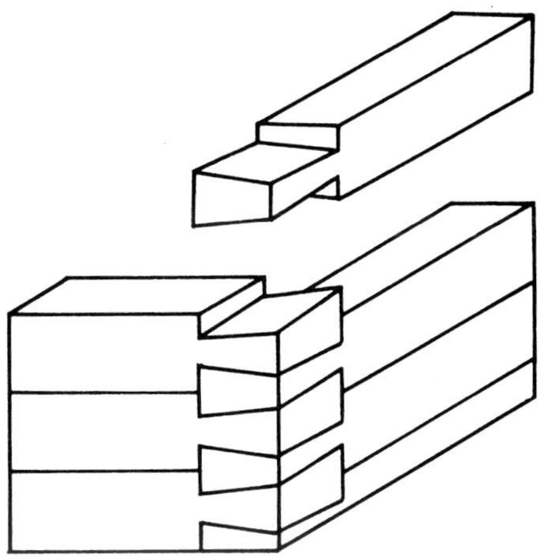

Strickbau

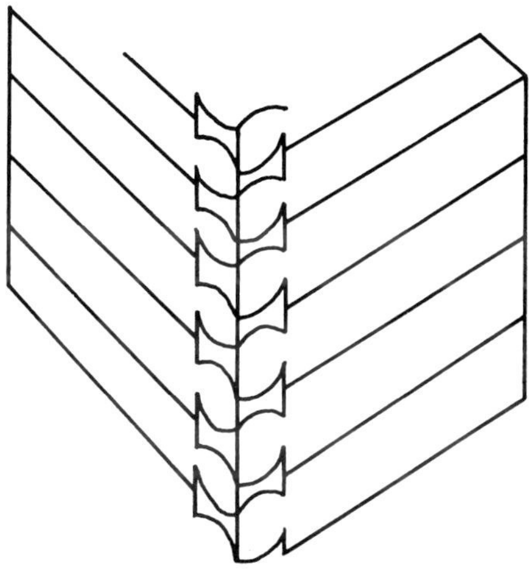

Traditioneller Klingschrot

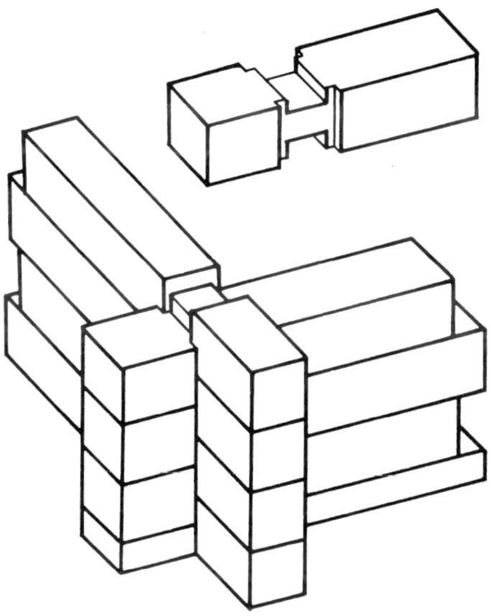

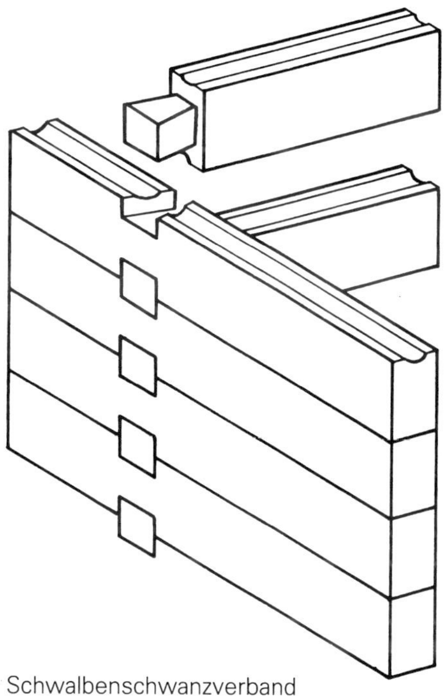

Schwalbenschwanzverband

Japanische Blockhausverbindung aus dem 8. Jahrhundert

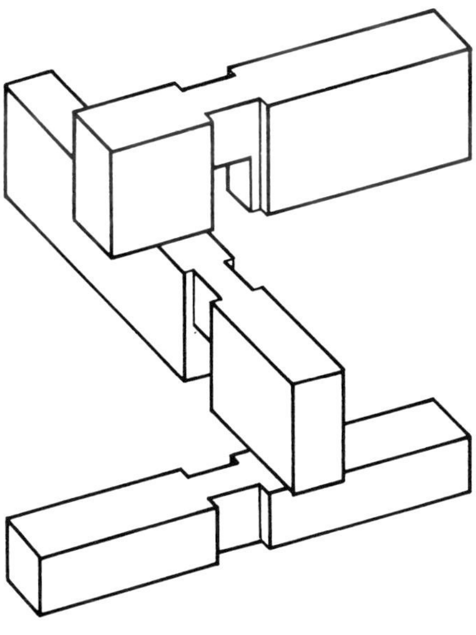

Chaletverbindung, abgesetzt und gefalzt

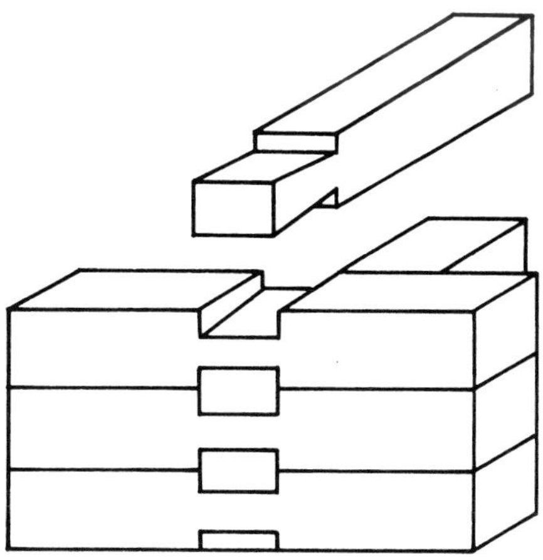

Verzinkung

Halbe Blätter

Halbe Blätter finden dort Anwendung, wo Wechsel an Balken oder Balken an Schwellen T-förmig angeschlossen werden müssen, die tragenden Balken jedoch nicht so stark geschwächt werden dürfen, wie dies bei der Ausführung eines ganzen Blattes geschähe.

Das ***einfache halbe Blatt*** und die ***Anblattung*** an stehenden Hölzern müssen durch einen Holznagel gesichert werden. Die gegenüber dem ganzen Blatt auf die Hälfte verringerte Auflagefläche kann bei Verdrehen des Tragbalkens den angeschlossenen Balken aus der Verbindung herausgleiten lassen.

Das ***Spitzblatt*** schwächt den tragenden Balken am wenigsten, da es dessen statisch bedeutsame, oben gelegene Druckzone nur geringfügig anschneidet.

Die Gefahr des Abrutschens halber Blattverbindungen aufgrund ihrer geringen Auflagefläche auf dem Tragbalken kann durch unverschiebbare ***halbe Weißschwanzblätter*** oder ***halbe Schwalbenschwanzblätter*** vermindert werden.

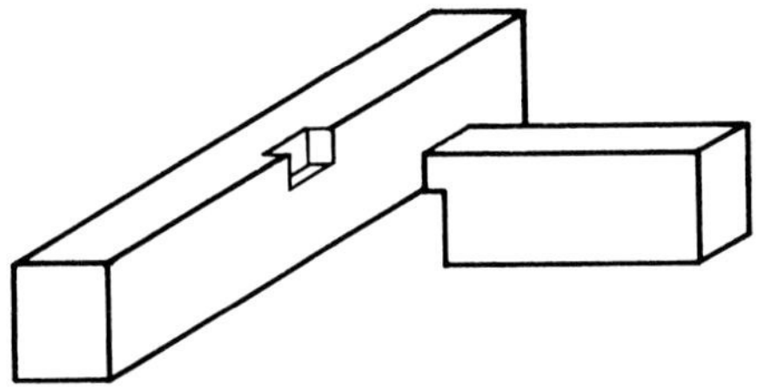

Halbes Blatt

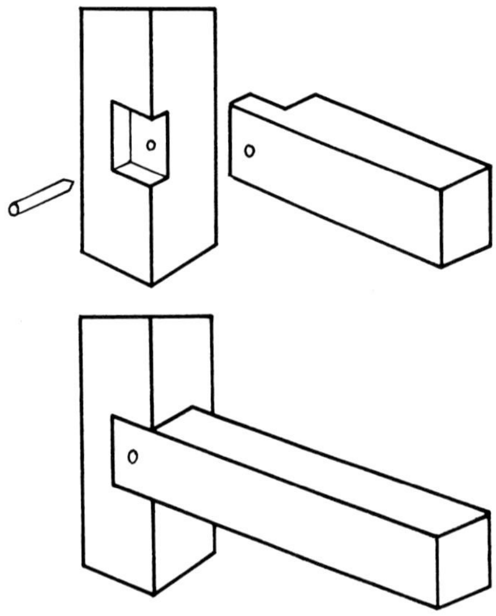

Anblattung mit Holznagel

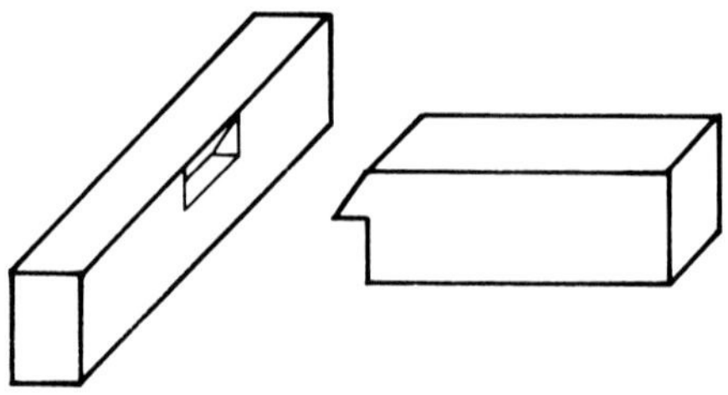

Spitzblatt

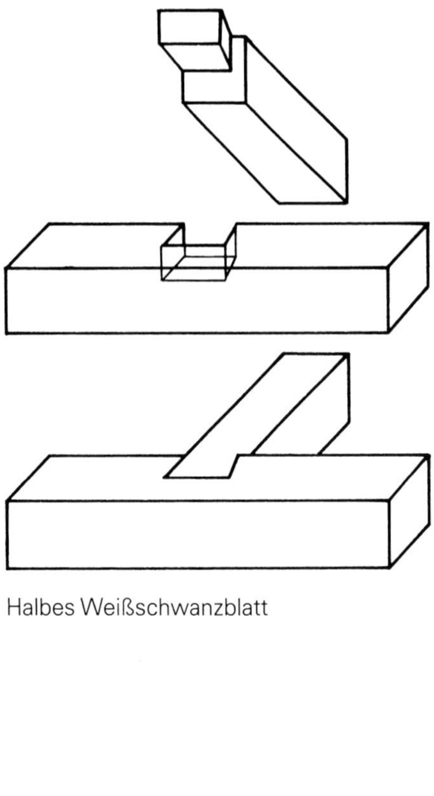

Halbes Weißschwanzblatt

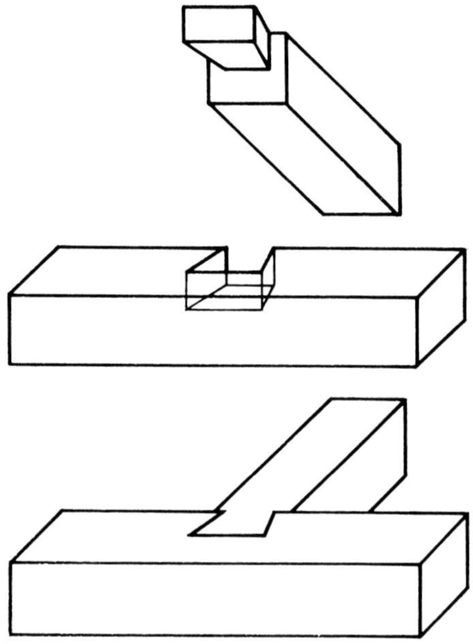

Halbes Schwalbenschwanzblatt
(Kageire-ari-otoshi)

In allen Richtungen gut belastbar ist das ***japanische halbe Schwalbenschwanzblatt mit abgesetzter Brüstung.*** Die Brüstung verbessert die Abscherfestigkeit und Tragfähigkeit der Verbindung und verhindert ein Verdrehen der Hölzer. Wird am gleichen Anschlußpunkt ein Loch für einen Pfostenzapfen eingestemmt, so erleichtert dieser erheblich die Ausarbeitung des Loches für die Schwalbe. Zugleich verhindert der nachträglich eingesetzte Pfosten, daß das Schwalbenschwanzblatt nach oben aus der Verbindung gedrückt werden kann.

Die Fußpfetten japanischer Häuser werden häufig über dem Eckpfosten zusammengesetzt mit Hilfe von halben schwalbenschwanzförmigen Blättern, die durch die Pfosten in den Löchern gehalten werden.

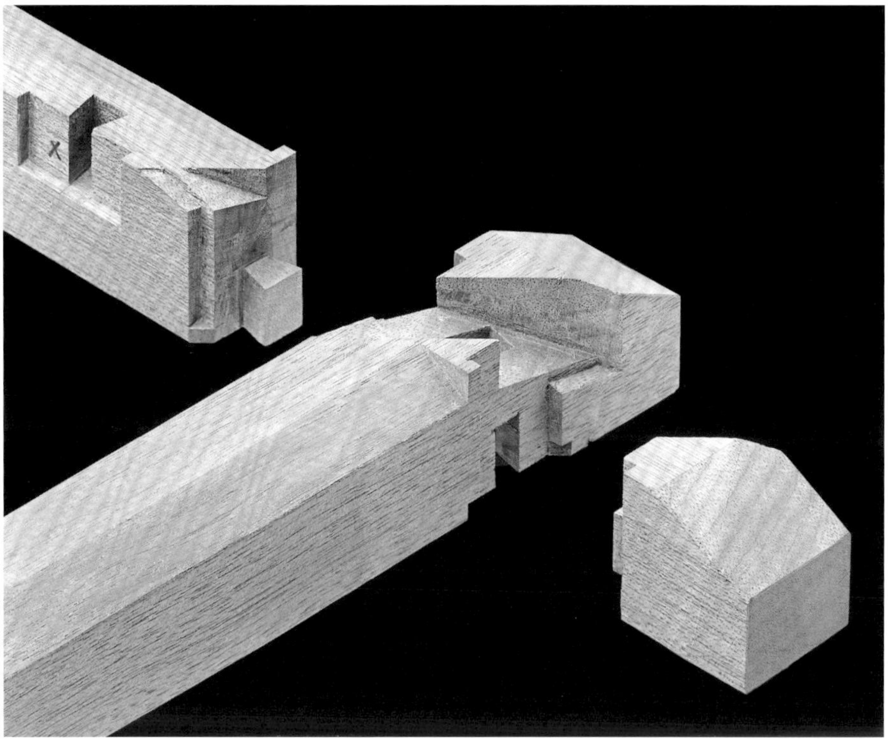

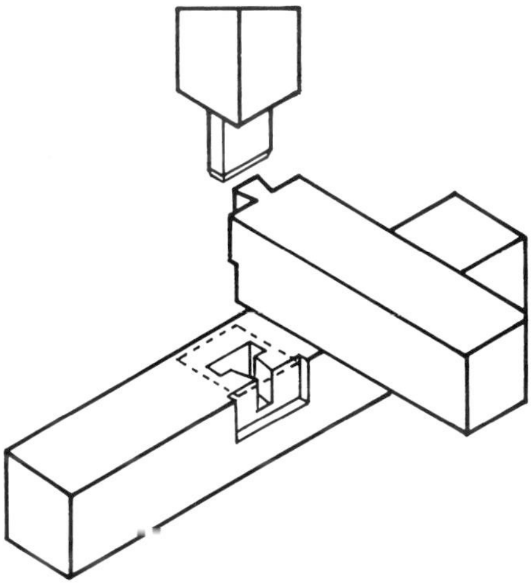

Halbes Schwalbenschwanzblatt mit abgesetzter Brüstung (Ari-kake)

Das ***verdeckte halbe Schwalbenschwanzblatt*** findet Anwendung beim Anschluß eines aussteifenden Zugbalkens an das abgegratete obere Wandrähm, das in Japan zugleich als Auflager für die Sparren dient.
Das nur ***halb eingelassene verdeckte halbe Schwalbenschwanzblatt mit Brüstung*** ist mit einer Vielzahl von Anlageflächen ausgestattet. Die Hölzer können sich nicht verwinden, wodurch eine dauerhafte Paßgenauigkeit gewährleistet ist. Es handelt sich hierbei um eine hochwertige, belastbare Verbindung.
Daneben gibt es in Japan noch eine Anschlußform, bei der ***Gratfedern*** an der Unterseite von Blättern angearbeitet werden, um diese exakt auf ihrem Auflager zu fixieren. Dieser Anschluß findet in Japan Verwendung für die Verbindung der Bodenlager mit den Grundschwellen.

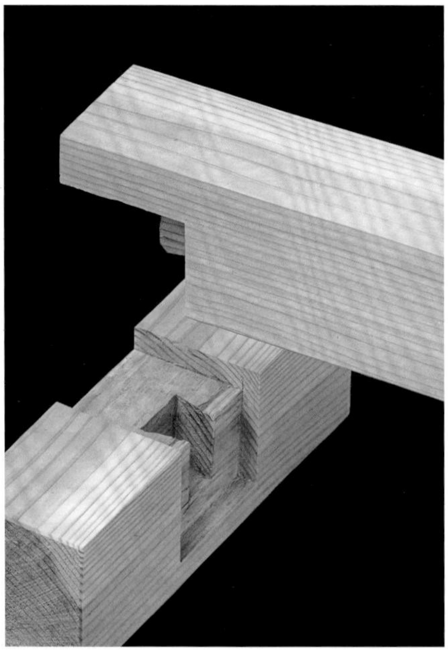

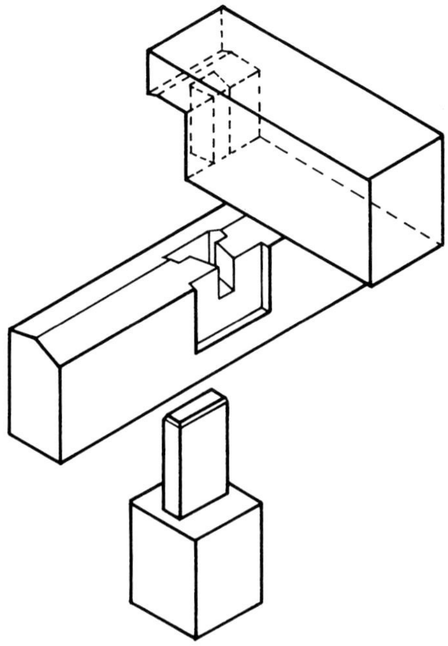

Verdecktes, halbes Schwalbenschwanzblatt mit Brüstung (Kabuto-ari-otoshi)

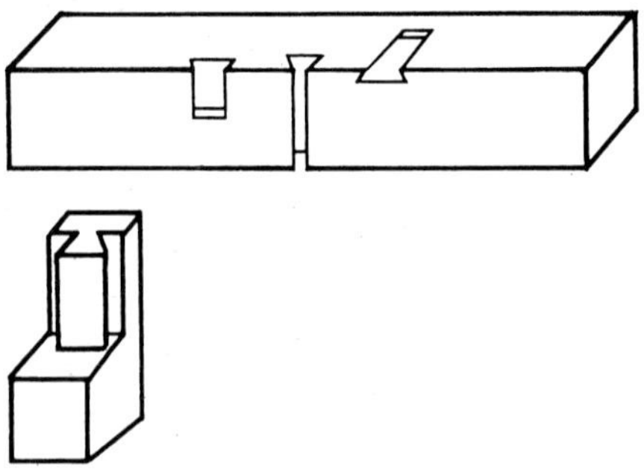

Gratfederzapfen (Neda-hori)

Blatt mit Gratfeder als Eckverbindung von Traufbohlen bei Vollwalmdächern

Kreuzüberblattungen

Es gibt vielfältige Möglichkeiten, Kreuzüberblattungen auszuführen, die den einfachen Blattverbindungen überlegen sind.
Das *Kreuzblatt* wird angewendet bei waagerechten und senkrechten Überkreuzungen im Dachbundwerk, bei verkreuzten Wandstreben und Andreaskreuzen. Aufgrund der Schwächung der Hölzer wird es heute oft durch Zangenkonstruktionen ersetzt. Dabei tritt an die Stelle der Verkreuzung ein Balkenpaar, das rechts und links an einem einzelnen Balken vorbeigeführt und verschraubt wird. Einfache Kreuzblätter können nur schlecht verleimt werden, weil, außer am Grund der Verbindung, immer schlecht zu verleimendes Hirnholz an Längsholz anliegt. Daher ist es oft besser, bei Wandstreben und Andreaskreuzen anstelle des Kreuzblattes eine Strebe in zwei Teile zu trennen und in die durchlaufende Strebe einzuzapfen.
Wo Fenstersprossen und Rahmen von Kassettendecken profiliert werden, sollten die Kanten der Hölzer auf Gehrung geschnitten und das Blatt abgesetzt werden.
Die ***Kreuzüberblattung mit eingepaßter Gehrung*** vergrößert die seitlichen Anlageflächen, wodurch der Verbindung etwas mehr Halt gegen Verdrehen gegeben ist. Die Gehrungsfuge kann verleimt werden.

Abgesetztes Blatt auf Gehrung (Go-ten-jyo-gata)

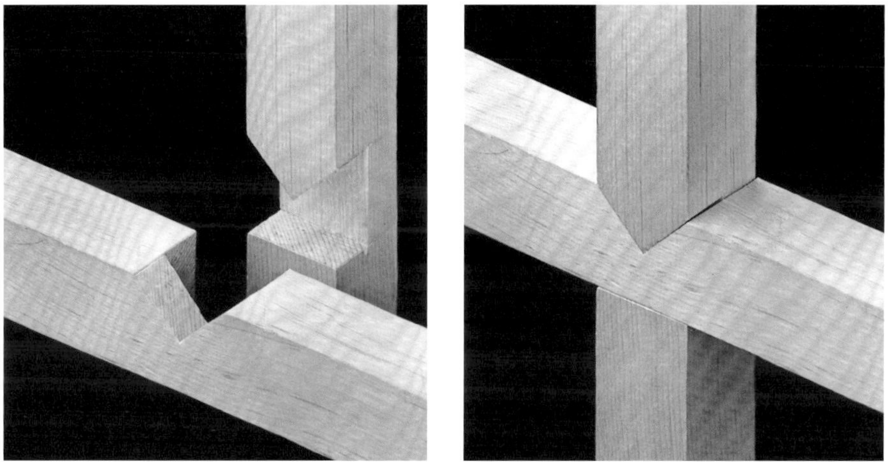

Kreuzüberblattung mit eingepaßter Gehrung (Ken-saki-dome-ai-gaki-tsugi)

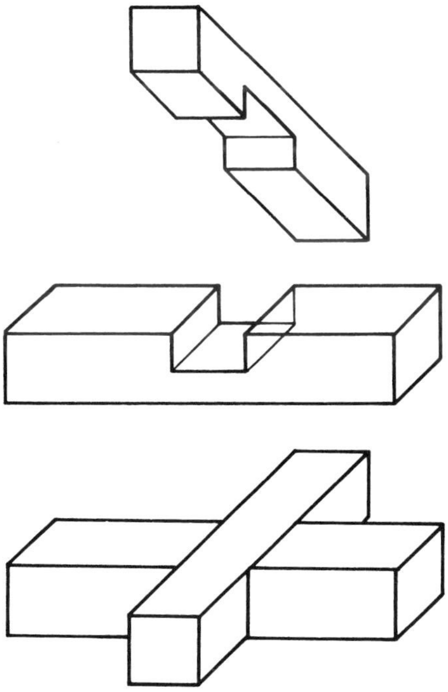

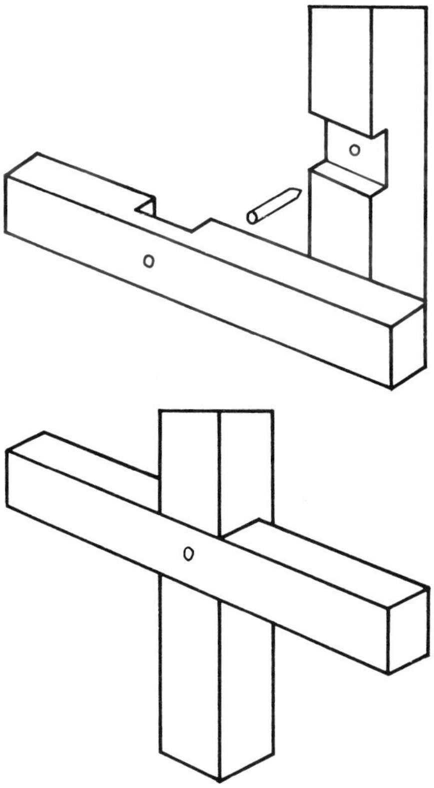

Kreuzblatt und
Anblattung mit Holznagel

Kreuzsprossen in Sprossenrahmen von Türen und Fenstern können mit verschiedenen Formen von Kreuzblättern verbunden werden. Um saubere Gehrungen zu erzielen, kann es angebracht sein, nur die Sprossenrippen zu überblatten und statt einer Kittfuge eine Deckleiste aufzusetzen. Stoßen mehr als zwei Sprossen in einem Punkt zusammen, so sollten diese nicht durch eine Überblattung, sondern mit einer Federeinlage verbunden werden, die sich besser verleimen läßt.
Im Gegensatz zum einfachen Kreuzblatt besteht beim ***abgesetzten Kreuzblatt*** nicht das Problem, daß sich Fugen öffnen können. Die größeren seitlichen Anlageflächen gewährleisten eine gute Winkelstabilität. Andererseits kann diese Verbindung aber nur bei schwach belasteten oder unterstützten Hölzern angewendet werden.
Gute Winkelstabilität und bleibende Paßgenauigkeit ergibt auch die ***zweiseitige Führung beim abgesetzten Kreuzblatt.***
Beim ***Kreuzblatt mit Haken*** wird das untere Holz weniger geschwächt als beim einfachen Blatt, und die Verbindung ist unverschiebbar.
Der ***abgesetzte Schwalbenschwanz in der Kreuzüberblattung*** ist zwar aufwendig herzustellen, hat dafür aber alle Vorteile der vorhergehenden Formen in sich vereint und erzielt eine dekorative Wirkung.
Bei Fußpfetten wird in Japan gelegentlich der Pfettenkopf der giebelseitig verlaufenden Pfette separat mit Schwalbenschwanz von unten in die Längspfette eingeschoben und dort vom Eckpfosten gehalten. Hierdurch erspart man sich die Ausarbeitung eines Blattes, das an dieser Stelle die durch den Dachüberstand belastete Längspfette zu sehr schwächen würde.
Das abgesetzte Kreuzblatt kann zusätzlich mit einem Stufenzapfen gesichert werden. Damit das untere Holz dabei nicht in zu großem Maße verschwächt wird, muß der Zapfen unbedingt abgestuft werden. Anwendung findet diese Form in Japan häufig bei Schwelleneckstößen.

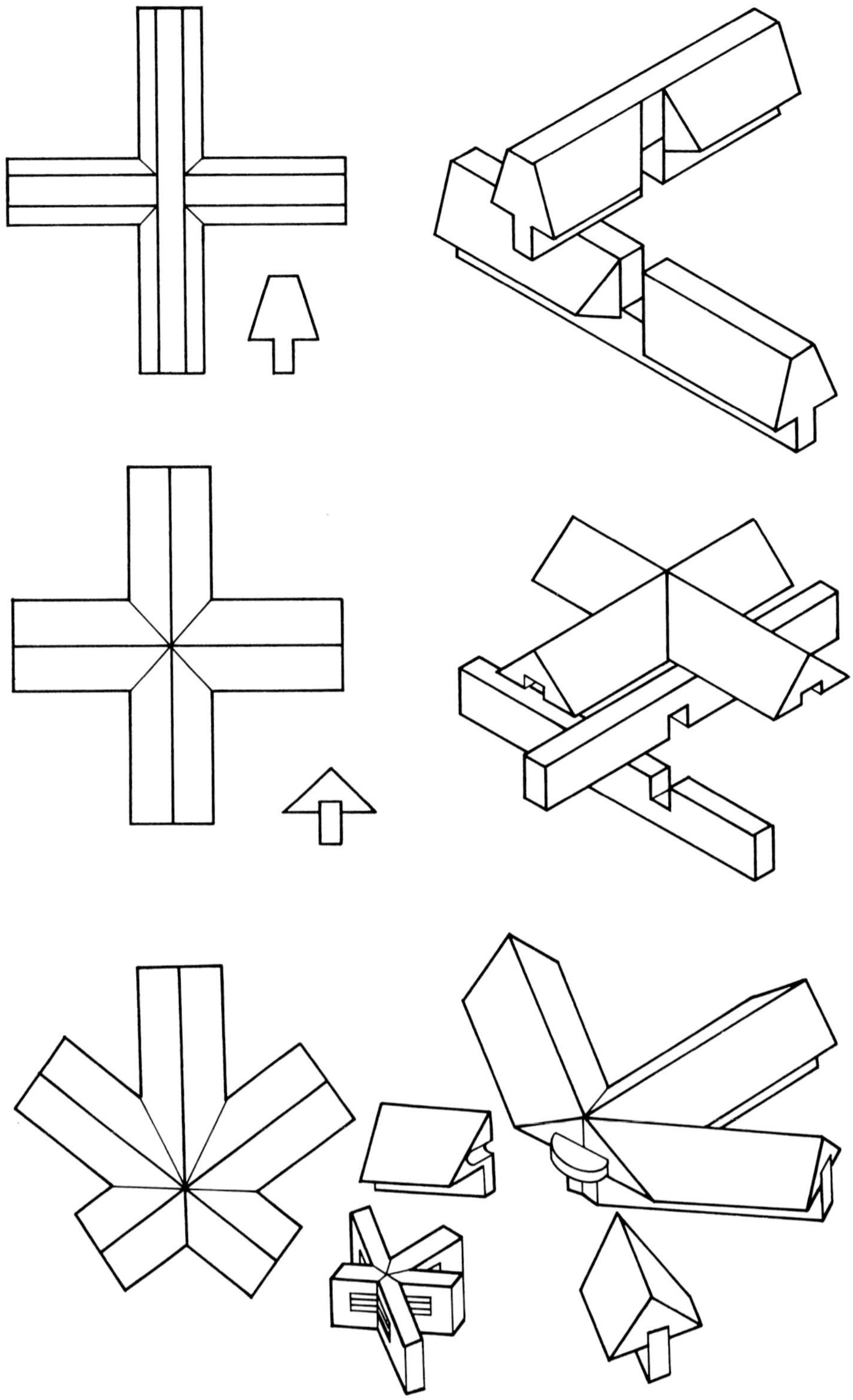

Kreuzsprossen mit Kreuzblättern oder Federeinlage

Kreuzüberblattung mit abgesetzten Schwalbenschwänzen (Shi-ho-ari-kumi-te)

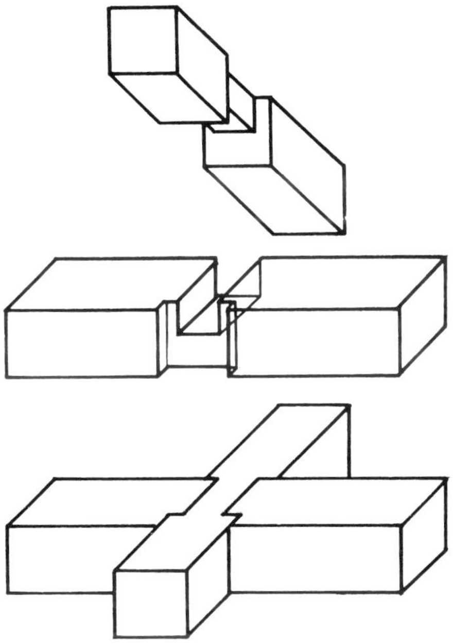

Abgesetztes Kreuzblatt mit einseitiger Führung

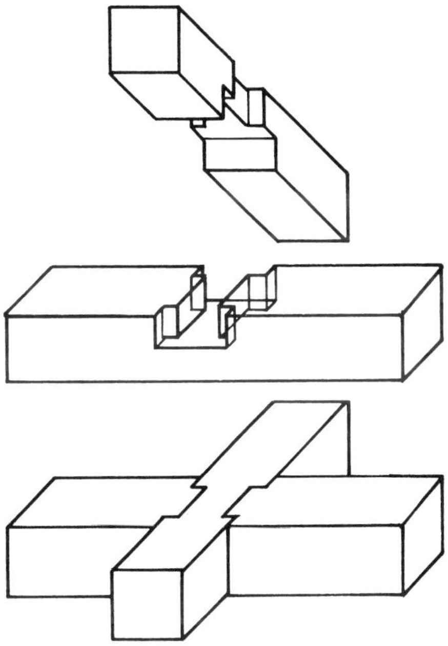

Doppelt abgesetztes Kreuzblatt

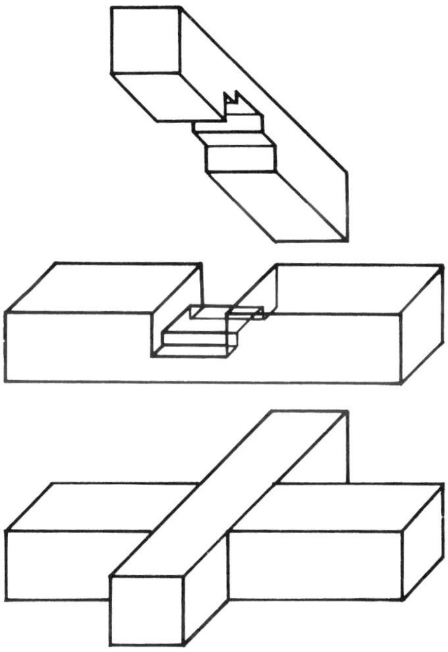

Kreuzblatt mit Haken

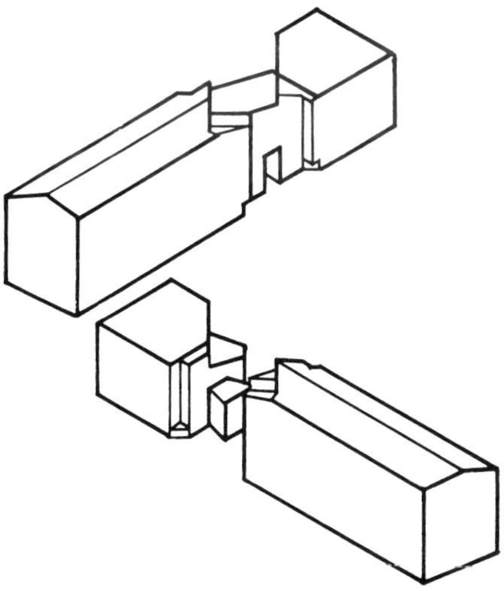

Japanischer Fußpfettenanschluß

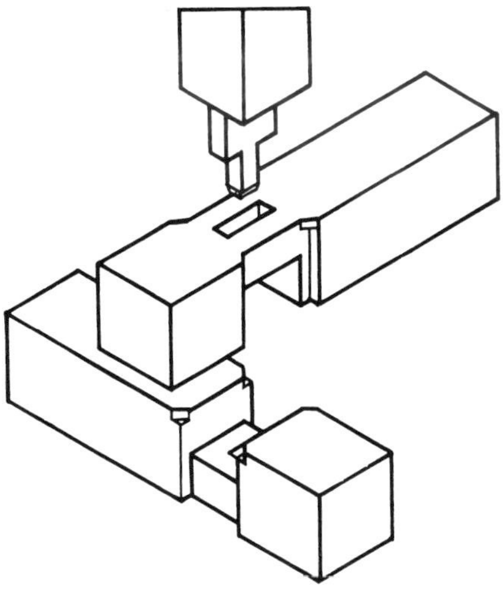

Abgesetztes Kreuzblatt mit durchgestoßenem Stufenzapfen

Kreuzblätter bei auskragenden Pfettenköpfen und Knaggenkonstruktionen

Im 12. Jahrhundert verbreiteten Missionare aus China den Buddhismus in Japan. Dieser verdrängte die ursprüngliche japanische Religion des Shintoismus. In der Folge wurden zahlreiche buddhistische Tempel gebaut, deren Bauweise chinesischer Tradition entsprach. So tauchten in Japan bis dahin unbekannte Konstruktionselemente auf, wie die reich verzierten Balkenköpfe der Pfetten und komplizierte Knaggenverbindungen unter den Dachvorsprüngen. Diese Knotenpunkte sind durch die Vielzahl der verwendeten Verbindungen elastisch und machten so die Tempel widerstandsfähig gegenüber Erdbebenerschütterungen.
Durch die auskragenden Pfettenköpfe werden Verkreuzungen mit Dollen- und Schwalbenschwanzsicherung an den Eckpunkten des Pfettenkranzes ermöglicht, die eine größere Sicherheit gegenüber Verschieben geben.
Bei den vielteiligen Knaggenverbindungen und Gesimsen finden sich zahlreiche Verbindungsformen, darunter Kreuzüberblattungen und Verkämmungen.

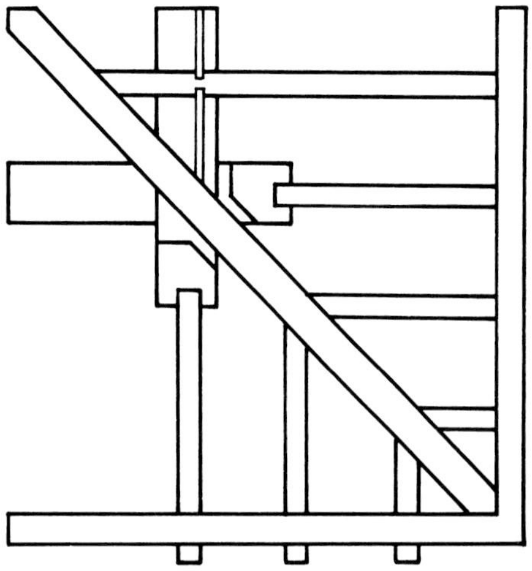

Aufsicht auf einen japanischen Dachstuhl mit Eckverkreuzung der Fußpfetten, Gratsparren und Schiftersparren

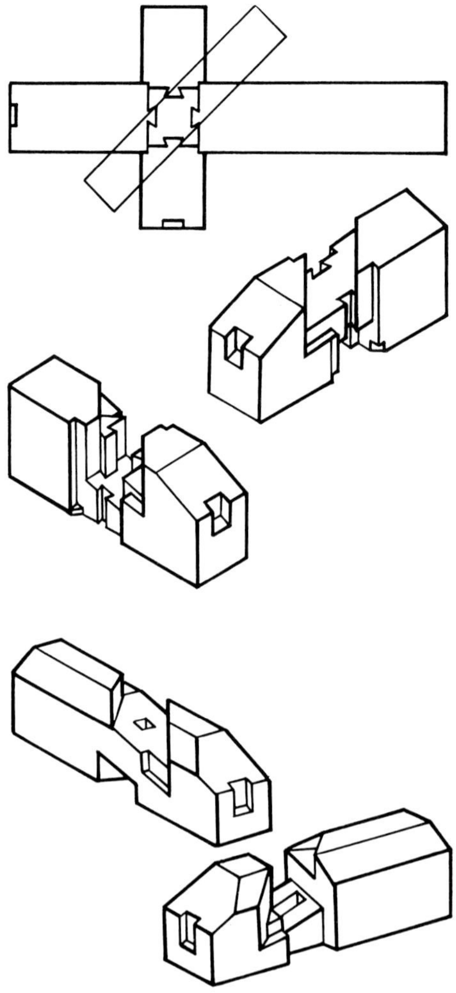

Verschiedene Möglichkeiten einer Eckverbindung für Fußpfetten

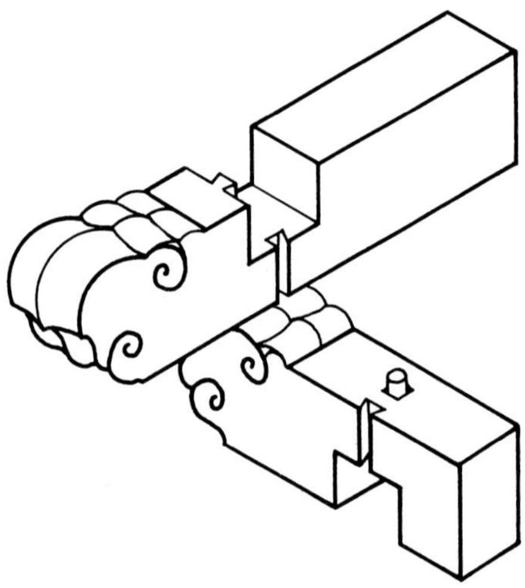

Verkreuzung an auskragenden Pfettenköpfen mit Dollen und Schwalbenschwanzsicherung

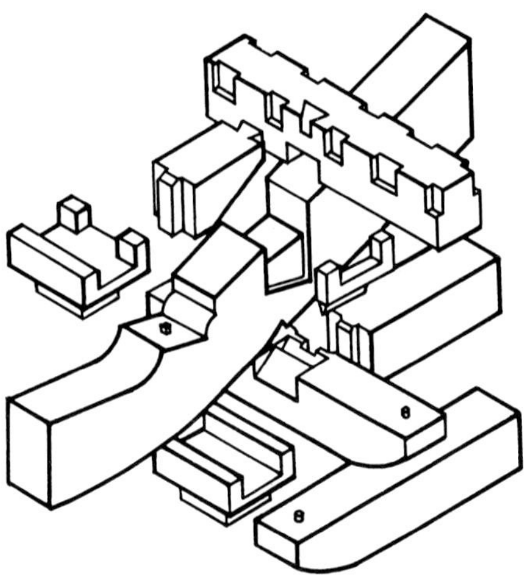

Knaggenverbindung mit Kreuzüberblattungen und Verkämmungen

Die Verkämmung

Die Verkämmung ist im Prinzip dem Blatt ähnlich, jedoch liegen bei verkämmten Hölzern die Ober- und Unterkanten nicht bündig in einer Ebene, und die Hölzer verlaufen immer waagerecht. Eine Ausnahme bilden lediglich die im Ingenieurholzbau üblichen Zangenanschlüsse, die jedoch nur in Verbindung mit einem Schraubbolzen funktionieren.

Verkämmungen verschwächen die Hölzer nur geringfügig, da der Kamm lediglich 2 cm tief ausgearbeitet wird.

Verkämmungen finden statt zwischen Pfetten und Deckenbalken und zwischen Deckenbalken und Schwellen sowie bei Pfetteneckstößen und beim Einbau von aussteifenden Balken zwischen den Pfetten. Im Stockwerkbau werden die Deckenbalken zwischen den Wandschwellen verkämmt.

Das Gebälk hat häufig waagerechte Zug- und Druckkräfte zwischen den Pfetten oder Schwellen gegenüberliegender Wände zu übertragen. Es muß die Außen- und Innenwände eines Gebäudes zusammenhalten und stellt den notwendigen Halt der Wände gegenüber Winddruck her. Durch die Verkämmung soll ganz allgemein eine größere Steifheit der Konstruktion erreicht werden. Bei richtiger Ausführung sichern Kämme vor einem Verschieben und Verkanten der Hölzer.

Kammverbindungen weisen nur geringe seitliche Anlageflächen auf. Wesentlich für die Verbindung ist die Gestaltung der Auflagefläche, die darüber entscheidet, ob ein Balken gut liegt oder zum Kippen neigt. Die Form des Kammes muß so gewählt werden, daß die Unterseite des oberen Balkens – zumindest teilweise – in ganzer Breite stehenbleibt. Beispielsweise soll der Stufenkamm nie unter einer Schwelle oder einer Pfette, der Schwalbenschwanzkamm nie unter einem Bodenbalken ausgeführt werden.

Die dauerhafte Stabilität von Kammver-

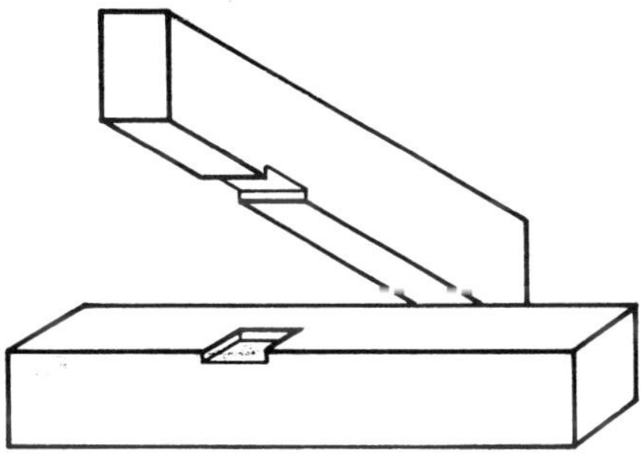

Einfacher Kamm (Stufenkamm), nur über der Schwelle auszuführen

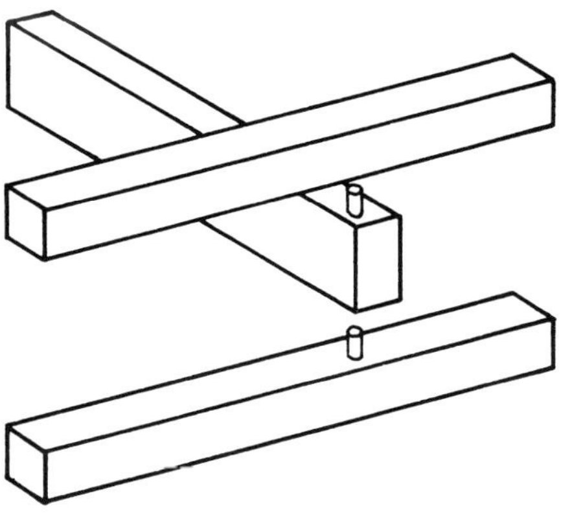

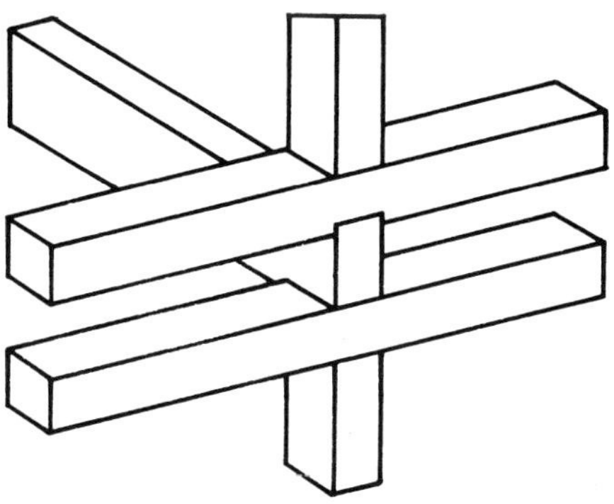

Schwalbenkamm mit Dollen

bindungen kann durch Stirnholzrisse an den Balkenenden gefährdet werden. Dieser Gefahr begegnet man am besten, indem man die Balkenköpfe ca. 10 cm über das Auflager hinaus vorstehen läßt. Verkämmte Balken sollten immer von oben belastet sein und können zusätzlich mit einem Dollen gesichert werden.

Die Dollen sind im allgemeinen 11 cm lang, und der Durchmesser beträgt 3 cm. Die Stirnkanten werden abgefaßt und die Löcher passend 3 cm groß gebohrt.

Gegner der Verkämmung berufen sich darauf, daß diese Verbindung früher ausschließlich die Aufgabe hatte, die ungleiche Höhe verschieden starker Hölzer auszugleichen. Dies sei bei dem heute verfügbaren Bauholz nicht mehr nötig, und überdies würde ein ***stumpf eingebohrter Dollen***, auch ***Schwabenkamm*** genannt, bei geringeren Kosten bessere Dienste leisten. Diese Behauptung ist richtig im Hinblick auf die mögliche Zugbeanspruchung, da die Scherfläche des Dollens in etwa doppelt so groß ist wie die des Kreuzkammes und ungefähr gleichgroß wie die des Stufenkammes. Umgekehrte Verhältnisse herrschen bei Druckbeanspruchung. Hier kann der Kreuzkamm doppelt so große Belastung aufnehmen wie der Dollen, der Stufenkamm nur ca. 20% weniger als der Dollen. Aus Kostengründen wird man daher den Dollen nur dort einsetzen, wo überwiegend Zugbelastung zu erwarten ist.

Der *einfache Kamm (Stufenkamm)* wird immer nur auf Schwellen unter dem Gebälk ausgeführt. Bodenschwellen von Fachwerkwänden würden umgekehrt zum Kippen neigen, wenn sie auf einfachen Kämmen aufgelagert wären.

Im Fachwerkbau hat sich die Bauweise übersetzter Stockwerke bewährt. Interessant bei dieser Konstruktionsweise ist die Verlagerung des Gewichtes der oberen Stockwerke über den Auflagerpunkt der darunterliegenden Wand nach außen hin auf die Gebälkköpfe.

Unter der Last der Fachwerkwand biegen sich die Balkenköpfe geringfügig nach unten. Wie bei einer Wippe bekommt dadurch der im Hausinnern liegende Teil der Balkendecke eine Spannung nach oben. Diese erhöht nach dem Prinzip vorgespannter Balken die Tragfähigkeit der Decke.

Der ***Mittelkamm*** wird bei Verkreuzungen von durchlaufenden Hölzern ausgeführt.

Der ***Kreuzkamm*** kann unter und über einem Gebälk benutzt werden, allerdings sollte dabei der Balkenkopf 10 cm vorstehen, damit das Vorholz des Kreuzkammes nicht abschert.

Der ***Schwalbenschwanzkamm*** sollte nur auf der Oberseite des Gebälks verwendet werden, weil sonst durch die Formung der Auflagerfläche das Verkanten der Balken begünstigt würde.

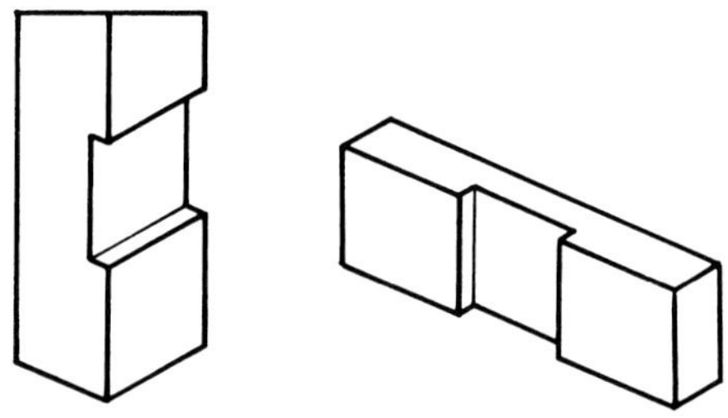

Einfache Ankämmung in Japan

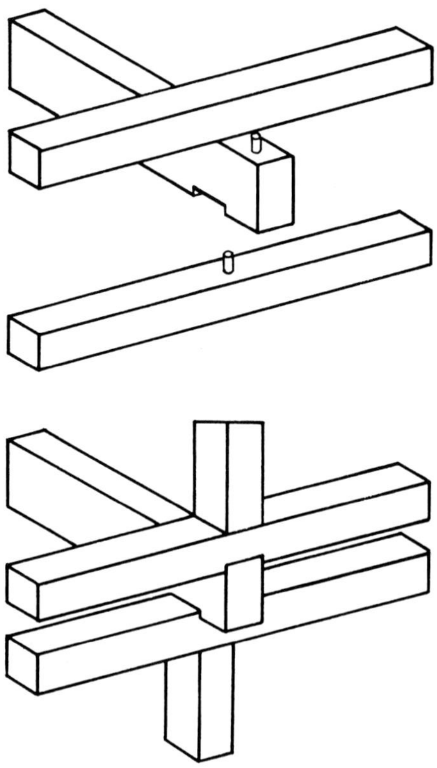

Einfacher Kamm mit Dollensicherung im Stockwerkbau

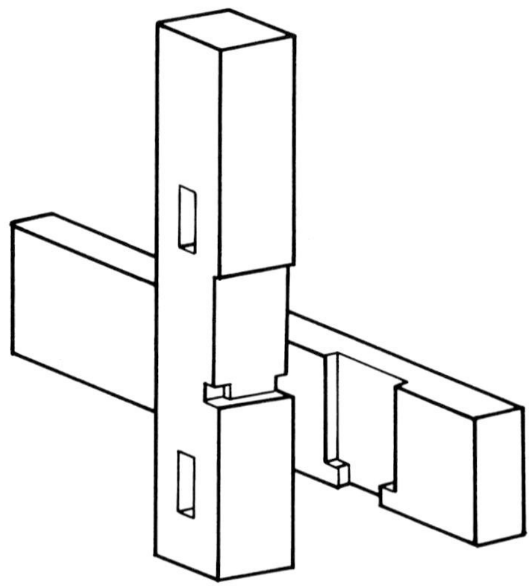

Ankämmung mit kleinem Mittelkamm

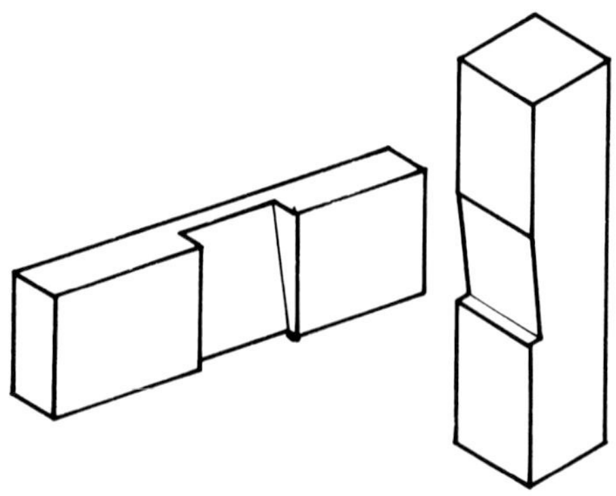

Ankämmung als Versatz (Eriwa)

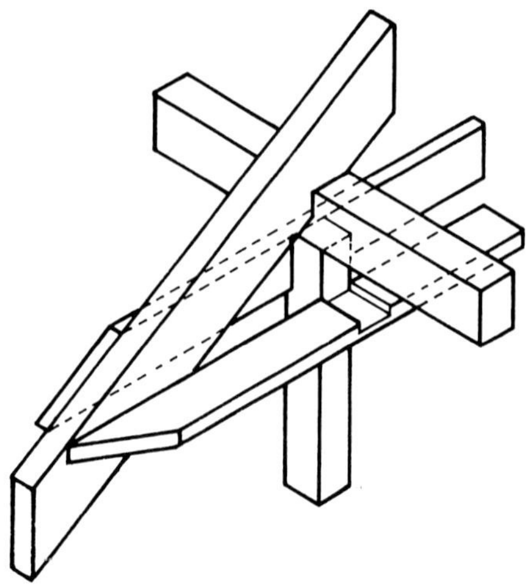

Ankämmung bei europäischen Zangenkonstruktionen

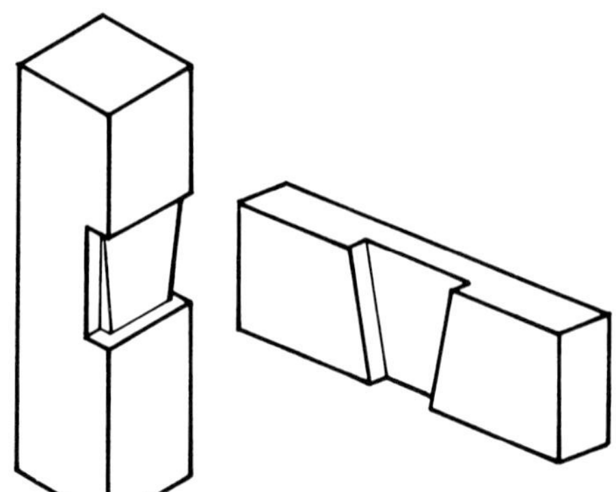

Schwalbenschwanzkamm als Anblattung mit Versatz

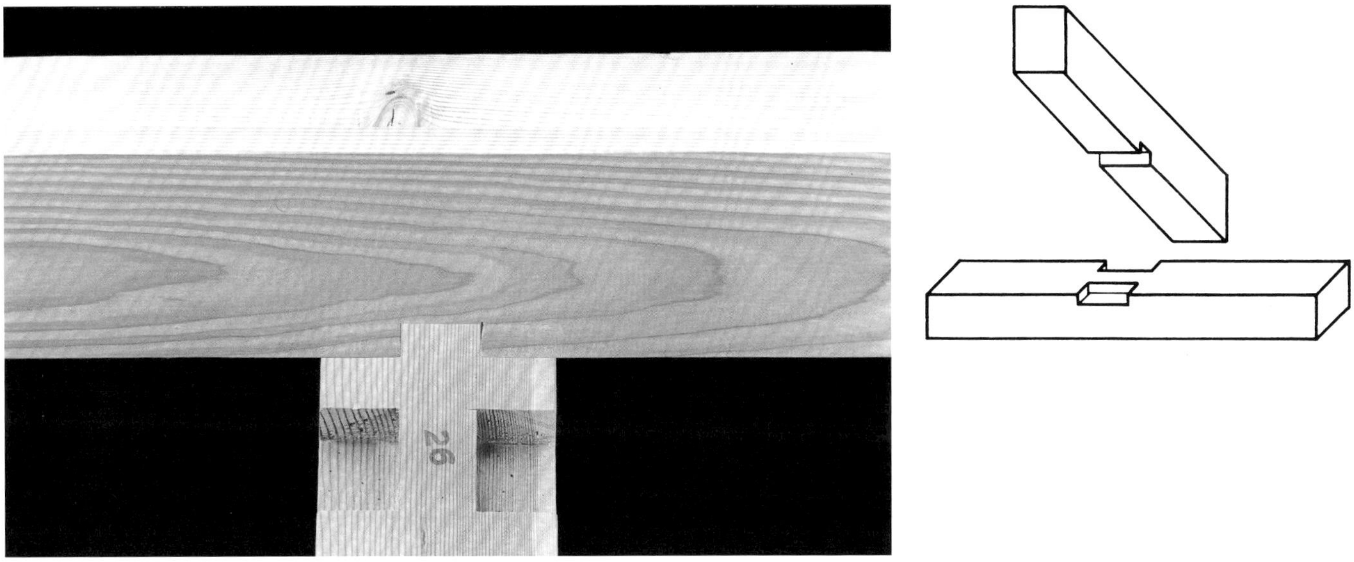

Mittelkamm (Watari-ago)

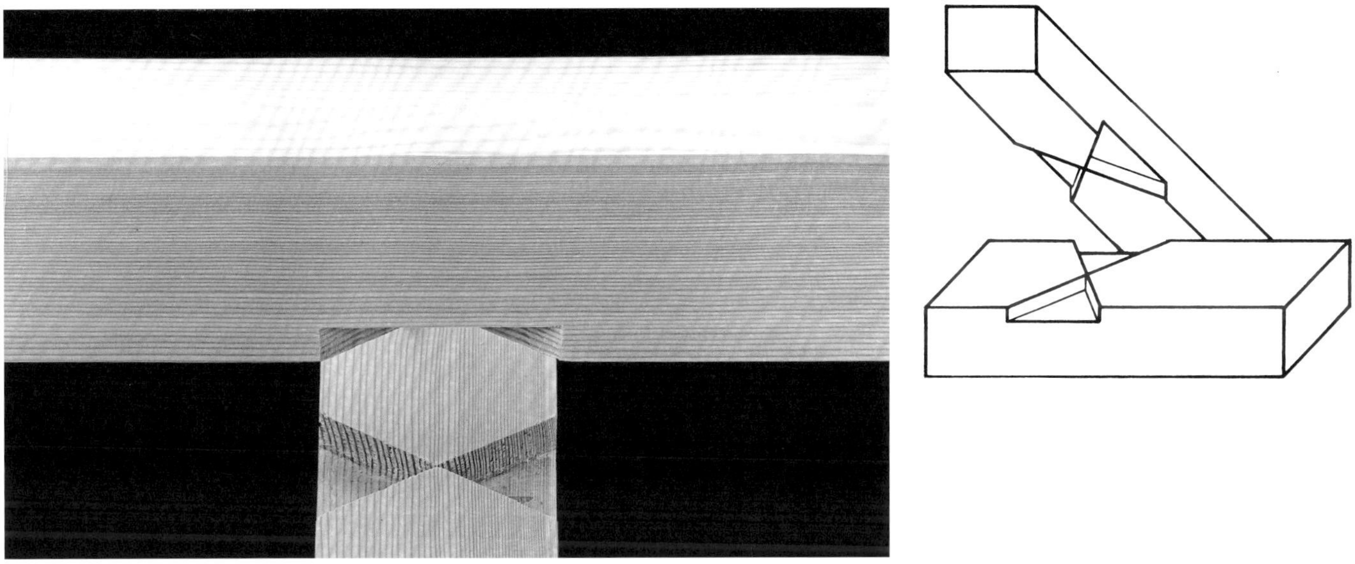

Kreuzkamm (Tasuki–kake-watari-ago)

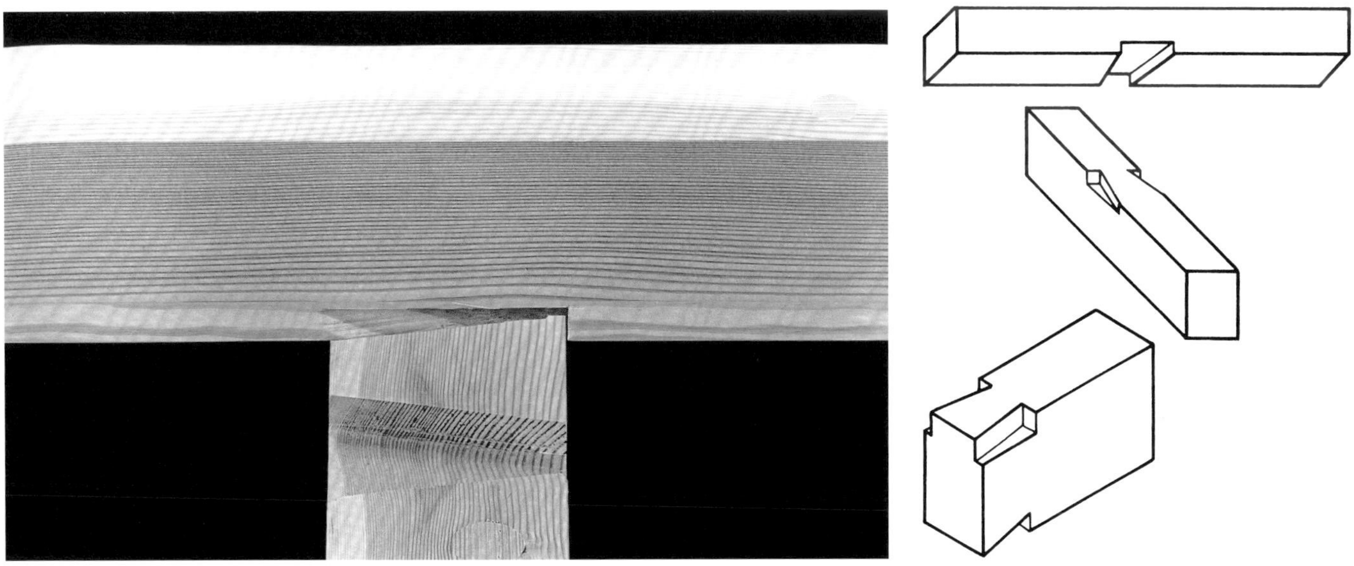

Schwalbenschwanzkamm

Der ***halbe Kreuzeckkamm*** verhindert ein Verschieben der Balken an den Eckstößen.

Der schräge Eckkamm und der ***Eckkamm mit halbem Schwalbenschwanz*** erfüllen die gleiche Funktion wie der Kreuzeckkamm.

Japanische Formen der Verkämmung sind: ***Überkämmung mit Zapfensicherung, Mittelkamm mit Dollen und Kreuzkamm*** sowie ***kervenartige Überkämmungen bei Gratsparren*** mit darunterliegendem Kreuzblatt.

Auf dem Pfetteneckstoß wird der Gratsparren mit einer kammartigen Kerve eingelassen. Zusätzlich wird das Pfetteneckblatt mit einem abgestuften Pfostenzapfen gesichert. Die Gratsparren werden an der Firstpfette zugfest eingehängt, so daß mit ihrer Hilfe die Ecke des Pfettenkranzes zusätzlich gehalten wird. Dank dieser Konstruktion sind die für die Standsicherheit von Gebäuden wichtigen Pfetteneckverbindungen hervorragend gegen Erdbeben gesichert.

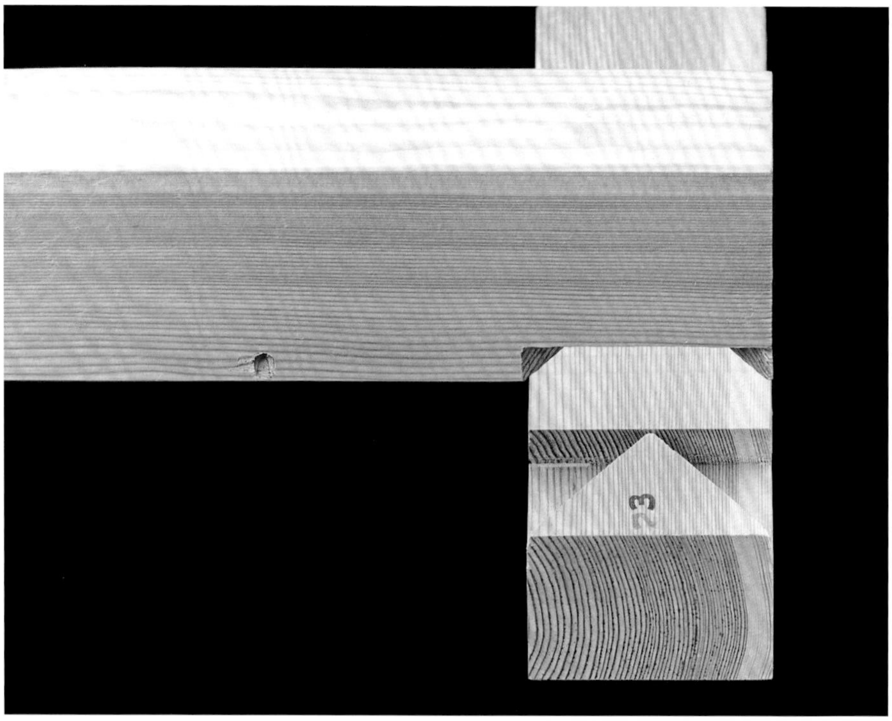

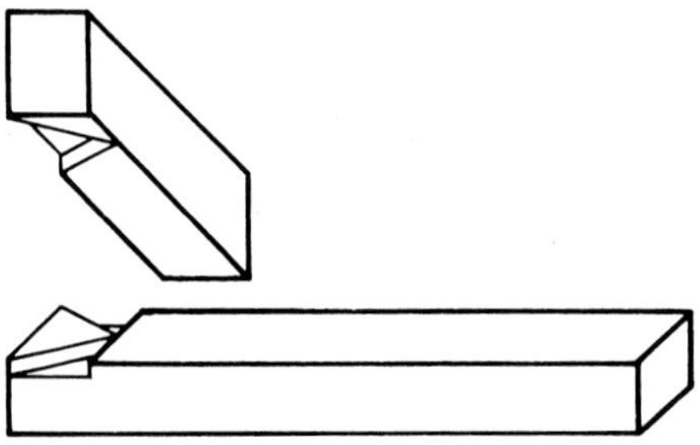

Kreuzeckkamm

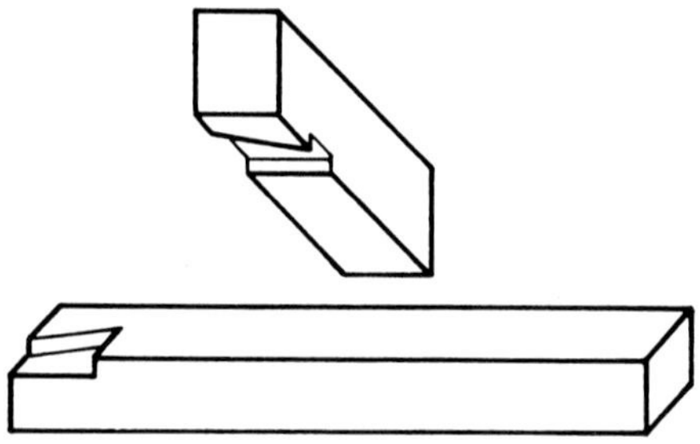

Schräger Eckkamm

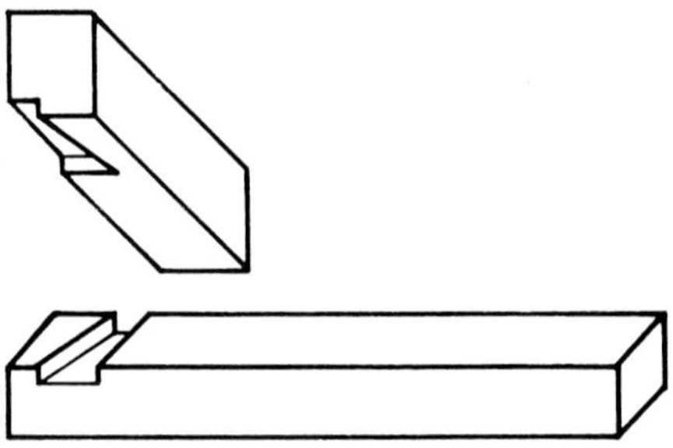

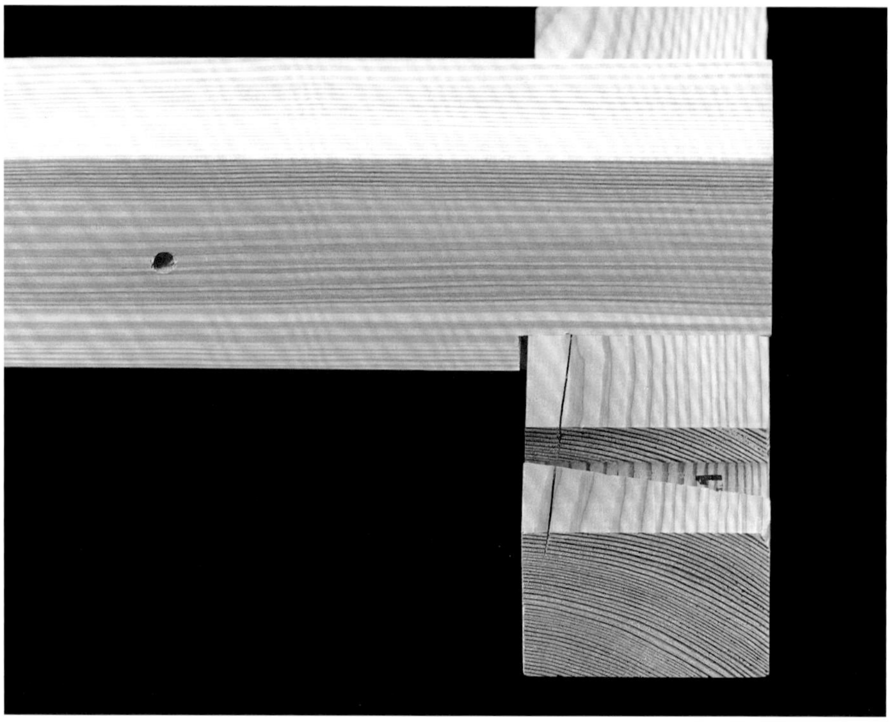

Eckkamm mit halbem Schwalbenschwanz

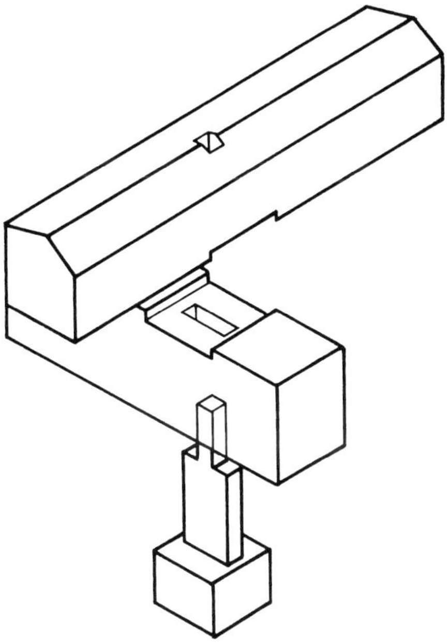

Überkämmung mit Zapfensicherung

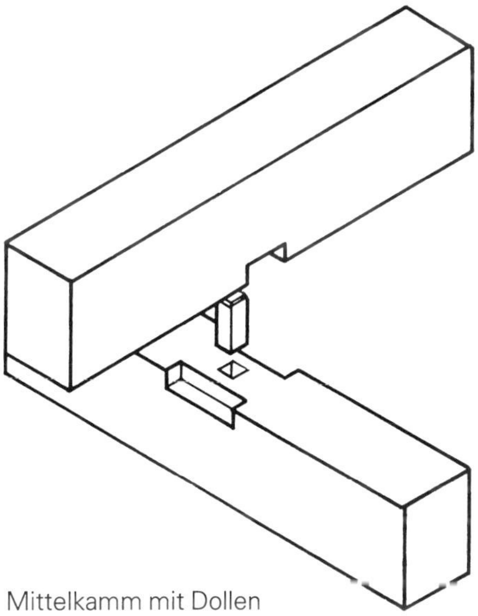

Mittelkamm mit Dollen

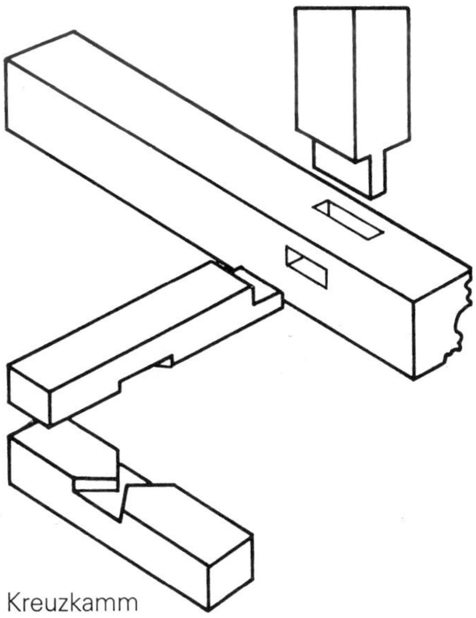

Kreuzkamm

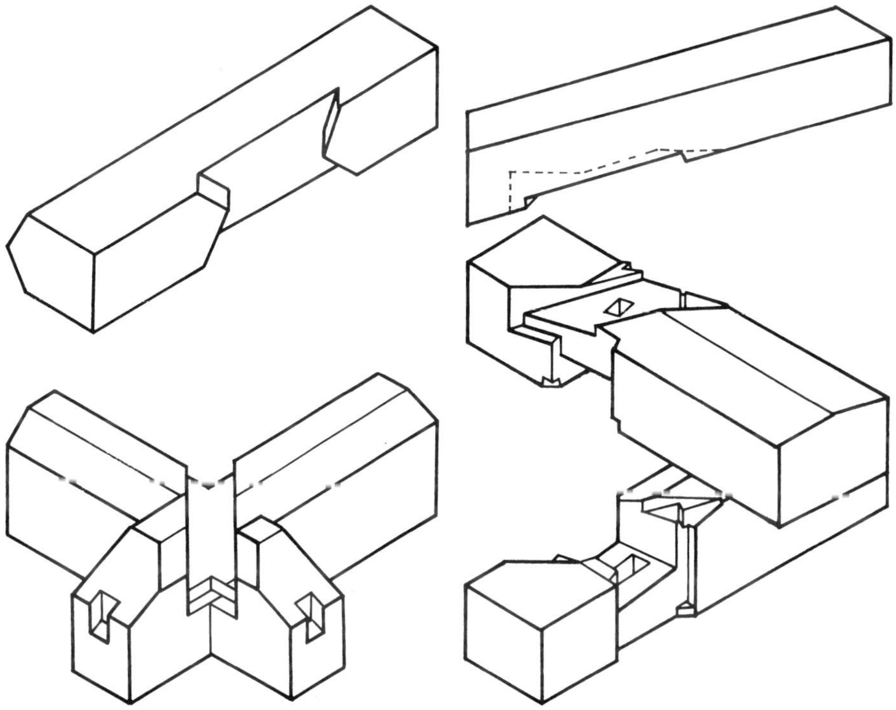

Kervenartige Überkämmung bei Gratsparren mit darunterliegendem Kreuzblatt und durchgestoßenem Pfostenzapfen (Kiri-kaki)

Die Stirnfedern

In Japan spielen Stirnfedern bei winkligen Anschlüssen eine wichtige Rolle. Sie haben die Funktion, Balken am Verdrehen zu hindern, oder stellen bei leichten Dekken das alleintragende Element dar. Schwelleneckverbindungen können mittels ***doppelseitiger Stirnfeder verdeckt mit Gehrungsschnitt und zinkenförmigem Eckzapfen*** hergestellt werden. Die Verbindungsteile werden bei der Montage senkrecht ineinandergeschoben.

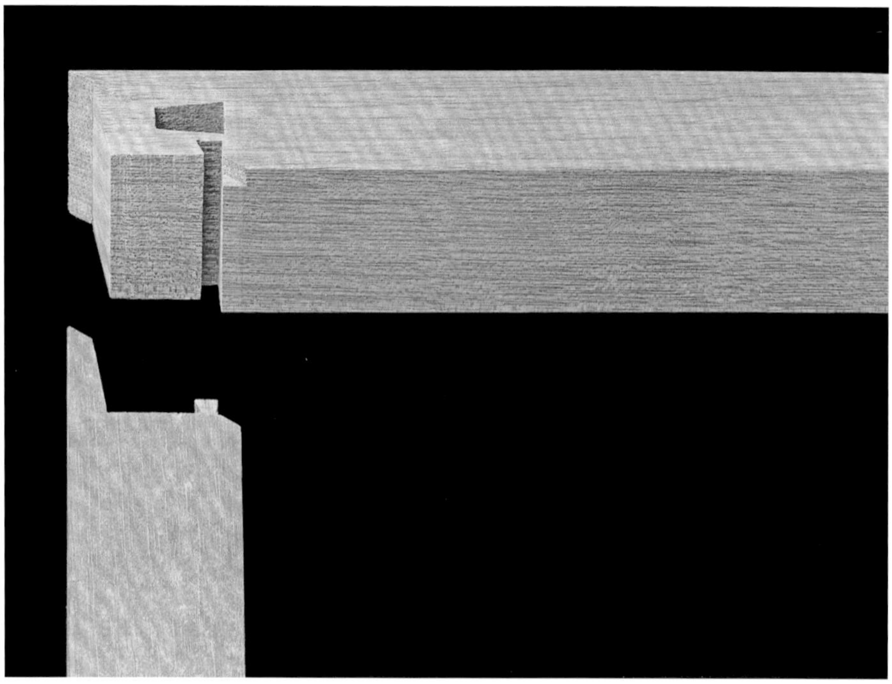

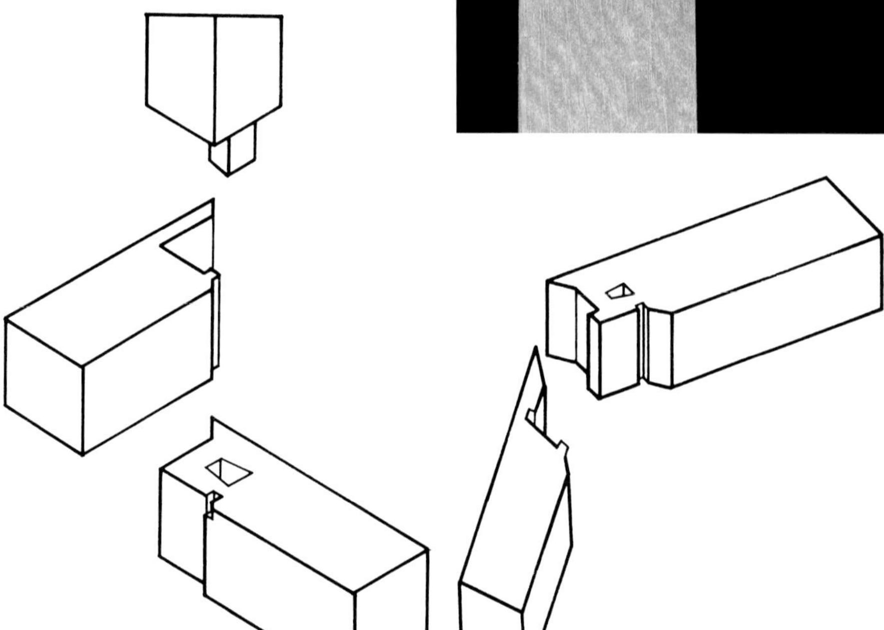

Verdeckter Schwelleneckstoß mit doppelseitiger Stirnfeder und zinkenförmigem Eckpfostenzapfen

Stirnfedern werden auch verwendet beim Einbau von Türabdeckungen, Schiebetürführungen, Türschwellen und leichten Regalkonstruktionen zwischen Wandpfosten.
Mit Hilfe ***schräg angeschnittener Stirnfedern*** werden am Hausgiebel Ortgangbretter an den Pfettenköpfen eingehängt.

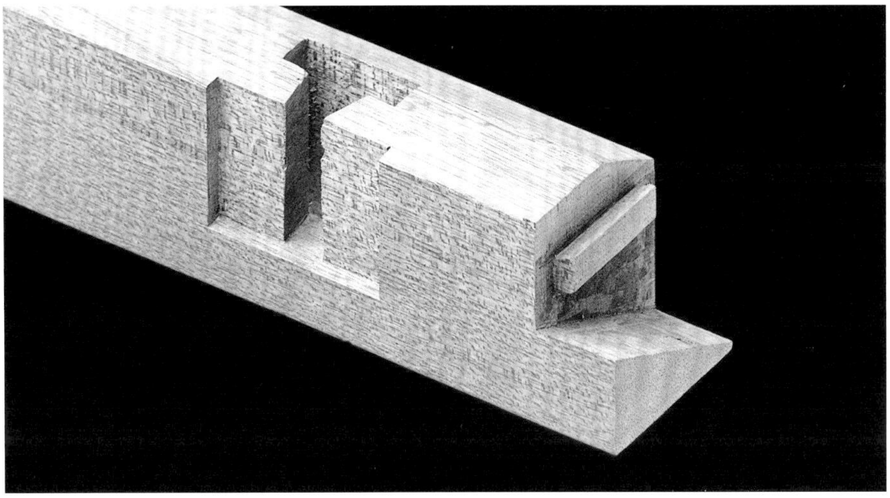

Pfettenkopf zur Aufnahme eines Gesimsbalkens

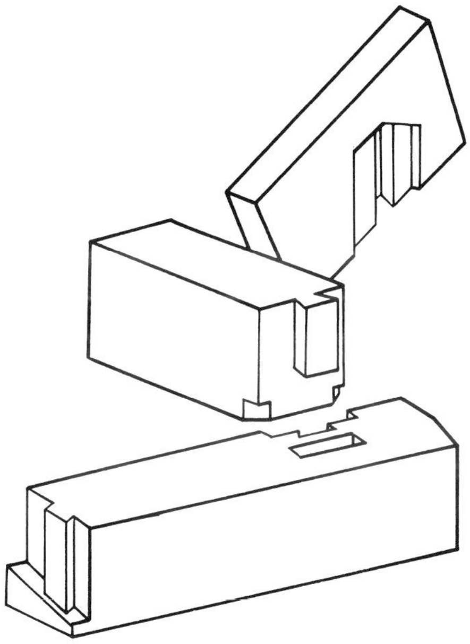

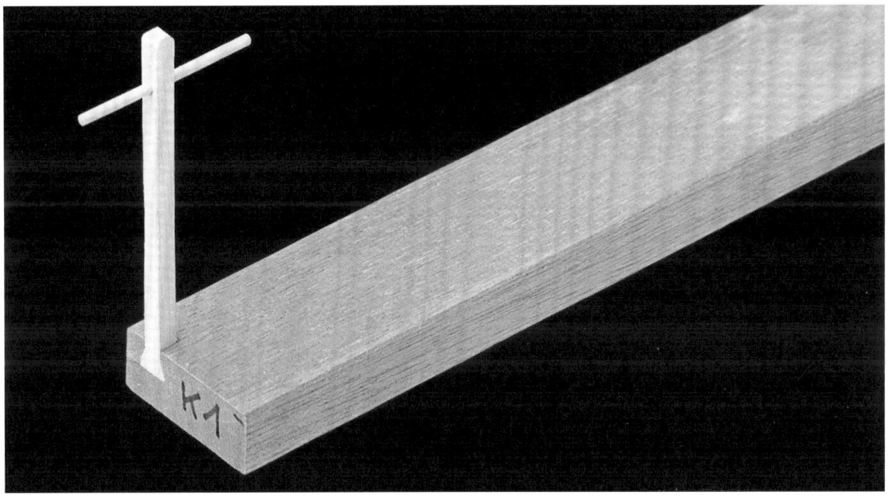

Verrichtung zum nachträglichen Einbau eines leichten Riegels

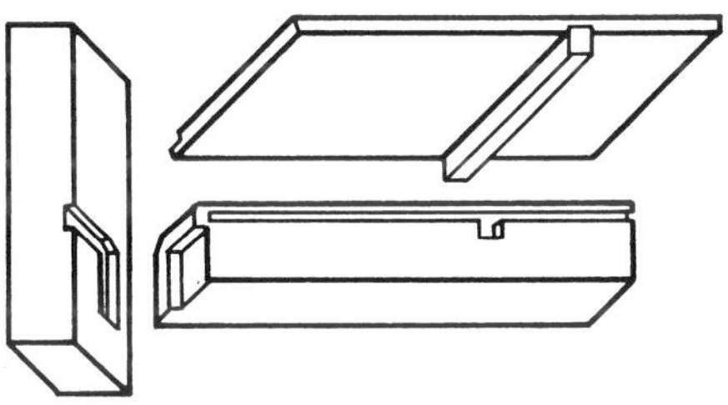

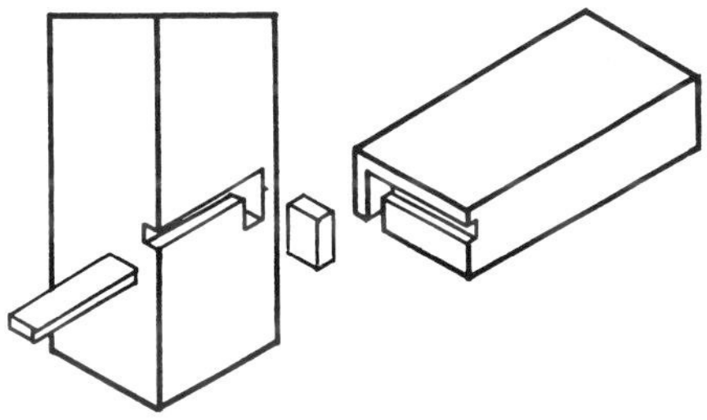

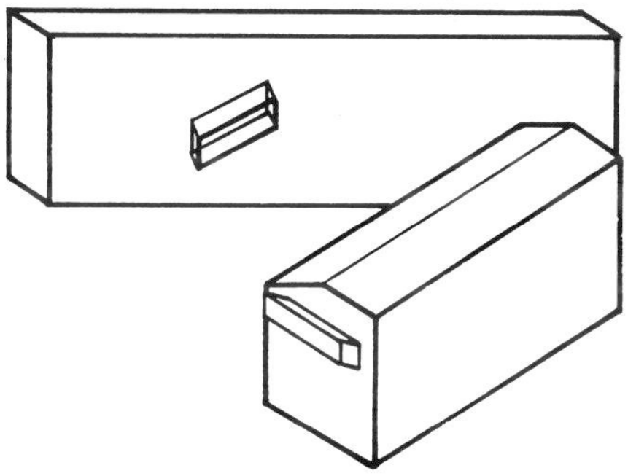

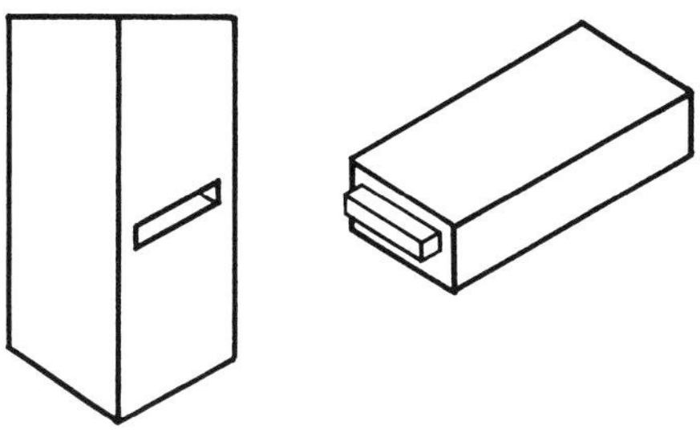

Gerade angeschnittene Stirnfedern

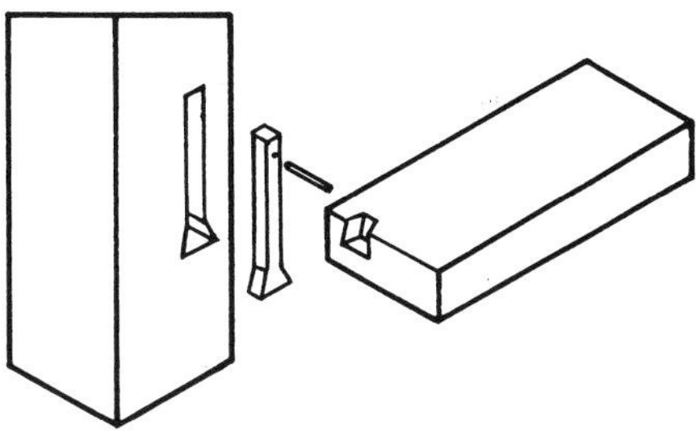

Eingeschobene Fremdfedern

Schräg angeschnittene Stirnfedern (Shakushi-hozo)

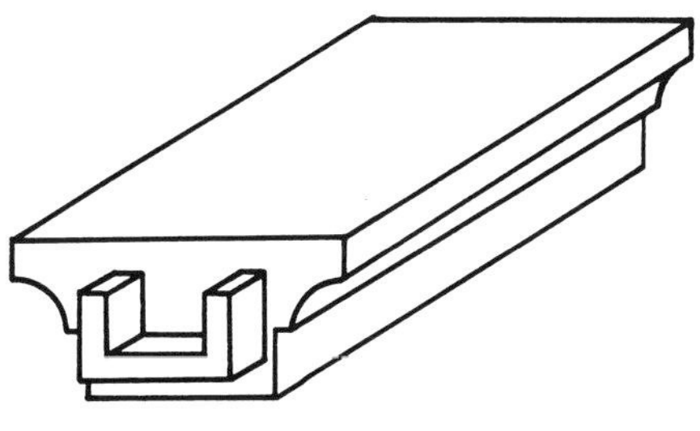

(Hako-mechi-gai-tsugi)

Anlängung von Brettflächen mittels
einer spiegelsymmetrischen Überblattung,
wechselseitig schräg angeschnitten

IV. Flächenverbindungen

Flächenverbindungen kommen dort vor, wo Bretter zur Herstellung von Flächen oder Körpern miteinander verbunden oder wo Brettflächen durch Einbau von Gratleisten am Verwerfen gehindert werden sollen. Wegen der Breite der hierbei verwendeten Hölzer wird das unterschiedliche Schwundverhalten von Längs- und Querholz wirksam und muß bei der Ausführung dieser Verbindungen bedacht werden, vor allem dann, wenn diese verleimt werden sollen. Bei der Verbindung von Längs- und Querholz kann der Schreiner keinen Leim verwenden, da sonst das Holz bei Schwund reißen würde.

Längsfugen zwischen den Brettern können auf verschiedene Weise gegen Verschieben und zur Übertragung von Kräften gesichert werden. Grundsätzlich ist zu unterscheiden zwischen unverleimten Breitenverbindungen, die zu dem Zweck gemacht werden, daß das Arbeiten des Holzes keine unangenehmen Folgen mit sich bringt. Bei diesen Flächen muß eine feste Unterkonstruktion oder ein Rahmen die Fläche zusammenhalten. Um ein Öffnen der Längsfugen zwischen den einzelnen Brettern zu verhindern, gibt es verschiedene Verbindungselemente, die im folgenden aufgezeigt sind.

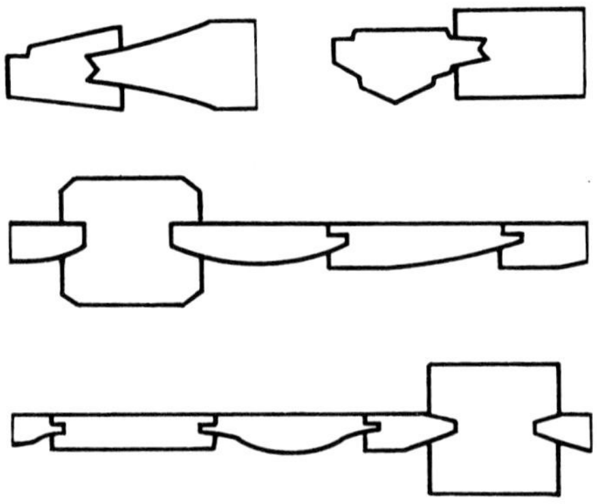

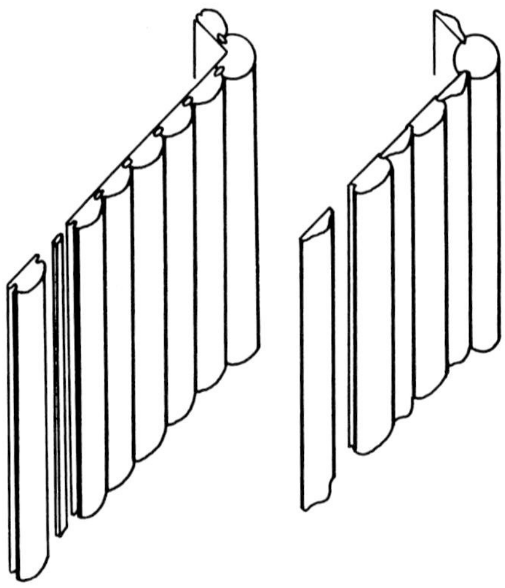

Nut- und Federverbindung im norwegischen Bohlenbau

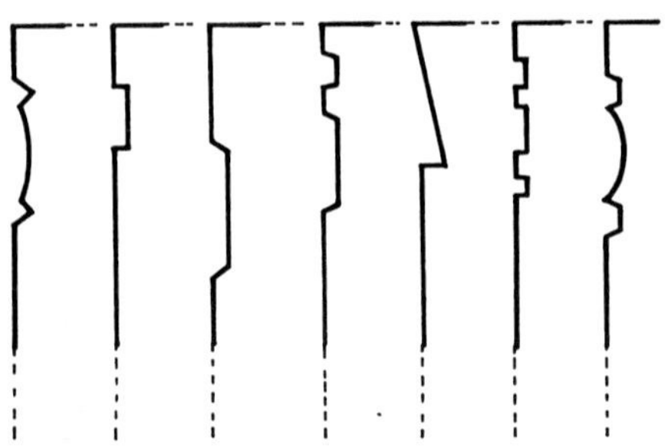

Ziernuten im mittelalterlichen Holzbau

Die Spundung

Die *halbe Spundung*, auch *gefalzte Fuge* oder *Überfälzung* genannt, ist eine einfache und stabile Verbindung, die gleichermaßen für Dielen und Bretter geeignet ist. Sie dient der Abdichtung bei zusammengesetzten Rückwänden von Schränken, die oben und unten in einer Nut geführt werden, oder auch bei Türanschlägen und Fußböden. Da in der Verbindung die Brettflächen beweglich übereinander greifen, führt nachträgliches Schwinden der einzelnen Bretter nicht zu durchlässigen Fugen.

Die *Nut- und Federverbindung (einfache gespundete Fuge)* ist eine alte Flächenverbindung, die auch ohne Leimangabe viele Funktionen erfüllt. Auf den Seiten 17 f. wurde bereits auf die Methoden unserer Vorfahren zur Herstellung von Nuten und Federn mit einfachen Spaltwerkzeugen und Ziehmessern hingewiesen. Schon im frühen Palisadenbau tauchten Nut- und Federverbindungen zur Abdichtung von Bohlenwänden auf oder auch zum Einlassen der Türpfosten in die Bohlenwände.

Im Blockbau wurden die Nuten mit Moos gefüllt und dienten so als Winddichtung zwischen den Blockbalken.

In der Rahmenbauweise werden Wanddielen in eine Nut der umlaufenden Wandrahmen hineingestellt. Die letzten drei Dielen wurden früher keilförmig geschnitten und eingeschlagen, wodurch die Wand nicht nur abgedichtet, sondern ebenfalls ausgesteift wurde. Das gleiche Verfahren wurde bis vor kurzem in der Schweiz bei der Herstellung von Dielenböden in Fachwerkhäusern zur Vermeidung von Fugen zwischen den Dielen angewendet. Die Keilbohle ragte dabei auf einer Seite durch die Wände nach außen und konnte jederzeit nachgeschlagen werden.

Daneben wurden die Nuten auch als Schmuckelemente verwendet, und es entwickelten sich vielfältige Profile. Im

nebenstehenden Beispiel sind einige mittelalterliche Formen von Balkenprofilierungen längs zur Faser dargestellt.
Verwendung findet die Nut- und Federverbindung bei Dielenbauweisen, Fußböden, Verbretterungen und im Rahmenfüllungsbau. Industriell erzeugte Nut- und Federbretter werden heute vielfach im Innenausbau eingesetzt.
Die heutige Nut- und Federverbindung ist die einfachste eigentliche Holzverbindung für Flächen; die Federdicke sollte etwa ⅓ der Brettstärke betragen. Nachteilig wirkt sich die Schwäche der Nutwangen auf die Stabilität der Verbindung aus. Damit sich die Stoßfuge der Bretter auf der Vorderseite schön schließt, muß die Nutwange auf der Rückseite etwas schmäler sein als die vordere.
Damit bei Fußböden die obere Nutwange bei Belastung nicht zu schnell ausbricht und um der Abnutzung des Bodens entgegenzuwirken, wird die Nutwange auf der oberen Seite der Bodendiele stärker ausgeführt als die rückseitige Wange.
Die ***gefederte Fuge mit Fremdfeder*** war schon zur Römerzeit bekannt, wie anhand eines Brunnens aus dem 4. Jahrhundert n. Chr. aus Eschweiler bei Aachen nachgewiesen werden konnte. Auch die Bohlendecken romanischer Steinkirchen, die unter dem Einfluß römischer Missionare gebaut wurden, sind auf diese Weise zusammengefügt. Die Vorteile der Fremdfeder liegen einerseits in der Holzersparnis, andererseits erlaubt diese Verbindungsweise dem Handwerker ein rationelleres Arbeiten, da er nicht zwei unterschiedliche Profile zur Herstellung der Verbindung benötigt, sondern die zu verbindenden Teile gleichmäßig nuten kann. Die Fremdfeder selber wird heute aus Sperrholz oder als ***Querholzfeder*** aus Nadel- oder Hartholz hergestellt.

Halbe Spundung (gefalzte Fuge oder Überfälzung),
einfache gespundete Fuge (Nut- und Feder) und gefederte Fuge mit Fremdfeder
(Ai-gaki-tsugi/Hon-zane-tsugi/Yatoi-zane-tsugi)

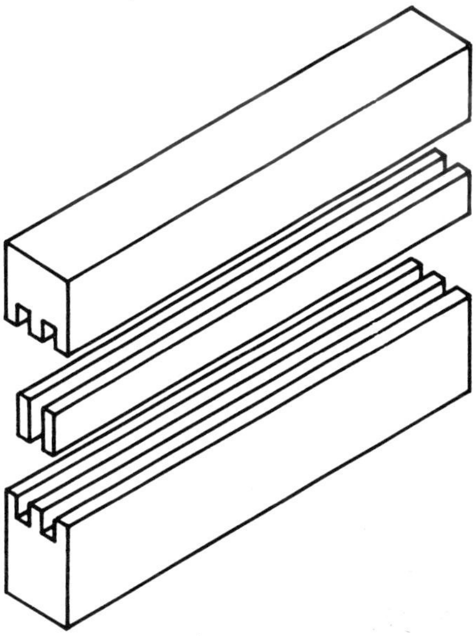

Gespundete Fuge mit Doppelfeder

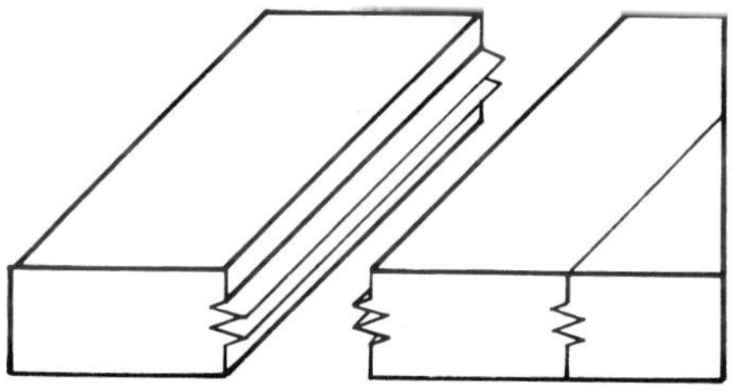

Kronenfuge

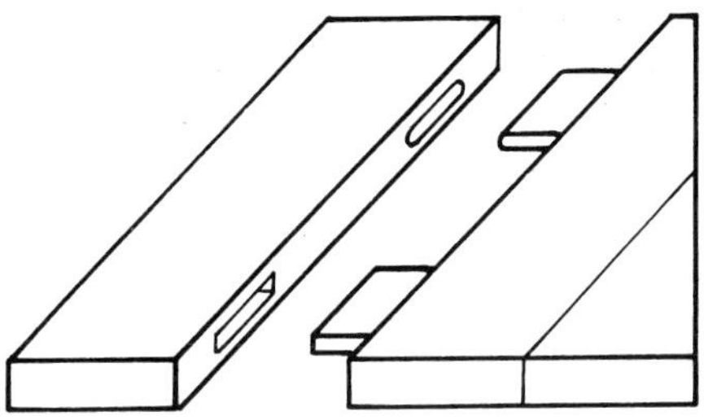

Leimfuge mit Zapfen

Nicht ratsam sind ***Langholzfedern***, weil diese zu leicht abscheren. Industrielle Anwendung finden Fremdfederverbindungen im Parkettbau oder bei Paneelverkleidungen.

Bei stärkeren Dielen werden ***Doppelfedern*** eingesetzt, da diese der größeren Belastung beim Verwinden der Hölzer standhalten.

Die ***gespundete Fuge mit Trapezprofil*** ist in Europa eine wenig bekannte Verbindung. Gegenüber der einfachen Nut- und Federverbindung ist sie stärker durch Abscheren gefährdet, verhindert jedoch das Verschieben und Öffnen der Fuge. Sie ist geeignet zur flächigen Verbindung von Hölzern, die sich aufgrund ihrer Holzinhaltsstoffe schlecht verleimen lassen, wie frisches Eichenholz und Padouk, und zur Herstellung von Holzflächen, die der Witterung ausgesetzt sind.

In anderen Fällen kann auf eine Verleimung der Brettflächen nicht verzichtet werden, z. B. bei Fachböden und bei Seitenwänden. Hierfür eignen sich Nut- und Federverbindungen, gedübelte Fugen, gespundete Fugen und die maschinell herzustellende ***Kronenfuge.*** Unbedingt ist auf die richtige Verleimtechnik und auf das Schwundverhalten des Holzes Rücksicht zu nehmen. Für Werkbänke und sonstige stark belastete Arbeitsplatten oder auch für Ausziehtische bildet die ***Leimfuge mit Zapfen*** eine stabile und relativ einfach herzustellende Lösung. Eine so zusammengesetzte Fläche bietet auch unverleimt guten Halt.

Für den Schreiner hat die ***halbe und die ganze Spundung bei der Winkelverbindung von Flächen*** eine größere Anwendungsvielfalt als bei den Breitenverbindungen. Die halbe Spundung ergibt bei der Herstellung von Kastenmöbeln haltbare Leimfugen, die sich einfach einspannen lassen, ohne dabei zu verrutschen, bevor der Leim angezogen hat. Eingenutet im Sinne der ganzen Spundung werden beispielsweise dünne Rückwände von Kästen, Schubladeneinteilungen und Schubladenböden. Leim wird hierbei nicht verwendet. Der genutete Rahmen besteht heute meist aus Massivholz, das eingelassene Füllungsteil aus Sperrholz.

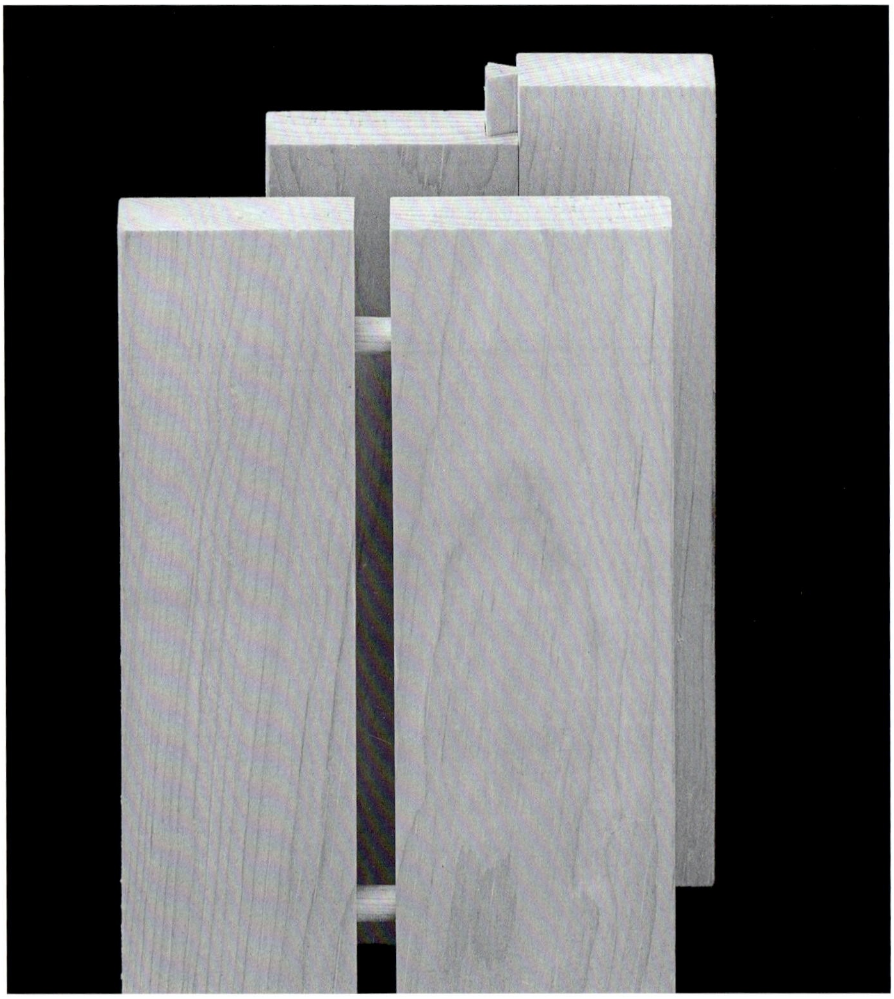

Gedübelte Fuge und gespundete Fuge mit Trapezprofil (Da-bo-tsugi/Ari-tsugi)

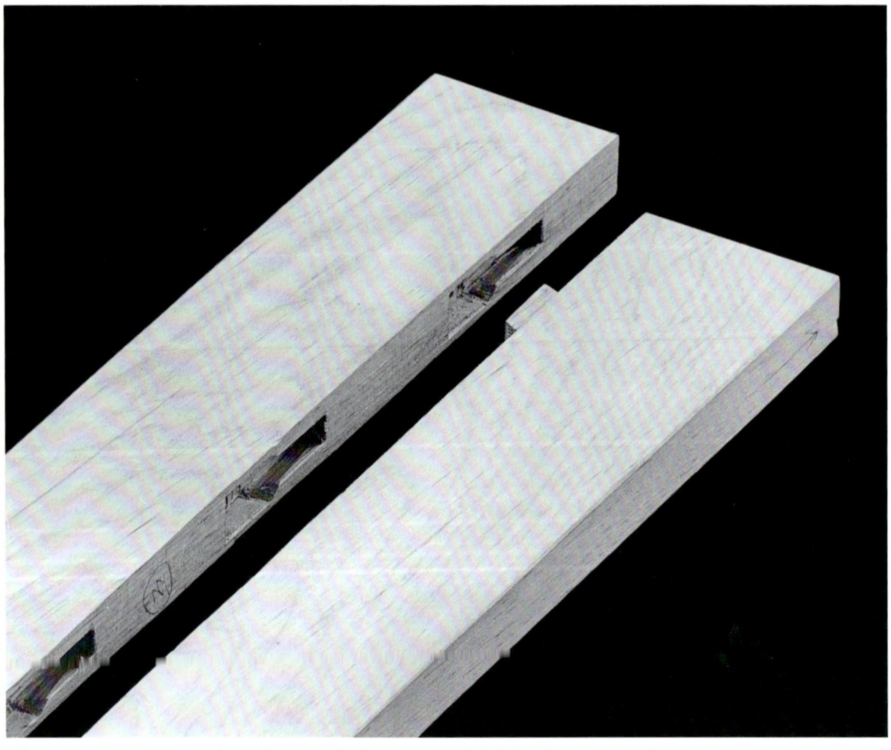

Abgesetzte, gespundete Fuge mit Trapezprofil (Kakushi-ari-tsugi)

Hirnleisten

Hirnleisten werden als Querholzleisten an das Hirnholz einer Brettfläche angearbeitet. Dabei verdecken sie das Hirnholz, was bei der Oberflächenbearbeitung und bei der Befestigung von Beschlägen sonst häufig Schwierigkeiten bereitet, und halten die Brettfläche gerade. Um den bei Schwund entstehenden Spannungen widerstehen zu können, sollte die Hirnleiste aus sehr trockenem Hartholz hergestellt werden und nicht zu schmal sein. Zu große Brettbreiten sind zu vermeiden, auch werden die Flächen nicht so gut gehalten wie bei der später zu erläuternden Gratleiste.

Da es sich bei der Hirnleiste um die Verbindung von Längs- und Querholz handelt, darf höchstens im mittleren Bereich verleimt, verkeilt oder sonst befestigt werden.

Die angefederte Hirnleiste wird nur bei schmalen Teilen verwendet. Gegen das Abfallen der Hirnleiste wird eine Verleimung im mittleren Bereich vorgenommen.

Für breitere Brettflächen eignet sich die angefederte Hirnleiste mit Zapfen, die mit Keilen gesichert sind. Türen und Klappen an höherwertigen Möbeln, wie wir sie aus dem Barock und der Biedermeierzeit kennen, werden durch eingeleimte Hirnfedern gehalten. Meist handelt es sich hierbei um furnierte Möbel, deren Kanten wie die Flächen auf Hochglanz poliert werden sollten.

Bei überfurnierten Sperrholzflächen ergeben sich durch die Keilfeder saubere Kanten.

Hirnleisten auf Gehrung mit abgesetzter Nut und Feder sind eine stabile und elegante Lösung für den hochwertigen Möbelbau. Diese Verbindung wird nur im Bereich der Gehrung verleimt. Die Gehrung darf immer nur an einem Ende der Hirnleiste angeschnitten werden, weil sonst die Brettfläche bei Schwund aufreißen würde. Daher eignet sich diese Verbindung besonders für solche Türen, bei denen die Anschlagseite im Möbel verdeckt bleibt, wie bei Schreibsekretären die Schreibplatte.

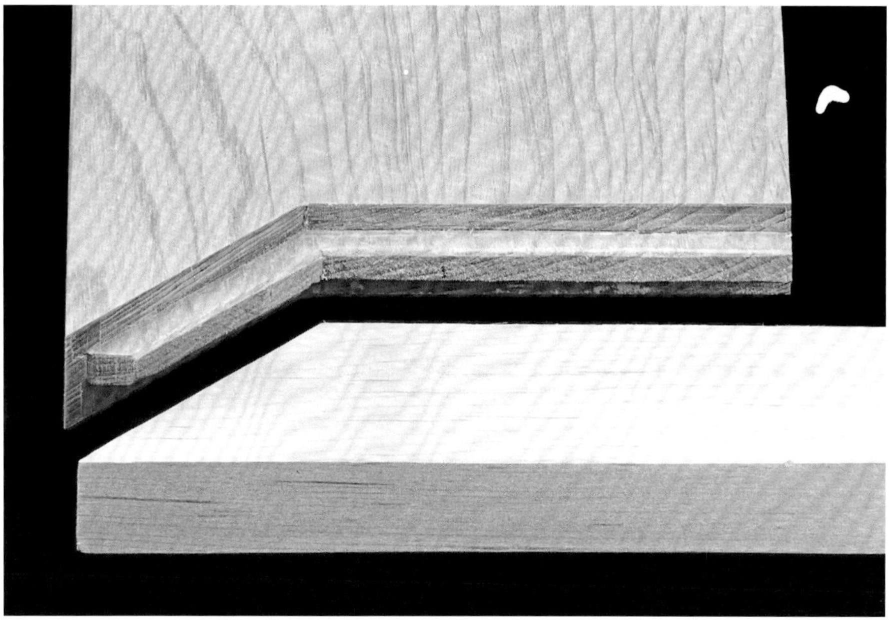

Hirnleiste auf Gehrung mit abgesetzter Nut und Feder (Hon-zane-dome-hashi-bame)

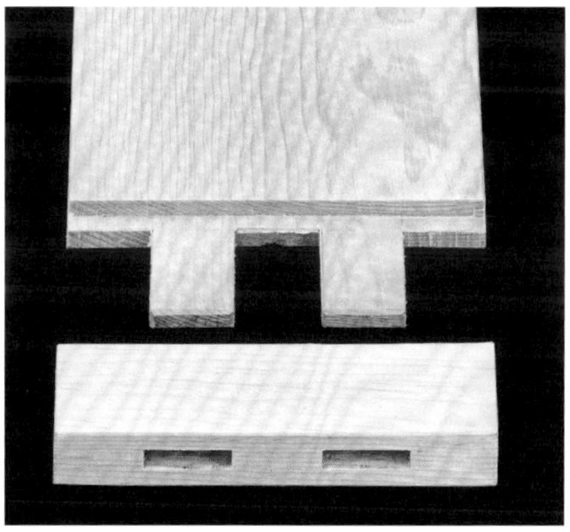

Hirnleiste mit Schlitzzapfen
(Hon-zane-toshi-hozo-hashi-bame-tsugi)

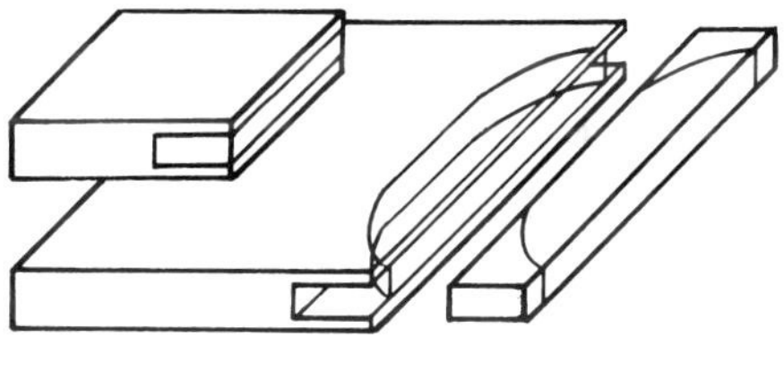

Hirnfeder eingeleimt

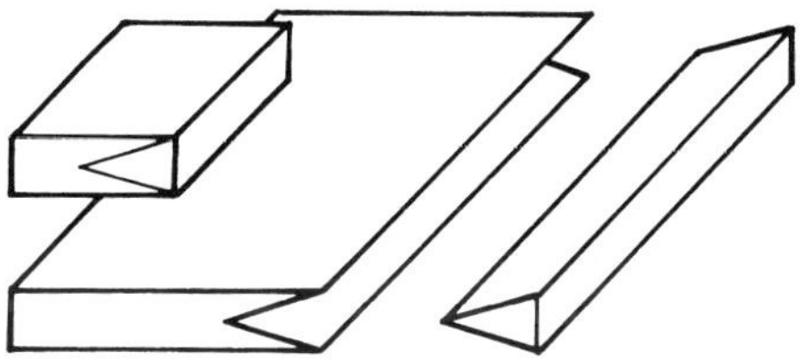

Keilfeder eingeleimt

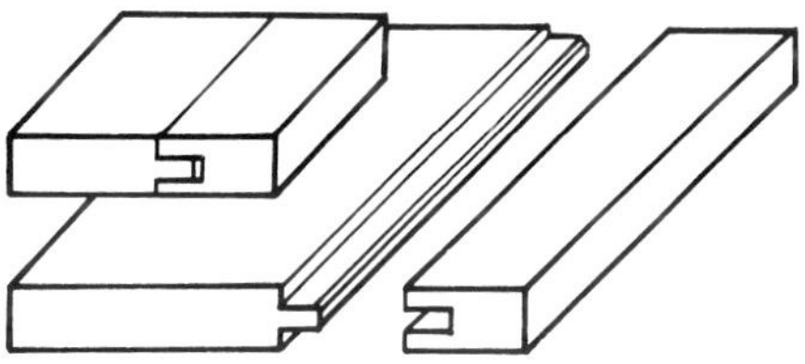

Hirnleiste angefedert

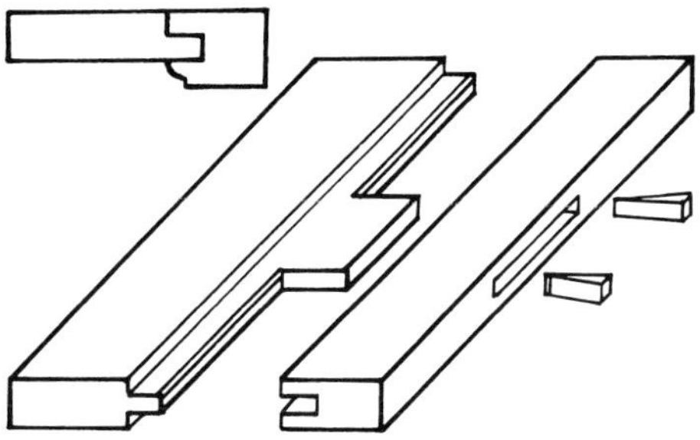

Hirnleiste angefedert, verzapft
und verkeilt

Rahmen- und Füllungsbauweise

Die Verwendung eines umlaufenden Rahmens, in den eine Füllung beweglich eingesetzt wird, bietet die Möglichkeit, größere Holzflächen herzustellen, die trotz Schwinden und Quellen ihre Außenmaße kaum verändern. Besonders beim hochwertigen Möbelbau und bei Türen ist dies von Bedeutung. Gleichzeitig verhindert ein stabiler Rahmen um die Füllung das Verziehen der Fläche.
Die Füllung wird bei einfachen Möbeln in einen stärkeren Rahmen eingenutet. Dabei entsteht gewöhnlich keine bündige Fläche, sondern die Füllung liegt etwas tiefer zurück. In der Nut des Rahmenholzes werden die einzelnen Bretter der Füllung so gehalten, daß sie sich nicht werfen können, der Breite nach aber bei Schwund und Quellung beweglich bleiben.
Soll die Füllung erst nachträglich eingelegt werden, so wird sie mit der Falzleiste in den Falz des Rahmens befestigt.
Rahmen werden im hochwertigen Möbelbau auf Gehrung verleimt und profiliert.

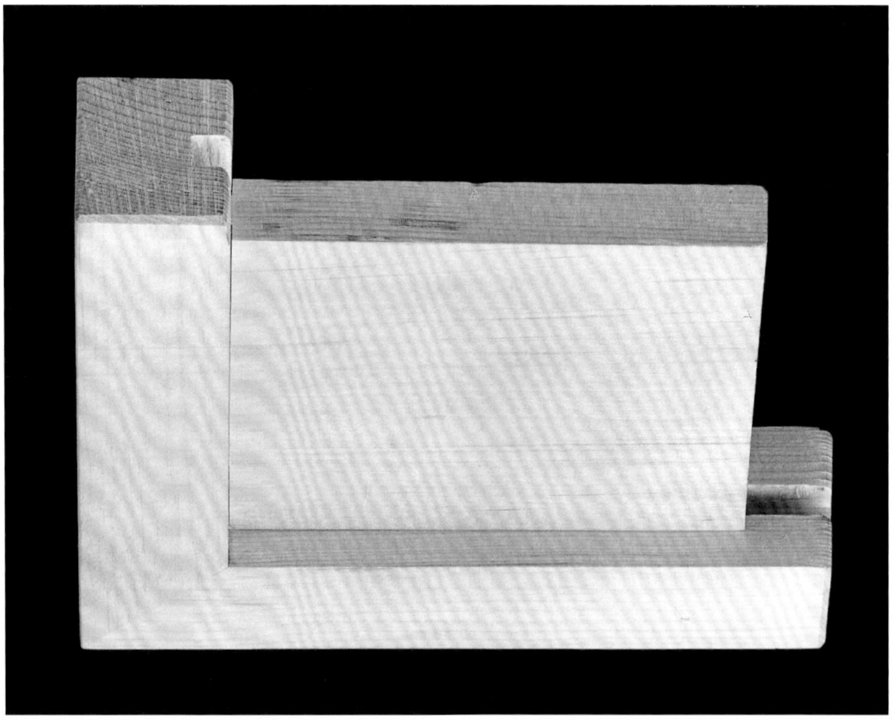

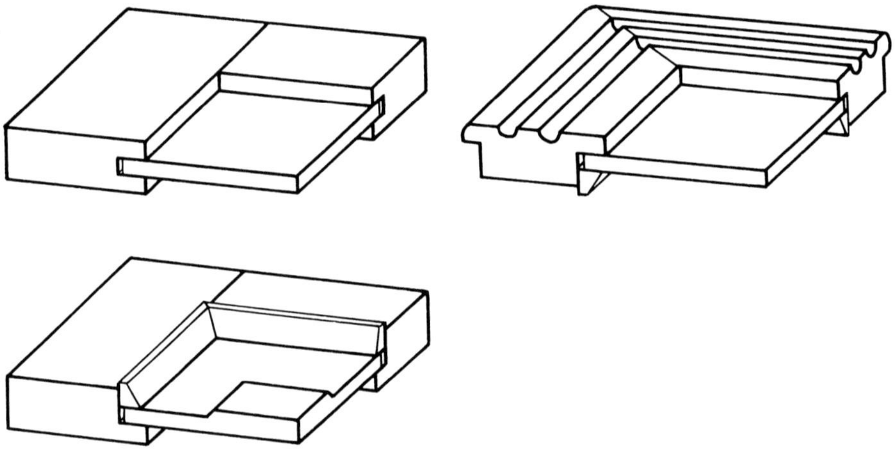

Spundungen im Rahmen- und Füllungsbau

Das Blatt

Die Anlängung von Brettern mit Hilfe einer *seitengleichen Überblattung als Gehrungsstoß* ist in Europa kaum bekannt. Durch die großen Leimflächen ist eine gute Verbindung gewährleistet.
Die *spiegelsymmetrische Überblattung,* die *wechselseitig schräg angeschnitten* wird, kann aufgrund der symmetrisch angelegten Leimflächen stärker als die vorhergehende belastet werden und ist verwindungssteif. Darüber hinaus hat sie einen geringeren Holzverschnitt zur Folge, da die Blattlänge gegenüber der vorherigen Verbindung um die Hälfte verkürzt ist. Diese Vorteile stehen einem größeren Arbeitsaufwand bei der Herstellung gegenüber. Die Unauffälligkeit der Stoßfuge macht sie für Ausbesserungsarbeiten an alten Möbelteilen besonders geeignet.

Seitengleiche Überblattung als Gehrungsstoß (Saba-tsuki-awase-tsugi)

Spiegelsymmetrische Überblattung, wechselseitig schräg angeschnitten (Ko-sa-saba-tsuki-awase-tsugi)

Die Flächenverbindungen in zwei Ebenen

Flächige Winkelverbindungen werden benötigt, um Brettflächen zu Möbelkörpern zusammenzufügen ebenso wie einzelne Flächen am Verziehen zu hindern. In aller Regel werden sie so ausgeführt, daß die Faserrichtung der zu verbindenden Teile in einer Ebene parallel verläuft. Derartige Verbindungen können auch verleimt werden. Nur bei einigen Konstruktionsweisen muß Längs- mit Querholz verbunden werden, so beispielsweise bei dem Einsetzen von Brettflächen in einen ringsum laufenden Rahmen oder dann, wenn in Brettflächen Gratleisten eingelassen werden sollen.
Der Faserverlauf bei flächigen Eckverbindungen sollte dem in Beispiel 1 folgen. Beim Beispiel 2 öffnet sich die Fuge, es entstehen Risse, und die Kanten werden uneben.
Eckverbindungen werden durch *Ausfälzen* stabiler, gleichzeitig wird das Hirnholz einseitig verdeckt.
Zwischenböden bei einfachen Regalen werden gerne ***stumpf eingelassenen,*** um deren Belastbarkeit zu erhöhen. Die Nuttiefe beträgt in aller Regel ¼ der Seitenwandstärke. Die hier gezeigte Verbindung öffnet jedoch beim Schwinden gerne die Fugen, und ist daher bei Sichtverbindungen nicht empfehlenswert.
Eine zugfeste Verbindung von Brettflächen erreicht man mit dem ***eingelassenen zweiseitigen Grat*** auch ohne Nägel oder Schrauben. Beim Abschwinden des Holzes öffnet sich hier keine Fuge, weshalb diese Verbindung im hochwertigen Möbelbrettbau Anwendung findet.

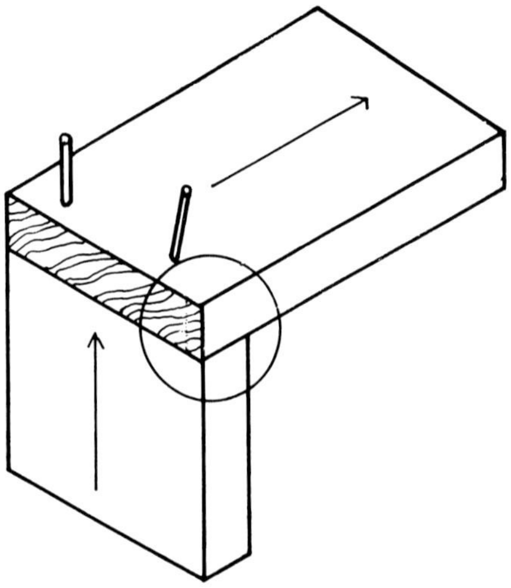

Einfacher Eckstoß
mit parallelem Faserverlauf
(Beispiel 1)

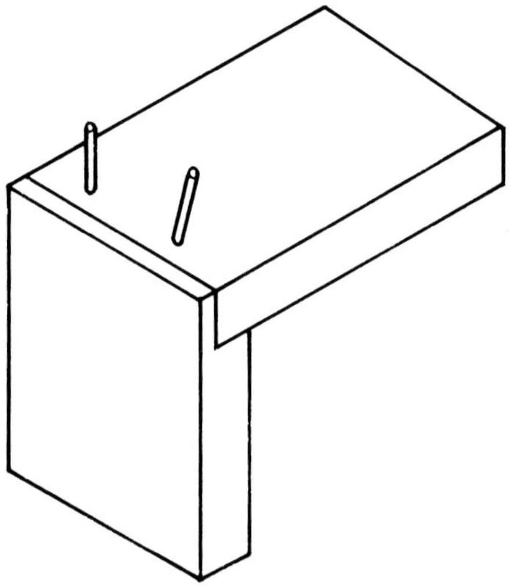

Gefälzte Eckverbindung mit schräg eingebohrten Holzdübeln

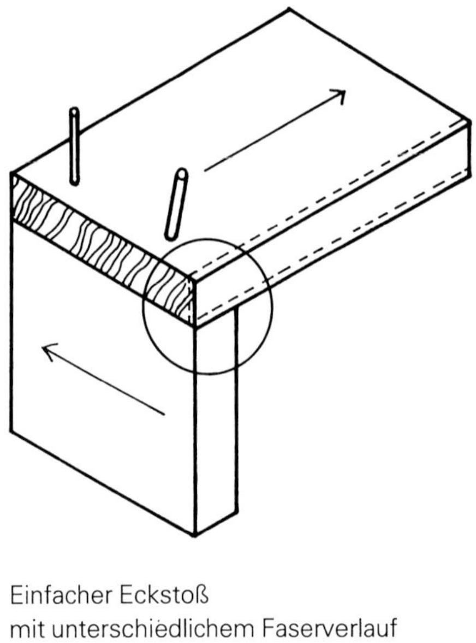

Einfacher Eckstoß
mit unterschiedlichem Faserverlauf
(Beispiel 2)

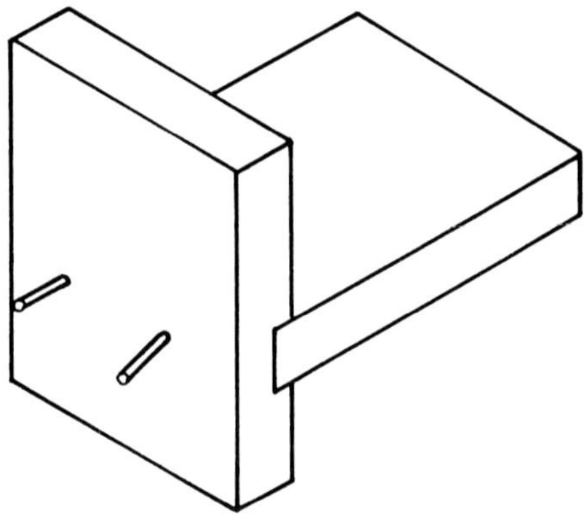

Stumpf eingelassene Flächenverbindung mit schräg eingebohrten Holzdübeln

Beliebt sind die gefederten Eckverbindungen bei allen Korpusmöbeln, Regalen, Türfuttern, Schubkästen etc. Einerseits lassen sich Nut und Feder einfach maschinell anfräsen, auch mit Verdeck und auf Gehrung. Andererseits kann sich die Brettfläche beim Verleimen nicht verschieben, was die Arbeit sehr vereinfacht. Da das Vorholz des genuteten Teiles bei Eckverbindungen sehr schwach ist, muß die Feder genau eingepaßt werden. Sitzt sie zu stramm, wird das Vorholz schon beim Zusammenbau abscheren. Sind die eingenuteten Brettflächen unter 20 mm stark, so sollte man die genutete Seite etwas über die Eckverbindung hinausragen lassen, um so mehr Vorholz zu bekommen.
Wird bei Böden die Feder oben angearbeitet, so besteht die Gefahr, daß der Boden bei Belastung unterhalb der Feder aufreißt. Wird die Feder aber unten angearbeitet, so trägt der Boden mehr, wobei es aber vorkommen kann, daß sich oben eine sichtbare Fuge auftut.

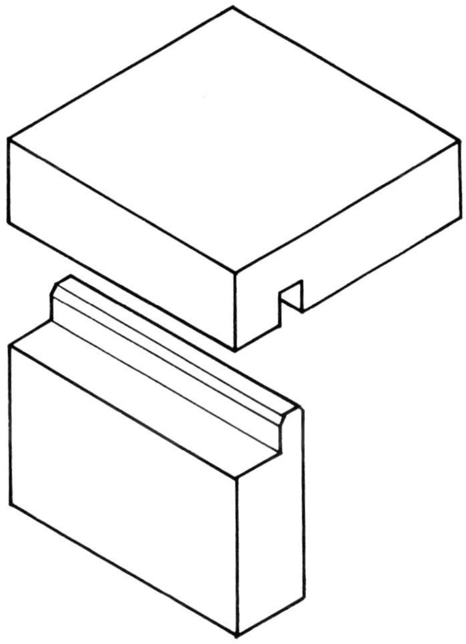

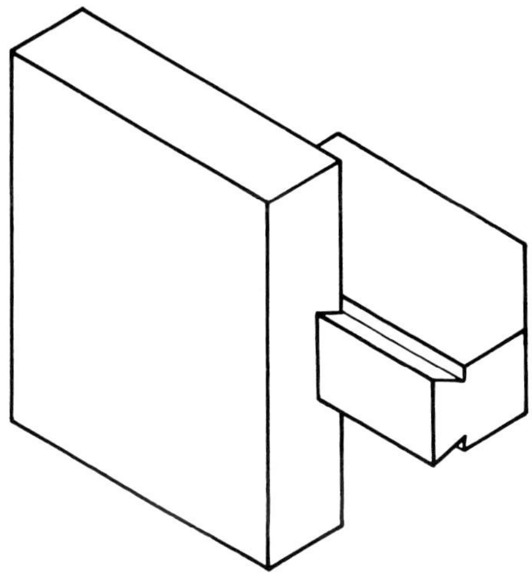

Zweiseitiger Grat

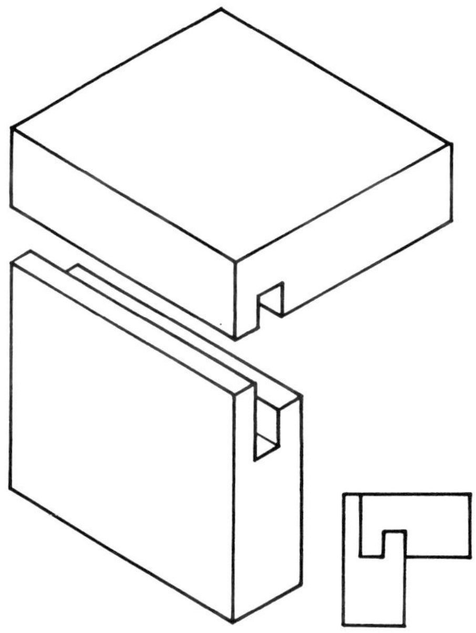

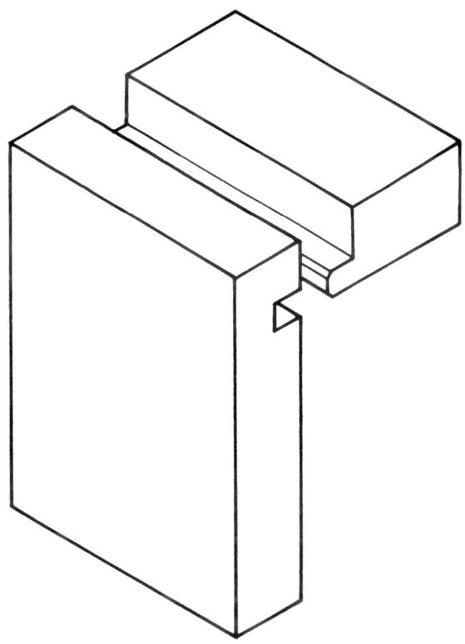

Gefederte Eckverbindung

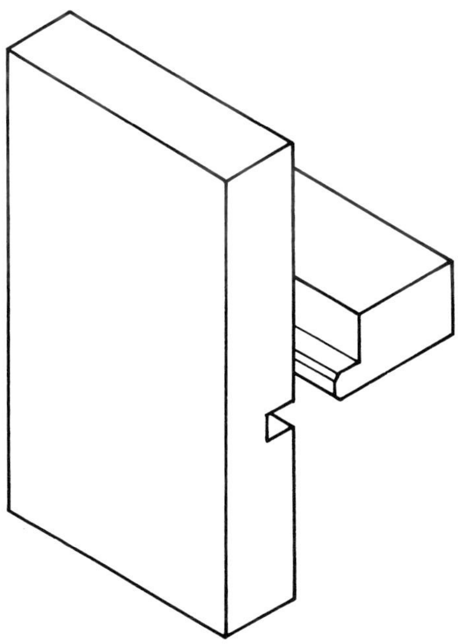

Unten angefräste Feder bei einem Fachboden

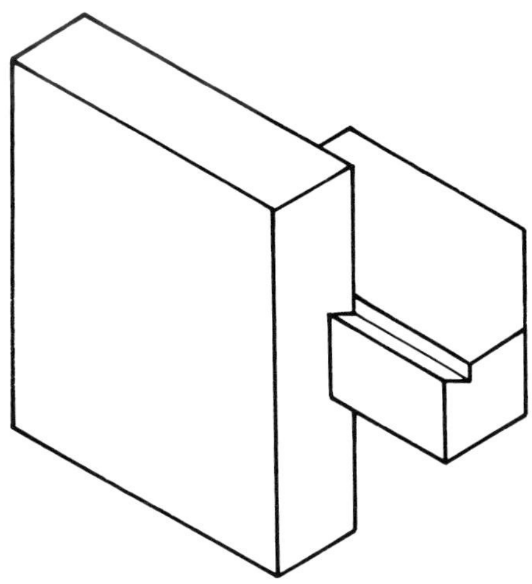

Einseitiger Grat

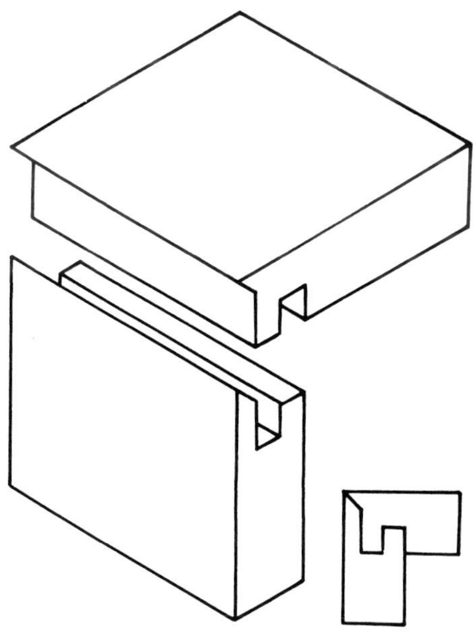

Angefräste Federverbindung mit Verdeck und auf Gehrung

Die gespundete Fuge mit Trapezprofil erfüllt die gleiche Funktion wie die im folgenden beschriebene Gratleiste. Sie wird als einseitiger Grat ausgeführt, wenn Böden im Seitenteil eingeschoben werden und beide Teile gleichen Faserverlauf aufweisen und damit gleiches Schwundverhalten gewährleisten. Der Grat soll bei Böden möglichst an der Oberseite angearbeitet werden, um einem Durchbiegen des Bodens entgegenzuwirken. Auf diese Weise können Seiten und Boden auch verleimt werden.

Das zweiseitige Gratprofil findet bei der Herstellung von Schränken und kleineren Kastenmöbeln Anwendung. Boden, Dekkel, Hutablage, Mittelwand und Fachböden können so miteinander verbunden werden. Um Versätze zwischen dem genuteten und dem gefederten Teil infolge ungleichen Schwundes zu vermeiden, wird die Gratfeder abgesetzt oder das genutete Teil steht etwas vor. Man spart sich Arbeit, wenn man die Randbretter der zu nutenden Brettfläche zunächst noch nicht anleimt, damit man durch die Restfläche beim Gratnuten ganz durchfahren kann. Anschließend werden die beiden Seitenbretter angeleimt.

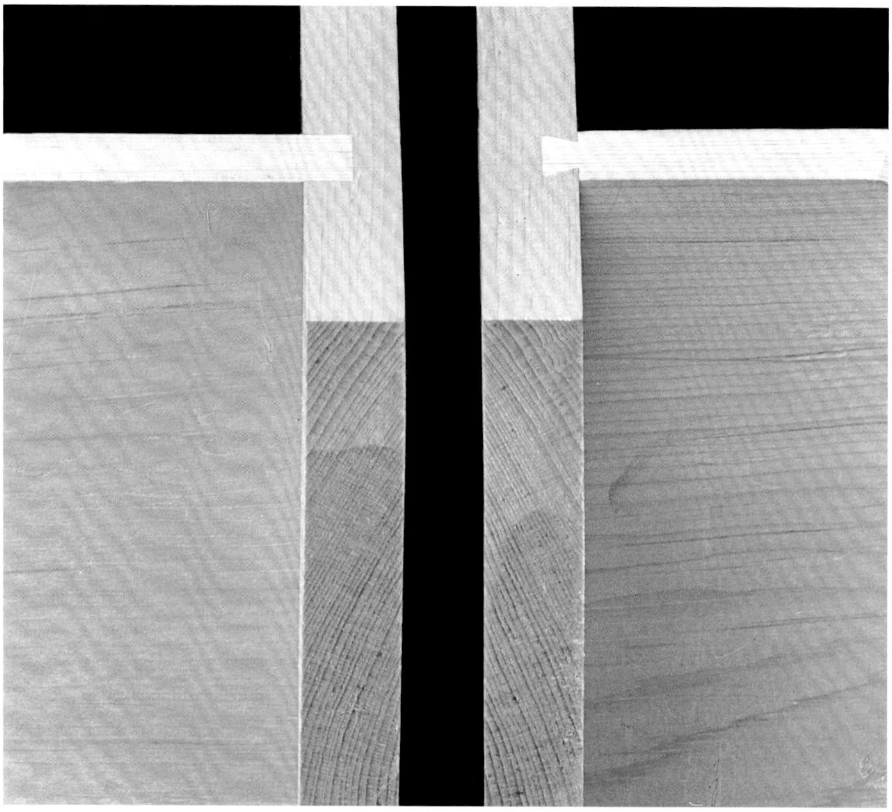

Stumpf eingenutete Flächenverbindung (O-ire-tsugi), links,
Winkelverbindung mit Gratfeder (Ari-gata-o-ire-tsugi), rechts

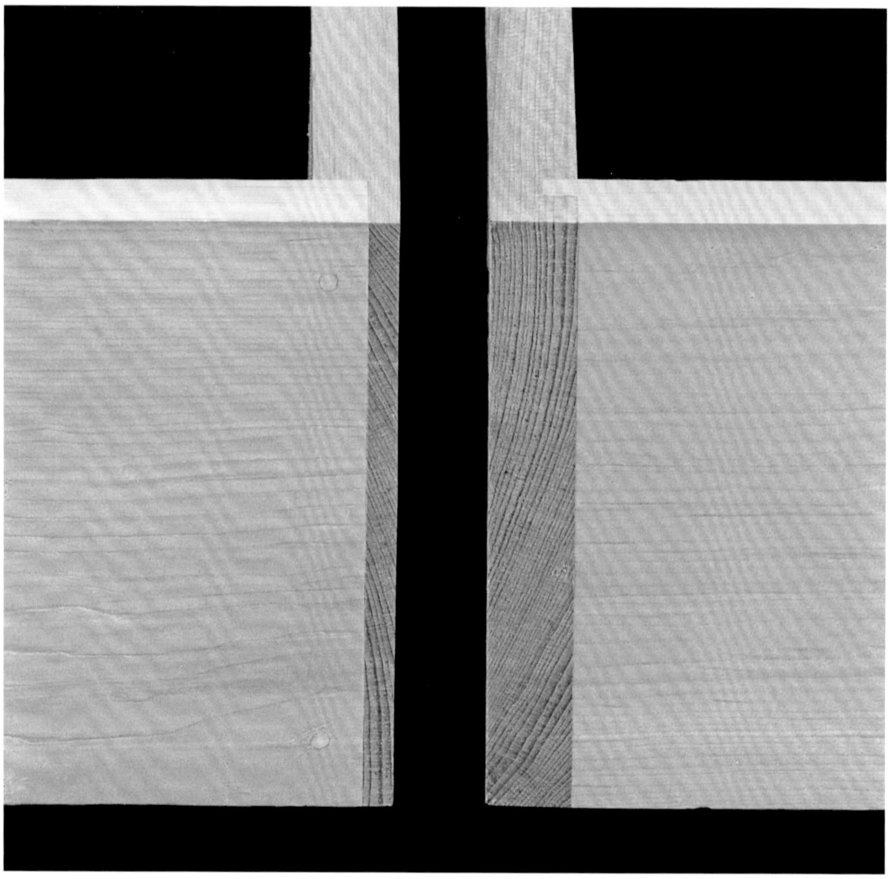

Gefälzte Eckverbindung mit Holzdübeln (Tsutsumi-uchi-tsuki-tsugi), links,
gefederte Eckverbindung (Hon-zane-hako-gata), rechts

Die Gratleiste

Der *eingelassene zweiseitige Grat*, auch *Gratfeder* genannt, eignet sich zum Verbinden von Längs- mit Querholz. Die Gratleiste stellt ein bewährtes Konstruktionselement im Möbelbau dar, um große, zusammengesetzte Holzflächen am Verziehen zu hindern wie Böden, Mittelseiten, Sitzflächen von Stühlen, Tischplatten.

Zu diesem Zweck wird eine trapezförmig profilierte Holzleiste quer zur Holzfaserrichtung in die Brettfläche eingenutet. Die zu einer Fläche zusammenzufügenden Bretter werden sozusagen auf die Gratleiste aufgefädelt und durch diese bündig zusammengehalten.

Würde man die Gratleiste mit den Brettern verschrauben oder verleimen, so käme es bei schwankender Luftfeuchtigkeit oder beim Nachtrocknen des Holzes zu Längsrissen in der Brettfläche.

Die Gratleiste führt man nicht bis zur Flächenkante, weil sie sonst bei Schwund der Bretter einen Überstand bilden würde. Auch die Gratnut setzt man gewöhnlich 10 mm vor der Brettkante ab, um sie seitlich nicht in Erscheinung treten zu lassen. Um der lose eingeschobenen Gratleiste einen besseren Sitz zu geben, kann man die Gratnut in der Längsrichtung leicht konisch zulaufen lassen. Hierbei ist darauf zu achten, daß sich die Gratfeder in ⅔ ihrer Länge gut einschieben läßt und sie erst danach ***stramm anzieht.***

Die Nuttiefe sollte etwas größer sein als die Gratfeder, damit sich diese frei schieben läßt. Der Nutgrund muß sauber ausgearbeitet werden. Um die Gratfeder nicht zu sehr zu schwächen, wird sie zu höchstens einem Drittel ihrer Dicke eingeschnitten. Der Einschnittwinkel beträgt ca. 75°. Der Grat kann auch einseitig angeschnitten werden, was besonders bei Böden vorteilhaft ist, um die Durchbiegung zu verhindern. Wird Querholz mit Querholz verbunden, so kann die Gratfe-

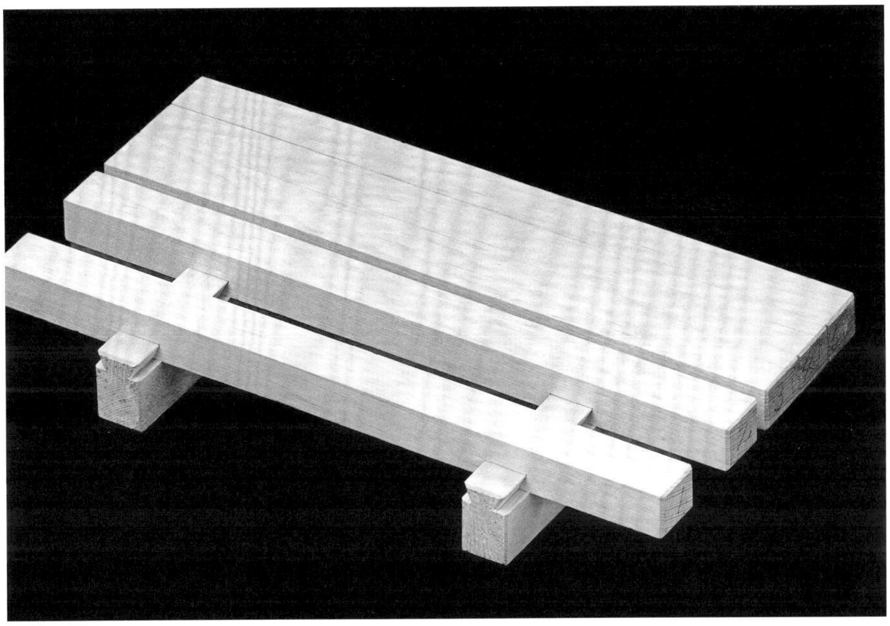

Eingelassener zweiseitiger Grat (Gratfeder) (Ari-tsugi-suno-ho)

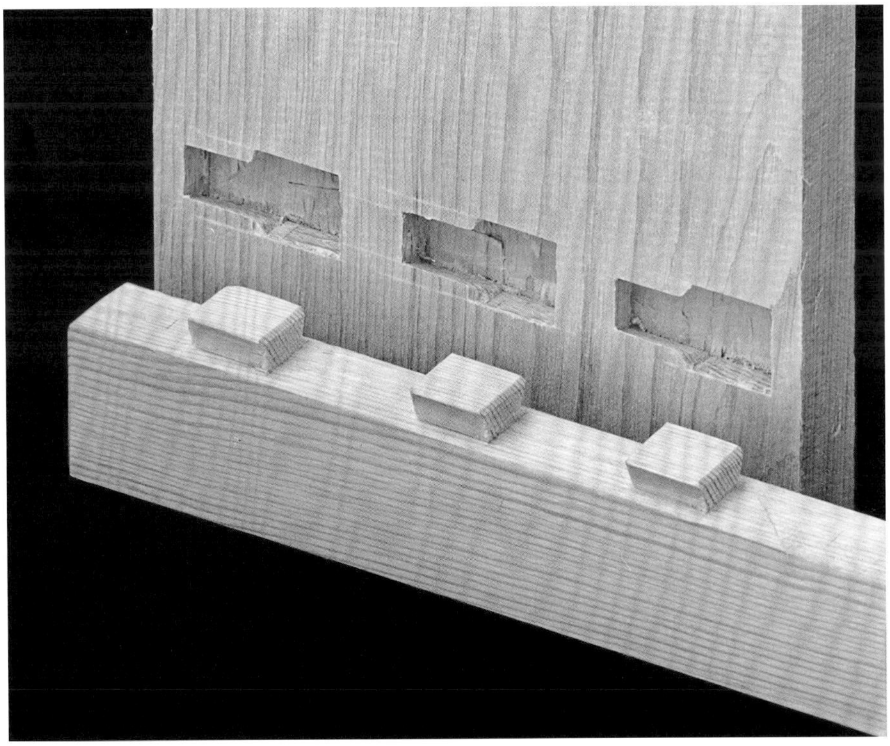

Mehrfach abgesetzte Gratfeder (Kakushi-ari-o-ire-tsugi)

der auf ihrer ganzen Länge verleimt werden.

Die einfache Gratleiste findet man im europäischen Möbelbau, in Japan wegen der dort untergeordneten Bedeutung von Möbeln eher im Ausbau, aber auch an Konstruktionshölzern. Bei Zwischendekken oder auch bei Fußböden werden die einzelnen Dielen auf die gratleistenförmig ausgearbeiteten Gebälke aufgezogen. Winkelbänder werden bei verbretterten Fensterläden und Türen auf deren Gratleiste befestigt.

Gratfedern kann man auch mehrfach absetzen, wie das Beispiel aus Japan zeigt. Auf diese Weise ist die Verbindung von Brettfläche und Gratleiste in einer Richtung seitlich unverschiebbar. Sie läßt sich auch leichter montieren oder nachträglich lösen, da die Gratleiste nicht auf ganzer Länge von der Seite her eingeschoben werden muß.

Eine Verbesserung der Gratleiste geschieht noch auf folgende Weise: Die Gratnut wird in gewohnter Weise eingefräst in einer genormten, dem Werkzeug entsprechenden Breite. In die Gratnut werden einzelne Gratfederstücke eingelegt, die mit ihrem aus der Fläche stehenden Hals in die Nut einer über sie gestülpten Deckleiste eingeleimt werden. Der große Vorteil dieser ***zusammengesetzten Gratleiste*** liegt darin, daß dabei die Gratfederstücke aus Querholz hergestellt werden können und so eine sehr viel größere Stabilität besitzen.

Um die einzelnen Bretter oder Dielen auf einer Gratleiste gegen seitliches Verschieben zu fixieren, können ***Quadratdübel*** quer zur Gratnut eingelassen werden.

Gratfeder, mit Quadratdübeln fixiert (Kougai-sen-tsugi)

Die Verzinkung

An den Eckverband von Blockhäusern, den sogenannten Strickbau, erinnert die gezinkte Eckverbindung im Möbelbau. Möglicherweise ist das Falten von Händen das Vorbild dieser Verbindung gewesen; jedenfalls bezeichnen wir sie heute noch als Fingerzinkung.
Die vielen Ausführungsweisen von Zinkenverbindungen sind aufgrund ihrer überlegenen Stabilität aus dem Möbelbau kaum fortzudenken.
Bei der *einfachen Zinkenverbindung* leisten Dübel gute Dienste, um das Öffnen der Verbindung zu verhindern, wenn sie durch die Fingerzinken in das Hirnholz des anderen Brettes gebohrt werden.
Fingerzinken mit kleinerer Teilung weisen größere seitliche Anlageflächen auf. Für die Verleimung der Verbindung sind die Anlageflächen des Hirnholzes am Zinkengrund von untergeordneter Bedeutung, da sie keine haltbare Leimfuge ermöglichen. Angewendet werden die Verzinkungen bei stark beanspruchten Möbelteilen wie Möbelsockeln, Korpusecken, bei Spiel- und Schulmöbeln. Aufgrund ihrer maschinellen Herstellbarkeit finden wir Verzinkungen auch bei Serienmöbeln industrieller Fertigung.

Einfache Zinkenverbindung
und Fingerzinken
(San-mai-hozo-hako-gata)
(Go-mai-hozo-hako-gata)
(Nana-mai-hozo-hako-gata)

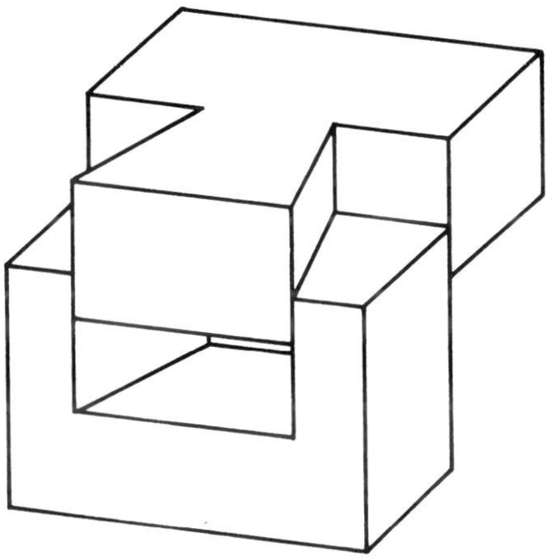

Anschneiden der Schwalben
in Faserrichtung

Große konstruktive Festigkeit verleihen trapezförmige Zinken dem ***schwalbenschwanzförmigen Zinkenstoß.*** Diese Verbindung ist auch ohne Verleimung in eine Richtung zugfest. In der anderen Richtung kann sie mit Hilfe eingebohrter Dübel gesichert werden. Diese hervorragende Verbindung gibt handwerklich hergestellten Möbeln große Stabilität und sichert, wie die Gratleiste, gegen ein Verziehen der Flächen. Häufige Anwendung findet sie bei der Verbindung von Schubladenfronten mit den Schubladenseiten. Von Bedeutung für die Belastbarkeit solcher Verbindungen ist der Anschnittwinkel der Zinken. Ein Neigungsverhältnis von 1:6 ist in den meisten Fällen angebracht.

Zweckmäßig ist es, bei der Herstellung zuerst die Zinken an den Querseiten anzureißen und erst danach die längsseitigen Schwalben. Gewöhnlich wird die Länge der Zinken nach folgender Formel bestimmt:

$$\frac{\text{Bretthöhe}}{\text{Schwalbenanzahl} \times 3 + 1} = \text{mittlere Zinkenhöhe}$$

Die Anzahl der Schwalben errechnet sich aus:

$$\frac{\text{Bretthöhe}}{1\tfrac{1}{2} \times \text{Plattendicke}}$$

Die Schwalben können nur in Faserrichtung angeschnitten werden.

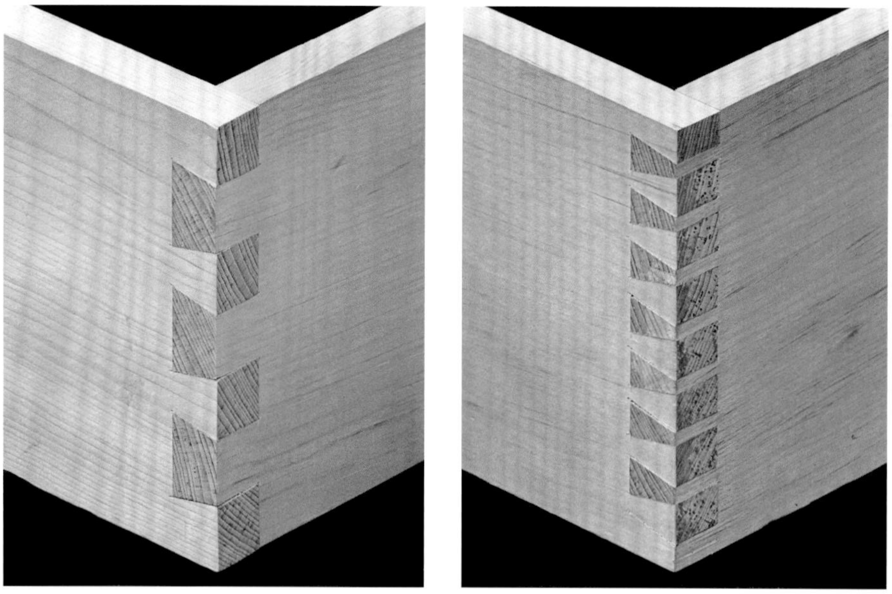

Schwalbenschwanzförmiger Zinkenstoß
(Jyu-roku-mai-ari-hako-gata-dome/Nana-mai-ari-hako-gata)

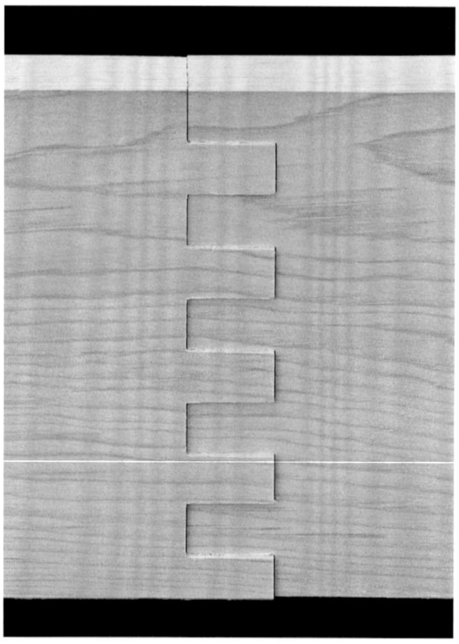

Zinkenstoß als flächige Längsverbindung
(Jyu-mai-hozo-tsugi/Ari-hozo-tsugi)

zur Verdeutlichung leicht geöffnet

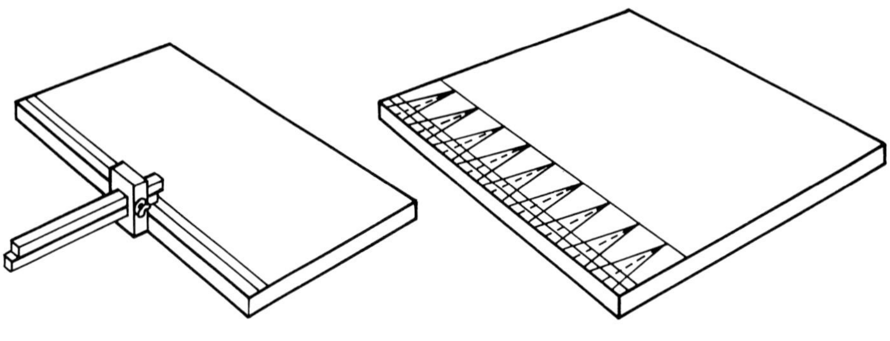

Anreißen von trapezförmigen Zinken mit der Schmiege
im Abstand ½ × Brettdicke, 1 × Brettdicke und 3 × Brettdicke.
Dann werden die Zinken in gleichmäßiger Teilung angerissen.

Verdeckte und halbverdeckte Verzinkung

Einseitig oder zweiseitig verdeckt sind Zinkenverbindungen, deren Grund auf Gehrung geschnitten wird.
Allseitig abgesetzte Zinken und dreiseitiger Gehrungsschnitt verdecken die Verbindung von allen Seiten.
Angewendet werden diese verdeckten Formen heute hauptsächlich bei Schrankseiten oder Schubkästen, bei denen die Zinkung nicht gezeigt werden soll.
Im Möbelbau und im zimmermannsmäßigen Holzbau gibt es zwei gegensätzliche Tendenzen, um eine ästhetische Steigerung der Werkstücke zu erreichen. Traditionell ist das Bemühen des Schreiners und auch des Zimmermanns darauf gerichtet, die von ihm gefertigten Holzverbindungen, mögen sie auch noch so große Kunstfertigkeit zur Herstellung von ihm erfordern, am Werkstück nicht in Erscheinung treten zu lassen. Aus diesen Überlegungen sind viele durch Gehrungsschnitte verdeckte Verbindungen ersonnen worden, die im Hinblick auf ihre Haltbarkeit häufig keine Vorteile gegenüber den unverdeckten Normalausführungen haben.
Dieses Bemühen wurzelt in einer ehrfürchtigen Haltung des Handwerkers der Materie Holz gegenüber, welche die eigene Mühe bei der Herstellung eines Werkstückes eher bescheiden in den Hintergrund rückt.
Seit der industriellen Fertigung von Möbeln dient aber die stabile und sauber ausgearbeitete Holzverbindung als Erkennungsmerkmal handwerklicher Leistung. Sie kennzeichnet die einem Werkstück anhaftende menschliche Arbeit. Dies gilt auch für den Unterschied zwischen industriell hergestellten Fertighäusern und den vom Zimmermann gefertigten Bauwerken.
Daher entspricht es einem heute weitverbreiteten Bedürfnis, die Holzverbindung als Qualitätsmerkmal herauszustellen und Schmuckformen zu entwickeln.

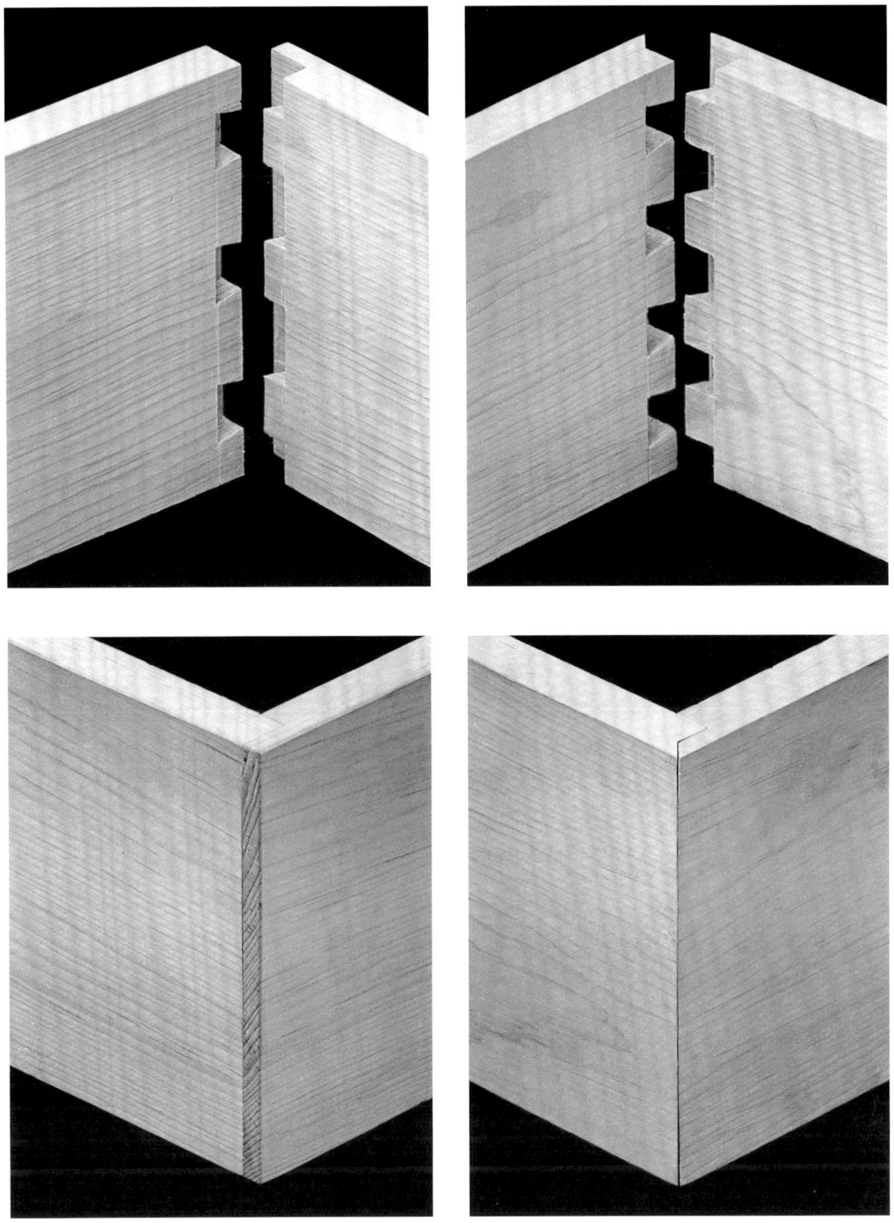

Einseitig und zweiseitig verdeckte Zinkenverbindung, deren Grund auf Gehrung geschnitten ist (Kakushi-ari-hako-gata/Kakushi-ari-hako-dome)

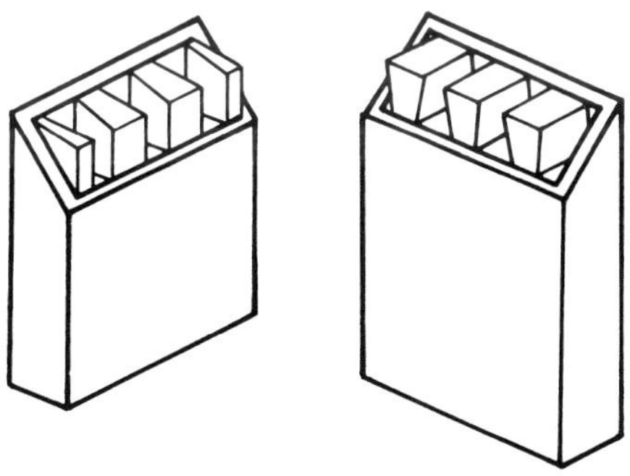

Abgesetzte, verdeckte Zinkenverbindung mit dreiseitigem Gehrungsschnitt

Schmuckformen der Verzinkung

Soll die Eckverbindung als dekoratives Element herausgestellt werden, so muß die Zinkenteilung in bezug auf die Holzdicke der zu verzinkenden Teile und die Größe des Möbels wohl proportioniert werden. Üblich sind Zinkenteilungen im Verhältnis 1:2, 1:1,5, 1:1. Die gleichmäßige Teilung 1:1 ist die am häufigsten verwendete. Einen interessanten Effekt bewirkt auch die Verzinkung an schrägen Schrankkränzen (Trichterzinkung).

Das Verdeck vor den Zinken sollte ¼ bis ⅓ der Holzstärke betragen.

Der Erfindung von Schmuckformen der Verzinkung sind kaum Grenzen gesetzt, wie diese Beispiele aus dem Buch von Hugo Kükelhaus »Werde Tischler« zeigen.

Der ***Zinkenstoß*** kann auch als flächige Längsverbindung ausgeführt werden. Er ist einfach herzustellen, erreicht jedoch nicht die Stabilität des zugfesten, ***schwalbenschwanzförmigen*** Zinkenstoßes. Bei industrieller Fertigung werden derartige Anlängungen mit ***Keilzinkung*** hergestellt, die wesentlich belastbarer ist, aber zur Herstellung aufwendige maschinelle Einrichtungen erfordert.

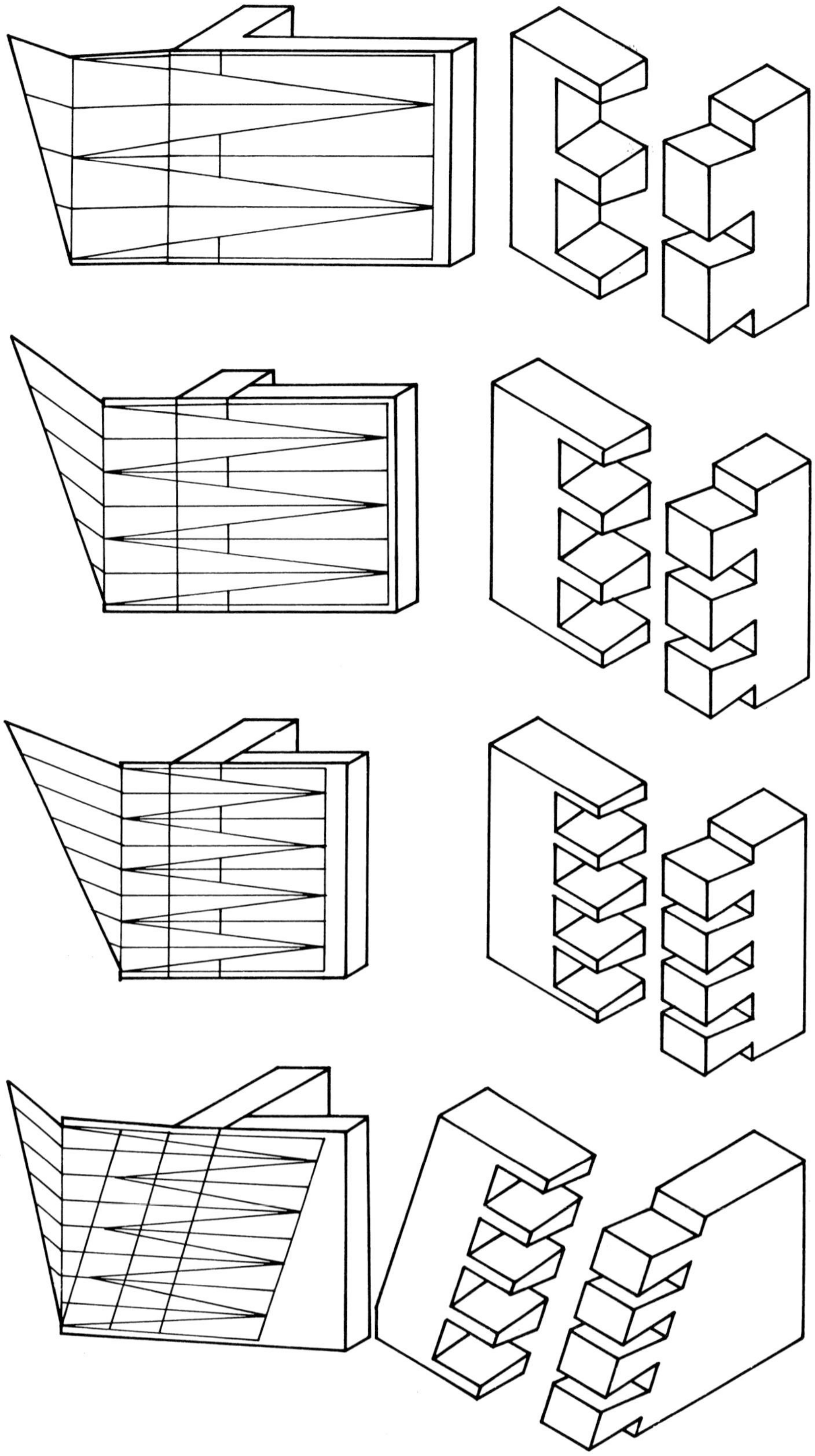

Schmuckformen der Verzinkung (nach Hugo Kükelhaus, Werde Tischler, 1953)

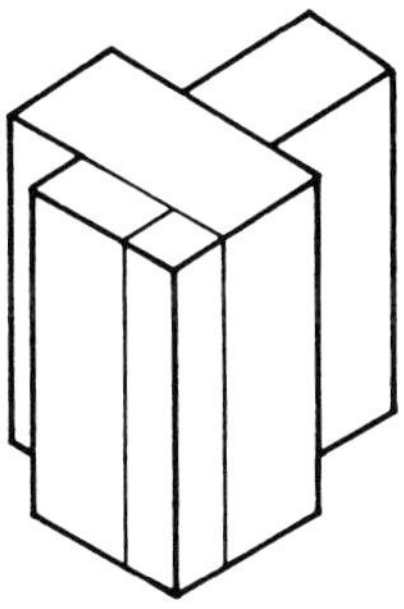

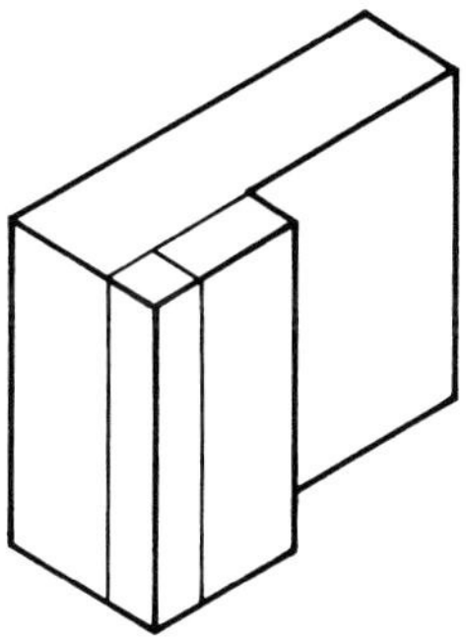

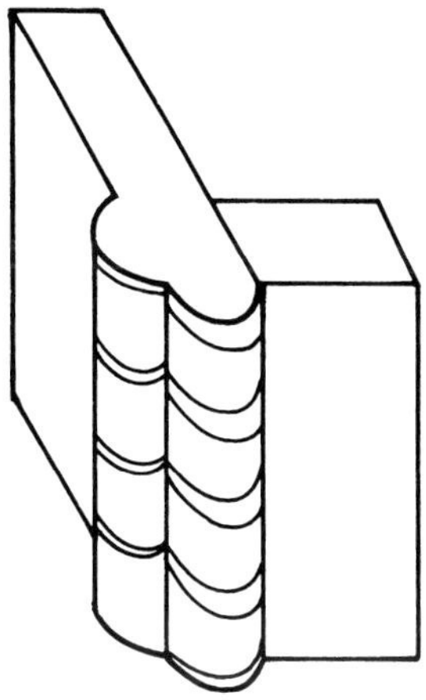

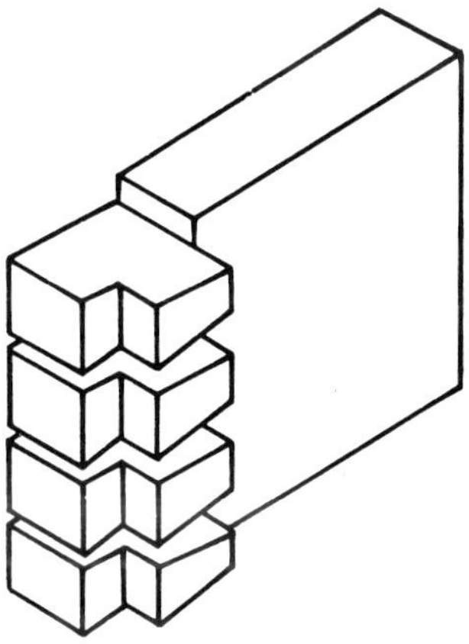

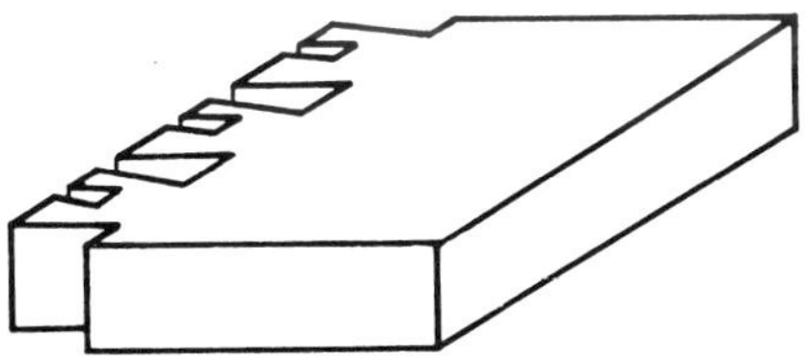

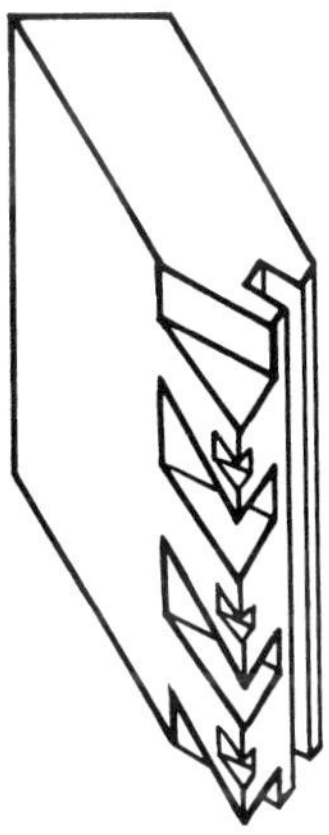

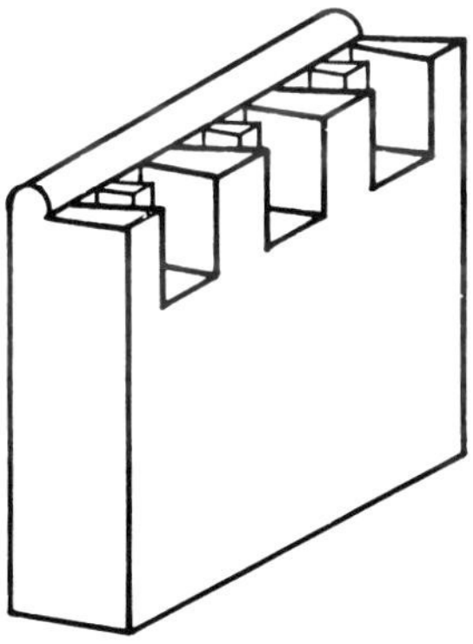

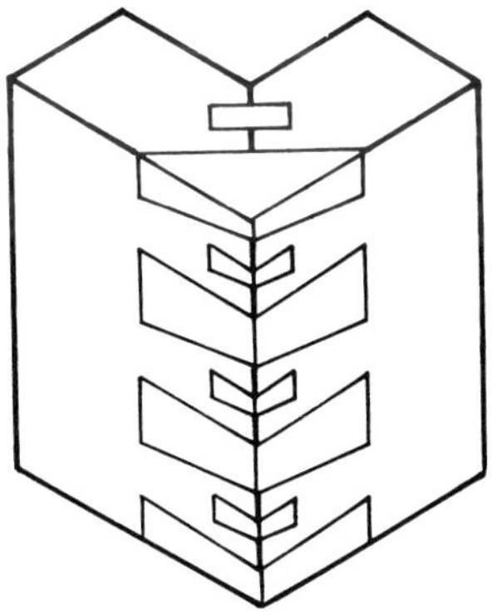

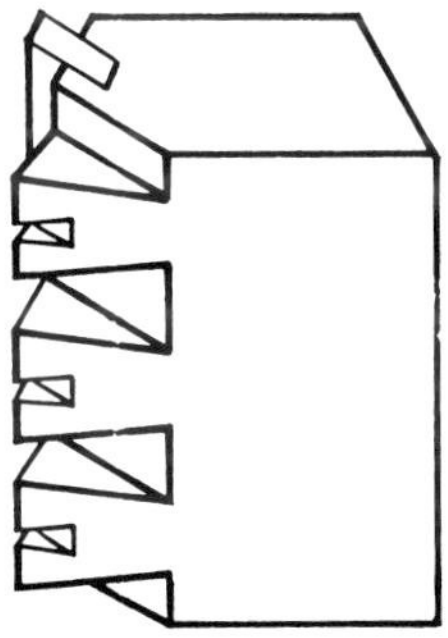

Der Holznagel und der Holzdübel

Der Holznagel findet auch heute noch vorteilhafte Verwendung in der Zimmerei und der Schreinerei. Gute Dienste leistet er bei Brett-, Stollen- und Rahmenmöbeln sowie stabilen Stühlen als zusätzliche Sicherung für verleimte Schlitzzapfenverbindungen. Bei unverleimten Schlitzzapfen an Möbeln für den Außenbereich ist er nahezu unentbehrlich. Dort widersteht er Nässe und Säure weit besser als Metallstifte oder Schrauben.

Kopfbänder und Strebenzapfen müssen im Holzbau mit Hilfe eines Holznagels auf Zug gesichert werden, weil diese Aussteifungselemente wesentlich an Wirksamkeit verlieren, wenn sie nicht abgebohrt sind. Auch Anblattungen müssen verbohrt werden.

Der Holznagel wird kantig aus trockenem Weiden-, Birken- oder Lindenholz gearbeitet. Der Zimmermann bevorzugt Esche oder Eiche. Sein Durchmesser ist etwas größer als derjenige des Loches, damit beim Eintreiben sich die Kanten in die Lochwandungen einschneiden. Die breitere Seite des Nagelquerschnittes wird parallel zur Holzfaser eingeschlagen, um ein Absprengen des Holzes zu vermeiden.

Die Spitze des Holznagels wird besonders dann angefast, wenn er in der Schreinerei eingeleimt werden soll.

Der Holznagel kann zwei unterschiedliche Verbindungsaufgaben erfüllen. Beim Abbohren einer Einblattung (z. B. Weißschwanz S. 127) heftet man mit seiner Hilfe zwei Löcher aufeinander. In diesem Fall wird der Holznagel mit parallelen Kanten hergestellt und schräg zur Fläche eingebohrt.

Konisch zulaufende Holznägel werden beim Verbohren von Schlitz-Zapfen-Verbindungen benutzt. Hierbei wird zuerst der Schlitz durchbohrt. Anschließend wird der Zapfen eingesteckt, mit dem Körner markiert und wieder herausgenommen, damit er separat gebohrt werden kann. Die Bohrung wird leicht zur Brüstung des Zapfens versetzt durchgeführt. Wird dann der konische Nagel eingeschlagen, so zieht er den Zapfen satt in den Schlitz, wodurch eine Fugenbildung an der Brüstung verhindert wird.

Der Abstand der Bohrung am Schlitz zur Brüstung hin soll so klein wie möglich sein, um viel Vorholz am Zapfen zu gewinnen.

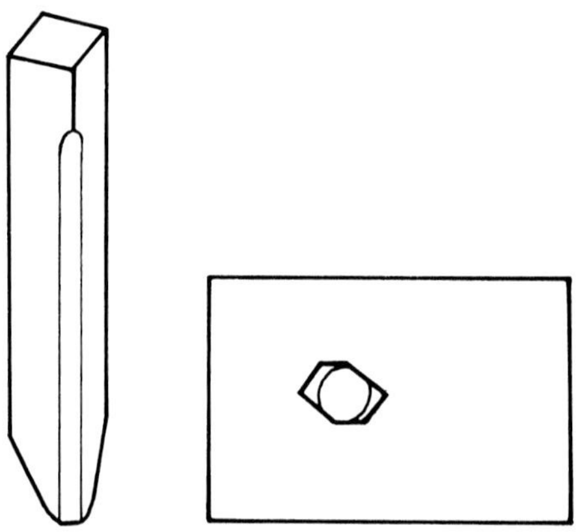

Holznagel

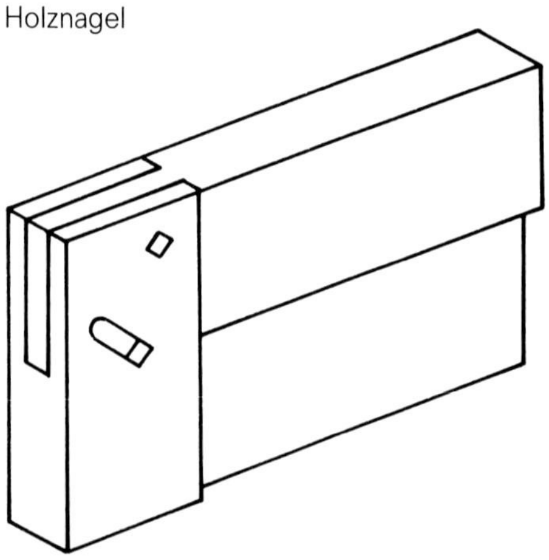

Scherzapfen mit Holznägeln

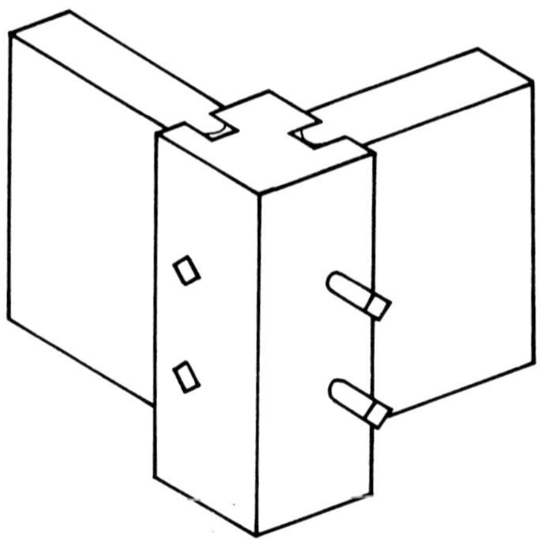

Mit Holznägeln gesicherte Nut-Feder-Verbindung an einem Pfosten

Holzdübel sind dem Holznagel verwandt, jedoch werden sie immer rund hergestellt, heute oft auch mit geriffelter Oberfläche zur besseren Verteilung von Leim.

Seit alters ist der Holzdübel ein wichtiges Konstruktionselement, besonders bei Tischen, Stühlen und Betten. Durch die modernen Dübelautomaten sind ihm jedoch weitere Einsatzgebiete erschlossen worden. So hat sich der Dübel heute auch im Rahmenbau durchgesetzt, vorausgesetzt, die Rahmen sind nicht so breit, daß ein Zapfen besseren Halt gegen Verdrehen bieten könnte. Wird eine Rahmenecke auf Gehrung verdübelt, so müssen die Dübel möglichst nah an der inneren Kante eingebohrt werden, damit sie nicht ausreißen. Heute sind auch Winkeldübel für Gehrungsstöße erhältlich.

Der Dübel ist ein sehr einfach zu verarbeitender Fremdverbinder, der heute besonders bei industrieller Möbelfertigung zum Einsatz kommt, um stumpfe Stöße von Längsholz besser zu sichern als durch eine stumpfe, einfache Leimfuge. Sollen flächige Längsverbindungen stumpf verdübelt werden, so muß das Hirnholz schräg angeschnitten werden, um als Leimfuge eine einigermaßen haltbare Verleimung zu ermöglichen. Diese Verbindung ist jedoch im Gegensatz zu manch anderer Dübelverbindung eher billig als gut.

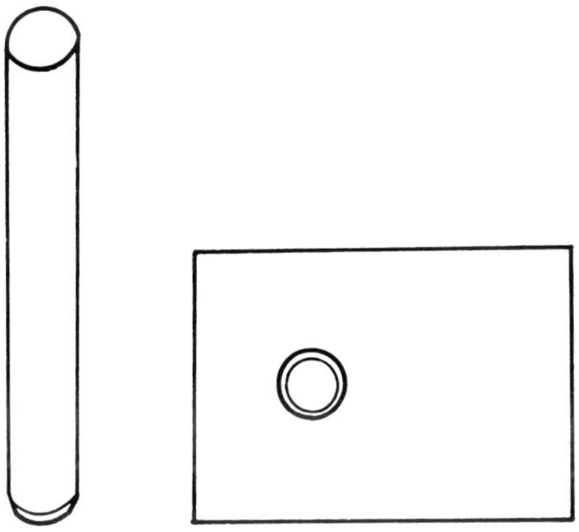

Holzdübel

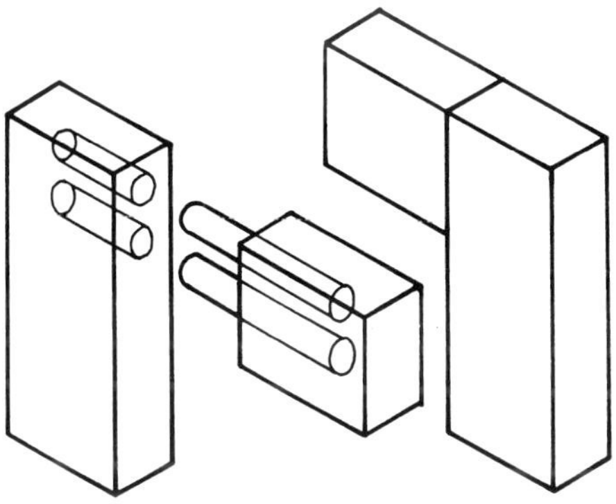

Gedübelte Rahmenecke

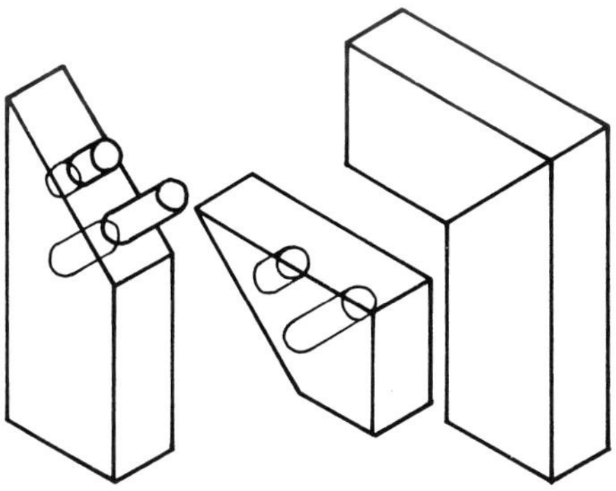

Gedübelte Rahmenecke auf Gehrung

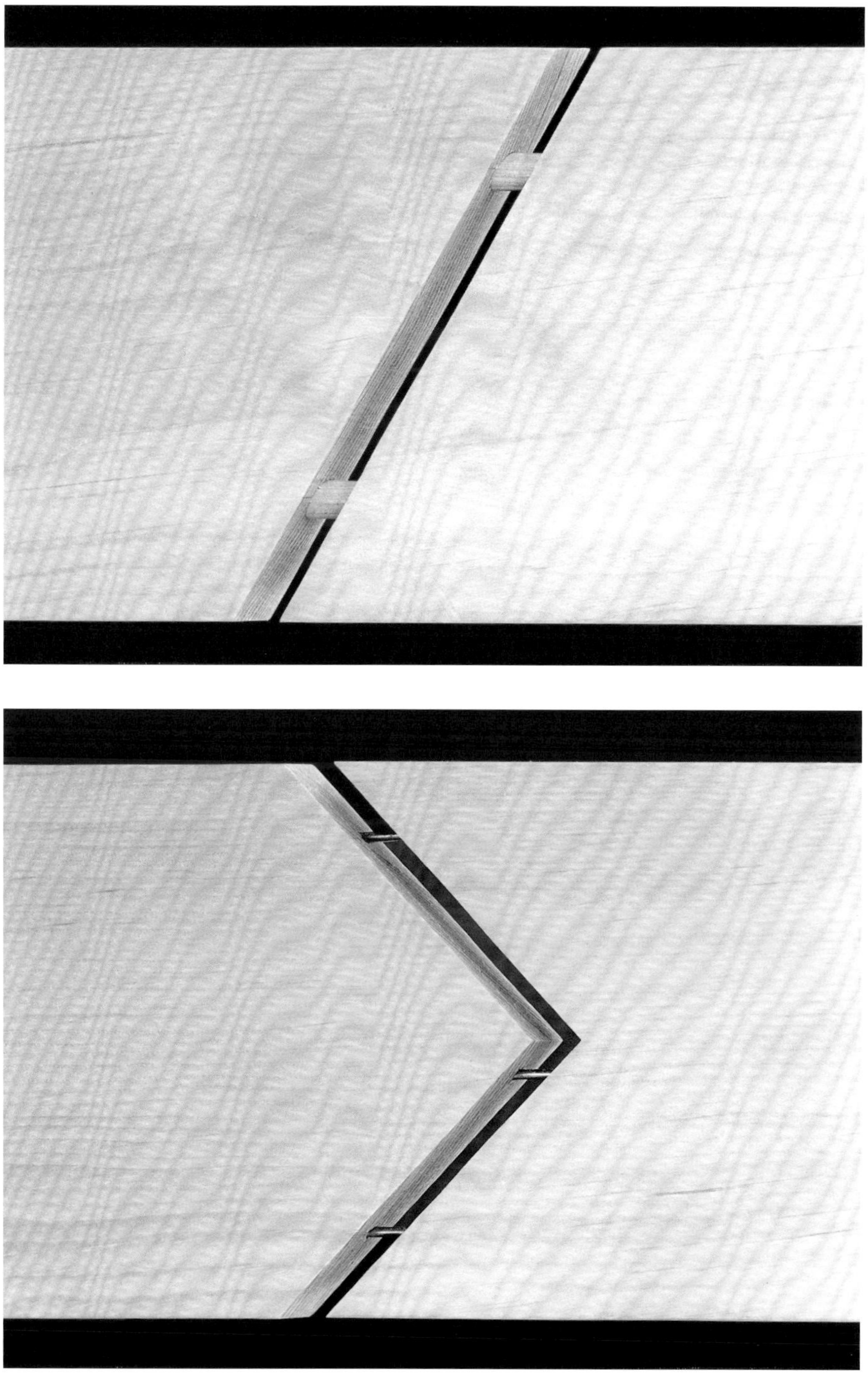

Holz- und Nageldübelverbindung als Längsstoß
(Kakushi-da-bo-saba-tsugi/Kakushi-da-bo-ko-sa-tsuki-awase-tsugi)

Die schwalbenschwanzförmigen Holzdübel

Schwalbenschwanzförmige Dübel stellen Verbindungen her, die sich später problemlos wieder öffnen lassen. Durch die Keilwirkung werden die Hölzer gut aneinandergezogen. Sie vertragen jedoch kaum Durchbiegung oder Verwindung. Diese Verbindung ist durch besser funktionierende Metallbeschläge bei den meisten Einsatzmöglichkeiten verdrängt worden.

Schwalbenschwanzförmige Dübel finden wir heute noch in Japan zum Zusammenhalten von Gehrungen und Flächenfugen.

Im Innenbereich können sie verleimt werden. Vorteilhaft ist die runde Variante dieses Dübels, da sich die Vertiefungen mit dem Astlochbohrer einfach herstellen lassen.

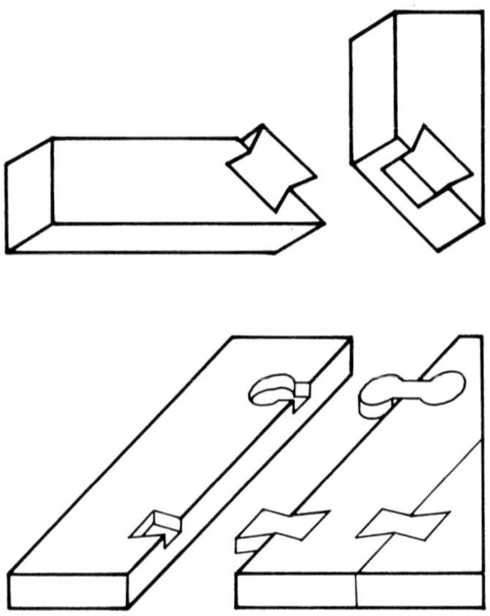

(Chi-giri-iri-o-dome-tsugi)

Schwalbenschwanzförmige Dübel

Die eingesetzten Federn

Ähnlich der Fremdfeder bei Nut- und Federverbindungen können schmale Streifen von Sperrholz, Hartfaser oder auch Querholz vorzugsweise aus Ahorn zur Sicherung von Rahmeneckstößen eingesetzt werden. Bei Gehrungsstößen ist sie dicht an der Innenkante einzunuten, um die Verbindung nicht zu schwächen.
Eine Besonderheit ist die ellyptische Lamellofeder, die auf einfache Weise mit einem Spezialnutfräser eingefräst werden kann.
Die ***Langholz- oder Querholzfeder*** gibt bei längeren, zu verbindenden Kanten Halt gegen Verschieben. Damit die Langholzfeder nicht zu leicht abreißt oder abschert, sollte sie aus drehwüchsigem Holz gefertigt werden.
Das japanische Shachi-sen sieht aus wie ein ***Federstäbchen*** und wird schräg gegen die Faser eingestemmt, um beispielsweise Zapfen bei Längsholzverbindungen gegen Zug zu sichern.
Federstäbchen bieten bei Gehrungsstößen einen überraschend guten Halt, wenn sie eingeleimt werden. Sie können in beiden Diagonalrichtungen eingenutet werden, je nachdem, ob die Innen- oder Außenseite der Eckverbindung später die Sichtseite darstellt. Unverleimt finden sie dort Anwendung, wo nur die Sicherheit gegeben werden soll, daß Bretter sich nicht durch Verziehen gegeneinander verschieben können, beispielsweise bei Traufbrettern.

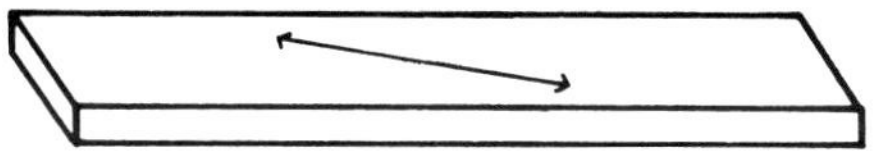

Längsholzfeder aus drehwüchsigem Holz

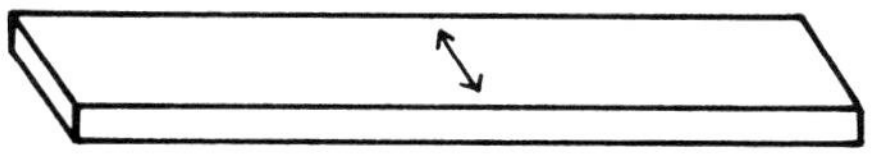

Querholzfeder

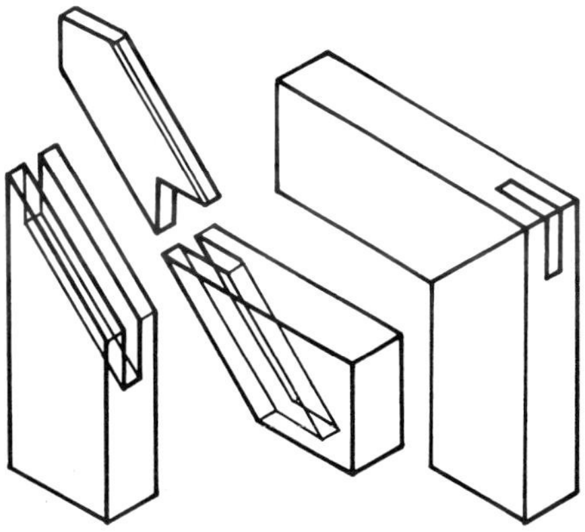

Gehrungsstoß mit Federstäbchen

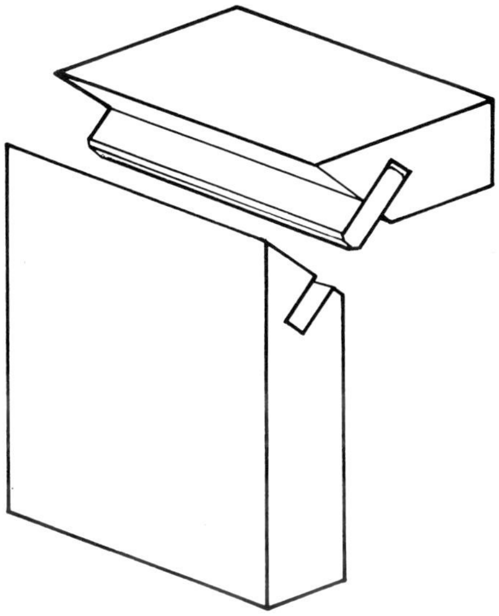

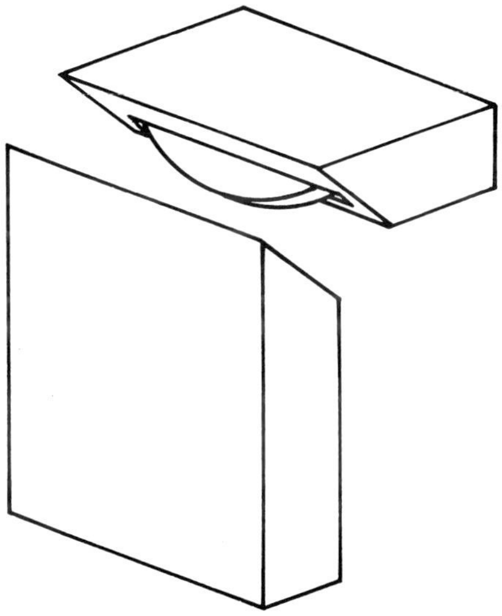

Gehrungsstoß mit Lamellofeder

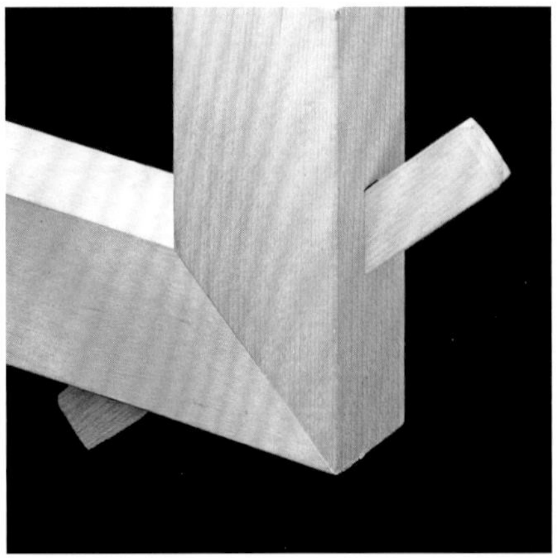

Federstäbchen (Shachi-sen)

(Hako-dome-sen-tsugi)

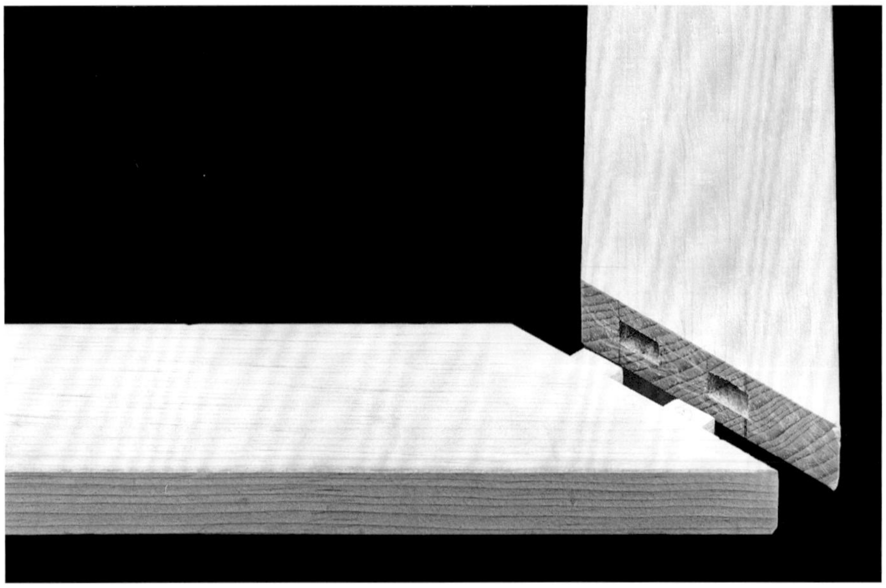

Federzapfen

Die japanischen Dollen, Dübel und Keile

Neben den im Einzelfall bereits beschriebenen Fremdverbindern haben in Japan solche Hilfsmittel eine große Bedeutung, durch die Holzverbindungen zugfest verkeilt oder gegen Verrutschen gesichert werden können.

Der Japaner unterscheidet hierbei:

1. ***Dabo***, den einfachen quadratischen Dollen, der unsichtbar zwischen aufeinandergelagerte Hölzer, wie zwischen Schwelle und Bodenbalken, oder in einem Hakenblatt eingebohrt wird.
2. ***Shachi-sen*** ist ein rechteckiger Dübel, wie wir ihn für verdübelte Balken kennen. Er wird vorwiegend bei Stabzapfenverbindungen diagonal zur Faser eingesetzt.
3. ***Komi-sen*** oder ***Dai-sen*** sind Sicherungsstifte, die vierkantig und der Länge nach konisch gefertigt werden, wie wir sie als Sicherungsstifte in Hakenblättern kennen.
4. ***Kogai-sen*** ist ein kräftiger quadratischer Dübel, der verhindert, daß Verkleidungsbretter z. B. an abgehängten Decken auf ihrem Tragholz, das als Gratstück gearbeitet ist, bei Schwund seitlich verrutschen.
5. ***Hana-sen*** ist ein Spannkeil für durchgesteckte Zapfen mit Keilschloß.
6. ***Wariku-sabi*** sind Keile, die in das Hirnholz von durchgestemmten Zapfen eingetrieben werden und den Zapfen dabei aufspreizen.
7. ***Yoko-sen*** dient als Ersatz für Stirnfedern bei stumpfen Stößen wenig belasteter Riegel, besonders wenn diese nachträglich eingebaut werden sollen.
8. ***Kusabi*** heißen die Keile, mit denen fast alle Riegelanschlüsse in den Pfostenlöchern nachträglich verpreßt werden.

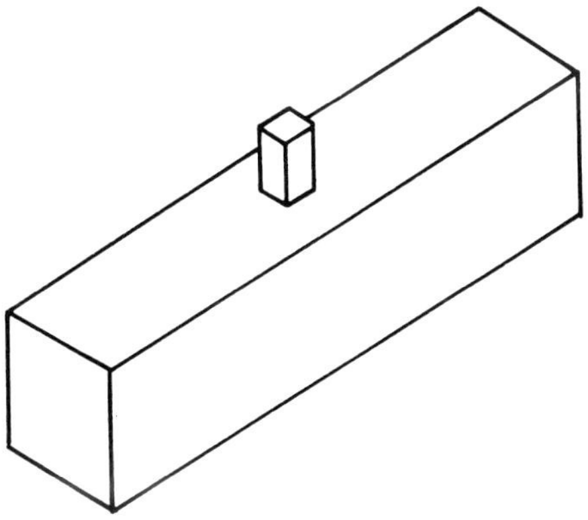

Dabo

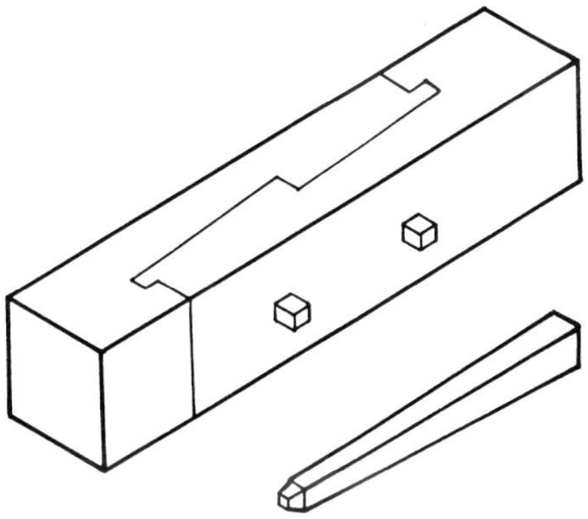

Komi-sen (Dai-sen)

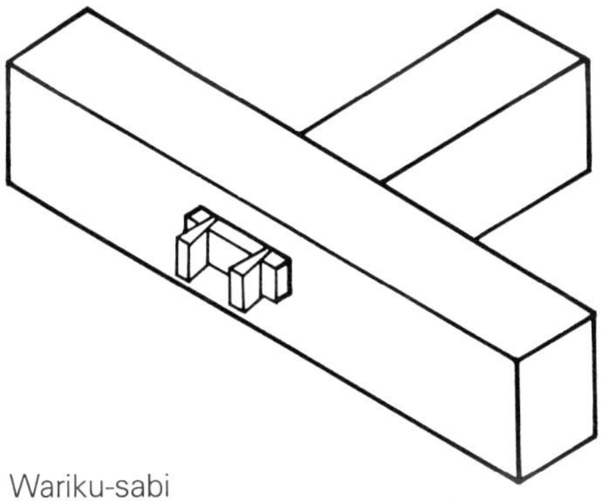

Wariku-sabi

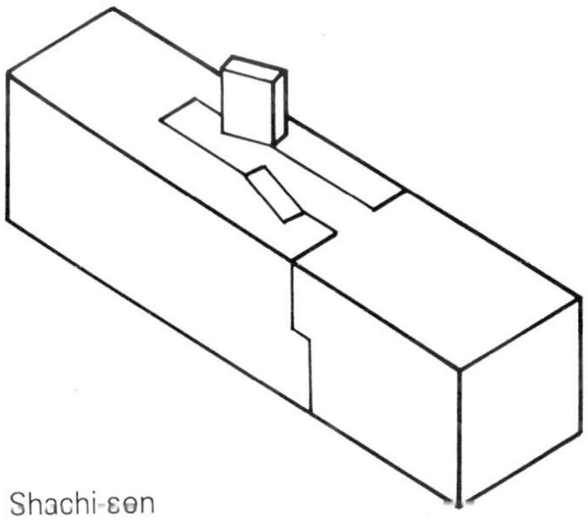

Shachi-sen

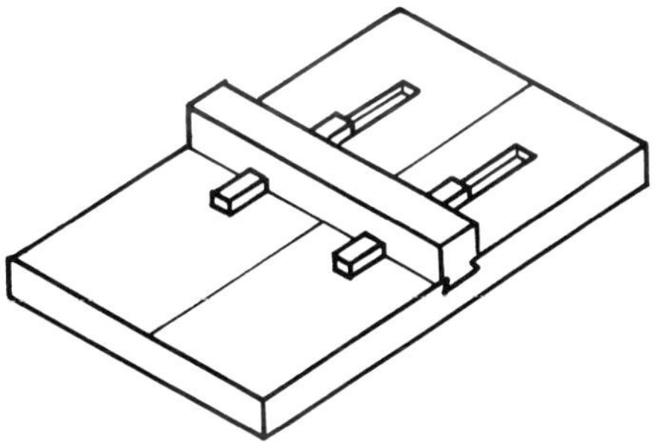

Kogai-sen

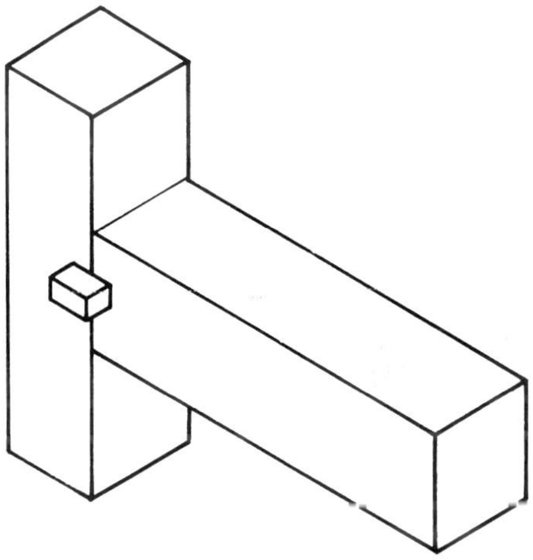

Yoko-sen

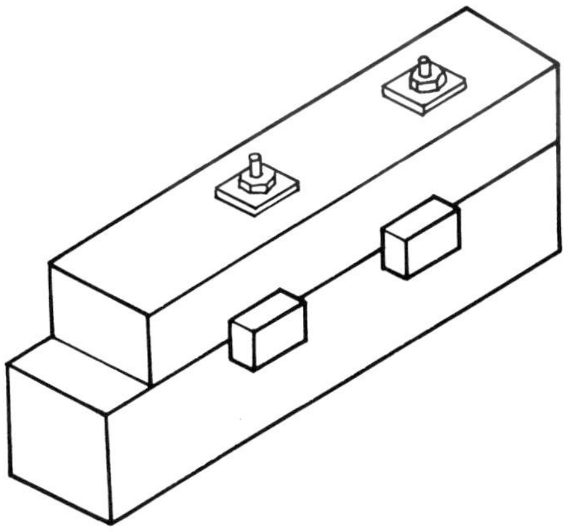

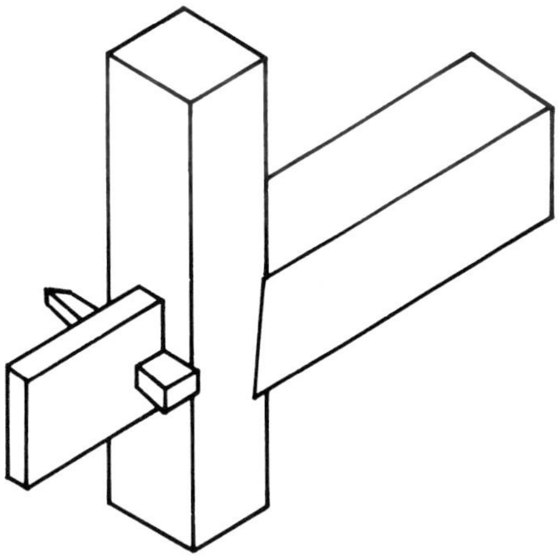

Hana-sen

Anhang

Systematik der europäischen Holzverbindungen

In Europa ist es üblich, Holzverbindungen nach der Lage der Hölzer zueinander einzuteilen:

1. Längsverbindungen oder Pfropfungen
2. Eckverbindungen von gleich hohen Kanthölzern
3. Überblattungen: Verkreuzungen von Kanthölzern, bei denen die Oberkante der Hölzer bündig abschließt
4. Verkämmungen: Eckverbindungen oder Verkreuzungen als Aufverbindung, bei der die Hölzer nur ca. 2 cm ineinander eingelassen werden
5. Schräganschlüsse
6. Parallelverbindungen von Brettern oder Kanthölzern

Systematik der japanischen Holzverbindungen

Nach japanischem Verständnis lassen sich die Holzverbindungen in zwei Gruppen einteilen:

- Breitenverbindungen von Brettern (Typ A–D)
- Verbindungen von Kanthölzern und sonstigen Hölzern von eher quadratischem Querschnitt (Typ E-H)

Typ A
Hagia-wase 矧合
Parallel- oder Eckverbindungen zur Verbreiterung von Brettflächen in einer Ebene. Hierfür wird häufig Leim verwendet.

Typ B
Hirauchi-tsugi 平打接
Winkelverbindungen zur räumlichen Verbindung von Brettflächen zur Herstellung von Möbelkorpussen, vielfach unter Verwendung zapfenartiger Verbindungselemente.

Typ C
Hashi-bame-tsugi 端嵌接
Gratverbindungen. Um das Verziehen von Brettflächen zu verhindern, werden Leisten oder Stirnenden von Brettern gratförmig in eine Brettfläche eingelassen.

Typ D
Kumite-tsugi 組手接
Fingerverbindungen: Entsprechen unseren Verzinkungen und werden zur Verbindung von Brettern in beliebigen Winkeln verwendet.

Typ E
Tome-tsugi 留接
Eckverbindungen von Kanthölzern auf Gehrung, zur Verdeckung des Hirnholzes.

Typ F
Ai-gaki-tsugi 相欠接
halbierende Winkelverbindungen, bei denen die Kanthölzer je zur Hälfte ausgenommen werden, im Sinne einer Überblattung.

Typ G
Hozo-tsugi 枘接
Loch (Hozoana) – Zapfen (Hozo). Verbindung zum winkligen Anschluß von Kanthölzern.

Typ H
Tsugite 継手
Längsholzverbindungen zur Verlängerung von Kanthölzern im Sinne einer Pfropfung.

In der nachfolgenden Tabelle wird beschrieben, wie diese Klassifizierung und die Muster miteinander korrespondieren.

Seite	japanisch	deutsch	Typ
53	錆交叉接	Saba-ko-sa-tsugi	H
58	四方鯱組手	Shi-ho-shachi-kumi-te	H
60	鯱継	Shachi-tsugi	H
63	十文字継手	Jyu-mon-ji-tsugi-te	H
64	蟻継手	Ari-tsugi-te	H
65	二枚蟻接	Ni-mai-ari-tsugi	A
65	両面蟻継	Ryo-men-ari-tsugi	H
66	鎌継	Kama-tsugi	H
67	芒継	Noge-tsugi	H
68	両杵型継	Ryo-kine-gata-tsugi	H
69	四方鎌継	Shi-ho-kama-tsugi	H
72	台接継手	Daimochi-tsugi-te	H
73	追掛大栓継	Okkake-dai-sen-tsugi	H
78	貫四方差し	Nuki-shiho-zashi	H
79	矩形相欠接	Kane-gata-ai-gaki-tsugi	F
80	金輪継	Kana-wa-tsugi	H
81	二面金輪大栓継	Ni-men-kana-wa-dai-sen-tsugi-te	H
81	二面金輪鯱栓継	Ni-men-kana-wa-shachi-sen-tsugi-te	H
82	二方鯱栓	Ni-ho-shachi-sen	H
83	二方大栓継手	Ni-ho-dai-sen-tsugi-te	H
83	箱継鯱栓	Hako-tsugite-shachi-sen	H
101	燧蟻落とし	Hiuchi-ari-otoshi	H

Seite	japanisch	deutsch	Typ
111	縦一本栓枘	Tate-ippon-sen-hozo	G
112	横二本栓枘	Yoko-ni-hon-sen-hozo	G
112	縦三枚枘	Tate-san-mai-hozo	G
112	縦四枚枘	Tate-yon-mai-hozo	G
113	二枚枘	Ni-mai-hozo	G
113	腰押二枚枘	Koshi-oshi-ni-mai-hozo	G
113	馬乗二枚枘	Uma-nori-ni-mai-hozo	G
113	口馬二枚枘	Kuchi-uma-ni-mai-hozo	G
116	振留(三枚枘)	Furi-dome (San-mai-hozo)	E
117	大留	O-dome	G
120	半留(隠蟻)	Handome (Kakushi-ari)	E
120	半留	Handome	G
120	袋蟻	Fukuro-ari	G
122	鎌枘	Kigushi-ari (Kama-hozo)	G
123	斜相欠組手	Naname-ai-gaki-kumi-te	F
127	包蟻型相欠接	Tsutsumi-ari-gata-ai-gaki-tsugi	F
127	斜蟻相欠接	Naname-ari-ai-gaki-tsugi	F
132	兜蟻落とし	Kabuto-ari-otoshi	H
133	剣先留相欠接	Ken-saki-dome-ai-gaki-tsugi	F
133	碁天井桁	Go-ten-jyo-gata	F
135	四方蟻組手	Shi-ho-ari-kumi-te	F
147	相欠接	Ai-gaki-tsugi	A
147	本核接	Hon-zane-tsugi	A
147	雇核接	Yatoi-zane-tsugi	A
148	太枘接	Da-bo-tsugi	A
148	蟻接	Ari-tsugi	A
148	隠蟻接	Kakushi-ari-tsugi	A
149	本核通枘端嵌接	Hon-zane-toshi-hozo-hashi-bame-tsugi	C

Seite	japanisch	deutsch	Typ
149	本核留端嵌	Hon-zane-dome-hashi-bame	C
150	押縁止接	Oshi-buchi-dome-tsugi	C
151	錆突合接	Saba-tsuki-awase-tsugi	A
151	交叉錆突合接	Ko-sa-saba-tsuki-awase-tsugi	A
154	追入接	O-ire-tsugi	B
154	蟻型追入接	Ari-gata-o-ire-tsugi	B
154	包打附接	Tsutsumi-uchi-tsuki-tsugi	D
154	本核箱型	Hon-zane-hako-gata	D
155	蟻接簀子	Ari-tsugi-suno-ko	B
155	隠蟻追入接	Kakushi-ari-o-ire-tsugi	B
156	笄栓接	Kougai-sen-tsugi	B
157	三枚枘箱型	San-mai-hozo-hako-gata	D
157	五枚枘箱型	Go-mai-hozo-hako-gata	D
157	七枚枘箱型	Nana-mai-hozo-hako-gata	D
158	七枚蟻箱型	Nana-mai-ari-hako-gata	D
158	十六枚蟻箱型留	Jyu-roku-mai-ari-hako-gata-dome	D
158	十枚枘接	Jyu-mai-hozo-tsugi	A
158	蟻枘接	Ari-hozo-tsugi	A
159	隠蟻箱型	Kakushi ari hako gata	D
159	隠蟻箱留	Kakushi-ari-hako-dome	D
163	隠太枘錆接	Kakushi-da-bo-saba-tsugi	A
163	隠太枘交叉突合接	Kakushi-da-bo-ko-sa-tsuki-awase-tsugi	A
164	千切入大留接	Chi-giri-iri-o-dome-tsugi	E
166	箱留栓接	Hako-dome-sen-tsugi	D

Literaturverzeichnis

ARGE Holz e.V. Düsseldorf: Bericht Holzbau 1987 – Fachtagung für Bauingenieure
Bairstorw, John E.N.: Praktische und dekorative Holzverbindungen, Bern 1987
Batran u. a.: Fachstufenbau, Ausbau – Zimmerertechnologie, Hamburg 1983
Bedal, Konrad: Häuser aus Franken, Bad Windsheim 1982
Binding, Günther: Das Dachwerk auf Kirchen, München 1991
Blaser, Werner: Holz Haus, Basel/New York 1980
– Strukturale Architektur in Osteuropa, Basel 1975
– Struktur und Gestalt in Japan, Zürich 1963
Blechschmidt, Erich: Anatomie und Ontogenese des Menschen, Heidelberg 1978
Bohnenkamp, Anne: Mit Gunst und Verlaub: Wandernde Handwerker, Göttingen 1989
Brown, S. Azby: The genius of japanese carpentry, Tokyo, New York 1989
Brunner, Ernst: Die Bauernhäuser im Kanton Luzern, Luzern 1977
Engel, Heinrich: The Japanese House, Vermont und Tokyo 1980
Freese, Thomas: Die Kunstwerke des japanischen Schreiners, Stuttgart 1991
Gerner, Manfred: Fachwerk, Stuttgart 1979
Holzbaukunst, Nürnberg 1668
Krauth, Theodor, Meyer, Franz Sales: Die Bau- und Kunstzimmerei, Leipzig 1895, Repr. Hannover 1981
Kress, Fritz: Der praktische Zimmerer, Ravensburg 1940
– Der Zimmerpolier, Ravensburg 1942
Kükelhaus, Hugo: Dennoch heute, Wädenswil 1983
– Fassen Fühlen Bilden, Köln 1978
– Hören und Sehen in Tätigkeit, Luzern 1978
– Unmenschliche Architektur, Köln 1973
– Urzahl und Gebärde, Zürich 1980
– Werde Tischler, 1953
Lang, Dieter: Bildung und Berufsausbildung in Japan, Konstanz 1984
Mannes, Willibald: Dachkonstruktionen in Holz, Suttgart 1981
Mönck, Willi: Holzbau, Ost-Berlin 1982
Nakahara, Yasno: Japanese Joinery (1967-1983), Vancouver 1990
Odate, Toshio: Die Werkzeuge des japanischen Schreiners, Ravensburg 1984
Ostendorf, Friedrich: Die Geschichte des Dachwerks, Karlsruhe 1908, Repr. 1982
Phleps, Hermann: Holzbaukunst, Der Blockbau, Karlsruhe 1982
Reitmayer, Ulrich: Holztreppen in handwerklicher Konstruktion, Stuttgart 1982
Ruske Wolfgang: Holzskelettbau, Stuttgart 1980
– Spiel und Holz, Stuttgart 1982
Küttinger, Georg: Holzbau Konstruktion, Augsburg 1984
Schäfer, Carl: Die Holzarchitektur Deutschlands vom 14.-18. Jhr., Hannover, 1883 ff
Schübler, Joh. Jacob: Zimmermannskunst 1731/36
Schweizerische Arbeitsgemeinschaft für Holzforschung: Bericht Fortbildungskurs 1986
Speidel, Manfred: Japanische Architektur, Stuttgart 1983
Suzuki, Kakichi: Early Buddhist Architecture in Japan, Tokyo/New York 1980
Taut, Bruno: Das japanische Haus und sein Leben, Hrsg. Manfred Speidel, Berlin 1998
Warth, Otto: Die Konstruktionen in Holz, Leipzig 1900, Repr. 1982
Werner, G.: Dach- und Hallentragwerke, Teil 2, Düsseldorf 1982
– Holzbau, Teil 1, Grundlagen, Düsseldorf 1984

Register

Hinweis:

- Mit Unterstützung und Vermittlung der Deutschen Stiftung: Carl Duisberg Gesellschaft in Düsseldorf gibt es die Möglichkeit zu einem internationalen Handwerkeraustausch. So bietet sich die Möglichkeit, in japanischen Schreinereien und Zimmereien die dortige Holzbaukunst zu erlernen.
- Japanisches Werkzeug und Schärfkurse bietet die Fa. Dictum in Metten/Deutschland an.

Fotos: Walter Grunder, Basel
Zeichnungen: Louise Oldenbourg, Todtmoos
Herstellung der Holzverbindungen:
Zimmermeister Fumio Tanaka, Tokio
Firma Hotzenholz, Herrischried
Auszubildende der Berufsfachschule, München
Übersetzungen aus dem Japanischen:
Kumi Schenkel, Tübingen

FSC www.fsc.org MIX Papier | Fördert gute Waldnutzung FSC® C014889

Penguin Random House Verlagsgruppe FSC® N001967

7. Auflage 2025

in der Penguin Random House Verlagsgruppe GmbH,
Neumarkter Str. 28, 81673 München
produktsicherheit@penguinrandomhouse.de
(Vorstehende Angaben sind zugleich Pflichtinformationen nach GPSR)
Neuausgabe der 8. Auflage des Buches von 2004, © 1986

Lithografie: Helio Repro, München
Druck und Bindung: Friedrich Pustet, Regensburg
Printed in Germany
ISBN 978-3-421-03995-8

www.penguinrandomhouse.de